FRÉDÉRIC **JIGUET**
AURÉLIEN **AUDEVARD**

IRRGÄSTE

Haupt
NATUR

Die französischsprachige Originalausgabe erschien 2016 unter dem Titel *Tous les Oiseaux rares d'Europe*
bei Delachaux et Niestlé, Paris.
Layout: Fabienne Gabaude

Aus dem Französischen übersetzt von Anne-Sophie Rust, D-Rangsdorf
Lektorat der deutschsprachigen Ausgabe: Claudia Huber, D-Erfurt
Satz der deutschsprachigen Ausgabe: Die Werkstatt Medien-Produktion GmbH, D-Göttingen

Printed in Spain

MIX
Paper from
responsible sources
FSC® C007507
FSC
www.fsc.org

Bibliografische Information der Deutschen Nationalbibliothek
Die Deutsche Nationalbibliothek verzeichnet diese Publikation in der Deutschen Nationalbibliografie;
detaillierte bibliografische Daten sind im Internet über http://dnb.dnb.de abrufbar.

1. Auflage: 2020

ISBN 978-3-258-08197-7

Der Haupt Verlag wird vom Bundesamt für Kultur mit einem Strukturbeitrag für die Jahre 2016–2020
unterstützt.

FRÉDÉRIC **JIGUET**
AURÉLIEN **AUDEVARD**

IRRGÄSTE

SELTENE VÖGEL IN EUROPA

Aus dem Französischen übersetzt von Anne-Sophie Rust

Haupt Verlag

Inhaltsverzeichnis

Einführung

Zu den etwa 850 Vogelarten, die bisher in Europa beobachtet wurden, gehören einige weitestgehend bekannte Arten, die hier brüten oder überwintern, und andere europaweit oder in großen Teilen dieses Kontinents viel seltener anzutreffende Arten.

Die nearktischen oder sibirischen Zugvögel gehören selbstverständlich zu diesen seltenen Vogelarten, wenn sie fernab von ihren üblichen Wanderrouten bis nach Europa kommen. Gründe dafür sind Stürme oder Tiefdruckgebiete, eine falsche innere «Programmierung» oder einfach die Tatsache, dass ein winziger Teil einer jeden Population neue Strategien ausprobiert, die derzeit nicht zwingend zum Überleben führen, bei sich verändernden Umweltbedingungen eines Tages aber dazu führen könnten. Dieser fotografische Führer schlägt Bestimmungsmerkmale für etwa 460 seltene Vogelarten vor, die in Europa oder zumindest in großen Teilen dieses Kontinents vorkommen. Für jede Vogelart zeigt eine Karte die Verbreitung zur Brutzeit (rot) und im Winter (blau) sowie die Gebiete, in denen die Art ganzjährig zu sehen ist (violett). Diese Karten helfen, die Herkunft der Zugvögel, die sich verflogen haben, besser zu verstehen. Einige dieser Arten stammen möglicherweise aus dem Mittelmeerraum, stellen im Norden von Europa aber eine absolute Seltenheit dar. Dies ist beispielsweise bei der Weißbartgrasmücke, *Sylvia cantillans cantillans/albistriata*, der Fall: Einzelne Vertreter dieser Vogelart ziehen jeden Frühling in Regionen außerhalb ihrer üblichen Brutgebiete. Andere Arten sind im Norden angesiedelt und kommen im Winter nur selten weiter in den Süden, wie die Sperbereule, *Surnia ulula,* die im Süden von Schweden bereits ein seltener Wintergast ist, in den Niederlanden eine Ausnahme darstellt und im französischsprachigen Raum im 19. Jahrhundert ein einziges Mal erwähnt wurde. Schließlich gibt es einige afrikanische Arten, die die Sahara überqueren und sich im Mittelmeerraum verirren, wie einige Geier oder Rallen.

Der Fall der nearktischen oder sibirischen Zugvögel ist klassischer. Jedes Jahr nutzen Regenpfeiferartige aus Nordamerika die starken Winde der transozeanischen Tiefdruckgebiete, um den Atlantik zu überqueren, wobei die Anzahl der transatlantischen Arten in Jahren mit stärkerer nordatlantischer Oszillation (Schwankung des Luftdruckgegensatzes zwischen Azorenhoch und Islandtief) größer war. Selbst Ringschnabelmöwen, *Larus delawarensis,* scheinen Europa jedes Jahr als Winterquartier ausgewählt zu haben und zum Nisten nach Kanada zurückzukehren. Schneeeulen gehen während der Winterstürme vor der Küste Grönlands an Bord von Schiffen, um diese später an den Küsten des Ärmelkanals und der Nordsee wieder zu verlassen.

Das Schmelzen des arktischen Packeises als Folge der Klimaerwärmung scheint sich auch auf die Vögel auszuwirken. Jedenfalls wurden einige Meeresvogelarten aus dem Pazifikraum kürzlich im winterlichen Europa beobachtet: der Pazifiktaucher, *Gavia pacifica*, die Beringmöwe, *Larus glaucescens,* und die Kamtschatkamöwe, *L. schistisagus,* oder aber der Langschnabelalk, *Brachyramphus perdix.* Schließlich werden nearktische Singvögel von den Orkanen oder tropischen Stürmen, die auf den Antillen oder an der Atlantikküste Amerikas entstehen, bis nach Europa getragen,

Blauschwänze. Links: ein Jungvogel im Herbst mit spitz zulaufenden Steuerfedern; rechts: ein adultes Männchen, dessen Steuerfedern stärker abgerundet sind.

sofern die Winde schnell genug sind und die Kraftreserven der Zugvögel ausreichen.

Im Zusammenhang mit diesem Phänomen ist der Streifenwaldsänger, *Setophaga striata,* die am häufigsten zu beobachtende Art aus der Familie der Waldsänger: Aufgrund eines außergewöhnlich großen Fettdepots (der Körperfettanteil kann sogar verdoppelt werden), ist es ihm möglich, auf dem Zug vom Sommerquartier in Nordamerika zum Winterquartier in Südamerika über den Atlantik zu fliegen. Durch den Flug in großer Höhe muss er häufig Umleitungen auf sich nehmen. Dank seines großen Fettdepots schafft er es aber meistens, die Nähe von Überseeküsten lebend zu erreichen. Wenn man solch einen Waldsänger an unseren Küsten beobachten kann, bedeutet das wahrscheinlich, dass es Hunderte weitere Artgenossen gab, die mitten auf dem Ozean vor Erschöpfung gestorben sind. Kreuzen sie auf ihrem Weg die Route eines Schiffes, entscheiden sich diese verirrten und erschöpften Vögel wahrscheinlich dazu, sich auf dem Schiff niederzulassen. Ist dieses Richtung Amerika unterwegs, könnte der einzelne Vogel unter Umständen seine normale Zugroute wiederfinden; fährt es Richtung Europa, wird der kleine Vogel von seinen Artgenossen getrennt bleiben, aber Freunden seltener Vögel möglicherweise eine große Freude bereiten.

Man nahm an, dass die Ankunft sibirischer Zugvögel in Europa, besonders bei den Arten, die normalerweise auf dem indischen Subkontinent oder im Südosten Asiens überwintern, damit zusammenhinge, dass die Vögel zu Beginn ihres Zuges in die entgegengesetzte Richtung ihrer üblichen Zugrichtung aufbrächen. Wenn sich diese Vermutung aufrechterhalten ließe, wäre es ebenso wahrscheinlich, dass bei diesen Arten ein winziger Teil der Vögel nicht der üblichen Route folgte und durch Erkunden neuer möglicher Zugrouten die Überlebenschance der Art sicherte. Man nimmt nun an, dass die Zahl der Irrgäste in Europa proportional zu den in Asien nistenden Populationsgrößen sei, d. h. mehr Dunkellaubsänger als Bartlaubsänger in Asien als auch in Europa. Die weiter im Norden und weiter im Westen nistenden Arten könnten sich auch eher bis nach Europa verirren. In der Realität scheint die Zahl der vorhandenen Einzelvögel in den Quellpopulationen ein ausschlaggebendes Kriterium zu sein.

Und da uns sogar Albatrosse und Riesensturmvögel besuchen kommen, scheint es hinsichtlich der Herkunft beobachteter Irrgäste auf unserem Kontinent keine Grenzen zu geben ... Ein im Oktober 2015 in Neuseeland fotografierter Eissturmvogel scheint dies zu bestätigen und könnte dabei helfen, den Eintrag des Kapsturmvogels auf der Liste der Vögel Europas zu legitimieren.

Bestimmung eines Irrgastes

Ornithologen sind oft mit den Arten vertraut, die sie regelmäßig beobachten, weshalb sie die in ihrer Region üblichen Arten manchmal schon nach kurzer Beobachtungszeit bestimmen können.

Naumanndrossel im 1. Winter: Die innersten drei großen Oberflügeldecken sind gemausert, alle anderen sind kürzer und haben eine weiße Spitze – ein typisches Muster der juvenilen Vögel.

Seltene Arten und Irrgäste sind dagegen schwer zu identifizieren, weil die meisten Ornithologen sie nicht kennen oder sie mit herkömmlichen Arten verwechseln. Andererseits darf man auch nicht davon ausgegehen, dass diese Irrgäste häufig anzutreffen sind: Sie bleiben selten und sind nicht überall zu beobachten.

Die Bestimmung einer seltenen Art setzt beim Beobachter eine gute Kenntnis der im Gebiet üblichen Arten voraus, um das vermutlich seltene Individuum mit diesen vergleichen zu können. Zum Beispiel: etwas kleiner, schlanker, weniger flink, flüchtiger, mit kürzerem Schwanz, aber kleinerem Kopf usw. Alle diese im Feld aufgezeichneten Merkmale könnten dazu beitragen, eine Identifikation zu bestätigen, und mit den Möglichkeiten aktueller Mobiltelefone – Fotos und Tonaufnahmen – kann eine Beobachtung sehr gut dokumentiert werden. Durch den schnellen Austausch von Informationen über die sozialen Netzwerke kann darüber hinaus ein Zweifel bestätigt, ein unangebrachter Wettbewerb vermieden und die Entdeckung und Beobachtung eines außergewöhnlichen Vogels bekannt gemacht werden.

Gestalt und Verhalten, – die in Kombination häufig zu einem bestimmten Gesamteindruck, dem sogenannten «Jizz» führen –, Gesang, Einzelheiten des Gefieders sowie Färbungen und Kontraste sind lauter wichtige Merkmale, um eine seltene Art zu bestimmen. Wichtig kann die Bestimmung des Alters und des Geschlechts eines Vogels sein, weil sich die Färbung oder das Muster einiger Federn zwischen den Geschlechtern und verschiedenen Kleidern unterscheiden. Bei den Sperlingen mit Geschlechtsdimorphismus erinnert das Gefieder von Jungvögeln häufig an das Gefieder der Weibchen. Bei den Waldsängern sind die jungen Männchen farbenfroher als die jungen Weibchen, erinnern aber an adulte Weibchen. Im Herbst kann sich an den juvenilen Vögeln durch Mauser einiger Federn, meist der Flügeldecken, das Geschlecht zeigen.

Bei der Scharlachtangare, *Piranga olivacea,* sind die Jungvögel identisch; die ersten gemauserten Flügeldecken allerdings sind bei den Weibchen olivgrün und bei den Männchen schwarz. Durch die Bestimmung des Alters der Flügeldecken kann möglicherweise das Alter des Vogels bestimmt werden. Bei den meisten Drosseln weisen die großen Flügeldecken und die juvenilen Schirmfedern eine ziemlich gut abgegrenzte, helle Spitze auf, die auf den Federn der zweiten Generation nicht mehr vorhanden ist. Die Suche nach den juvenilen Federn, die im Herbst erhalten bleiben, zeigt, dass dieses Muster hilft, das Alter einer Drossel oder einer Nachtigall zu bestätigen. Bei den großen Piepern ist die Bestimmung der Generation der mittleren Flügeldecken (juvenil oder adult) entscheidend, da das Muster bei den Federn der ersten Generation beim Spornpieper und beim Steppenpieper identisch ist, sich in den folgenden Generationen aber unterscheidet. Auch die Form der Steuerfedern kann dazu beitragen, das Alter einiger Vögel zu bestimmen: Bei den Jungvögeln sind sie spitzer, bei den Altvögeln abgerundeter. Es gibt allerdings Variationen zwischen den Arten: Die Steuerfedern der jungen Ammern sind spitzer als die Steuerfedern der jungen Drosseln.

Beim Zug geben verirrte Vögel Rufe ab, die für ihre Art typisch oder aber für den Zug spezifisch sein können. Eine Vogelart verfügt oft über ein abwechslungsreiches Repertoire an Rufen: Man muss sich vorstellen, dass eine Sibirische Drossel genauso viele verschiedene Rufe von sich geben kann wie eine Amsel, *Turdus merula.* Die Zugvögel stoßen oft einen Kontaktruf aus, und Männchen können auch weit von ihrem üblichen Verbreitungsgebiet entfernt schön singen.

Kontaktruf, Warnruf, Hilferuf, Zugruf, Flugruf – lauter mögliche Lautäußerungen bei unseren Vögeln wie auch bei Vögeln anderer Kontinente.

Der Strichelschwirl, *Locustella lanceolata,* gibt einen einzigartigen Zischlaut ab, wenn er sich in einem Zwischenlandegebiet befindet. Die Waldsänger haben einen besonderen Flugruf – oft ein kurzer, schriller und brummender Ton –, der sich vom klassischen Kontaktruf unterscheidet. Dieses Werk zeigt die Hauptmerkmale, anhand derer die seltenen, sich nach Europa verirrten Vögel bestimmt werden können. Es kann natürlich einzelne Abweichungen von den hier genannten Merkmalen geben, denn die Natur ist per Definition vielfältig.

Anerkennungsausschüsse

Wenn Sie einen seltenen Irrgast beobachtet haben, ist es wichtig, Ihre Beobachtung archivieren zu lassen, damit sie in den nationalen Berichten berücksichtigt werden kann. Das Ziel ist nicht der Nachweis, dass man fachkundig genug ist, eine Seltenheit zu bestimmen, sondern die Sicherstellung der Archivierung von Dokumenten (Beschreibung, Zeichnungen, Fotos, Aufnahmen), damit diese außergewöhnlichen Beobachtungen über Jahrzehnte hinweg dokumentiert werden können. Früher sammelten die Ornithologen Exemplare seltener Arten; die Museen in Europa besitzen viele der Exemplare, die wir gerne im Feld beobachten würden. Heutzutage ist das Sammeln von Exemplaren in Europa oder woanders nicht mehr die Norm, aber es bleibt wichtig, Vogelbeobachtungen gut zu dokumentieren und die verfügbaren Informationen bei den fachkundigen Seltenheitskommissionen einzureichen, in denen sich in jedem Land Fachexperten – erfahrene Ornithologen – zusammenschließen, um mit ihrer gemeinsamen Fachkompetenz aktuelle Listen der Beobachtungen seltener Arten zu führen.

Eine Liste der Seltenheitskommissionen kann auf der Internetseite www.aerc.eu aufgerufen werden. Die Länderkommissionen definieren, welche Arten in ihrem Arbeitsbereich meldepflichtig sind, und stellen Meldebögen bereit.

Pfeifschwan *Cygnus columbianus columbianus*

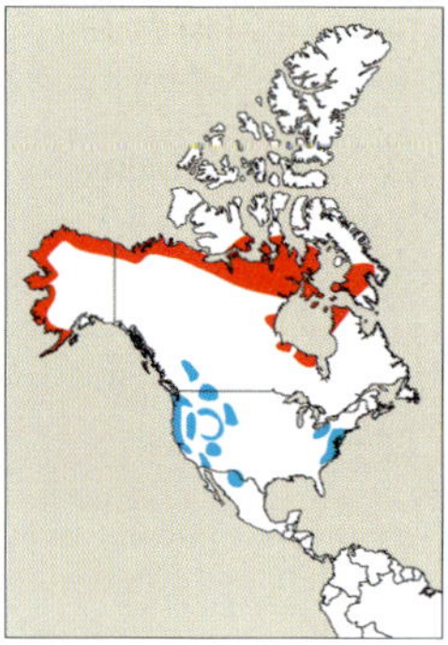

120 cm. Nearktisches Gegenstück zum Zwergschwan; Größe und Figur ähnlich, schwarzer Schnabel mit kleinem, gelbem, basalem Fleck, begrenzt auf einen gelben Strich vor dem Auge. Die Basis der orangefarbenen Schnabelwinkel hebt sich vom schwarzen Schnabel ab. Nicht zu verwechseln mit Zwergschwänen, deren Schnabel mit Schmutz bedeckt ist und deshalb schwarz erscheint. Jungvogel mit gräulichem Gefieder und rosa-grauem Schnabel; vor dem Frühling nicht von einem jungen Zwergschwan zu unterscheiden. Trompetender Ruf, der ein- oder zweimal abgegeben wird. Etwa zehn Erwähnungen im Winter in Europa.

Zwergschneegans *Anser rossii*

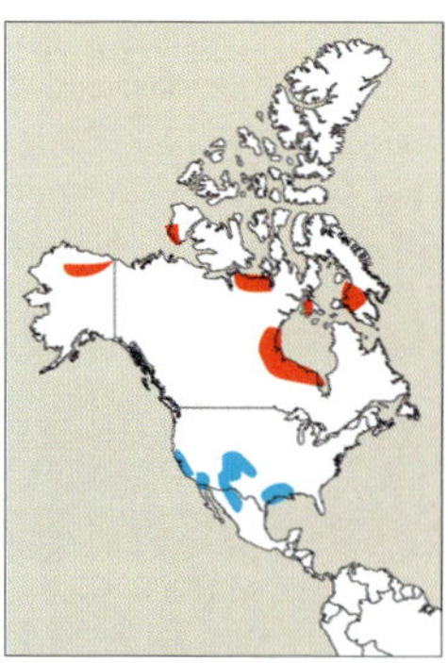

55–65 cm. Ähnlich Schneegans, aber deutlich kleiner, mit sehr kurzem, rosafarbenem Schnabel mit blauer Basis. Weißes Gefieder mit schwarzen Handschwingen, rosafarbene Beine. Blaue Form sehr selten, Hals und Rücken schwärzlich grau, Kopf und Bauch weiß. Jungvogel mit weißem Gefieder, Scheitel und Nacken gräulich, gräulicher Schnabel mit schwarzer Spitze. Sehr seltener Irrgast aus der kanadischen Arktis oder Gefangenschaftsflüchtling.

adult

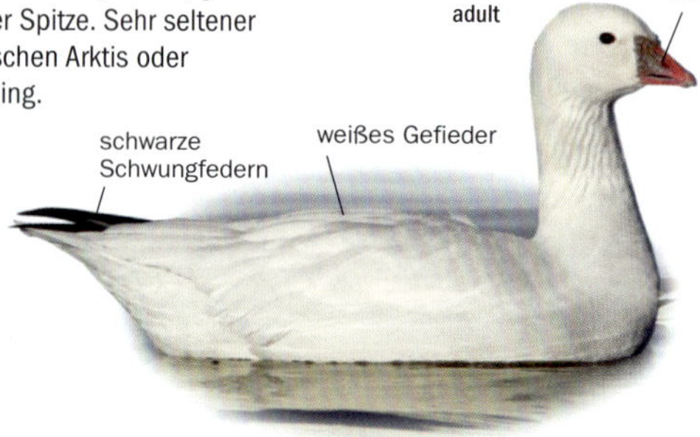

Schneegans *Anser caerulescens*

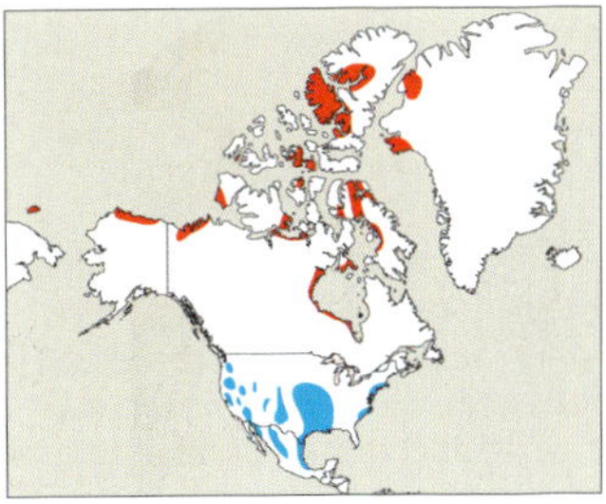

65–75 cm. Erinnert an Graugans. Gefieder weiß mit schwarzen Handschwingen, rosafarbener Schnabel mit sichtbarem, schwarzem Spalt, rosafarbene Beine. Blaue Form: seltener, variabel, mit dunkelgrau-bläulichem Rumpf, aber Bauchmitte heller; Steiß weiß, Kopf weiß, Hals weiß mit dunklem Strich an der Seite; aschfarbene Flügeldecken. Jungvogel: Scheitel, Hinterhals und Oberseite verwaschen grau-braun, Schnabel gräulich und Beine rosa-grau. Einige in Europa ausgewilderte und heimisch gewordene Populationen mit regelmäßigen Flüchtlingen; seltene, frei lebende Irrgäste. Die Große Schneegans (Unterart *atlanticus*) hat einen verhältnismäßig längeren Schnabel und überwintert an der Atlantikküste Amerikas; die Kleine Schneegans (Unterart *caerulescens*) ist mehr im Landesinneren anzutreffen.

Zwergkanadagans *Branta hutchinsii*

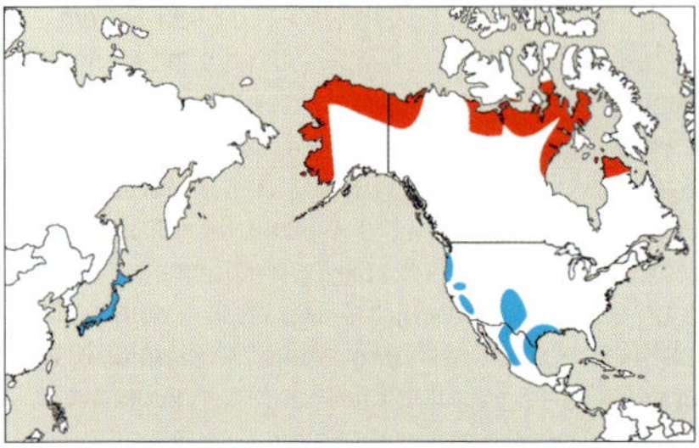

60–70 cm. Zwillingsart der Kanadagans, *B. canadensis;* kleiner und gedrungener, mit kurzem Hals, rundem Kopf und steiler Stirn, kürzerem Schnabel mit höckerigem oberen Rand und auffälligem Nagel. Schnabelform erinnert an Zwergschneegans. Unterart *hutchinsii* (kanadischer, atlantischer Norden; möglicherweise frei lebend): ziemlich groß, aber kleiner als Kanadagans, von der sie sich durch Größe und Form des Schnabels (sehr klein) unterscheidet; Brust im Allgemeinen hell. Unterart *taverneri* (zentrales Nordkanada: etwas größer und mit längerem Schnabel, der aber immer höckerig ist). Unterart *minima* (kanadischer, pazifischer Norden, Gefangenschaftsflüchtling): sehr klein, Brust dunkel, oft weißer Halsring und sehr kleiner Schnabel. Unterart der Kanadagans *parvipes* (kanadischer Westen): die kleinste ihrer Art, ähnlich der Zwergkanadagans, aber größer, mit längerem Schnabel mit gerader Oberkante. Nicht zu verwechseln mit Hybriden mit der Weißwangengans, bei denen dunkle Brust und hellerer Bauch kontrastieren.

Rothalsgans *Branta ruficollis*

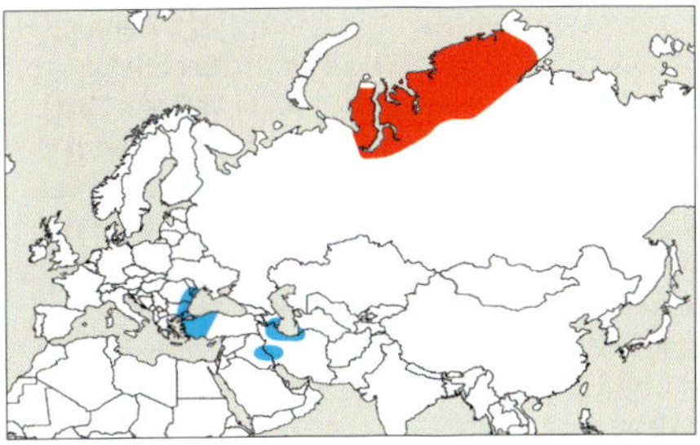

57 cm. Kleine, dunkle Gans mit sehr dickem Hals und sehr kurzem, schwarzem Schnabel; Mantel schwarz, Flanken schwarz mit breitem, weißem Band entlang der Flügel; Vorderhals und Wange ziegelrot. Aus der Ferne sind deutlich ein weißer Kreis vor dem Auge und ein weißes Dreieck oberhalb der Wange zu erkennen. Zwei schmale, weiße Bänder auf den Flügeldecken beim Altvogel; mehrere, weniger deutliche Linien bei den Jungvögeln, deren Wangenrot matter und weniger ausgedehnt ist. Im Flug sehr dunkel und gedrungen, mit einer breiten, weißen Linie oben an der Flanke und einer völlig schwarzen Flügelunterseite. Nistet in Ostsibirien. Seltener Wintergast; einzelne Vögel, in der Regel mit anderen Gänsen, insbesondere der Ringelgans, anzutreffen.

Pazifische Ringelgans *Branta bernicla nigricans*

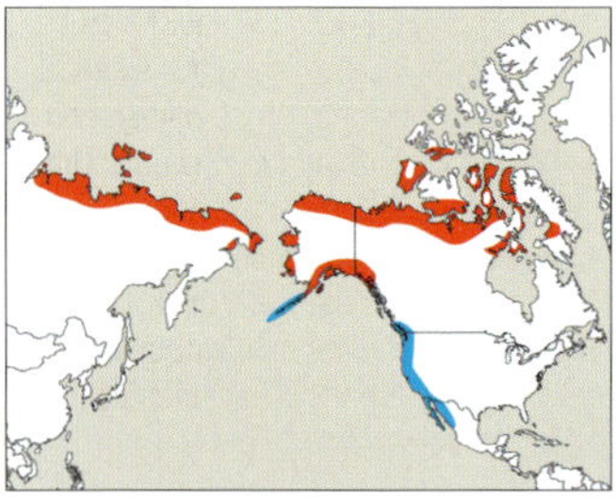

58 cm. Sehr dunkle Ringelgans. Flanken einheitlich schwärzlich grau, wobei der vordere Bereich die gleiche Farbe wie die Brust hat, der hintere Bereich weitgehend weiß gebändert ist; Rücken schwarz-grau, dunkler als bei Ringelgans *(bernicla)*; ausgedehnter, schwarzer Fleck auf dem Bauch zwischen den Beinen; sehr markanter, breiter, weißer Halbring oben am Hals, am Vorderhals häufig dicht befiedert; Kopf meist runder und Schnabel kürzer. Jungvogel mit hellrandigen Flügeldecken, Halsring weniger markant. Lässt sich aufgrund des dunkleren Rückens, der kontrastreicheren Flanken und des hervorstechenden Halsrings unter vielen Ringelgänsen *(bernicla)* gut ausfindig machen. Häufige Hybriden zwischen *bernicla* und *nigricans* (Flanken kontrastierend zur Brust, Mantel weniger schwarz). Ruf: ein tiefes Brummen, *rrron-rrron ....*

Brautente *Aix sponsa*

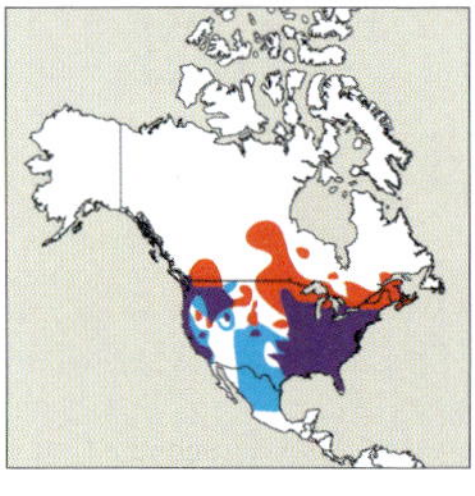

47 cm. Nearktische Ente; zahlreiche Gefangenschaftsflüchtlinge, kleine, frei brütende Populationen; einige sehr seltene, frei lebende Irrgäste (Azoren). Männchen sehr farbenfroh mit rotem Augenring und rotem Schnabel, grünem, abfallendem Schopf, weißem und schwarzem Strich im vorderen Flankenbereich, schwarzen Unterschwanzdecken. Weibchen ähnlich Mandarinenten-Weibchen, allerdings breite, weiße Augenumrandung, spitzerer Schnabel mit schwarzem Nagel, Flanken mit hellen Strichen und nicht mit kräftigen hellen Flecken.

Kanadapfeifente *Anas americana*

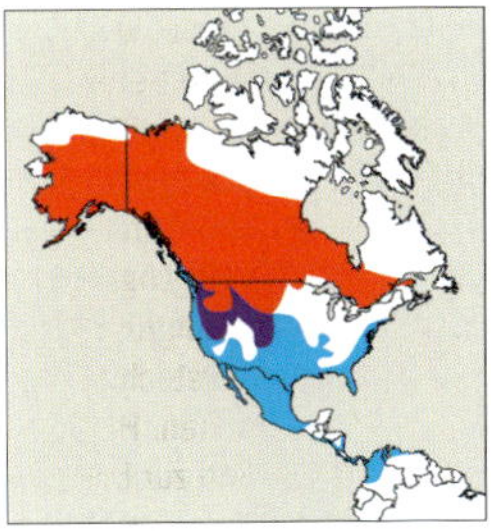

52 cm. Sehr seltener Wintergast, nearktischer Irrgast, ähnlich Pfeifente; schließt sich gerne Trupps von Pfeifenten an. Männchen mit grauem Kopf (tatsächlich fein schwarz gepunktet), mehr oder weniger markantem, flaschengrünem Streif hinter dem Auge und cremeweißer Stirn, die sich bis zum Scheitel fortsetzt; Schnabel grau mit schwarzer Umrandung entlang des Gesichts; Flanken rosa-gräulich ohne Kontrast zur Brust. Im Flug: weiße Achselfedern. Weibchen sehr schwierig von Pfeifente zu unterscheiden: Kopf grauer, Flanken röter, Achselfedern weiß, große Oberflügeldecken mit unterschiedlichem Muster. Die großen Oberflügeldecken der jungen Weibchen weisen eine schwarze Endbinde auf, der ein schmales, weißes Band vorausgeht (bei den jungen Pfeifenten-Weibchen völlig dunkel mit weißer Spitze).

Sichelente *Anas falcata*

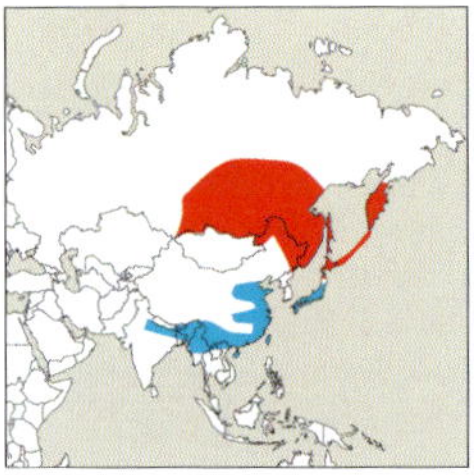

50 cm. Sibirische Gründelente, Zugvogel, möglicherweise Irrgast in Europa, häufig in Gesellschaft von Pfeifenten; die wenigen Erwähnungen werden häufig auf Gefangenschaftsflüchtlinge zurückgeführt. Aus der Ferne wirkt das Männchen grau mit schwarzem Kopf; Kopf kegelförmig mit grünem Streif, Kehle weiß mit schmalen, schwarzen und weißen Halsringen, ziemlich langer und schmaler, schwarzgrauer Schnabel. Lange, abfallende, schwarze und weiße Schirmfedern, gelber Fleck im hinteren Flankenbereich wie Krickente. Weibchen mit einheitlich hellem Gesicht ohne Überaugenstreif; der Nacken gibt manchmal den Anschein einer kurzen Haube. Im Flug: breiter, völlig dunkler Spiegel, der alle Armschwingen verdeckt.

Gluckente *Anas formosa*

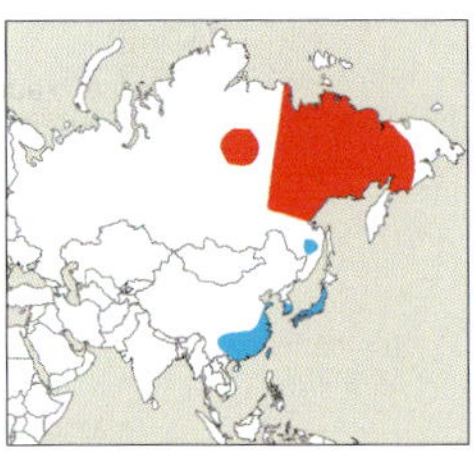

41 cm. Kleine sibirische Ente, Zugvogel, sehr seltener Irrgast in Europa, oft in Gesellschaft von Krickenten. Männchen: gelbes Gesicht mit langem, schwarzem Tränenstreif, rosafarbene Brust mit durch einen weißen, senkrechten Strich abgetrennten, grauen Flanken (wie bei Carolinakrickente), lange, spitze, schwarze und weiße Schulterfedern. Einige junge Männchen behalten braune Federn auf den Flanken. Weibchen: wie Krickente, aber mit dunkel umrandetem, rundem, weißem Zügelfleck, weißer Kehle und verwaschen rötlicher Brust. Schwarzer und grüner Spiegel mit rotbraunem Band an der Basis und breiter, weißer Endbinde.

Carolinakrickente *Anas carolinensis*

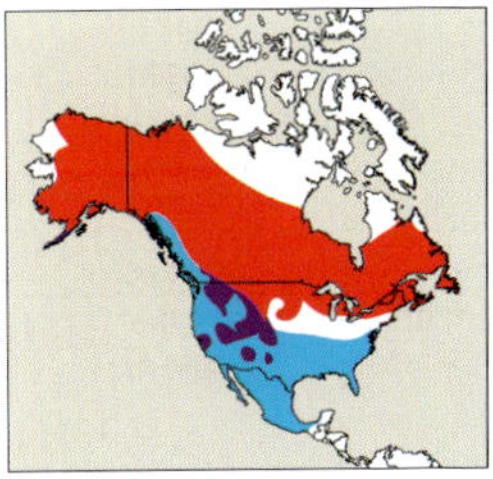

36 cm. Nearktisches Gegenstück zur Krickente; seltener Irrgast, der jeden Winter beobachtet werden kann. Männchen ohne weißes Band entlang der schwarzen, waagerechten Linie der Flanken, aber weiße, senkrechte Linie an der Brustseite; grüner Streif am Kopf mit schmaler, heller Umrandung, besonders unter dem Auge; Brust feiner schwarz gestrichelt; Wellung der Flanken dichter. Weibchen nur schwer von Krickente zu unterscheiden, aber das Band oberhalb des grünen Spiegels weist eine dichte, rötliche Färbung auf (bei Krickente manchmal verwaschen gämsfarben an einem Ende), Schnabel häufig dunkler, ohne orangefarbene Basis. Hybriden möglich, mit weißen, senkrechten und waagerechten Linien auf den Flanken.

Blauflügelente *Anas discors*

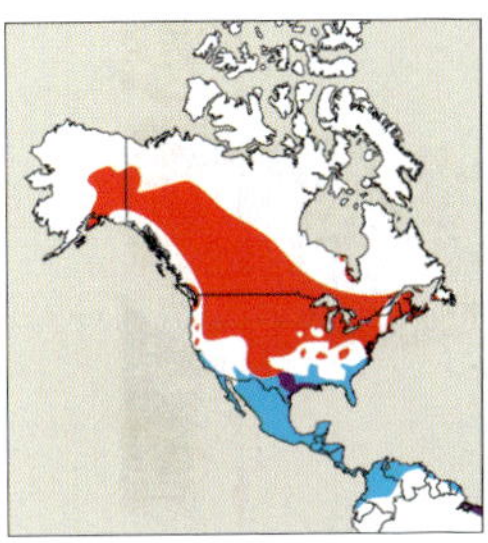

39 cm. Seltener, aber jährlicher Irrgast, anderen Enten ziemlich ähnlich. Männchen im Winter: schwarzer Kopf mit breitem, weißem Streif auf dem Gesicht; Brust und Flanken rötlich braun mit schwarzer Strichelung, schwarze Unterschwanzdecken mit weißem, rundem Fleck im hinteren Flankenbereich, Vorderflügel hellblau. Im Herbst: markanter Überaugenstreif, heller Bereich an der Schnabelbasis, schmaler, heller Augenring und blaue Oberflügeldecken, sogar beim Weibchen. Schwarzer und grüner Spiegel mit sehr schmalem, weißem Hinterrand. Hybriden mit der Löffelente bereits beobachtet (im französischen Départment Vendée), erinnern an Männchen, aber mit deutlich spatelförmigem Schnabel.

Dunkelente *Anas rubripes*

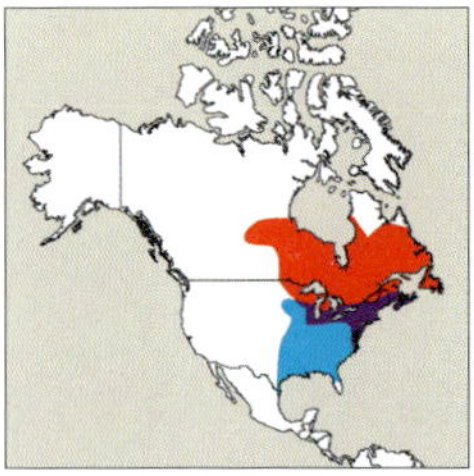

57 cm. Seltener, nearktischer Irrgast; Stockente sehr ähnlich, aber vollständig schwarzbraunes Gefieder, metallisch blauer Flügelspiegel mit schwarzer Umrandung und schmalem, weißem Hinterrand, aber ohne weißen Rand an der Basis. Schnabel gelb (Männchen) oder braun (Weibchen). Kopf des Männchens erinnert an Stockenten-Weibchen mit schwärzlichem Scheitel und schwärzlichem, schmalen Augenstreif. Im Flug: deutlich sichtbare, weiße Unterflügeldecken, die einen starken Kontrast zu den Flanken bilden. Hybriden mit der Stockente möglich, Gefieder dann heller oder manchmal ähnlich der Dunkelente, aber schmaler, weißer Spiegelvorderrand; Männchen mit «Schmachtlocke» auf dem Bürzel.

Marmelente *Marmaronetta angustirostris*

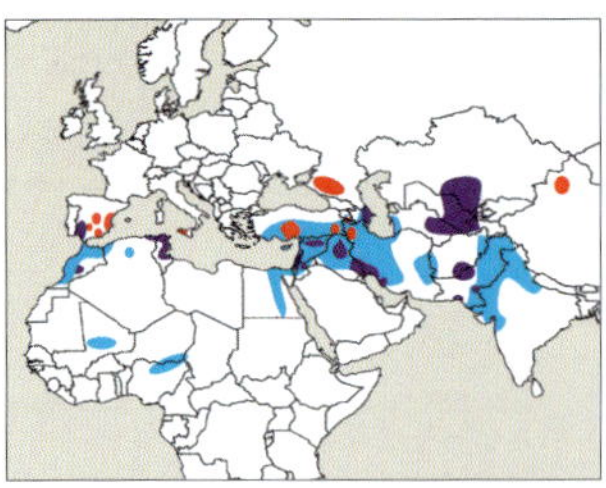

41 cm. Verirrte Gründelente, ursprünglich im Mittelmeerraum, darunter Spanien heimisch; mögliche Gefangenschaftsflüchtlinge. Gefieder grau und beigefarben mit hellen, runden Flecken; dunklerer Mantel, dunkle Maske, Schnabel dunkelgrau, beim Weibchen mit heller Basis. Im Flug: graue Flügel mit sehr hellen Armschwingen und einem hellen Fleck am Handgelenk, Flügelunterseite weiß, aber Spitze der Handschwingen dunkel.

Riesentafelente *Aythya valisineria*

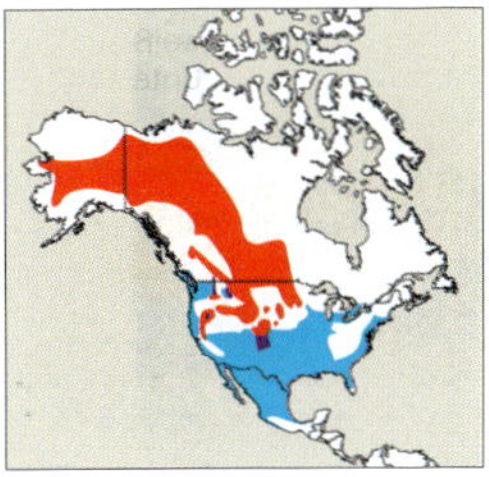

53 cm. Sehr seltener, nearktischer Irrgast in Europa. Große Ente, ähnlich Tafelente, aber größer und schlanker, Hals länger, Kopf mit fliehender Stirn, Schnabel länger, mit langgestreckter Spitze, vollständig dunkel, sogar beim Weibchen. Flanken und Mantel des Männchens sehr hell grau gefärbt, heller als bei Tafelente; Weibchen mit typischer Kopfform mit langem Schnabel und abfallender Stirn, Kopf einheitlicher gefärbt als bei Tafelente. Im Flug: Flügelmuster wie bei Tafelente, mit breitem, grauem Flügelband auf den völlig grauen Hand- und Armschwingen.

Rotkopfente *Aythya americana*

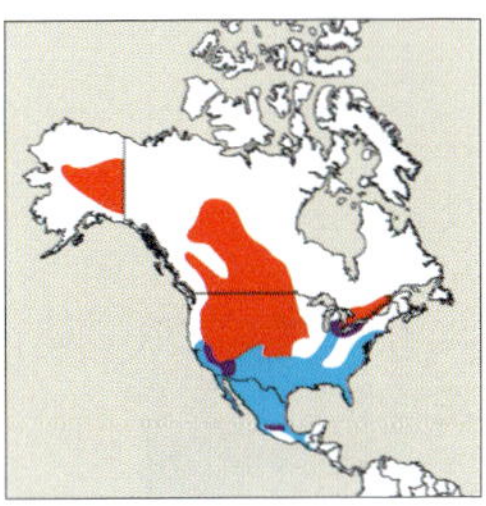

58 cm. Sehr seltener Irrgast nearktischer Herkunft. Ähnlich Tafelente, aber Kopf runder und mit steilerer Stirn, Schnabel eher gleichförmig dick und dreifarbig, mit schwarzer Spitze und hellem Subterminalband. Männchen mit gelber bis orangefarbener Iris; Flanken und Mantel dunkler grau, manchmal bräunlich, Rücken am Hinterrand dunkler, fein gewellt. Weibchen: erinnert an Tafelente, aber Kopfform mit einer hohen, abgerundeten Stirn etwas anders, Schnabel dreifarbig, Brust in geringem Kontrast zu den Flanken, beide zeigen eine warme Farbe.

Ringschnabelente *Aythya collaris*

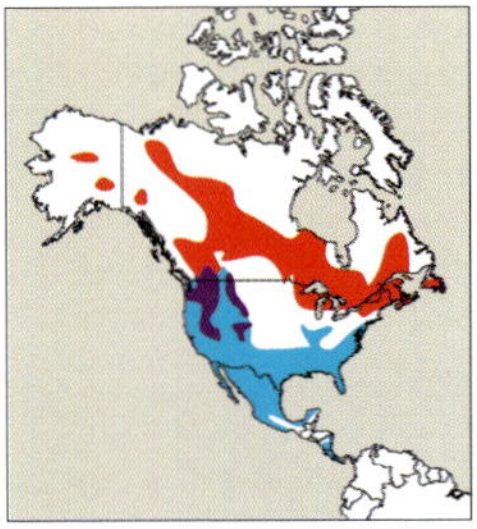

42 cm. Nearktische Ente, jährlicher Irrgast, erinnert an Reiherente. Kopf weniger abgerundet, zum Hinterkopf hin zugespitzt, langer Schwanz. Männchen schwarz, Halsansatz mit braun-purpurfarbenem Glanz, den man aber kaum sieht; Flanken grau und mit weißem, senkrechtem Band vor der Brust umrandet; gelbe Iris, dunkelgrauer Schnabel mit schwarzer Spitze und mit breitem, deutlichem, weißem Subterminalband und schmalem, weißem Strich an der Basis. Weibchen mit ähnlichem Schnabel, orangefarbene Iris, heller Bereich vor dem Auge, heller Kreis um das Auge, der nach hinten in einen schmalen Augenstrich übergeht. Jungvogel mit brauner Iris, Schnabel mit undeutlichem oder fehlendem hellem Band, Kopf weniger markant als beim adulten Weibchen. Graues Flügelband im Flug.

Kleine Bergente *Aythya affinis*

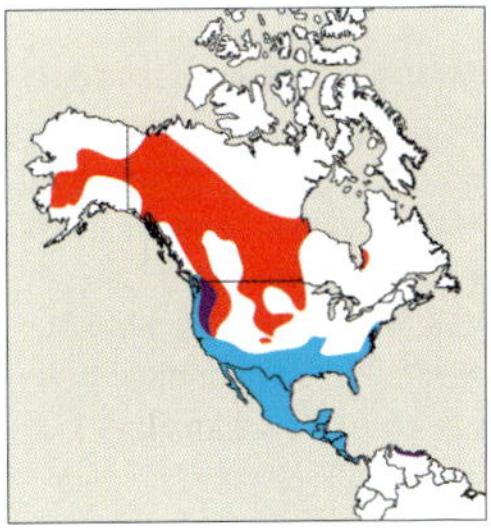

42 cm. Seltener Irrgast, inzwischen aber jährlich; erinnert an Bergente, aber kleiner und Kopf weniger rund, hinten mit leichter Wölbung. Männchen mit grobem, schwarzem Wellenmuster auf dem Mantel, Flanken mit grauem Wellenmuster; Schnabel mit kleinem, ovalem, schwarzem Nagel. Weibchen mit typischer Kopfform, Schnabel ein wenig spatelförmig mit kleinem, schwarzem Nagel, breite, weiße Stirn. Junges Männchen im ersten Winter mit braun gesprenkelten, juvenilen Federn auf Flanken und Rücken. Im Flug: weißes Flügelband auf den Armschwingen, graues Flügelband auf den Handschwingen; bei Bergenten und Reiherenten ist das Flügelband über die gesamte Länge weiß.

Prachteiderente *Somateria spectabilis*

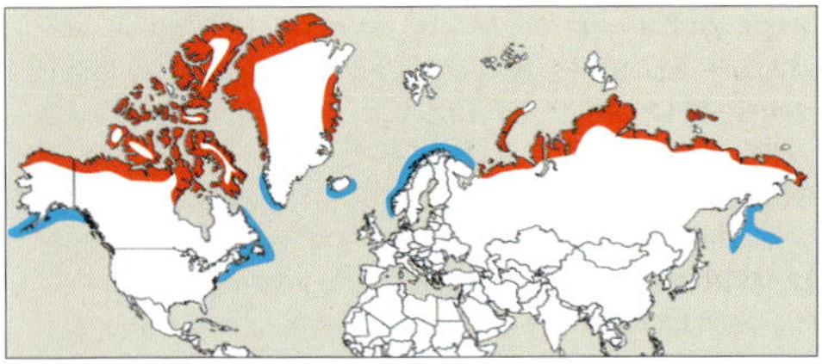

59 cm. Arktische Ente; sehr seltener Irrgast im Winter im Süden Europas. Kleiner als Eiderente, Weibchen sehr ähnlich, aber Kopf runder mit flacher Stirn, kurzer, dunkler Schnabel (einschließlich Nagel), «lächelnde» Schnabelwinkel. Männchen: Rücken schwarz mit kleinen «Segeln», Brust weiß, Flanken schwarz mit weißem Band am Hinterende, Schnabel rot mit breitem, gelbem, seitlichem Stirnschild, das schwarz umrandet ist. Männchen im ersten Winter mit orangefarbenem Schnabel (wie Weibchen); Gefieder schwarzbraun, aber Brust weitgehend weiß, ohne schwarze «Segel» im hinteren Rückenbereich wie beim Altvogel. Im Flug: schwarze Flügel oberseits mit weißem Oval auf den Armschwingen.

Eiderente *Somateria mollissima*

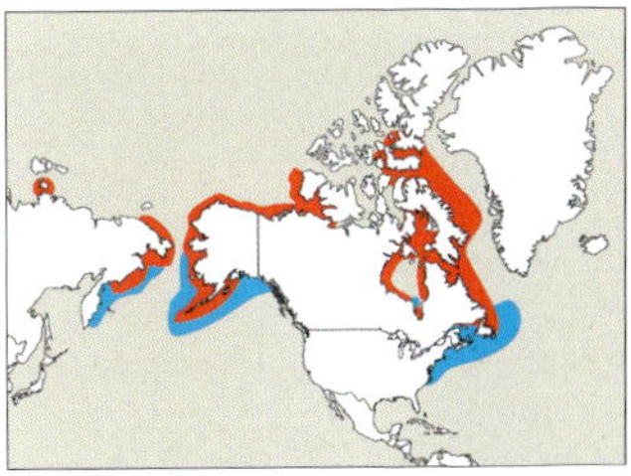

65 cm. Sehr groß, massiv; großer, gewölbter Kopf; kegelförmiger Schnabel mit weißlicher Spitze, Stirnschild erstreckt sich bis auf die Seiten. Form und Farbe des Schnabels unterscheiden die adulten Männchen von denen anderer Unterarten (Irrgästen), die alle weiße Flügelspitzen auf dem Rücken aufweisen. Kanadische Eiderente, Unterart *borealis* (Island), mit leuchtend gelbem Schnabel und breiten Stirnschildern; ähneln sehr Vögeln aus dem Norden Schottlands. Amerikanische Eiderente, Unterart *dresseri* (Nordamerika), mit sehr breiten und an der Basis abgerundeten Stirnschildern, Stirn daher deutlich gewölbt; das Grün auf dem Nacken erstreckt sich manchmal bis unter das Auge. Pazifische Eiderente, Unterart *v-nigrum* (nearktische Pazifikseite, kürzlich in Norwegen fotografiert) mit leuchtend orangenem Schnabel mit gelber Spitze, zackenförmigem Stirnschild, schwarzer Linie in V-Form auf der Kehle. Für die Unterscheidung der Weibchen gibt es bisher keine Kriterien.

Plüschkopfente *Somateria fischeri*

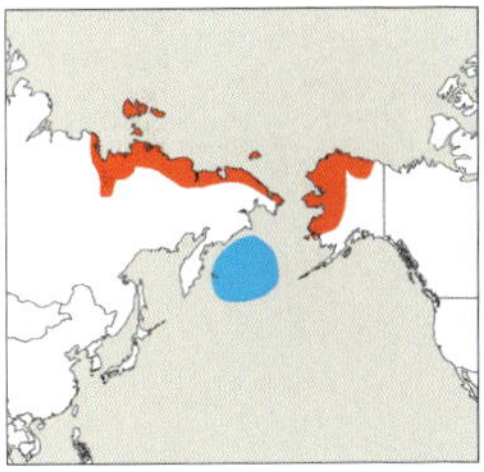

55 cm. Stammt aus der kanadischen und sibirischen Arktis, einige Erwähnungen in Norwegen; überwintert auf Wasserlöchern im Packeis im nördlichen Pazifik. Etwas kleiner als Eiderente, mit breitem, hellem, schwarz umrandetem Oval um das Auge und einer Haut, die die Schnabelbasis bedeckt. Männchen mit weißer Brust und weißen Flanken, weißer «Brille» auf dem grünlichen Gesicht, orangefarbenem Schnabel. Weibchen mit beigefarbener «Brille», grauem Schnabel; Mantel und Flanken rötlich und stark gebändert mit senkrechten, schwarzen Streifen.

Scheckente *Polysticta stelleri*

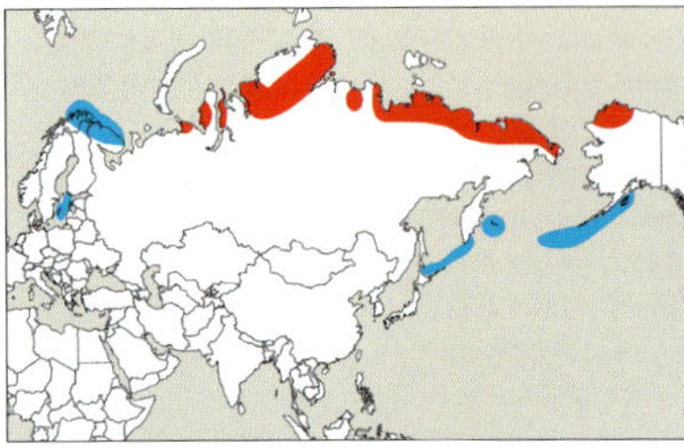

50 cm. Sehr seltener Irrgast, in wachsender Zahl in der Ostsee, nistet in der sibirischen Arktis. Kleine Eiderente ohne weißen, runden Fleck im hinteren Flankenbereich. Männchen schwarz-weiß mit gewölbtem Nacken und schwarzer «Brille», Brust und Flanken orangefarben, Mantel schwarz; schwarze Schulterfedern mit weißen Bändern kontrastieren im Flug mit den weißen Flügeldecken. Weibchen dunkelbraun mit grauem Schnabel; schmaler, heller Kreis um das Auge, der um einen schmalen Lidstrich verlängert ist; blau-metallischer Flügelspiegel mit breitem, weißem Hinterrand erinnert an Stockente.

Kragenente *Histrionicus histrionicus*

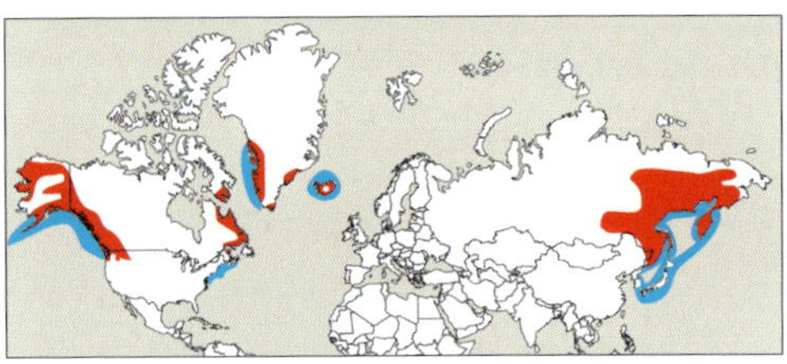

41 cm. Arktische Tauchente, Brutvogel in Island und Kanada. Sehr seltener Irrgast in Nordeuropa, im Winter an den Küsten. Sehr runder, bunter Kopf; kurzer, grauer Schnabel mit heller Spitze und dicker Basis. Männchen typisch mit weißen, bläulich grauen und schwarzen Zeichnungen; ziegelrote Flanken; bunter Kopf; aus der Ferne sind das breite, weiße Gesicht und die weißen, senkrechten Linien im vorderen Flankenbereich sowie die weißen, waagerechten Linien entlang des Flügels auf einem sehr dunklen Gefieder gut sichtbar. Gefieder des Weibchens erinnert an Trauerente, mit verschwommen hellem Gesicht und einem weißen Fleck im hinteren Wangenbereich; Rest des Gefieders einheitlich dunkelbraun. Im Flug: Flügel oben und unten schwarz, wie Eisente.

Pazifiktrauerente *Melanitta americana*

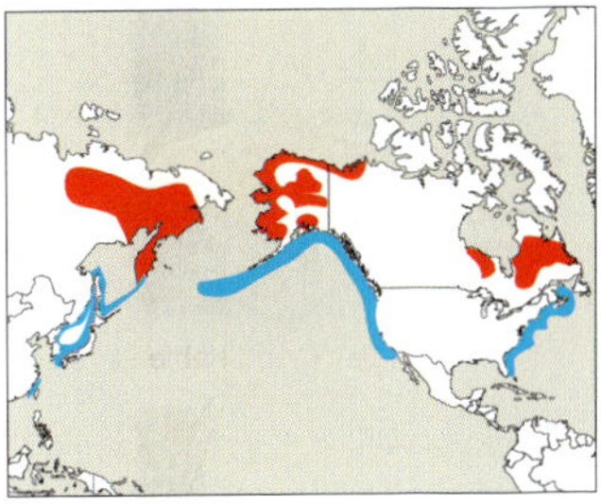

49 cm. Nearktischer Zwilling der Trauerente. Sehr seltener Wintergast, inzwischen aber jährlich, in Truppen von Trauerenten. Letzteren sehr ähnlich, aber Schnabel des Männchens mit deutlichem Höcker; die gelb-orangene Färbung deckt die Hälfte bis zwei Drittel des Schnabels ab. Junges Männchen mit braunem Gefieder wie Weibchen, aber mit gelb-orangenem Oberschnabel mit schwarzer Spitze, Ausbildung des Höckers im Laufe des Winters. Weibchen wie das der Trauerente, braun mit dunklerem Scheitel, hellen Wangen, weißem Bauch; Schnabel manchmal kürzer, an der Basis dicker; Gelb reicht bis zu den Nasenlöchern.

Brillenente *Melanitta perspicillata*

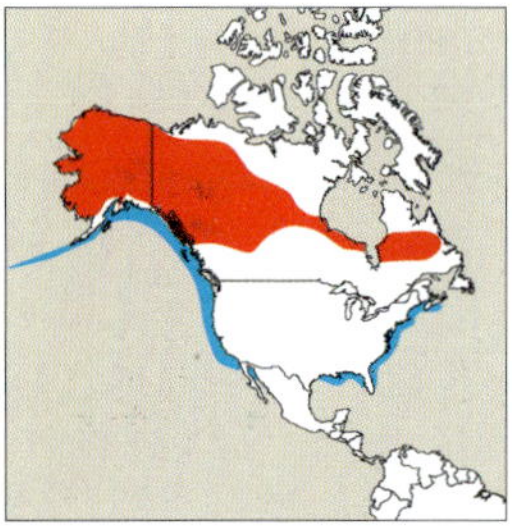

50 cm. Nearktische Tauchente der Gattung *Melanitta* (am weitesten verbreiteter Irrgast), seltener, aber jährlicher Wintergast, in Truppen von Trauerenten anzutreffen, vorwiegend an der Atlantikküste. So groß wie Trauerente, aber Rumpf kleiner, Kopf größer und massiver; großer, kegelförmiger Schnabel mit sehr hoher Basis. Weibchen: dunkler Scheitel, helle Flecke vor dem Schnabel, hinter dem Auge und im Nacken; schwarzgrauer Schnabel mit dicker Basis. Männchen schwarz mit weißem Fleck im Nacken (in jeder Altersstufe) und auf der Stirn (nur bei Altvögeln); gelb-orangefarbener Schnabel mit weißer Basis mit rundem, schwarzem Fleck; weiße Iris. Junges Männchen mit braunem Gefieder zum Winteranfang, Anschein eines weißen Nackens zum Winterende; Schnabel zeigt bereits weiße und rote Anteile. Im Flug: völlig schwarze Flügel. Aus der Ferne sind Körperform und weiße Flecke kennzeichnend. Taucht mit einem kleinen Sprung nach vorne ab, Flügel dabei häufig halb geöffnet.

Höckersamtente *Melanitta deglandi*

Unterart *stejnegeri*

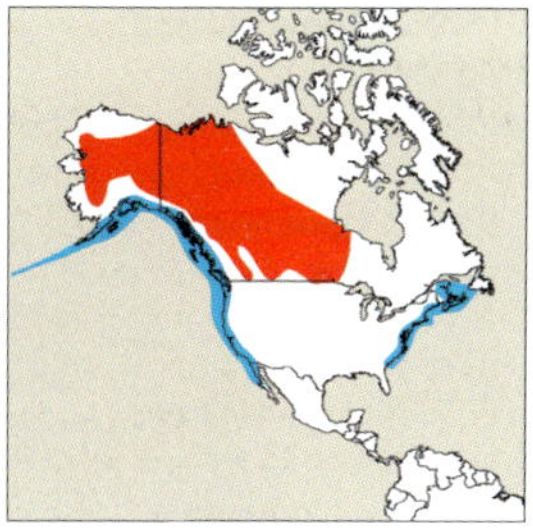

Unterart *deglandi*

54 cm. Ähnlich Samtente; deren amerikanischer Stellvertreter (Unterart *deglandi*) und sibirischer Stellvertreter (Unterart *stejnegeri*). Nearktische Männchen: schwarze, viereckige Wölbung an der Schnabelbasis, rötlicher Nagel auf dem Schnabel, dessen gelbe Ränder eine schwarze, seitliche Linie tragen; breiterer, weißer Halbmond unter dem Auge und bräunliche Flanken. Sibirische Männchen: Wölbung an der Schnabelbasis vorspringend und spitz; Schnabelränder weitestgehend rötlich und bis zum Nagel unten mit gelbem Strich; weißer Halbmond noch markanter, erstreckt sich bis hinter das Auge; schwarze Flanken. Weibchen wie Samtenten-Weibchen, aber Schnabel über den Nasenlöchern gewölbter. Im Flug: weißes Feld auf den Armschwingen.

Männchen, ***M. fusca*** **(Samtente)**

Männchen, Unterart ***stejnegeri***

Weibchen, Unterart ***deglandi***

Männchen, Unterart ***stejnegeri***

Männchen, Unterart ***stejnegeri***

Männchen, Unterart ***deglandi***

Büffelkopfente *Bucephala albeola*

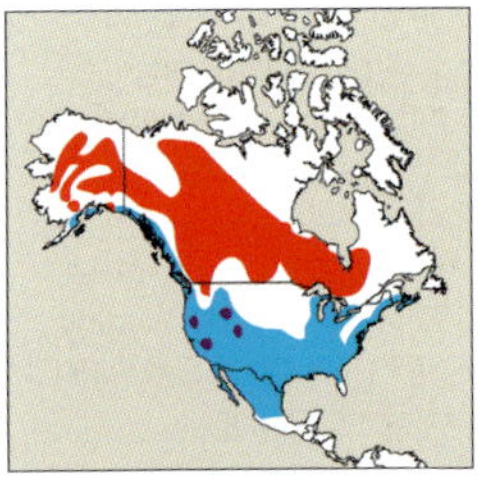

36 cm. Nearktischer Irrgast; selten, aber jährlich in Europa zu sehen, auch als Gefangenschaftsflüchtling. Klein, rund, mit großem Kopf und kurzem, grauem Schnabel. Männchen: schwarzer Kopf mit grünem und violettem Glanz, mit großem, weißem Feld auf Kopfseiten und Nacken; Flanken weiß, Mantel schwarz; im Flug: Armflügel völlig weiß mit schwarzem Band am Vorderrand. Weibchen mit dunkelbraunem Kopf und kleinem, weißem Wangenfeld; Brust und Flanken grau, Flügel braun mit weißem Spiegel. Rosafarbene Beine. Taucht wie eine Tauchente der Gattung *Aythya,* mit der sie häufig vergesellschaftet ist.

Spatelente *Bucephala islandica*

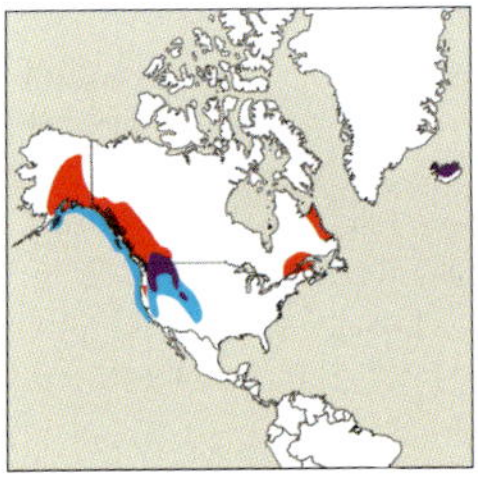

47 cm. Nistet in Island, Grönland und Kanada. Ähnlich Schellente, aber größer, Schnabel kürzer und an der Basis dicker, Kopfform anders: mit hoher, gewölbter Stirn, besonders vor dem Auge (Kopf weniger kegelförmig). Männchen mit weißem Halbmond vor dem Auge, der über die Augenhöhe hinausreicht; Kopf mit violettem, aber ohne grünen Glanz, schwarz gebänderte Schulterfedern, Armflügel zur Hälfte schwarz. Aus der Ferne kleine, schwarze Spitze sichtbar, die bis in den vorderen Flankenbereich reicht; fehlt beim Schellenten-Männchen. Das Weibchen unterscheidet sich besonders durch die steilere Stirn und den kürzeren Schnabel, der zur Brutzeit häufig eine ausgedehntere Orangefärbung zeigt.

Kappensäger *Lophodytes cucullatus*

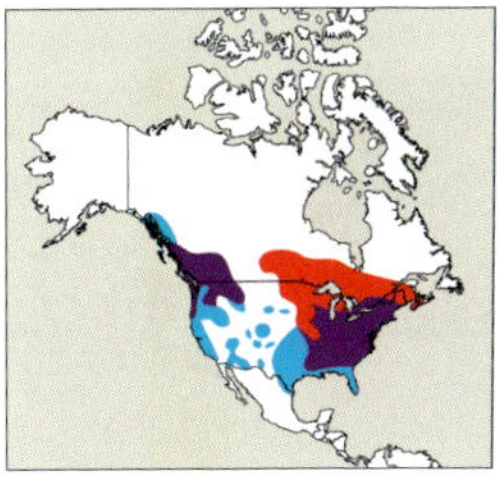

46 cm. Sehr seltene Irrgäste in Westeuropa (Azoren, Island, Schottland), vorwiegend Gefangenschaftsflüchtlinge. Kleiner, nearktischer Säger, dessen Kopf um eine lange, weiße, schwarz umrandete Haube (Männchen) oder um eine rotbraune, braun eingefasste Haube (Weibchen) verlängert ist, die sich aufrichtet, wenn der Vogel beunruhigt ist oder balzt (und dann eine «Scheibe» bildet). Schnabel kürzer als beim Gänse- und Mittelsäger, beim Männchen schwarz, beim Weibchen gelb mit schwarzer Unterschnabelkante. Schwanz lang und abgerundet. Männchen mit weißer Brust und breiten, schwarzen und weißen, senkrechten Bändern im vorderen Bereich der rot-orangenen Flanken mit dunklem Wellenmuster. Schirmfedern und Armschwingen mit breiten, weißen Säumen.

Männchen, 1. Winter

Weibchen

Männchen

Weißkopf-Ruderente *Oxyura leucocephala*

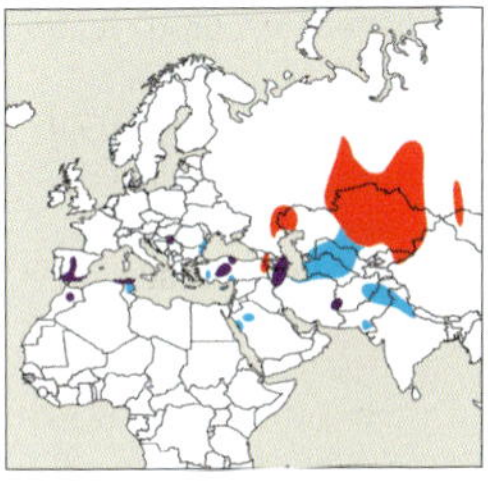

45 cm. Etwas größer als Schwarzkopf-Ruderente; ursprünglich in Zentralasien, Nordafrika und Spanien beheimatet; jedes Jahr einige Irrgäste im Westen. Männchen: Kopf weiß mit kleinem, schwarzem Scheitel, der weder bis zum Auge noch bis zur Stirn reicht, Schnabel blau (im Winter grau) mit Verdickung an der Basis. Weibchen: Schnabelbasis aufgetrieben, weißer Strich unter dem schwarzbraunen Scheitel, breiter, undeutlicher, dunkelbrauner Strich auf der Wange parallel zum Scheitel. Flanken und Mantel mit schwarzem Wellenmuster. Häufig in Gesellschaft der Schwarzkopf-Ruderente, mit der sie manchmal hybridisiert.

junges Männchen

Männchen

Weibchen

Pazifiktaucher *Gavia pacifica*

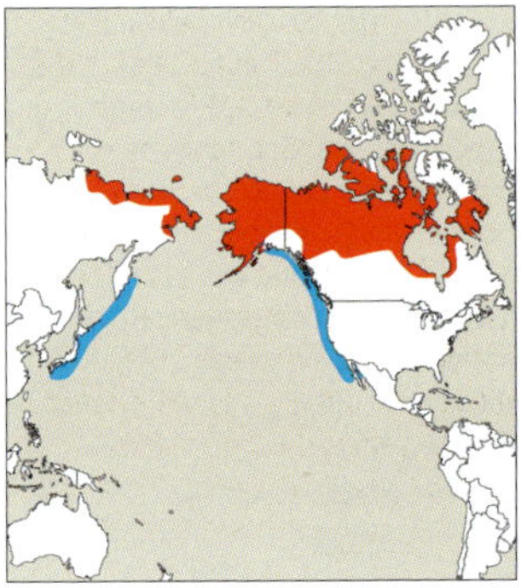

68 cm. Zwilling des Prachttauchers und dessen Stellvertreter im Pazifik; bereits im Vereinigten Königreich, in Spanien und in der Schweiz beobachtet. Aussehen ähnlich, aber das Weiß des Unterbauchs reicht nicht in den hinteren Flankenbereich hinein, wodurch der weiße Fleck oberhalb der Wasserlinie des Vogels fehlt. Häufig schmaler, dunkler Kehlstrich zwischen Kehle und Hals (fehlt manchmal), graue Wange (beim Prachttaucher heller); schwarzer, markanter Streifen auf dem Bauch, der den Ansatz der Beine verbindet. Im ersten Winter Mantel mit einheitlichem, hellem Schuppenmuster. Gestalt häufig etwas anders als beim Prachttaucher: Kopf runder, Nacken massiger, Hals dicker, Schnabel kürzer.

Bindentaucher *Podilymbus podiceps*

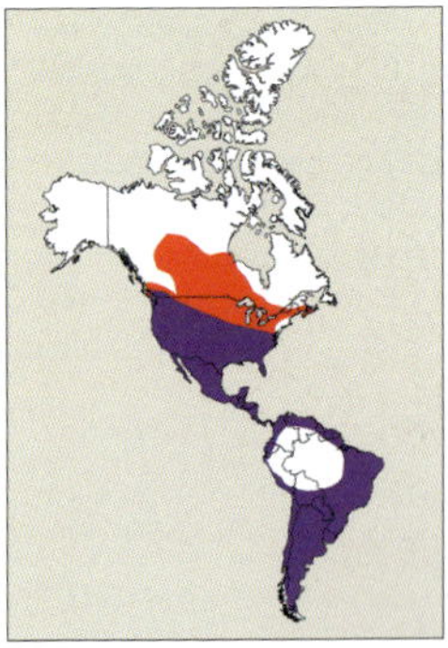

35 cm. Sehr seltener, nearktischer Irrgast; kleiner Taucher, der an den Zwergtaucher erinnert, aber größer; großer, eckiger Kopf (besonders die Stirn), dicker, elfenbeinfarbener Schnabel, Kopf einheitlicher dunkel. Prachtkleid: schwarzes, senkrechtes Schnabelband, schwarzes Kinn, eine schwarze Linie sich von dort aus bis zum weißen Augenring erstreckend. Im Winter: brauner Kopf, der vom Scheitel bis zur Stirn zunehmend dunkler wird, Schnabel gelb-elfenbeinfarben ohne markantes Band. Im Flug: dunkle Flügel mit heller Säumung am Ende der Armschwingen. Einige Erwähnungen im Winter; im Frühjahr manchmal mit Balzverhalten.

Wanderalbatros *Diomedea exulans*

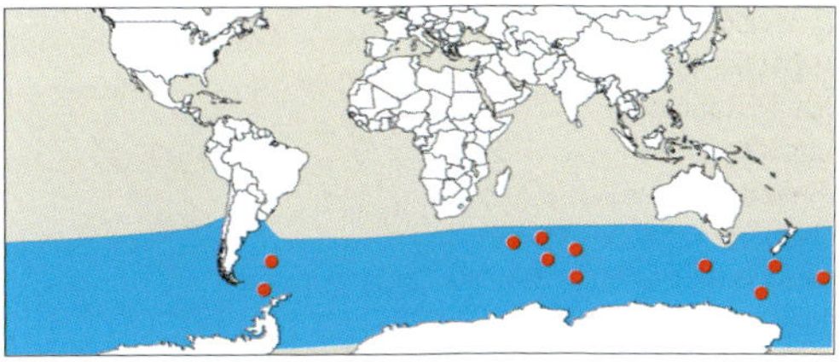

Flügelspannweite 270–350 cm. Ursprünglich beheimatet auf den Meeren der Südhalbkugel. 1957 auf Sizilien, 1963 vor der Küste Portugals beobachtet. Sehr groß, enorme Flügelspannweite, weiß mit schwarzen Schwungfedern, Schnabel lang und hellrosa. Jungvogel schokoladenbraun mit weißem Gesicht und weißem Bauch; das Gefieder wird mit dem Alter zunehmend weiß. Immature und subadulte Vögel mit schwarzen Steuer- und Schwungfedern, Brust (oberseits) und Flügeldecken hellen sich nach und nach auf. Zahlreiche Unterarten, einige dunkel; adulte Weibchen mit braun-weiß geflecktem Gefieder; Männchen größer und weißer als die Weibchen derselben Unterart und des gleichen Alters.

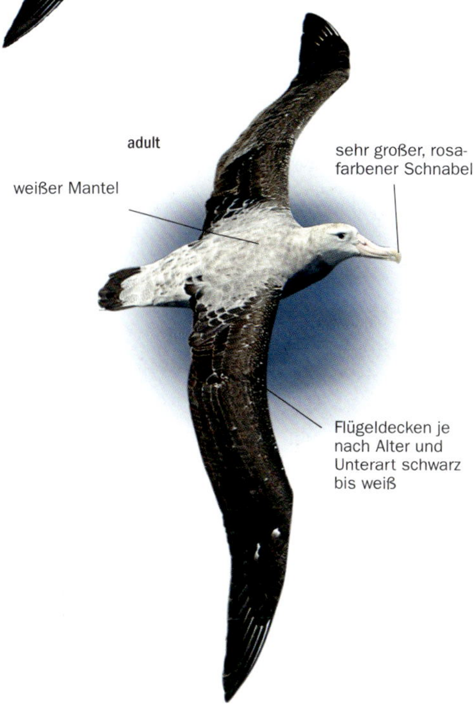

Gelbnasenalbatros *Thalassarche chlororhynchos*

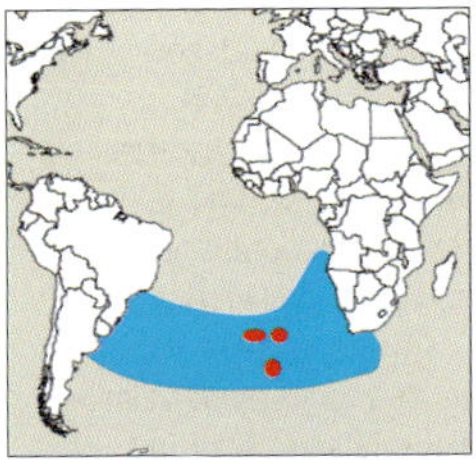

Flügelspannweite 180–205 cm. Kleiner und schlanker als Schwarzbrauenalbatros; die Flügel scheinen schmaler und der Schnabel scheint verhältnismäßig länger zu sein. Nistet im Südatlantik; sehr seltener Irrgast im Nordatlantik (Großbritannien, Norwegen, Island). Flügelunterseite mit schwarzem, schmalerem Vorderrand; Schnabel schwarz mit gelbem oberem Rand, der am Ende ins Rot übergeht (Altvogel) oder völlig schwarz ist (Jungvogel). Immature Vögel mit schwarzem Schnabel, dessen Rand erst an der Basis gelb wird. Weißer Kopf mit schwarzem Dreieck auf dem Auge (Jungvogel); hellgrauer Kopf mit demselben dunklen Dreieck auf dem Auge beim Altvogel. Typischer Albatros-Flug.

Schwarzbrauenalbatros *Thalassarche melanophrys*

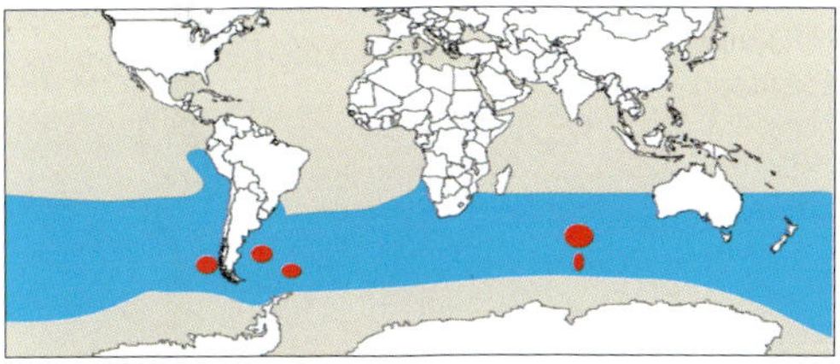

Flügelspannweite 200–235 cm. Weit verbreiteter Brutvogel im Südatlantik (Falklandinseln, Südgeorgien), seltener Irrgast im Nordatlantik. Sehr groß, lange Flügel; schwarze Flügeloberseite und schwarzer Schwanz, kontrastierend mit weißem Bürzel und Hals; Mantel häufig gräulicher. Schnabel massiv und ohne Nasenröhre, grau mit schwarzer Spitze (Jungvogel), gelb mit roter Spitze (Altvogel). Flügelunterseite weiß mit breitem, schwarzem Vorder- und Hinterrand; beim Jungvogel Mittelbereich des Flügels gräulich, Kopf möglicherweise gräulich und schmaler, dunkler Halsring. Im Wind wellenartiger Gleitflug ohne Flügelschlag. Mauser der äußeren Handschwingen innerhalb von zwei Jahren, wodurch das Alter der immaturen Vögel in Kombination mit der sich ändernden Schnabelfärbung bestimmt werden kann: 1. Jahr: juvenile Handschwingen; 2. Jahr: die drei äußersten juvenilen Handschwingen sind gemausert (und kontrastieren mit den sich anschließenden juvenilen und abgetragenen Handschwingen); 3. Jahr: die drei äußersten Handschwingen sind abgetragen und kontrastieren mit den sich anschließenden neuen Handschwingen usw.

Riesensturmvogel *Macronectes giganteus*

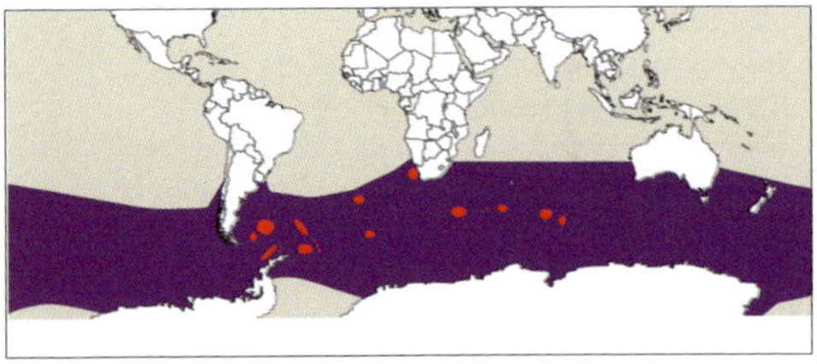

Flügelspannweite 180-200 cm. Sehr großer Eissturmvogel, Körpergröße wie Basstölpel, aber Gefieder aschgrau bis anthrazitgrau (Altvogel) oder schwarz (Jungvogel); kräftiger, gelblicher Schnabel mit langer Nasenröhre. Schnabel des (antarktischen und subantarktischen) Riesensturmvogels einfarbig, beim Altvogel manchmal grünliche Färbung auf dem Nagel; Kopf mit einheitlicher Färbung, aber helles Gesicht möglich; Kopf und Hals häufig heller als der Rest des Körpers; weiße Form mit einigen vereinzelten schwarzen Federn. Dunkle Schnabelspitze beim subantarktischen Hallsturmvogel, *Macronectes halli;* Altvogel variabel, häufig mit hellem Kopf, aber dunklem Scheitel und Nacken (wie ein «Helm»). Gleitflug im Albatrosstil, aber mehr Phasen mit langsamen Flügelschlägen. Eine Beobachtung an der Adria im September 1991.

Riesensturmvogel

Hallsturmvogel

Riesensturmvogel

Hallsturmvogel

juveniler Riesensturmvogel

Kapsturmvogel *Daption capense*

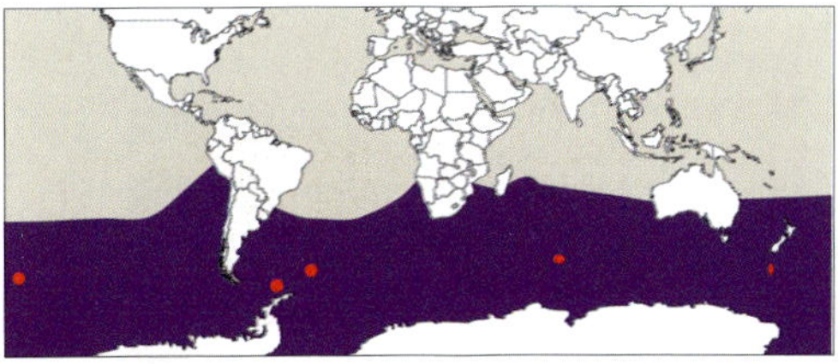

Flügelspannweite 85 cm. Subantarktischer und antarktischer Seevogel mit schwarz-weißem Gefieder. Körper dick und gedrungen mit schmalen Flügeln, großem, rundem Kopf, kurzem Schwanz. Kopf völlig schwarz, manchmal reduzierte weiße Kehle; Manteloberseite schwarz; schwarze Binde am Schwanzende; Rücken und Bürzel weiß mit schwarzer Sprenkelung. Im Flug: Flügeloberseite schwarz mit weißen Feldern auf Hand- und Armdecken; von unten Flügel weiß mit schmalem, schwarzem Vorder- und Hinterrand. Flug des Sturmvogels häufig gleitend, wenig Flügelschlagphasen. Zwei Erwähnungen: in Gilbraltar im Juni 1979 und in Norwegen im Mai 2010.

Weichfedersturmvogel *Pterodroma mollis*

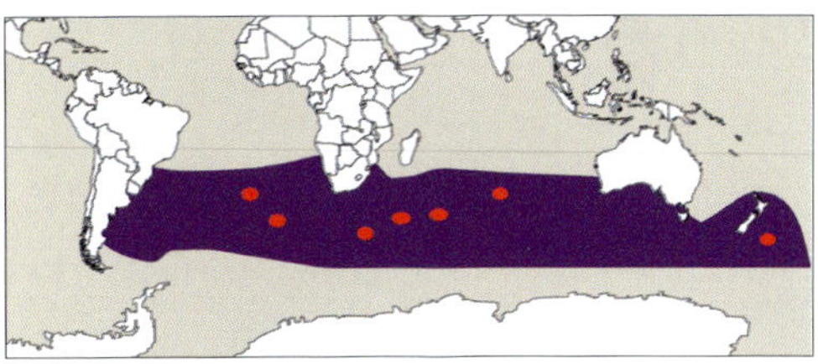

35 cm. Ein Individuum am 6. Juni 2009 in Varanger in Norwegen fotografiert. Dem Kapverdensturmvogel sehr ähnlich, aber Bürzel und Schwanz wie Manteloberseite, nicht heller; oberseits mit dunklerer, M-förmiger Zeichnung, häufig gut sichtbar; breiter, grauer, markanterer Halsring, meist durchgehend; schmaler Schnabel wie beim Madeirasturmvogel; Flügelunterseite sehr dunkel, mit ein wenig Weiß an der Basis. Dunkle Form sehr selten, mit graubraunen unteren Partien und dunklem Kopf mit kleiner, heller Kehle.

Kapverdensturmvogel *Pterodroma feae*

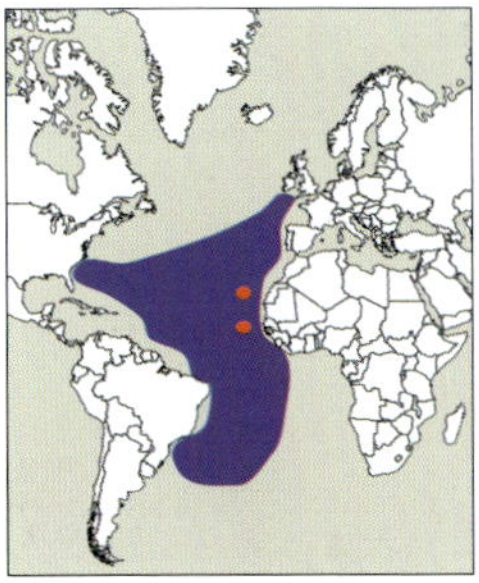

35 cm (90 cm Flügelspannweite). Nistet auf der Insel Bugio, zur Inselgruppe Desertas gehörend, in der Nähe von Madeira (Unterart *deserta*, Desertassturmvogel), und auf den Kapverden (Unterart *feae*); überwintert auf hoher See im Nordatlantik. Kann an einen Sturmtaucher erinnern, hat aber einen großen Kopf, schmalere und stärker gebogene Flügel und einen großen, kurzen, schwarzen Schnabel. Oberseits graubraun, mit grauem, hellerem Schwanz und Bürzel; grauer Kopf mit dunkler Maske; dunkler Halsring im oberen Brustbereich. Unterseits weiß, aber Flügelunterseite dunkel (Basis der Handschwingen in gutem Licht heller). Flug unterscheidet sich sehr von dem eines Sturmtauchers: wellenartiger Gleitflug ohne Flügelschlag, steigt häufig in große Höhen auf, fliegt in großen Bögen abwärts, selten einige Flügelschläge, um bei schwachem Wind wieder Auftrieb zu bekommen. Unterart *feae* mit dunkleren Oberschwanzdecken und meistens dunkel gesprenkelten Flanken und Achselfedern mit Wellenmuster; kürzlich vorgeschlagen als eigenständige, monotypische Art.

Unterart *deserta*

Madeirasturmvogel *Pterodroma madeira*

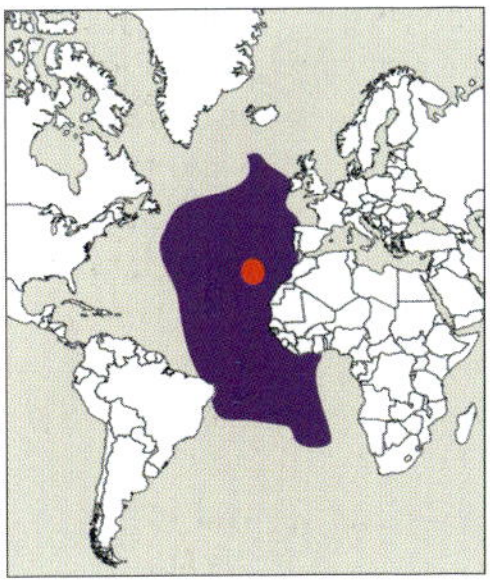

33 cm. Kapverdensturmvogel nahestehende Art, aber viel seltener; nistet nur in den Höhen Madeiras. Schnabel kürzer und schmaler, Nagel dicker als der Rest; möglicherweise in ausreichender Nähe auf See oder auf einem Foto erkennbar, bleibt auf See aber schwer bestimmbar. Gefieder wie Kapverdensturmvogel, Flanken verwaschen grau. Manchmal weißes Feld unter dem untypischen Flügel. Aus der Ferne können diese Art und der Kapverdensturmvogel durch die dunkle Oberseite mit dem hellerem Bürzel von anderen, in ihrem geografischen Gebiet gesichteten Hakensturmtauchern unterschieden werden.

Kapverdensturmvogel, Unterart *deserta*, zum Vergleich

helles Individuum

Teufelssturmvogel *Pterodroma hasitata*

40 cm. Nistet auf den Antillen; sehr seltener, pelagischer Irrgast vor den Küsten des Nordatlantiks. Groß und schlank, Scheitel schwarz und Stirn weiß; breiter, weißer Halsring, aber manchmal auch sehr schmal; breiter, weißer Bürzel. Sehr dicker Schnabel. Variable Kopfmusterung: sehr helle Individuen mit kleinem, schwarzem Scheitel, der nicht bis zum Auge reicht, einem breiten, weißen Nacken und einem langen, kräftigen Schnabel; andere Einzelvögel kleiner, mit einem ausgedehnten, schwarzen Scheitel, manchmal einem grauen Nacken und einem kurzen, dicken Schnabel; Unterscheidung vom Bermudasturmvogel durch den breiten, weißen Halsring, der die schwarze Wange und die grauen Brustflecken voneinander abgrenzt. Flügeloberseite schwarz, Unterseite wie beim Bermudasturmvogel, mit breitem, schwarzem Vorderrand und schwarzer Flügelspitze sowie schwarzen Flecke auf den großen Hand- und Armdecken. Typischer Hakensturmtaucher-Flug.

Individuum mit dunklem Nacken

dunkle Form

helle Form

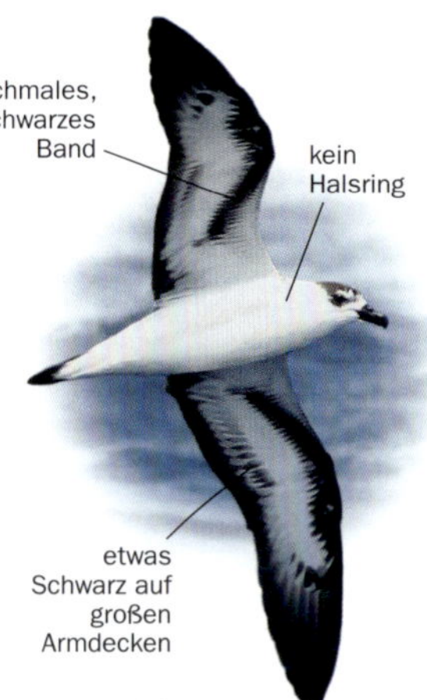

helle Form

Trinidadsturmvogel *Pterodroma arminjoniana*

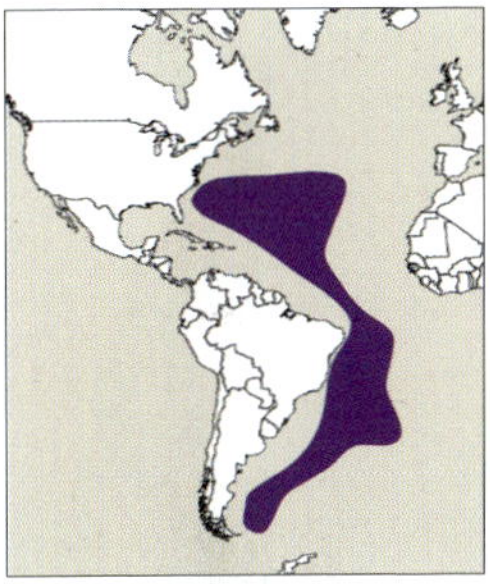

37 cm. Nistet im Südatlantik; sehr seltener Irrgast auf den Azoren. Körper ziemlich gedrungen mit kurzem Schwanz, aber schlanker als Kapverdensturmvogel, mit langen, ziemlich schmalen Flügeln; schmaler Schnabel wie Madeirasturmvogel, variables Gefieder. Dunkle Flügelunterseite mit mehr oder weniger markanter, weißer bis grauer Basis an den Schwungfedern und großen Armdecken. Dunkle Form: vollständig schwärzlich braun, Basis der Handschwingen unterseits heller. Helle Form: oberseits braun, Kopf und Brust braun und Bauch weiß, Vorderrand des Armflügels unterseits weiß und Kehle manchmal hell. Intermediäre Formen mit hellen Flecke auf dem Bauch, der braun mit weißer Sprenkelung oder weiß mit brauner Sprenkelung ist; Flügelunterseite heller.

Bermudasturmvogel *Pterodroma cahow*

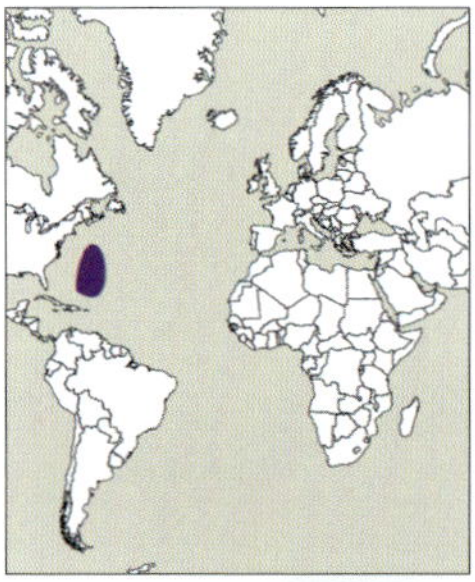

35 cm. Endemit der Bermudainseln; im Winter über den Atlantik verteilt. Sehr seltener Irrgast; ein Individuum im Jahr 2002 und den darauffolgenden Jahren auf den Azoren in einer Höhle beobachtet. Größe, Körperform und Schnabel wie Kapverdensturmvogel, Oberseite vom Rücken bis zum Scheitel einheitlich grau (wenig markante, dunkle, M-förmige Zeichnung), schwarze Maske und weiße Stirn. Weiße Flügelunterseite mit schwarzem Vorder- und Hinterrand, schwarze Flecke auf den äußeren großen Hand- und Armdecken. Schmale, weiße, V-förmige Zeichnung auf dem Bürzel. Kann in schwachem Licht oberseits sehr dunkel wirken. Typischer Hakensturmtaucher-Flug: fliegt große Bögen und vollbringt wellenartige, große Sprünge über dem Wasser.

Kapverdensturmtaucher *Calonectris edwardsii*

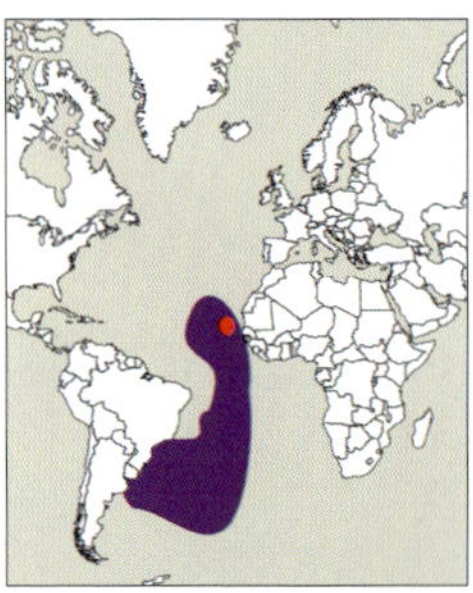

48 cm. Sehr seltener Irrgast vor der Küste der Kanaren; Endemit der Kapverden; bis nach Senegal verbreitet. Ähnelt Corysturmtaucher, aber schmalerer, grauer Schnabel mit dunkler Spitze, Körper schlanker, schmaler. Schwungfedern unterseits völlig schwarz, Scheitel dunkelgrau und Kehle weiß – stärkerer Kontrast als beim Corysturmtaucher. Aus der Nähe sind der schlankere Körper und der schmalere Schnabel unverkennbar, obwohl die Färbung des Schnabels bereits kennzeichnend ist.

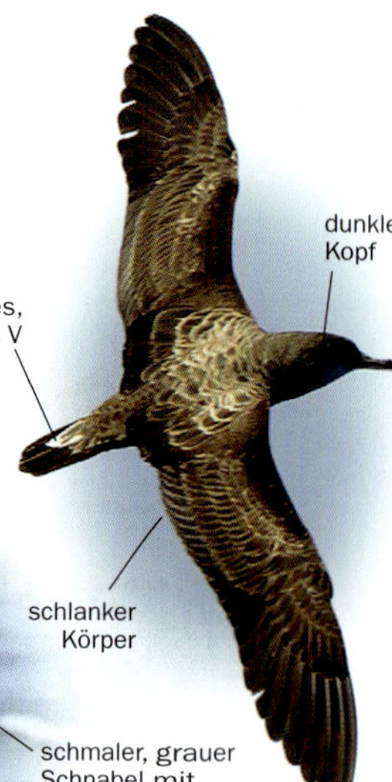

Barolosturmtaucher *Puffinus baroli*

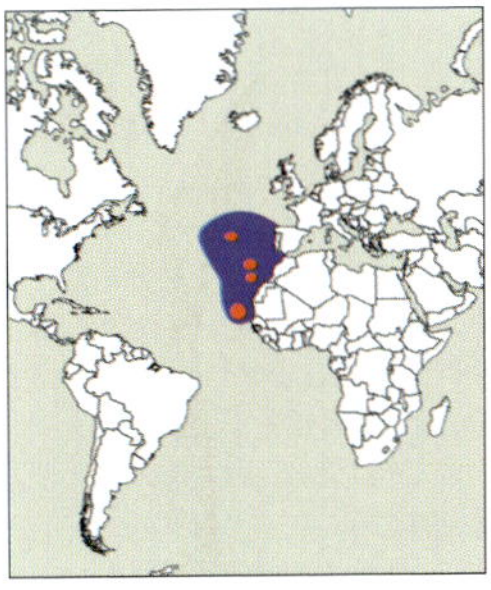

27 cm. Brutvogel im Winter auf den Kanaren, Azoren, auf Madeira; einige Individuen im Sommer bis in den Golf von Biskaya verbreitet; Irrgäste bis in den Norden Europas. Kleiner und gedrungener als Atlantiksturmtaucher; Flügelunterseite weiß (einschließlich der Basis der Handschwingen), Armschwingen oberseits gräulich, wodurch ein helles Feld auf dem Flügel entsteht. Helle Wange, kaum verwaschen grau, und heller Fleck über dem Auge, durch den der offene Gesichtsausdruck entsteht. Blauer Schnabel mit schwarzer Spitze. Im Flug: schnelle Flügelschläge und kurze, direkte Gleitflüge. Unterart *boydi* auf den Kapverden mit schwarzen Unterschwanzdecken; Unterart *baroli* auf den Kanaren und auf Madeira mit weißen Unterschwanzdecken; manchmal als zwei getrennte Arten betrachtet.

Bulwersturmvogel *Bulweria bulwerii*

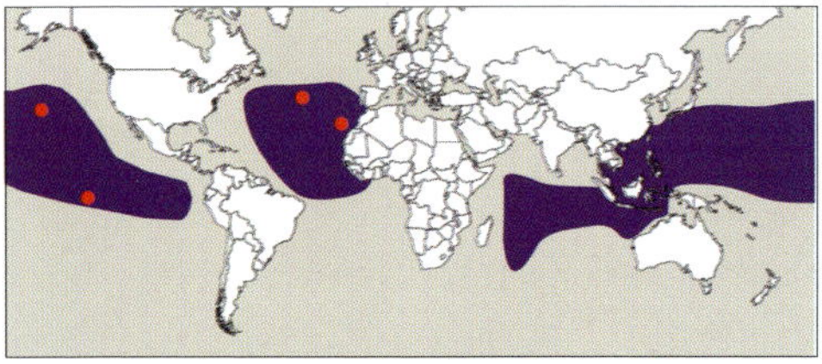

27 cm. Nistet auf den Kanaren, auf Madeira, auf den Azoren. Kleiner Sturmvogel, wie Barolosturmtaucher, mit vollständig schwarzbraunem Gefieder, hellem Band auf dem Armflügel; schlanker Körper mit langem Hals und rundem Kopf, langem, keilförmigem Schwanz, der aus der Ferne spitz zulaufend wirkt; lange, schmale Flügel. Schnabel dicker als bei Sturmschwalben (Gattung *Oceanites*), mit kräftigem Nagel. Tiefer Flug über dem Wasser, langsame und federnde Flügelschläge, Gleitphasen auf stark gebogenen Flügeln. Nicht zu verwechseln mit einer Nachtschwalbe, die auf ihrem Zug am Tag über das Meer fliegt.

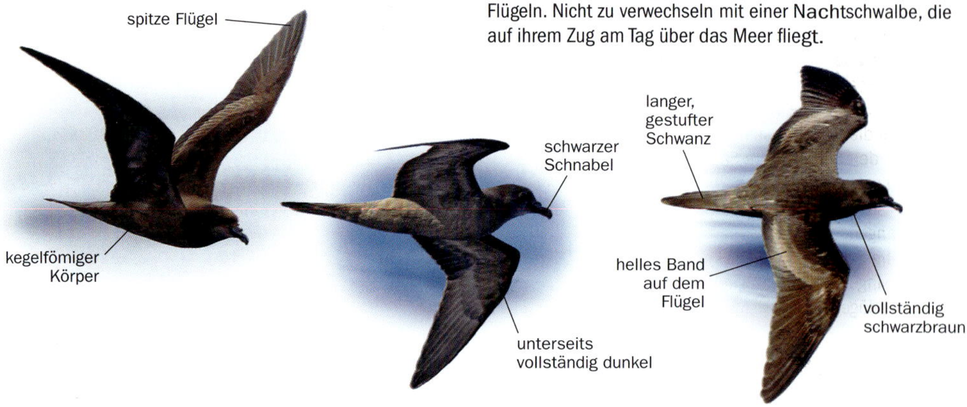

Jouaninsturmvogel *Bulweria fallax*

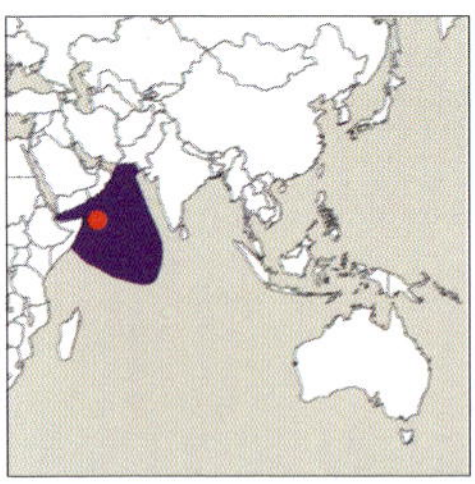

31 cm. Größer und massiver als Bulwersturmvogel, mit deutlich dickerem Schnabel, größerem Kopf und massigerer Brust; die oberen Partien sind einheitlich; Flug weniger flink und leicht. Kann an einen dunklen Hakensturmtaucher erinnern, der Schwanz ist aber lang und spitz und die Flügelunterseite einheitlich dunkel. Brütet im Indischen Ozean vor der Küste der Arabischen Halbinsel. Eine europäische Erwähnung: drei Individuen (darunter ein gesammeltes Exemplar) am 2. November 1953 in der Nähe von Treviso in Italien; die Herkunft dieser Vögel wird heute als unbestimmt eingestuft.

Buntfuß-Sturmschwalbe *Oceanites oceanicus*

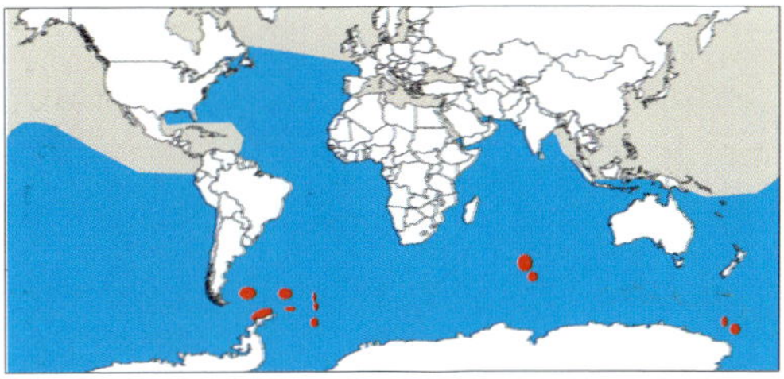

16–18 cm. Antarktisch und subantarktisch; seltener Zugvogel im Sommer, aber jährlich am Schelfrand zu beobachten. Etwas größer als Sturmschwalbe, Flügel mit geradem Hinterrand, Flügelunterseite völlig schwarz; weißer, breiter Bürzel, der bis auf die Seiten reicht, Schwanz abgerundet; lange Beine, die den Schwanz im Streckenflug überragen, und schwer zu sehende, gelbe Schwimmhäute. Flug direkter als bei Sturmschwalbe; Flatterflug an einer Stelle bei Nahrungssuche, hängende Beine, Schwimmhäute werden manchmal sichtbar. Im Sommer in Europa häufig in aktiver Mauser der Handschwingen; mit breiten, hellen Bändern auf der Oberseite des Armflügels. Antarktische Vögel größer als subarktische.

Weißgesicht-Sturmschwalbe *Pelagodroma marina*

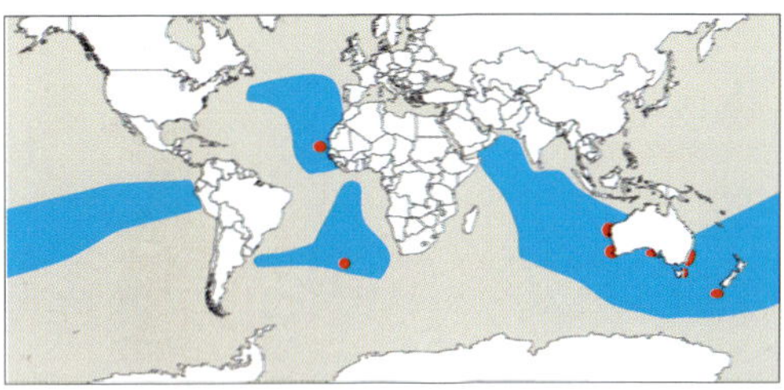

20 cm. Großer, eleganter und schlanker, grau-weißer Vogel der Gattung *Oceanites;* lange, abgerundete Flügel mit breitem Ende; lange, herabhängende Beine mit gelben Schwimmhäuten. Bei der Nahrungssuche scheint er mit hängenden Beinen über der Wasseroberfläche zu flattern; beim Streckenflug überragen die Beine den Schwanz deutlich. Unterseits weiß, Bürzel grau, Kopf weiß mit schwarzem Scheitel und schwarzen Wangen, einen weißen Überaugenstreif einschließend; langer Schnabel. Schwanz schwarz und viereckig, wenn ausgebreitet, dann abgerundet; Flügeloberseite grau mit schwarzen Schwungfedern. Nistet auf Madeira, auf den Kanaren; könnte sich bis in den Golf von Biskaya verirren.

Schwarzbauch Sturmschwalbe *Fregetta tropica*

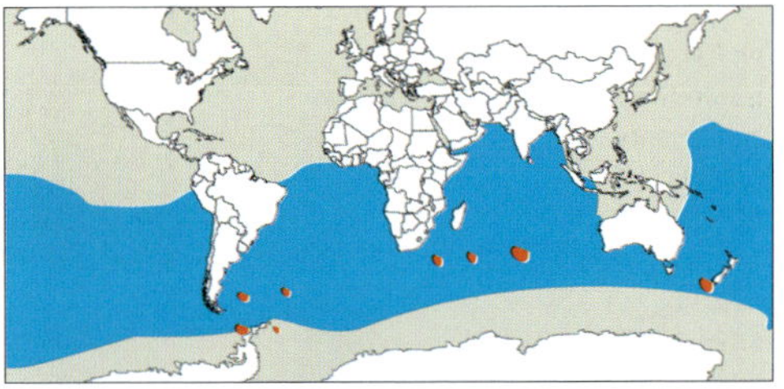

20 cm. Zirkumpolare Verbreitung; sehr seltener Irrgast an der Atlantikküste (Madeira, Kanaren). Breite Flügel mit geradem Hinterrand; Zehen überragen den Schwanz leicht; graues Band auf dem Armflügel; breiter, weißer Bürzel, Schwanz viereckig. Schwarze Brust und weißer Bauch mit breitem, schwarzem Mittelband, manchmal schmal, selten fehlend; große und mittlere Unterflügeldecken weiß, kleine Unterflügeldecken schwarz. Das Schwarz der Unterschwanzdecken erstreckt sich bis zwischen die Beine (nicht so bei Weißbauch Sturmschwalbe, *Fregetta grallaria,* mit weißem Bauch, der sich bis auf die Brust erstreckt, und dunklerer Oberseite). Flug erinnert an Buntfuß-Sturmschwalbe, auf den Wellen hüpfend, aber kein flatternder Flug an einer Stelle.

Swinhoe-Wellenläufer *Oceanodroma monorhis*

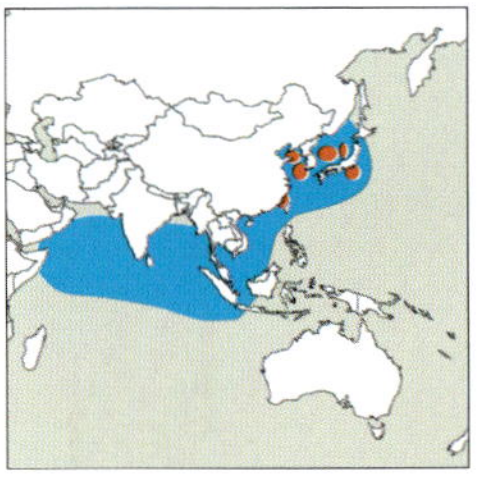

20 cm. Brutvogel im Pazifik; unregelmäßige Beobachtungen einzelner Irrgäste im Nordatlantik, die nahelegen, dass eine nistende Population vorhanden ist (Beobachtungen innerhalb von Kolonien von Sturmschwalben und Wellenläufern). Körperform (Flügel und gekerbter Schwanz) und Flugweise wie Wellenläufer, aber Bürzel dunkel wie Mantel; weiße Federschäfte an den äußeren Handschwingen. Gefieder demnach vollständig schwarzbraun mit hellen Bändern auf den Handflügeln sowie einigen weißen Federschäften. Mögliche Verwechslungen mit anderen dunklen Sturmschwalben (Gattung *Oceanites*), die in europäischen Gewässern nicht bestätigt sind, was die Bestimmung auf dem Meer schwierig macht.

Madeirawellenläufer *Oceanodroma castro*

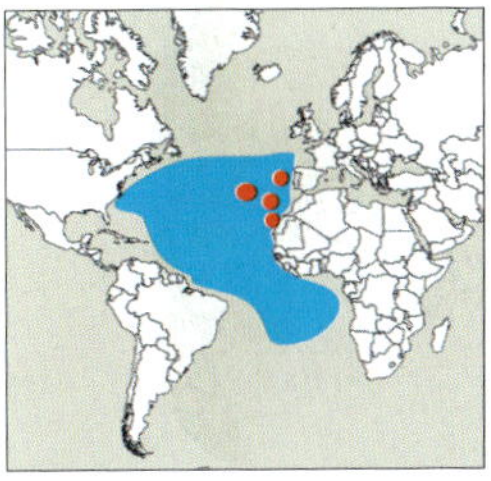

20 cm. Brutvogel vor der Küste Portugals, auf den Azoren, auf Madeira und auf den Kanaren; Zugvogel und seltener Irrgast in unseren Gewässern; nach starken Stürmen kann er sogar landeinwärts beobachtet werden. Erinnert an Wellenläufer, hat aber einen weißen, breiten, viereckigen Bürzel, der bis zu den Bauchseiten reicht; Schwanz viereckig ohne Kerbe; große Flügel mit kürzerem, hellem Band, das nicht bis zum Vorderrand des Handgelenks reicht; Flugweise direkter und weniger abrupt, mit sturmtaucherähnlichem Gleiten auf gebogenen Flügeln. Schnabel dicker als beim Wellenläufer. Der Kapverden-Wellenläufer nistet auf den Kapverden, ähnelt dem Madeirawellenläufer, singt aber anders.

Azorenwellenläufer *Oceanodroma monteiroi*

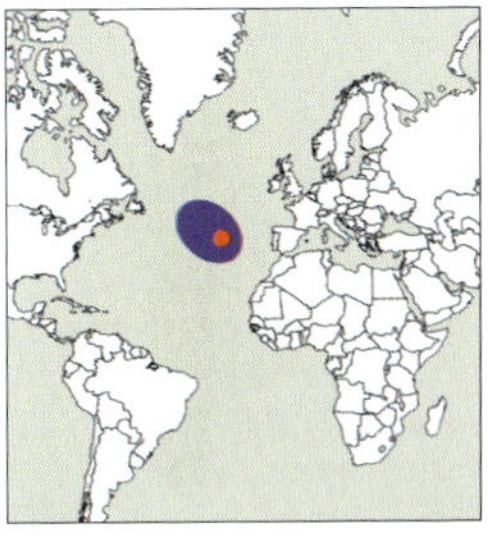

20 cm. Zwillingsart des Madeirawellenläufers; Endemit der Azoren, wo er im Sommer (warme Jahreszeit) auf zwei Inseln vor der Küste von Graciosa nistet (weniger als 300 Paare, Abflug der Jungtiere von August bis Oktober); in Kontinentaleuropa noch nicht gesichtet. Der Madeirawellenläufer nistet in der kalten Jahreszeit auf denselben Inseln (Abflug der Jungtiere im Februar/März). Grundlegende Unterschiede: Schwanz leicht gekerbt und nicht viereckig (deutlicher gekerbt, aber weniger als beim Wellenläufer) und Zeitpunkt der Mauser unterschiedlich (Mauser der Handschwingen im August).

Rotschnabel-Tropikvogel *Phaeton aethereus*

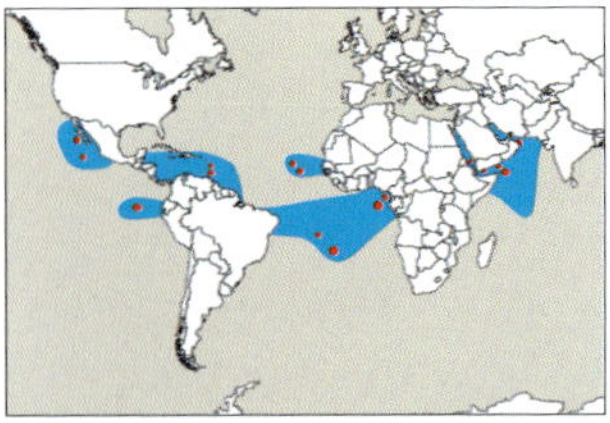

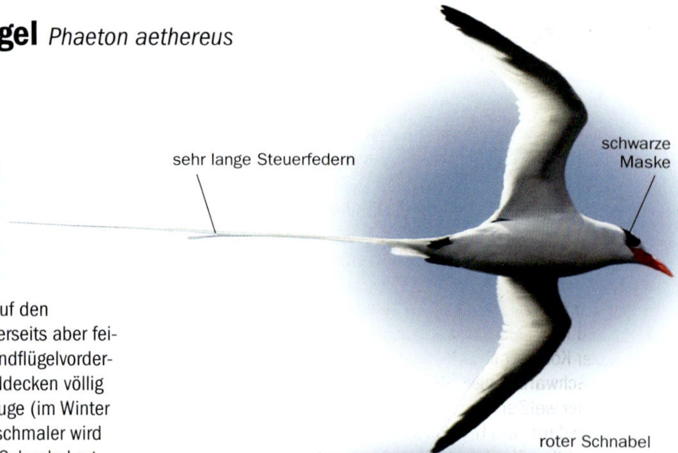

90–100 cm (die Hälfte davon entfällt auf den Schwanz). Scheint völlig weiß, weist oberseits aber feine, schwarze Bänder auf; schwarzer Handflügelvorderrand (äußere Schwungfedern und Handdecken völlig schwarz), schwarzer Streif hinter dem Auge (im Winter wie eine Seeschwalbe), der im Verlauf schmaler wird und sich bis auf den Nacken erstreckt. Schnabel rot, beim Jungvogel orangefarben; Schwanz des Jungvogels mit schwarzen Spitzen und ohne Schmuckfedern. Fliegt meist in großer Höhe, mit kraftvollem Flügelschlag; fischt im Sturzflug. Brutvogel auf den Kapverden, selten auf den Kanaren; außerhalb davon Irrgast.

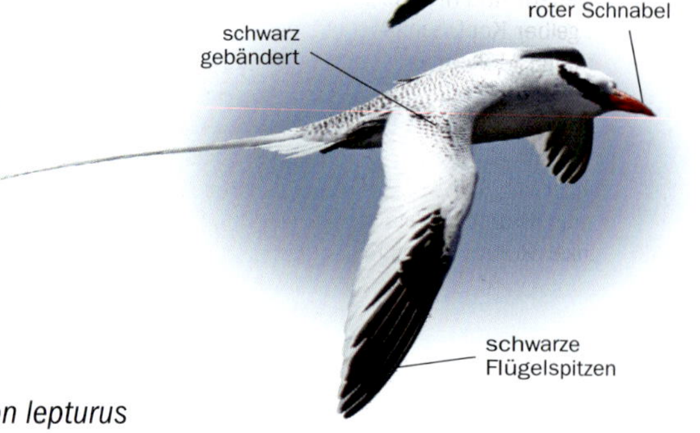

Weißschwanz-Tropikvogel *Phaeton lepturus*

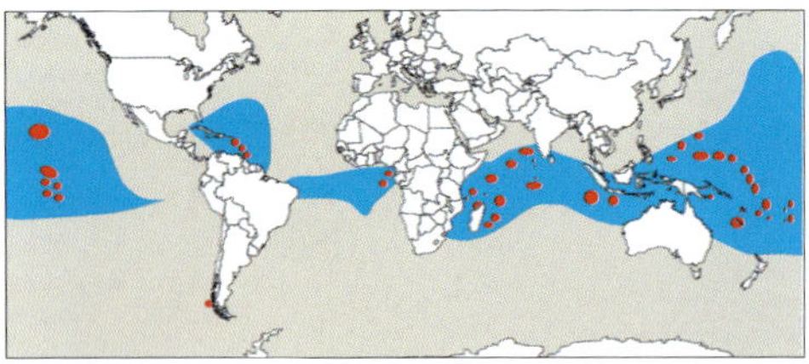

70–80 cm (die Hälfte davon entfällt auf den Schwanz). Sehr seltener Irrgast im Nordatlantik (besonders auf den Azoren); nistet im Westatlantik. Ähnelt Rotschnabel-Tropikvogel, aber mit gelbem bis orangefarbenem Schnabel, kürzerem, schwarzem Augenstreif, welcher nicht bis zum Nacken reicht, und die Zeichnung der Flügeloberseite ist anders: weiße Handdecken, schwarzes Band auf dem Armflügel, weiße Bereiche ohne schwarze Bänderung. Äußere Handschwingen mit weißen Spitzen; Kopf häufig verwaschen gelb-orange. Orangefarbene Schmuckfedern am Schwanz beim Altvogel. Jungvogel mit schwarzer Bänderung auf Scheitel, Mantel und Oberflügeldecken; Steuerfedern weiß mit schwarzen Spitzen, Handschwingen mit sehr wenig Schwarz und weißen Spitzen.

Rotfußtölpel *Sula sula*

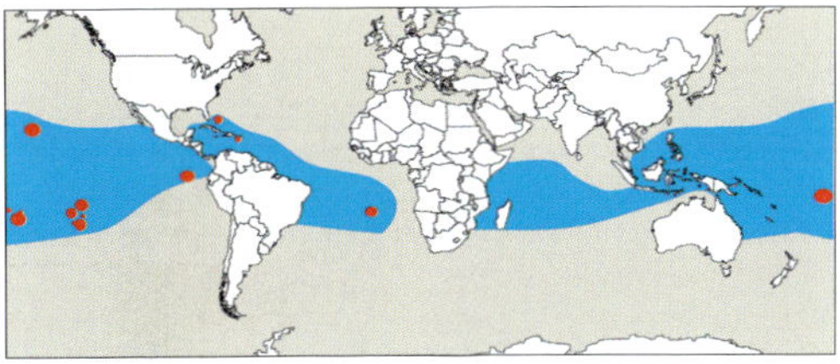

Flügelspannweite 120–140 cm. Kleiner, tropischer Tölpel mit leuchtend roten Beinen; Irrgast in Spanien und Frankreich. Schlanker Körper mit langem, spitzem Schwanz und schmalen Flügeln; Schwanz länger als beim Basstölpel. Schwarze Iris. Altvogel der weißen Morphe: weißer Rumpf mit schwarzen Schwungfedern und Handdecken, weiße Steuerfedern, verwaschen gelber Kopf, Schnabel mit hellblauer Basis und gelber Spitze. Braune Morphe: Rumpf und Flügeldecken hellbraun, Bürzel und Schwanz weiß. Immatur, hell: braune Schwungfedern, Gefieder hellbraun und cremefarben gesprenkelt, mit «dreckigem» Gesicht, hellerem Bürzel, grauem Schnabel mit schwarzer Spitze, heller Iris. Immatur, dunkel: Rumpf und Flügeldecken dunkelbraun, Bauch beigefarben gesprenkelt, Flügelunterseite völlig dunkel. Rosa-orangefarbene Beine.

subadult, braune Morphe

jung

adult

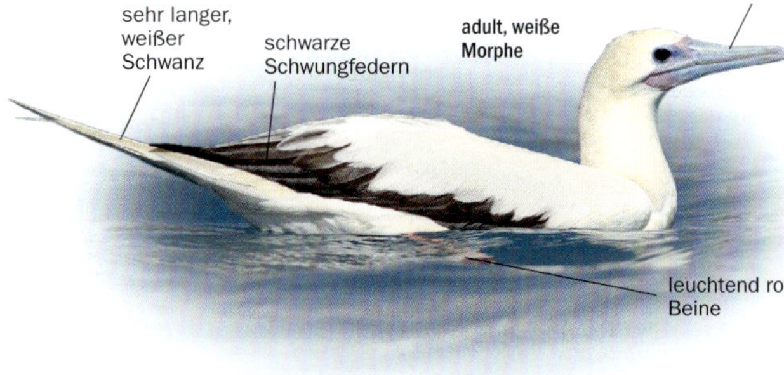

adult, weiße Morphe

Maskentölpel *Sula dactylatra*

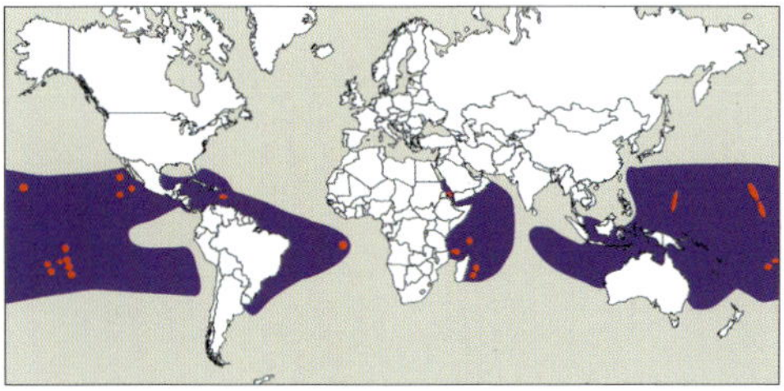

Flügelspannweite 165–185 cm. Tropischer Tölpel; sehr seltener Irrgast. Kaum kleiner als Basstölpel, mit dem gleichen kurzen Schwanz und einem untersetzten Körper. Altvogel weiß, Schwung- und Steuerfedern schwarz, kleines, schwarzes Gesicht mit strohgelber Iris; gelb-elfenbeinfarbener Schnabel, der an der Spitze heller ist. Jungvogel: brauner Kopf mit schwarzem Gesicht, aber weißem Nacken; Brust und Bauch weiß, Flügelunterseite weiß (beim Basstölpel «dreckig»). Aus der Nähe sieht man die gelbe Iris und die bläulich grauen Beine beim Altvogel, die schwarze Iris beim Jungvogel.

Weißbauchtölpel *Sula leucogaster*

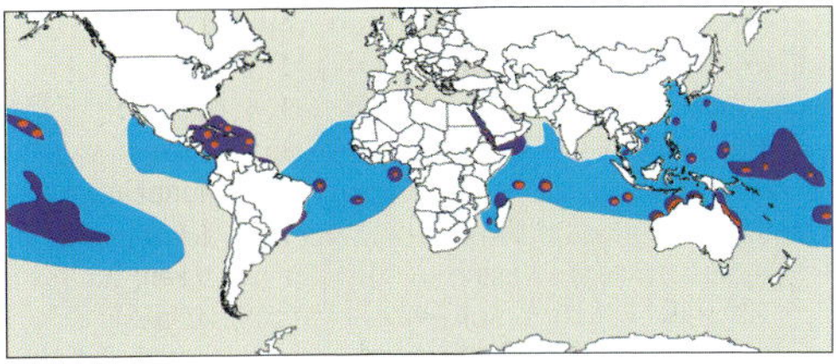

Flügelspannweite 130–150 cm. Nistet am Roten Meer, auf den Kapverden; sehr seltener Irrgast an den europäischen Atlantikküsten. Kleiner als Basstölpel, zweifarbiges Gefieder (dunkelbraun und weiß), deutliche Grenzlinie auf der Brust, Schnabel und Gesicht hell, Beine gelb. Oberseits einheitlich dunkelbraun, kein Weiß auf dem Nacken oder Bürzel. Unterschwanzdecken und Achselfedern weiß. Dunkle Iris und rosafarbener Schnabel beim Weibchen, helle Iris und bläuliches Gesicht beim Männchen. Bauch und Flügelunterseite verwaschen braun beim Jungvogel, dessen Gesicht erst grau, dann gelblich ist.

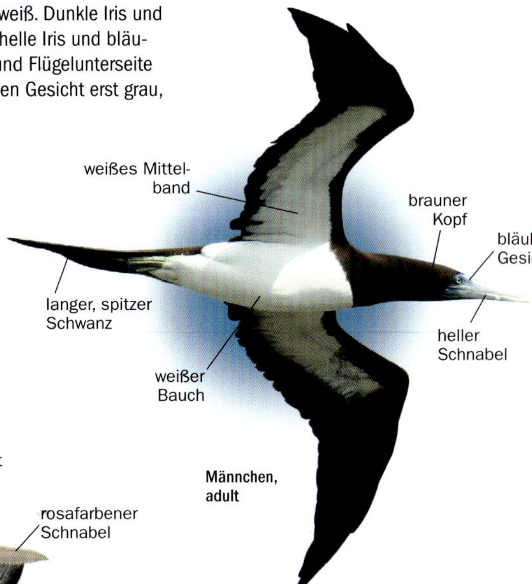

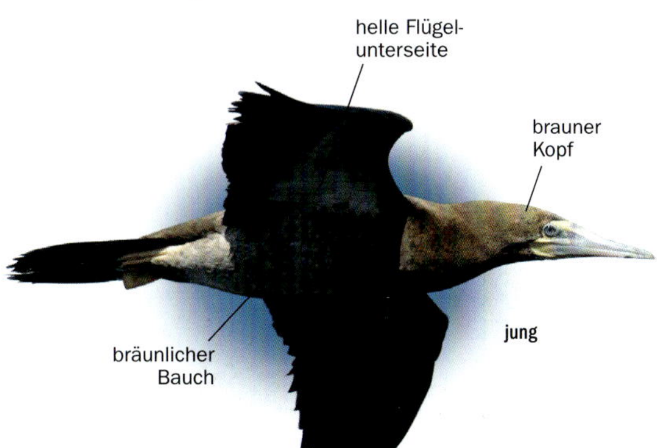

Kaptölpel *Morus capensis*

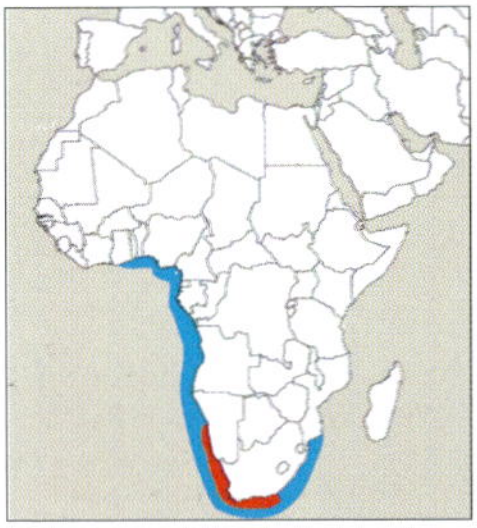

Flügelspannweite 170–185 cm. Großer, massiver Tölpel, dem Basstölpel *(M. bassanus)* sehr ähnlich, aber Armschwingen und alle Steuerfedern beim Altvogel schwarz (Schirmfedern weiß). Längerer und dickerer, schwarzer Kehlstrich, der bis auf den Hals reicht. Subadulter Vogel mit schwarzen großen Armdecken; Basstölpel des gleichen Alters haben in der Regel schwarze Steuerfedern, was zur Verwechselung führen kann, aber auch einige weiße Armschwingen dazwischen. Andere immature Federkleider sind im Feld nicht unterscheidbar. Eine dokumentierte Erwähnung auf den Azoren im April 2016.

Ohrenscharbe *Phalacrocorax auritus*

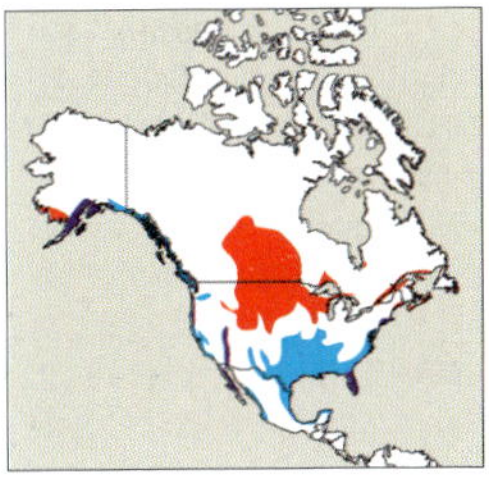

80 cm. Nearktischer Kormoran, der an den Kormoran unserer Region erinnert, aber etwas kleiner und schmaler ist. Der gelb-orangefarbene Kehlsack mit geradem Ende erstreckt sich bis hinter das Auge; große, unbefiederte, gelb-orangefarbene Hautpartie an Kinn und Schnabelbasis. Gefieder des Altvogels schwarz mit metallisch grünem Glanz; kurze, weiße Federbüschel im Prachtkleid. Jungvogel mit mehr oder weniger weißer Brust und weißem Vorderhals mit dunkelbrauner Sprenkelung. Sehr seltener Irrgast an der Atlantikküste; fast jährlich auf den Azoren zu beobachten.

Adlerfregattvogel *Fregata aquila*

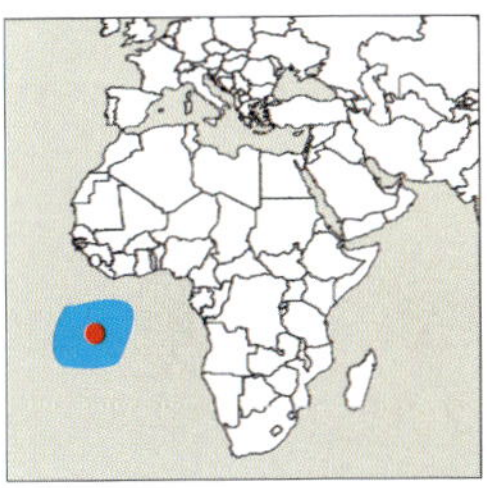

Flügelspannweite 200–230 cm. Sehr seltener Irrgast in Großbritannien; nistet auf der Insel Ascension mitten im Südatlantik. Etwas kleiner als Prachtfregattvogel, mit schmalerem Schnabel (im Meer unmöglich zu sehen). Jungvogel mit breitem, durchgehendem, schwarzbraunem Ring auf dem Vorderhals, der vor der Schulter beginnt; weißer Kopf; Weiß der Brust erstreckt sich bis zu den Achselfedern. Männchen mit einheitlich violettem (niemals grünem) Glanz auf der Oberseite. Weibchen: das Schwarz des Kopfes verläuft wie beim Jungvogel nach unten über den Hals bis unter die Schulter; das Weiß der Brust setzt sich unter dem Flügel fort und bildet somit ein Dreieck; ähnliches Muster wie das eines Jungvogels, nur mit schwarzem Kopf.

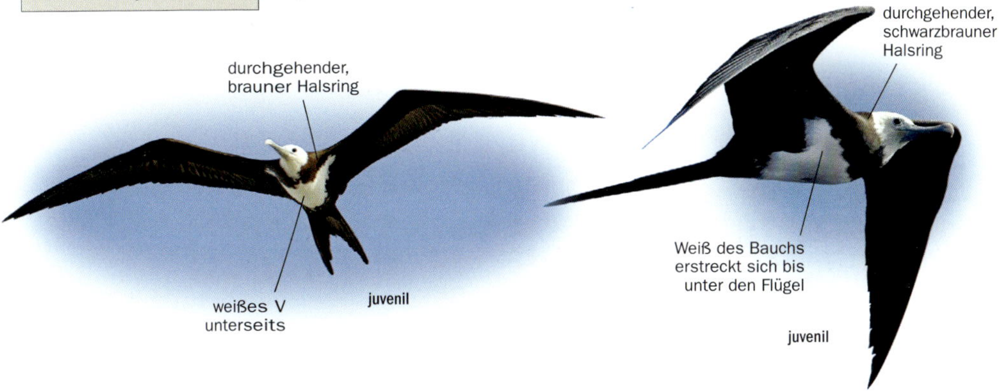

Prachtfregattvogel *Fregata magnificens*

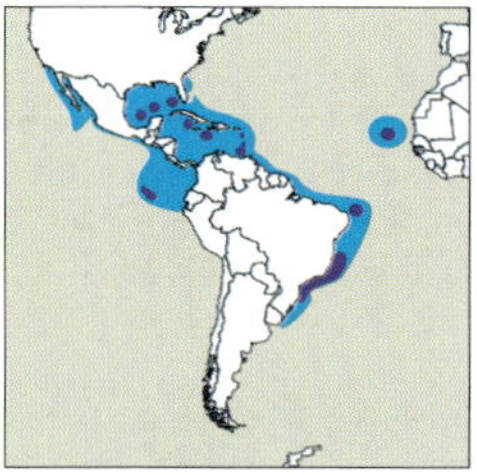

Flügelspannweite 215–245 cm. Tropischer Seevogel; sehr seltener Irrgast in Europa. Sehr groß; Flügel sehr lang und schmal, häufig in Form eines W gehalten; sehr langer, gegabelter Schwanz, der im Flug zusammengelegt wird (und dann spitz erscheint). Schnabel lang, schmal und hakenförmig. Männchen: völlig schwarz (grünes und violettes Schillern), mit roter Haut an der Kehle (wird während der Balz ballonartig aufgeblasen); Weibchen: weißer Bereich auf Bauch und Brust, schwarzer Kopf, Schwarz endet auf dem Vorderhals in einer Spitze. Jungvogel: Kopf, Brust und Bauch weiß; von der Flügelbasis auf die Brust verlaufender, schwarzer, nicht geschlossener Halsring. Gleitet häufig in großer Höhe über dem Wasser; steigt herab, um an der Wasseroberfläche zu fischen; sehr langsame Flügelschläge, Handflügel leicht gewinkelt.

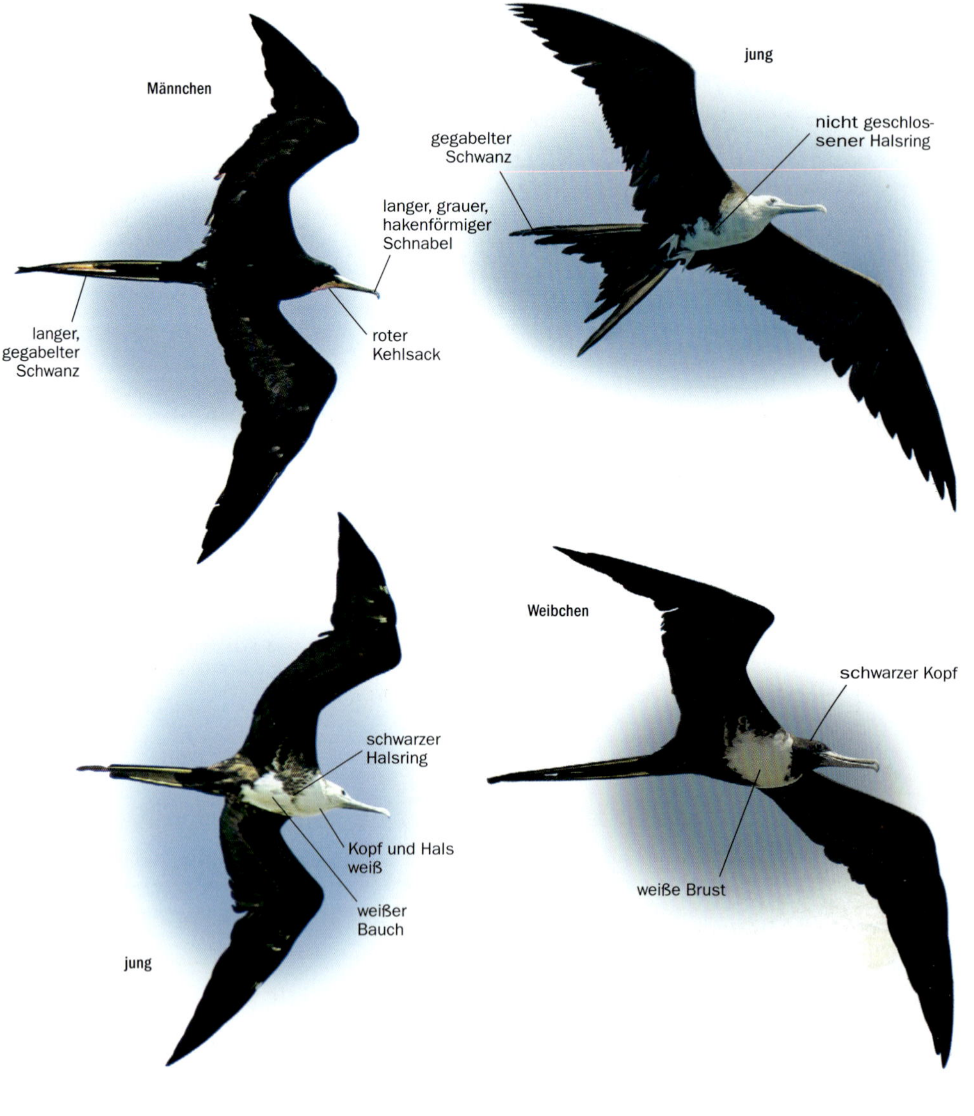

Krabbenreiher *Nycticorax violaceus*

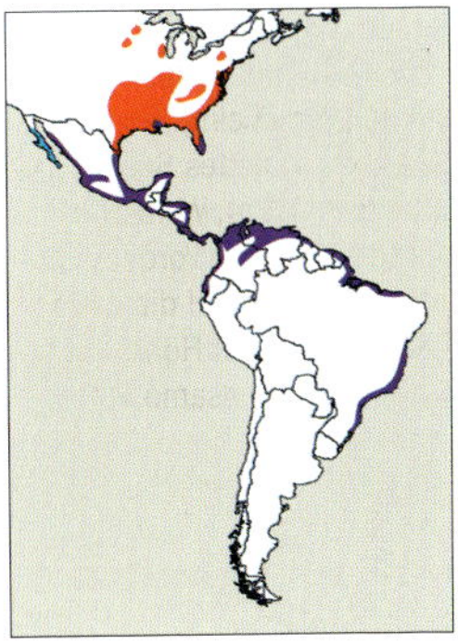

58 cm. Nearktisch; sehr seltener Irrgast auf den Azoren, auf Madeira. Erinnert an Nachtreiher, aber Schnabel kürzer, dick und völlig schwarz; Kopf oval; Hals länger. Altvogel mit grauem Hals, schwarzem Kopf mit weißem, waagerechten Band auf jeder Wange, das unter dem Auge beginnt; weißer Scheitel und lange Schmuckfedern; Flügeldecken und Schulterfedern schwarz, grau gesäumt. Jungvogel oberseits braun-perlweiß, unterseits gestrichelt; Schnabel schwarz und sehr dick; Beine graugrün; unverhältnismäßig groß erscheinende Augen. Rufe: Ein klangvolles *küok* oder *kuak,* schriller und nasaler als die Rufe des Nachtreihers.

Nordamerikanische Rohrdommel *Botaurus lentiginosus*

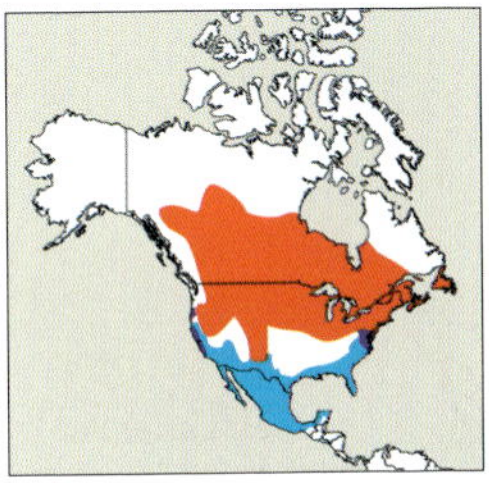

65 cm. Nearktisches Gegenstück zur Rohrdommel, aber kleiner; sehr seltener Irrgast in Westeuropa und auf den Azoren. Oberseits einheitlicher warm- bis rotbraun, schwarzes Wellenmuster weniger ausgeprägt; Schnabel länger und schmaler mit schwarzem First, restlicher Schnabel gelb; sehr lange und schmale Schnabelwinkel reichen bis hinter das Auge. Breite, schwarz umrandete, rotbraune Streifen auf dem Vorderhals bilden breite Bänder; Scheitel braun und Überaugenstreif hell, Zügelstreif schwarz. Schulterfedern mit unauffälligem, dunklem Wellenmuster, ohne die «harpunenpfeilförmigen», schwarzen Abzeichen der Rohrdommel. Im Flug: Schwungfedern ohne Bänderung, große Armdecken rotbraun und rotbrauner Hinterrand. Gesang: *pit, pit, pit, pit glup, pit glup* – wie fallende Wassertropfen – im Wechsel mit einem kehligen *glup*.

Amerikanische Zwergdommel/Indianerdommel *Ixobrychus exilis*

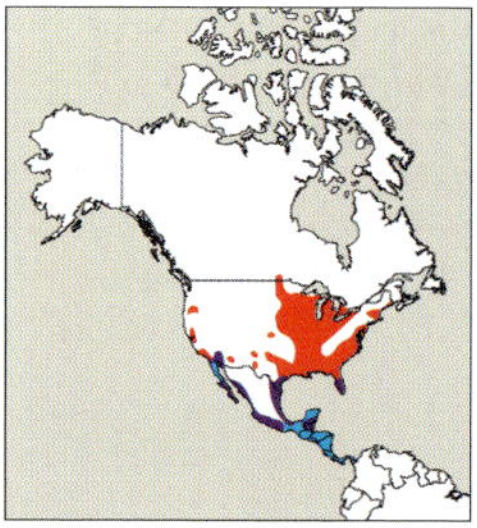

32 cm. Nearktische Dommel; sehr seltener Irrgast in Großbritannien, Island und auf den Azoren. Kleiner als Zwergdommel; Flügelmuster dient als Unterscheidungsmerkmal: dreifarbige Flügel mit schwarzen Schwungfedern, rotbraunen großen Armdecken und im Übrigen beigefarbenen Armdecken (rötliches Handgelenk). Männchen mit schwarzem Rücken, schwarzem Scheitel, rotem Hinterhals. Weibchen: warmbrauner Scheitel, oberseits kastanienbraun mit schmalen, cremefarbenen «Hosenträgern»; breite, undeutliche, cremefarbene Bänder auf dem Vorderhals. Jungvogel: sehr rötlich gefärbtes Gefieder, schwarze Abzeichen auf den Schulterfedern; schwarzes, undeutliches Feld auf den beige-gämsfarbenen Flügeldecken; Wange beigefarben und Scheitel rot, Hals weiß mit langen, rotbraunen Bändern.

Männchen

juvenil

juvenil

Weibchen

Mandschurendommel *Ixobrychus eurhythmus*

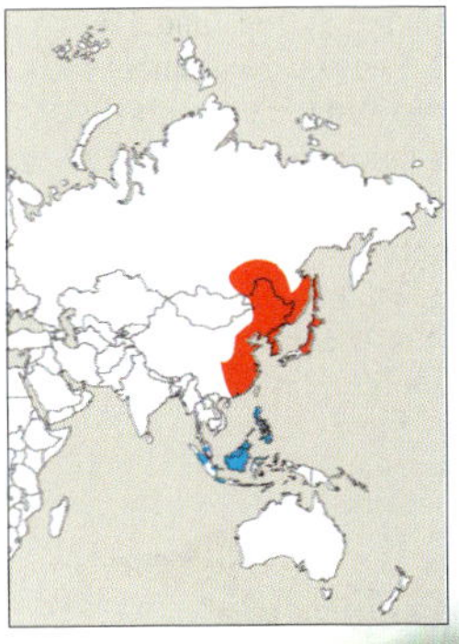

35 cm. Asiatisch; äußerst seltener Irrgast; eine italienische Erwähnung im November 1912. Männchen mit kastanienbraun-rotem Mantel, rotbraunen Wangen, die mit der weißen Kehle kontrastieren, schwarzem Kehlstrich, der sich über den kompletten, ockerfarbenen Vorderhals erstreckt, grauen Schwungfedern, ockerfarbenen Flügeldecken, rotbraunen Schulterfedern, rotem Flügelvorderrand. Weibchen und Jungvogel mit typischem, rot, schwarz und weiß gesprenkeltem Mantel; langer, schwarzbrauner Kehlstrich und gestrichelte, braune Linien auf dem weißen Hals, die von der Vorderseite bis zu den Seiten breiter werden; Flügeldecken wie Mantel beim Weibchen.

Graurückendommel *Ardeirallus sturmii*

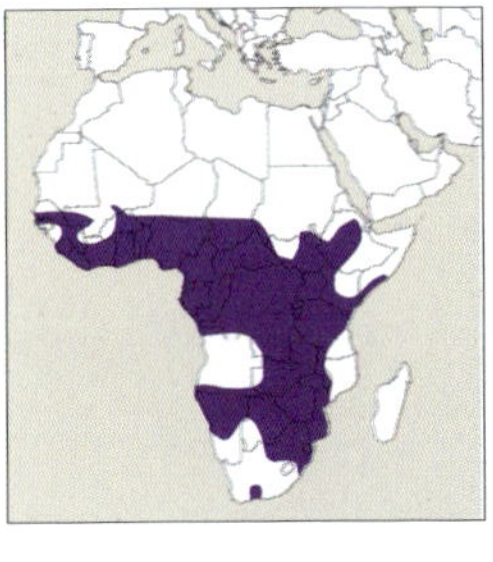

29 cm. Sehr kleine Dommel aus Afrika südlich der Sahara; eine Erwähnung auf den Kanaren. Oberseits bleigrau oder schiefergrau-bläulich; Kopf, Wangen und Halsseiten mit der gleichen, einheitlichen Färbung; Vorderhals ockerfarben mit kräftigen, braunen (Jungvogel) oder schwarzen (Altvogel) Streifen. Kurzer, gelber Schnabel mit schwarzem First; gelbe Beine mit langen Zehen. Flügeldecken beim Jungvogel weiß gestrichelt. Hält sich typischerweise in dichter Vegetation, im Schilf oder im Gebüsch am Wasser verborgen. Im Flug: kurze und runde Flügel, die vollständig dunkel erscheinen.

Grünreiher *Butorides virescens*

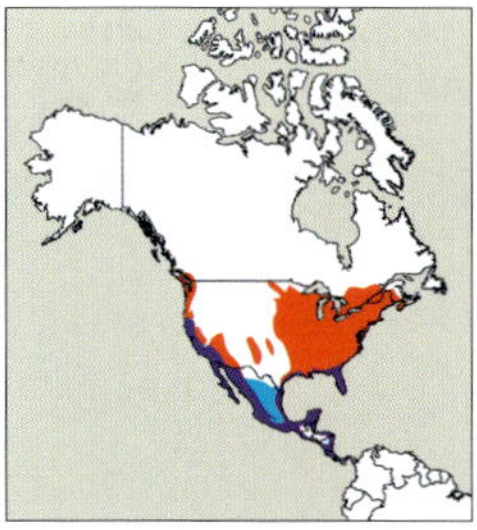

44 cm. Kleiner, nearktischer Reiher; Zugvogel und sehr seltener Irrgast. Erinnert an Zwergdommel, aber größer und mit schwarzem Scheitel; Wangen, Hals und Brust weinrot, weiße Streifen auf der Kehle und dem Vorderhals; Rücken schiefergrau, Flügel schwärzlich grau; weiße Spitzen an Schwungfedern und großen Armdecken beim Jungvogel. Altvogel farbiger: oberseits anthrazitgrau mit schiefergrauem oder grünem Glanz; schmale, gämsfarbene Säume auf den Flügeldecken; Bauch lila-grau; Hals mit einheitlicher, dunkler, weinroter Färbung ohne Strichel, außer auf der Vorderseite.

Mangrovereiher *Butorides striatus*

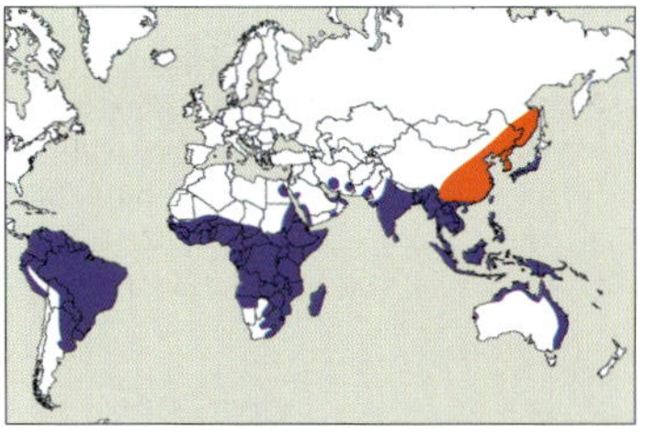

44 cm. Kleiner Reiher in Afrika, Asien und Südamerika; lebt an Teichen, in Mangrovenwäldern, an ruhigen Küsten. Juveniler Vogel im Oktober 2014 auf Zypern fotografiert. Gleicht dem Grünreiher, aber Jungvogel graubraun mit weißen Flecke auf den Flügeldecken, Hals mit schwarzbraunen Stricheln ohne rötliche Färbung, selten ein bisschen gämsfarben auf den Halsseiten, sonst keine warme Farbe. Altvogel mausgrau mit schwarzem Scheitel; Beine gelb; scheint im Flug völlig grau und ohne Hals.

Paddyreiher *Ardeola grayii*

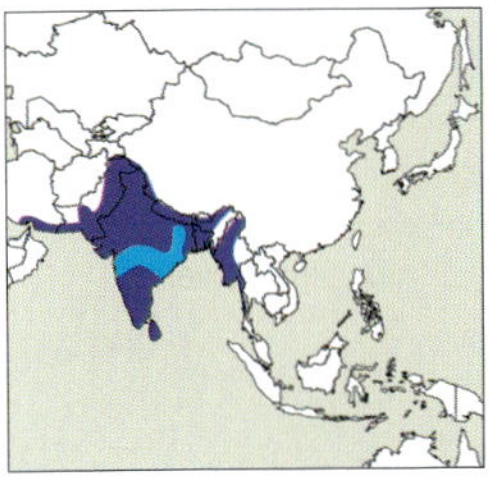

45 cm. Reiher aus Westasien; überwintert selten in Kuwait, in Oman; eine Erwähnung eines Altvogels in Belgien, möglicher Gefangenschaftsflüchtling. Im Winter wie Rallenreiher, aber Hals mit breiteren Bändern, Mantel dunkler (einige Rallenreiher sind allerdings sehr dunkel) und charakteristischer, dunkler Zügelstreif auf der gelben Haut. Prachtkleid: Mantel erdbraun, Hals und Kopf ockerfarben.

jung

adult

Bacchusreiher *Ardeola bacchus*

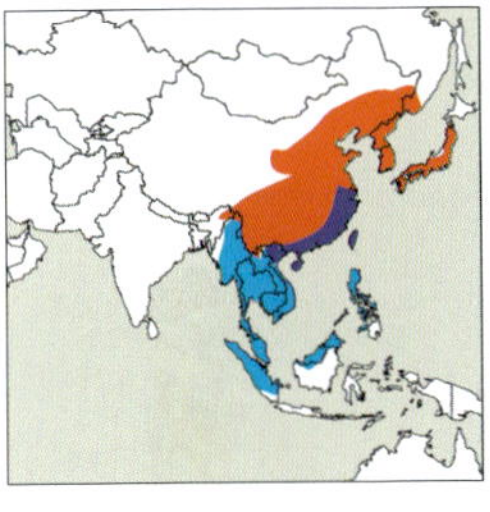

45 cm. Reiher aus Ostasien; einige Erwähnungen von Altvögeln in Europa (Ungarn, Norwegen, Großbritannien), möglicherweise Gefangenschaftsflüchtlinge. Im Winter wie Paddyreiher, aber oberseits rotbrauner, Hals stärker weiß-dunkelbraun kontrastiert; mit dunklen, basalen Flecke auf jeder Seite neben dem Flügelbug; im Winter häufig Band aus schmalen und kurzen Stricheln auf dem Vorderhals; dunkler Zügelstreif vorhanden, aber häufig weniger bis wenig markant. Prachtkleid: Mantel schiefergrau, Hals und Kopf dunkelrot, Schnabel gelb mit schwarzer Spitze.

adult, Prachtkleid

Winter

Blaureiher *Egretta caerulea*

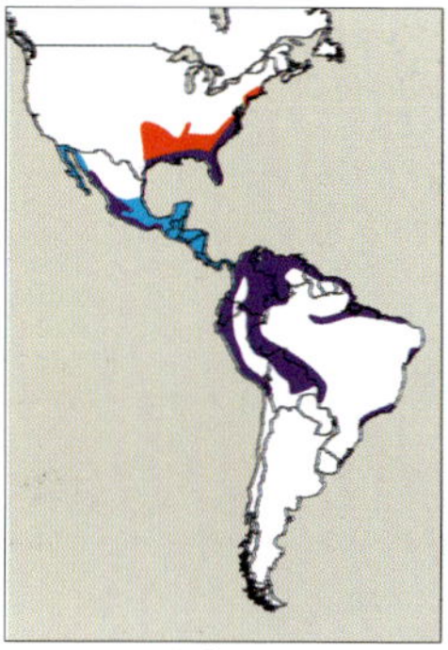

68 cm. Sehr seltener, nearktischer Irrgast auf den Azoren und in Irland. Mittelgroßer Reiher. Massiver als Seidenreiher, weniger massiv als Kuhreiher (Schnabel länger), Körperform intermediär zwischen diesen beiden Arten. Schnabel mit dicker Basis; Beine und Zehen grünlich. Altvogel: Gefieder schiefergrau-blau, Kopf und Hals verwaschen purpurfarben, Zügelstreif blaugrau, Schnabel grau mit schwarzer Spitze (Beine im Prachtkleid dunkel); kurzes, struppiges Federbüschel auf dem Kopf. Jungvogel: Gefieder völlig weiß, dunkle Spitze an den Handschwingen, Schnabel grau, Zügelstreif hellgrau oder grünlich gelb; 2. Jahr: weiße Sprenkelung auf schiefergrauen Federn.

Dreifarbenreiher *Egretta tricolor*

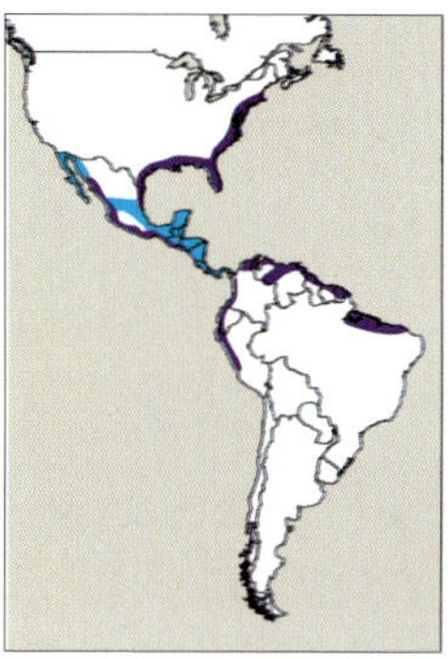

65 cm. Sehr seltener, nearktischer Irrgast auf den Azoren und Kanaren. Mittelgroßer Reiher, sehr schlank, Hals und Schnabel lang. Unterschnabel gelb, Beine gelblich, Oberseite schiefergraubläulich, Vorderhals schwarz und weiß gesprenkelt, Bauch weiß. Altvogel: Hals blau-anthrazitgrau wie Kopf; kurze, weiße Schmuckfedern am Kopf. Jungvogel: Hals rot, Flügeldecken und Mantel rot gebändert. Juveniles Gefieder wird während des ersten Sommers ersetzt. Im Flug: weiße Flügelunterseite.

Schmuckreiher *Egretta thula*

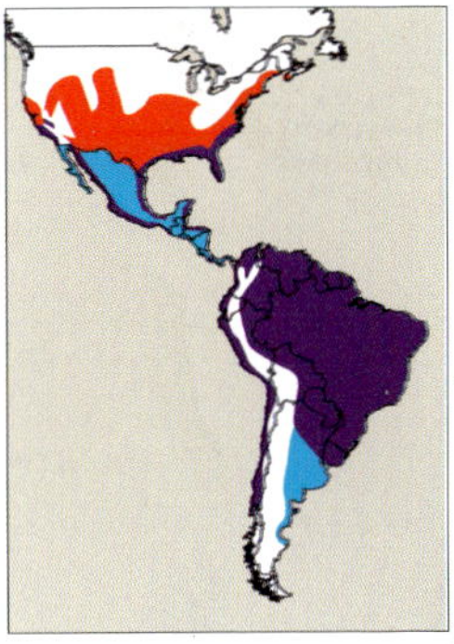

60 cm. Nearktisches Gegenstück zu unserem Seidenreiher; sehr seltener Irrgast in Island, auf den Azoren, im Vereinigten Königreich. Schnabel deutlich schmaler als bei Seidenreiher. Haut vor dem Auge leuchtend gelb, Beine schwarz mit gelben Bändern auf der Hinterseite und gelben Zehen. Altvogel mit «zerzauster» Federhaube, keine langen Schmuckfedern. Einige Seidenreiher weisen gelegentlich einen gelben Zügelstreif und etwas Gelb auf den Fußwurzeln auf, haben aber immer einen dickeren Schnabel und weniger kontrastierende Beine.

adult, **Prachtkleid**

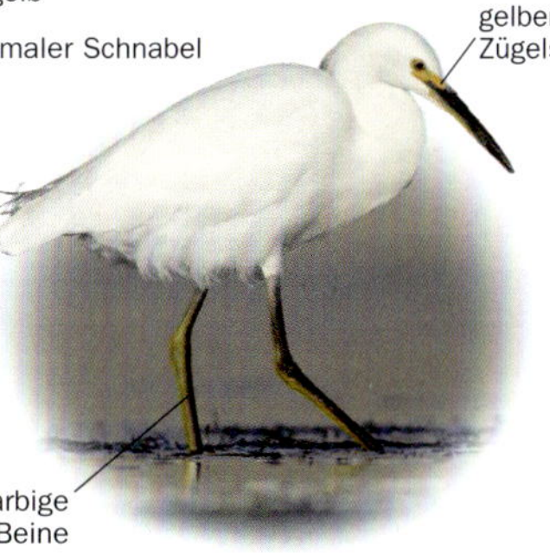

Mittelreiher *Ardea intermedia*

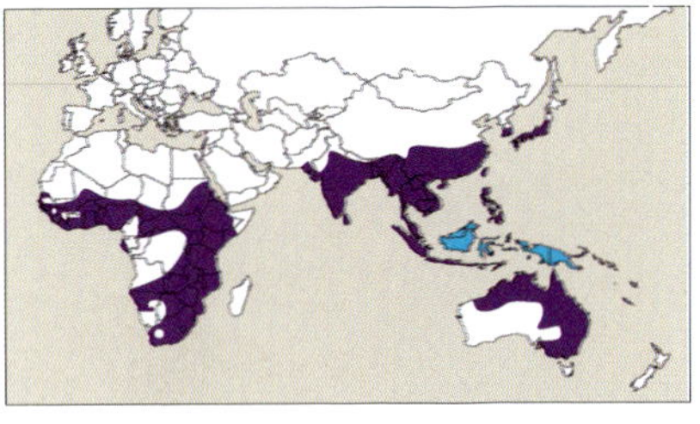

66 cm. Sehr seltener Irrgast aus Asien und Afrika südlich der Sahara; in Italien beobachtet. Kaum größer als Seidenreiher, aber dickerer Hals, Schnabel deutlich kürzer und gelb gefärbt, äußerste Spitze schwarz. Keine Schmuckfedern; Beine völlig schwarz, einschließlich der Zehen; erinnert an Silberreiher. Im direkten Vergleich mit anderen Reihern einfacher zu bestimmen. Im Flug sind kurzer Schnabel und schwarze Zehen gut zu sehen, Hals ist weniger angewinkelt als beim Silberreiher.

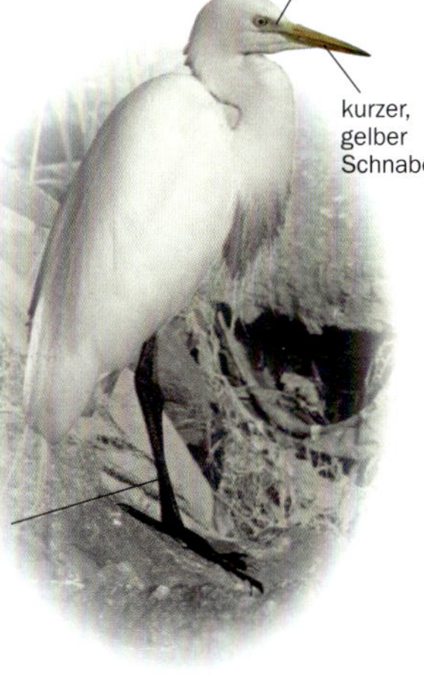

Küstenreiher *Egretta gularis*

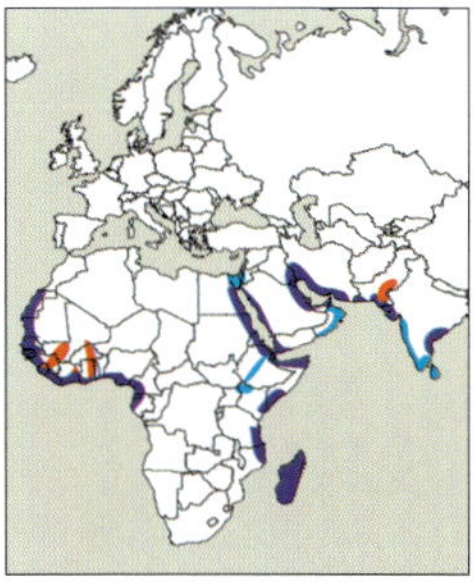

62 cm. Seltener, aber alljährlich auftretender, afrikanischer Reiher, besonders an der Mittelmeerküste, wo er sporadisch nistet oder mit dem Seidenreiher hybridisiert. Gleiche Größe wie letzterer (mit zwei langen Federn im Nacken), aber Schnabel kräftiger, schwach abwärtsgebogen, schwarz bei der Unterart *gularis* (Westafrika), blassgrau mit gelber Spitze bei der Unterart *schistacea* (Mittlerer Osten und Ostafrika). Dunkle Morphe: vollständig anthrazitgrau ohne weiße Kehle; Jungvogel aschgrau. Weiße Morphe: wie Seidenreiher, aber Beine häufig grünlich und Schnabel anders. Jungvogel der hellen Morphe: weiß mit vereinzelten grauen Federn, ohne Schmuckfeder, Beine grünlich. Einige melanisierte Seidenreiher sind hellgrau gefleckt, mit breitem, weißem Gesicht; manchmal mit schachbrettartig gemusterten Flügeln.

Weiße Morphe, Unterart *schistacea*

Dunkle Morphe, Unterart *schistacea*

juvenil, dunkle Morphe, Unterart *schistacea*

Dunkle Morphe, Unterart *gularis*

juvenil, weiße Morphe, Unterart *schistacea*

Glockenreiher *Egretta ardesiaca*

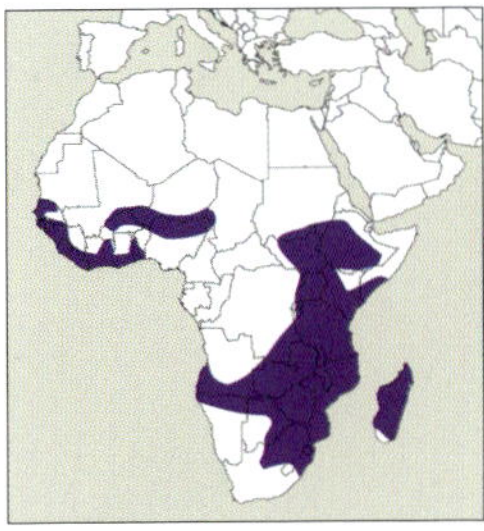

55 cm. Kleiner, afrikanischer Reiher; sehr seltener Irrgast; eine Beobachtung in Griechenland im Juni 2012. Gefieder vollständig schwärzlich schiefergrau; struppiger Federschopf am Hinterkopf. Schnabel schwarz und ziemlich lang; Beine schwarz mit gelben Zehen, im Flug gut sichtbar. Breitet beim Fischen die Flügel kreisbogenförmig über sich, Kopf und Hals unter diesem Schirm einschließend; wiederholt dieses Manöver manchmal hektisch.

Schwarzhalsreiher *Ardea melanocephala*

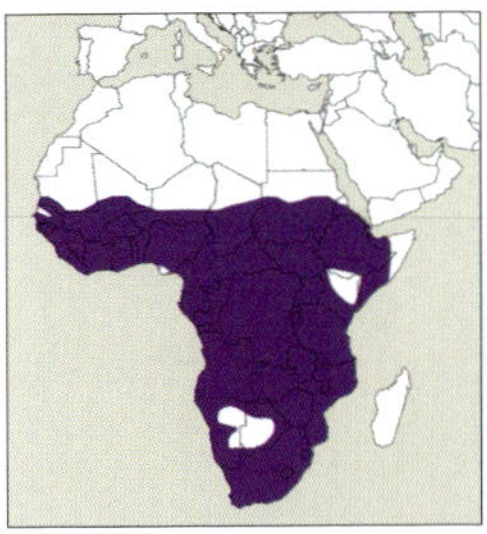

85 cm. Afrikanischer Reiher; Zugvogel, sehr seltener Irrgast. Eine Beobachtung in der Camargue (Frankreich) im November 1971. Ähnlich Graureiher, aber etwas kleiner; Unterflügeldecken weiß, wodurch der Flügel von unten deutlich zweifarbig aussieht. Altvogel: Kopf und Hals schwarz, mit breiter, weißer Kehle und gestricheltem Vorderhals; beim Jungvogel ist das Schwarz durch Dunkelgrau ersetzt und die langen, schwarzen Schmuckfedern am Nacken fehlen. Verhalten und Flug erinnern an Graureiher.

Kanadareiher *Ardea herodias*

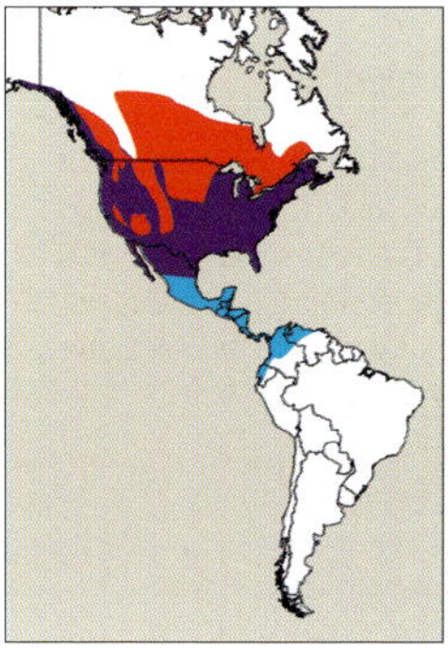

95 cm. Nearktischer Zugvogel; sehr seltener Irrgast; alljährlich im Herbst auf den Azoren zu beobachten. Ähnlich Graureiher, wirkt aber robuster; Hals stärker angewinkelt und länger, Schnabel dicker. Altvogel: Hals dunkler verwaschen braun-rosa oder weinrot, dunkelrote «Hosen» und Handgelenke. Jungvogel: schmalere, schwarze Strichel auf dem Vorderhals als Graureiher; rötliche Färbung der Randdecken und «Hosen»; manchmal rotbraune Flecke an der Spitze der Federn; Scheitel vollständig schwarz.

Waldrapp *Geronticus eremita*

75 cm. Sehr gefährdeter, seltener Ibis; kommt noch in Marokko vor, in Syrien und in der Türkei erloschen; Programme zur Wiederansiedlung in Andalusien, Deutschland, der Schweiz, in Österreich und in der Türkei. Brütete im Mittelalter im Süden Frankreichs. Kurze Beine, untersetzt; langer, abwärtsgebogener, roter Schnabel; Kopf rosafarben mit blauer Stirn und unbefiedert, mit Ausnahme verlängerter, herabhängender Nackenfedern beim Altvogel. Kopf beim Jungvogel noch grau befiedert, ohne verlängerte Nackenfederrn. Gefieder schwarz mit violettem und grünem Glanz; kräftige, rosafarbene Beine, die den Schwanz im Flug – im Gegensatz zum Sichler – nicht überragen. Ernährt sich am Boden offener, trockener und felsiger Gebiete. Die freigelassenen Individuen können sich verirren; sie tragen Farbringe.

Zwergflamingo *Phoenicopterus minor*

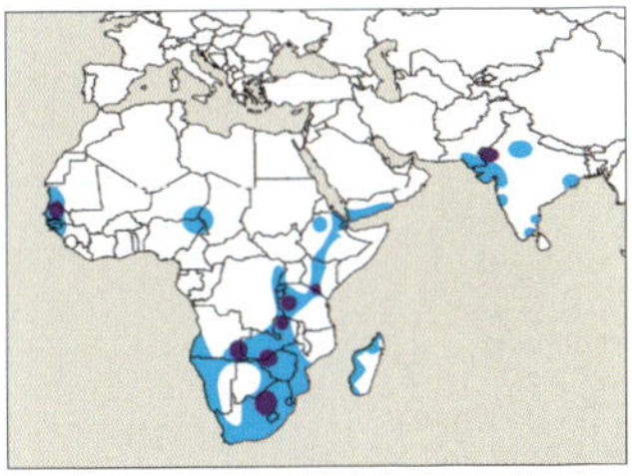

80–95 cm. Kleiner, afrikanischer Flamingo; sehr farbenfroh. Deutlich kleiner als Rosaflamingo; Gefieder intensiv gefärbt; Schnabel dunkel mit dunkelroter Basis, aus der Ferne völlig schwarz wirkend. Gefieder dunkelrosa, rote Federn auf den Flügeln, Hals rosafarben. Gefangenschaftsflüchtlinge, aber auch Irrgäste schließen sich ziehenden Rosaflamingos an; kürzlicher Anstieg von Aufzeichnungen in Europa; sporadischer Versuch des Nistens in der Camargue (Frankreich).

Schopfwespenbussard *Pernis ptilorhynchus*

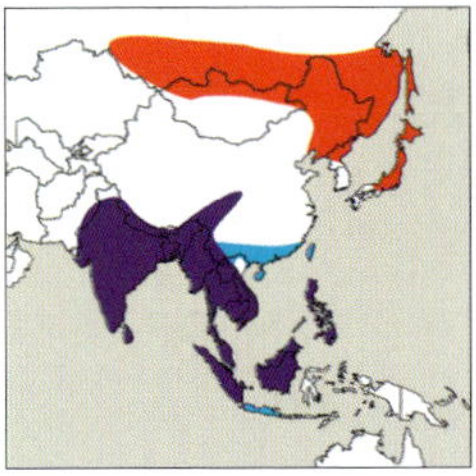

Flügelspannweite 130–155 cm. Asiatischer Zwilling des Wespenbussards, aber größer, Flügel breiter und eckiger, ohne Bugfleck, 6. Handschwinge länger und einen weiteren «Finger» bildend (beim Wespenbussard ist sie kurz); häufig weiße, dunkel umrandete Kehle. Männchen: Schwanz völlig schwarz mit breitem, grauem Mittelband, Kopf aschgrau, Iris dunkelrot. Weibchen: Endbinde und drei (zwei sichtbare) basale Bänder am Schwanz; Iris gelb. Jungvogel: gleiche Flügelgestalt wie Altvögel, kein Bugfleck, wellenförmige, dunkel unterstrichene Bänder auf den Schwung- und Steuerfedern. Sehr seltener Zugvogel im Mittleren Osten; eine Erwähnung in Italien.

Schwalbenweih *Elanoides forficatus*

Flügelspannweite 110–135 cm. Nearktischer Zugvogel; sehr seltener Irrgast, eine dokumentierte Beobachtung auf den Kanaren; ein Exemplar umstrittener Herkunft wurde 1866 in Frankreich gesammelt. Klein, zweifarbig; erinnert an einen sehr schlanken Aar mit einem langen, stark gegabelten Schwanz und langen, sehr spitzen Flügeln. Von oben völlig schwarz mit weißem Kopf; Unterseite und Unterflügeldecken weiß, aber Steuerfedern, Schwungfedern und große Unterflügeldecken schwarz.

Gaukler *Terathopius ecaudatus*

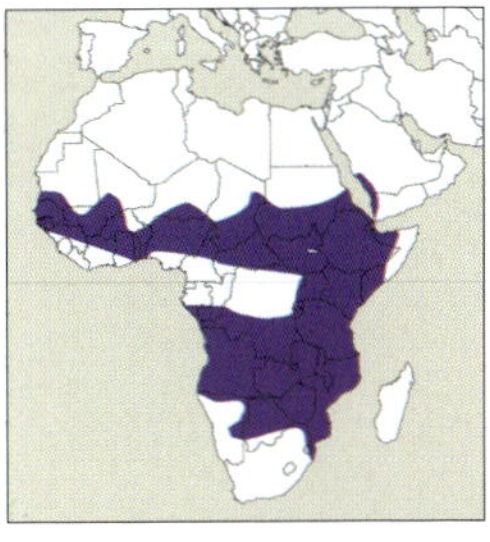

Flügelspannweite 170–190 cm. Kleiner, afrikanischer Adler, scheinbar ohne Schwanz; sehr seltener Irrgast in Spanien, in Israel. Hinterrand der Flügel gewellt; Schwungfedern schwarz, sehr lang, spitz; Armflügelhinterrand ausgebuchtet. Altvogel: Körper schwarz, Mantel rot, Unterflügeldecken weiß, Oberflügeldecken grau, Gesicht rot, Beine rot und kurz, überragen den Schwanz im Flug. Jungvogel: Körper braun, Federn hell gesäumt, Schwanz kaum länger als beim Altvogel, Schwungfedern grau mit dunkler Spitze und heller als Unterflügeldecken. In Ruhestellung wirkt Kopf sehr groß und Rumpf an den Füßen wie abgeschnitten – ungewöhnliche Proportionen.

jung

adult

jung

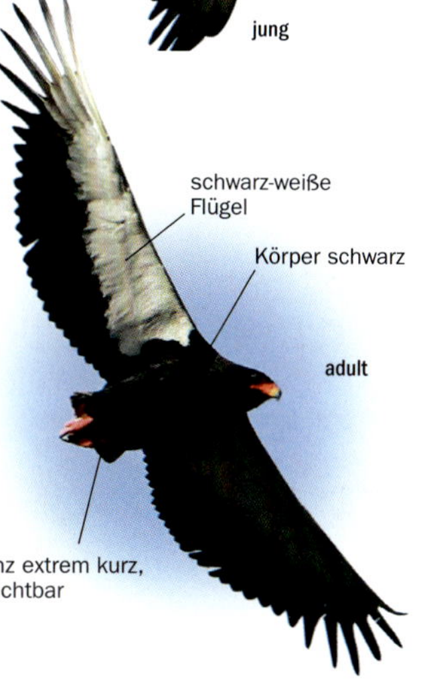

adult

Bindenseeadler *Haliaeetus leucoryphus*

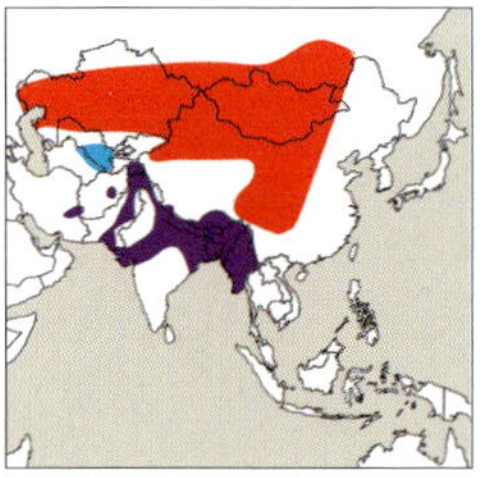

Flügelspannweite 180–220 cm. Asiatischer Adler; sehr seltener Irrgast in Skandinavien, Polen; nistete früher im Norden des Kaspischen Meeres. Für einen Seeadler sind Schwanz und Hals besonders lang. Altvogel: Rumpf schwärzlich braun mit rötlicher Brust und hellem Kopf; weißer Schwanz mit breiter, schwarzer Endbinde. Jungvogel: erinnert an jungen Seeadler, aber beigefarbene mittlere Flügeldecken bilden ein breites Band unter dem Flügel; von unten ist weiße Basis an den inneren Handschwingen kennzeichnend; Bürzel cremefarben. Immature Vögel erinnern an Jungvögel, weisen aber mehrere Generationen von Handschwingenfedern auf.

Weißkopfseeadler *Haliaeetus leucocephalus*

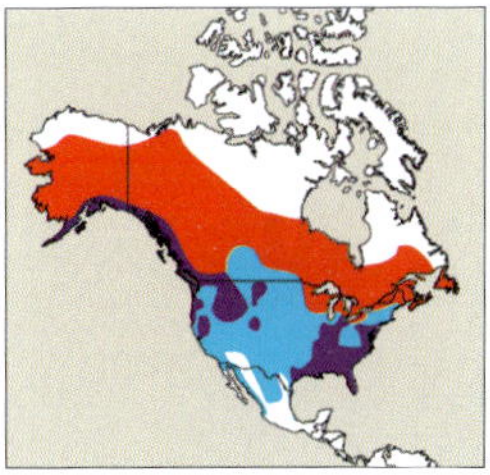

Flügelspannweite 180–240 cm. Nearktischer Seeadler; ein Individuum in Irland im Dezember 1987 völlig erschöpft aufgefunden. Wie Seeadler, aber Schnabel länger und dicker. Altvogel mit weißem Kopf und weißem Schwanz unverwechselbar. Jungvogel: schwärzlich braun, Unterflügeldecken häufig sehr hell, Schwanz kurz, manchmal schachbrettartig schwarz-weiß; variabel. Immaturer Vogel mit cremefarbenem Kopf, dunklem Streif hinter dem Auge, weißlich geflecktem Rumpf, weißem Schwanz mit undeutlicher dunkler Spitze.

Weißrückengeier *Gyps africanus*

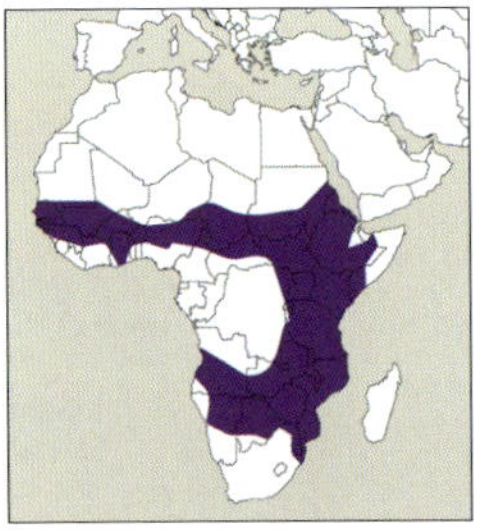

Flügelspannweite 210–220 cm. Kleiner, afrikanischer Aasgeier; sehr seltener Irrgast in Spanien, Marokko. In allen Kleidern ist das schwarze Gesicht kennzeichnend (Vorsicht bei beschmutzten Gesichtern anderer Arten). Altvogel: erinnert an Gänsegeier, aber deutlich kleiner, Schnabel schwarz, Hals weiß und Gesicht dunkel, Unterflügeldecken weiß, Oberflügeldecken häufig sehr hell, Rücken und Bürzel weiß. Jungvogel: erinnert an Sperbergeier, unterseits beigefarben gestrichelt; Oberflügeldecken cremefarben gestreift, Rücken cremefarben, aber Gesicht charakteristisch schwarz und ohne Dunen.

Sperbergeier *Gyps rueppellii*

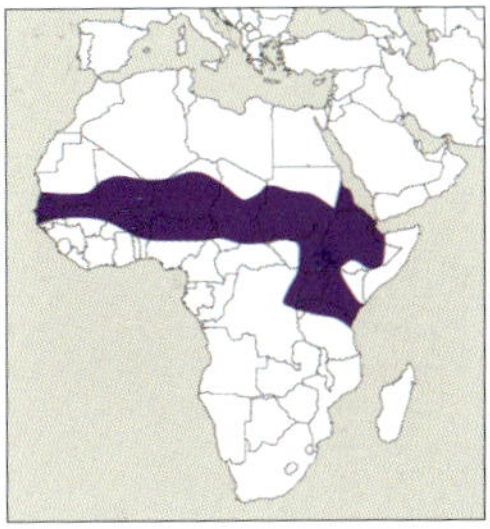

Flügelspannweite 220–255 cm. Erinnert an Gänsegeier, aber etwas kleiner; kaum größer als Weißrückengeier. Altvogel: beigefarbene Flecke auf den dunkelbraunen Flügeldecken, Rumpf hell gesprenkelt; Gesamtbild sehr schuppig. Jungvogel: einheitlicher dunkelbraun, Unterseite und Flügeldecken beigefarben gestreift, Schnabel dunkel; ähnlich jungem Weißrückengeier, aber größer und schwarzes Gesicht weniger stark abgegrenzt. Sehr seltener Irrgast; in der Nähe von Gänsegeier-Kolonien.

Ohrengeier *Torgos tracheliotus*

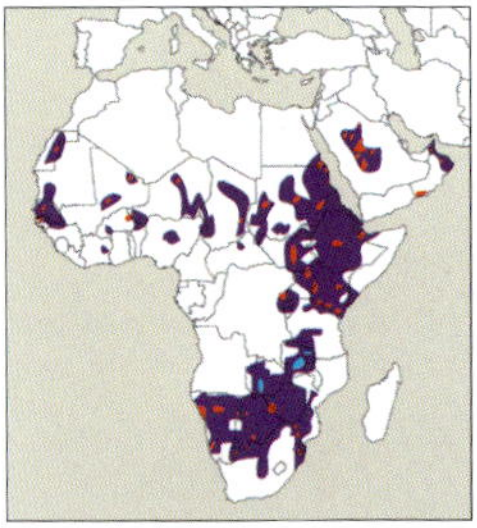

Flügelspannweite 250–280 cm. Sehr großer, afrikanischer Geier; erinnert an Mönchsgeier, aber massiver und untersetzter; sehr lange Flügel. Äußerst seltener Irrgast aus der Sahelzone oder Saudi-Arabien; eine frühere Erwähnung in Frankreich; in Saudi-Arabien selten geworden; neue Irrgäste in Europa wenig wahrscheinlich. Kopf rosafarben und nackt, Schnabel sehr groß und zweifarbig. Altvogel: schwarzbraunes Gefieder wie Mönchsgeier, aber Flügel breiter, Bauch hell und Brust schwarz gestrichelt; schmales, helles Band in der Mitte des Armflügels. Jungvogel ähnlich, Kopf grau und Schnabel matt.

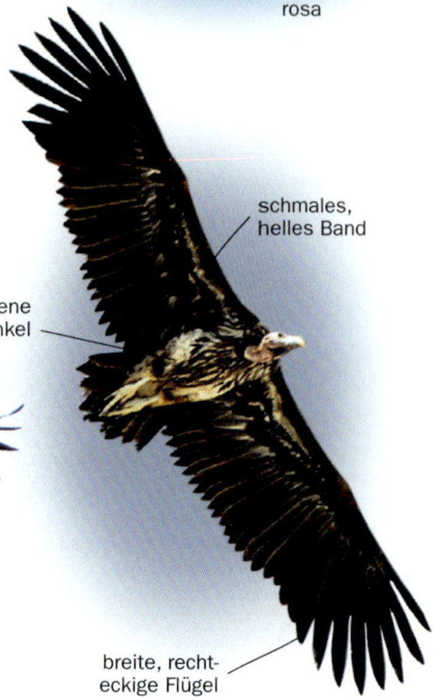

Hudsonweihe *Circus hudsonius*

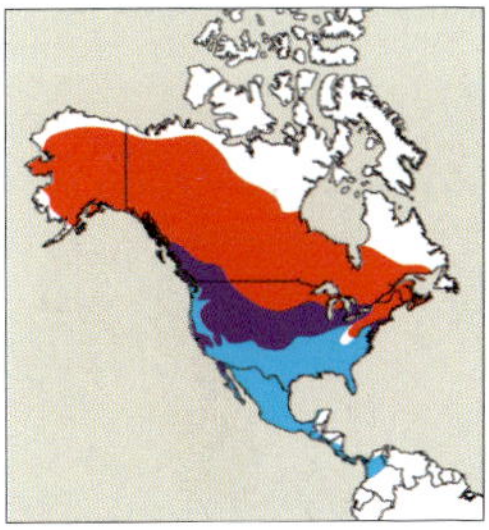

Flügelspannweite 107 cm. Nearktisches Gegenstück zur Kornweihe; sehr seltener Irrgast in Irland, Großbritannien, auf den Azoren. Jungvogel: Kopf und Hals charakteristisch einheitlich dunkelbraun; breiter, dunkelbrauner Halsring; lange, braune Strichel auf den ockerfarbenen Flanken, manchmal auf der Brust unter dem Halsring; 4–5 Bänder auf der kurzen äußeren Handschwinge; Bauch einheitlich beigefarben, Brust unten nicht gestreift. Männchen: grauer, rot gestreifter Brustlatz ohne scharfe Grenze, Brust und Flanken rotbraun gesprenkelt, breiter, schwarzer Flügelhinterrand, Schwungfedern fein gebändert, Oberflügeldecken und Schulterfedern mit grauer Basis, brauner, undeutlicher Spitze und hellem Endsaum.

Schikrasperber *Accipiter badius*

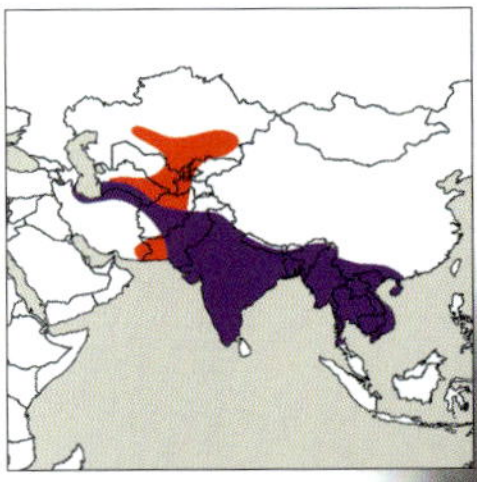

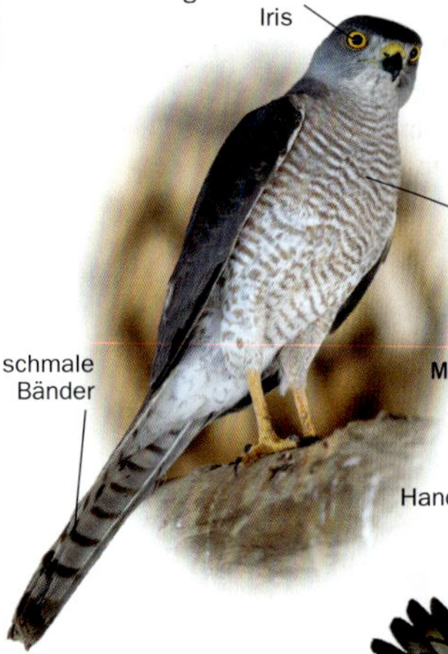

Flügelspannweite 55–60 cm. Kleiner, schlanker Sperber; seltener Brutvogel; kommt nur am südöstlichen Ende Europas vor. 5–6 sichtbare Bänder unter dem Schwanz, dunkler Kehlstrich und nur 5 gefingerte Handschwingen (6 beim Sperber, 4 beim Kurzfangsperber); Handflügel schmaler als beim Sperber. Iris beim Jungvogel strohgelb, orangefarben beim Männchen, gelb beim Weibchen. Männchen unterseits fein rot gebändert, Weibchen fein braun. Jungvogel: oberseits hellbraun, unterseits braune Tropfen, die auf den Flanken waagerechter werden, dunkler Kehlstrich. Im Flug ist die Form des Armflügels, die Anzahl der gefingerten Handschwingen und das Vorhandensein eines Kehlstrichs zu überprüfen.

Graubürzel-Singhabicht *Melierax metabates*

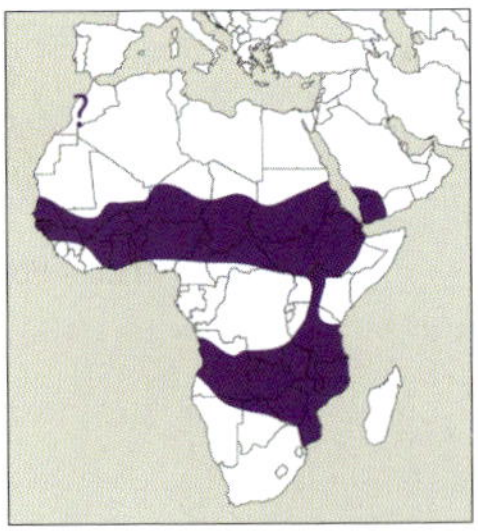

Flügelspannweite 95–110 cm. Ursprünglich aus Afrika südlich der Sahara, selten in Marokko; eine Erwähnung im Juli 1963 in Spanien nahe Cádiz. Mittelgroß, Schwanz relativ lang, langbeinig. Altvogel: aschgraues Gefieder, Bauch und Brust sehr fein schwarz gebändert, wirkt aus der Ferne hellgrau; Iris schwarz, Wachshäute und Beine rot; im Flug: Spitze der Schwungfedern schwarz, Flügeldecken heller als Mantel, mittlere Steuerfedern schwarz, äußere Steuerfedern weiß mit schwarzen Bändern. Jungvogel mit braunem Gefieder, Iris und Beine gelb; Brust und Bauch braun gebändert. Lässt sich häufig gut sichtbar auf der Spitze eines Baumes oder Strommastes nieder. Schlagflug erinnert an Habicht.

Adlerbussard *Buteo rufinus*

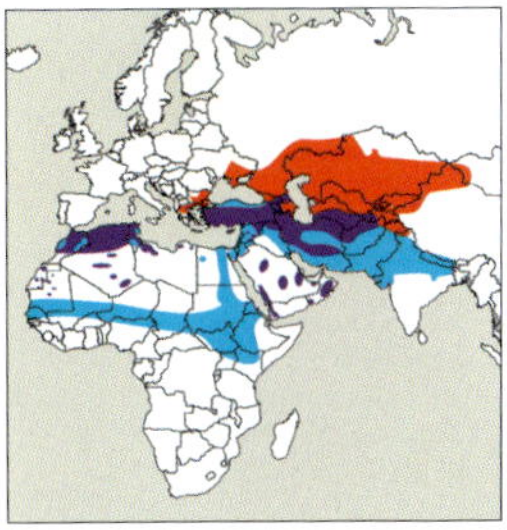

Flügelspannweite 105–125 cm *(cirtensis)*, 130–155 cm *(rufinus)*. Aus Osteuropa (Unterart *rufinus*), größer und massiver als Mäusebussard; Flügel lang und eckig, Handschwingen oberseits weiß mit heller Basis, Schwanz einheitlich cremefarben bis rot und ohne Bänder (Altvogel) oder graubraun bis rötlich braun mit feinen, dunklen Bändern (Jungvogel). Dunkle «Hosen» und deutlicher schwarzer Bugfleck auf der Flügelunterseite. Brust gestrichelt (Jungvogel) oder gebändert (Altvogel); häufig Individuen mit weißem Kopf. Unterart *cirtensis* aus Nordafrika kleiner, Körperform wie Mäusebussard, Gefieder häufig dunkel. Nistet heutzutage im Süden Spaniens, mit Hybriden *buteo* × *cirtensis*. Nicht zu verwechseln mit Gefangenschaftsflüchtlingen (Unterart *cirtensis*), die aus den Maghreb-Ländern zurückgebracht und dann ausgesetzt werden, und manchmal in Tierstationen landen, wo sie versorgt und dann wieder freigelassen werden.

juvenil, Unterart *cirtensis*

adult, Unterart *rufinus*

jung, schwarze Morphe, Unterart *rufinus*

adult, Unterart *rufinus*

adult, schwarze Morphe

adult

Schelladler *Aquila clanga*

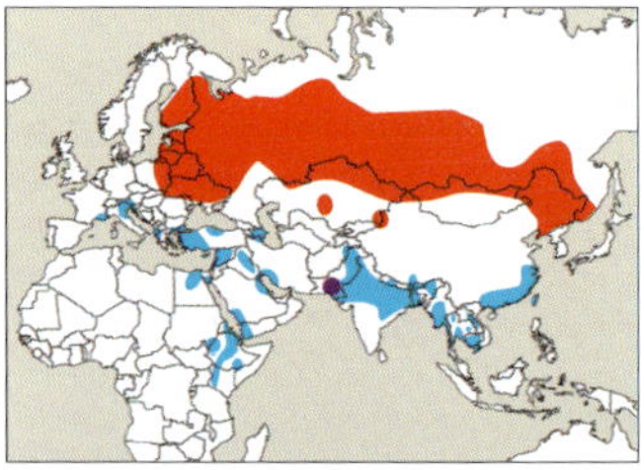

Flügelspannweite 155–175 cm. Dunkelbrauner Adler, untersetzt, mit extrem eckigen Flügeln (7. Handschwinge lang) und tief gefingerter Hand, Schwungfedern ohne Bänderung. Schwanz sehr kurz, beim Jungvogel noch kürzer. Beim Altvogel Flügeldecken und Schwungfedern in der Regel gleichfarbig. Jungvögel variabel, mit weißen, mehr oder weniger breiten Flecke an der Spitze der Oberflügeldecken, Bürzel weiß, Schwungfedern nicht oder schwach gebändert. Helle Form, *fulvescens:* Rumpf und Armdecken beigefarben bis rötlich, Schwungfedern ungebändert, Gestalt artspezifisch. Intermediäre Formen mit mehr oder weniger beiger Färbung, die von den «Hosen» bis zur Brust und bis auf die Unterflügeldecken reicht. Hybride mit Schreiadler zunehmend häufiger im Winter in Westeuropa zu beobachten, sehr schwierig zu identifizieren; Bestimmung besonders anhand der Flugsilhouette (7. Handschwinge kürzer), des Vorhandenseins von Bändern auf den Schwungfedern und einer hellen Iris.

Schreiadler *Aquila pomarina*

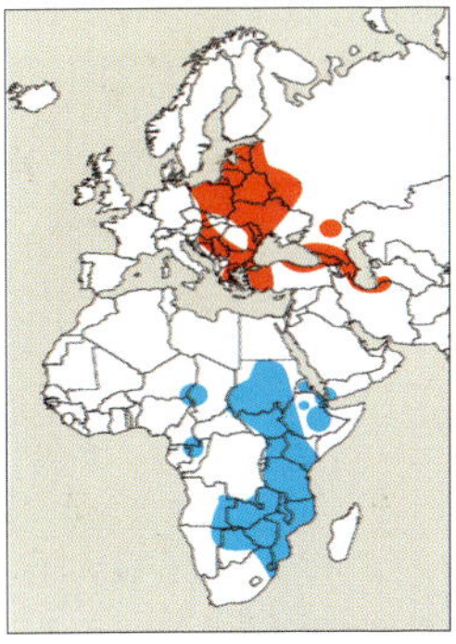

Flügelspannweite 145–170 cm. Kleiner, hellbrauner Adler; Schwungfedern dunkler als Rumpf; helle Iris. Kleiner und weniger untersetzt als Schelladler, Schwungfedern weniger tief gefingert (7. Handschwinge kurz) und Schnabel weniger kräftig. Jungvogel: weiße, tropfenförmige Flecke auf den großen Oberflügeldecken, in der Regel scharf abgegrenzt; unterscheidet sich vom Schelladler durch seine Gestalt, den kleinen Schnabel, den rotbraunen Nacken, die weniger dichten und einheitlicheren «Hosen», die deutlich gebänderten Schwungfedern. Altvogel: zwei helle «Kommas» am Handgelenk auf der Flügelunterseite, die als Unterscheidungsmerkmal dienen, sowie häufig helle Oberflügeldecken; Iris hell; schmales, helles Band auf dem Bürzel, manchmal weißer Fleck auf dem Rücken.

Steppenadler *Aquila nipalensis*

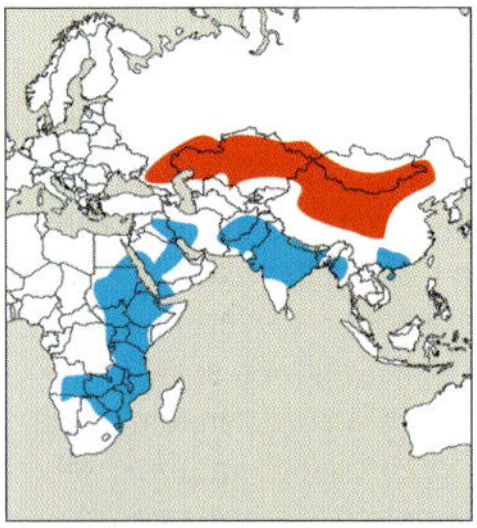

Flügelspannweite 165–190 cm. Aus Zentralasien; weit verbreiteter Zugvogel im Mittleren Osten; überwintert in Ostafrika; seltener Irrgast im Herbstzug; beim Überwintern zu beobachten. Untersetzter Adler, braun, eckige Flügel, etwas Weiß auf dem Bürzel und an der Basis der Handschwingen oberseits, Flügeldecken heller als Schwungfedern, Schwung- und Steuerfedern gebändert. Schnabelwinkel erstrecken sich bis hinter das Auge; kräftiger Schnabel, dunkle Iris (beim Jungvogel schwarz, beim Altvogel dunkelbraun). Deutliches weißes Band auf den großen Unterflügeldecken beim Jungvogel, bei den Immaturen teilweise unterbrochen; die Schwungfedern des immaturen Vogels stammen aus verschiedenen Generationen und sind deshalb unterschiedlich lang; subadulter Vogel mit braunen Flügeldecken mit breiter, weißer Säumung.

subadult

jung

immatur

adult

adult

jung

Kaiseradler *Aquila heliaca*

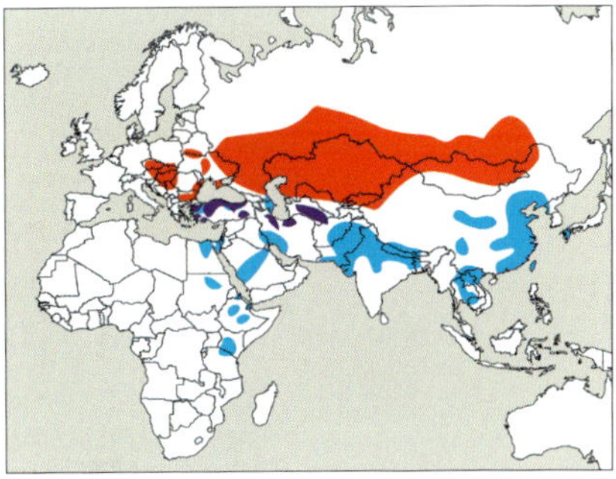

Flügelspannweite 175–205 cm. Ursprünglich aus Zentralasien; selten einige junge Wintergäste, besonders in großen Feuchtgebieten. Groß und massiv, Flügel breit und eckig, Schnabel dick und kräftig. Jungvogel: Körper sandfarben, Brust und Mantel dunkel gestrichelt; Oberflügeldecken weiß gefleckt. Im Gegensatz zum jungen Schelladler, *fulvescens,* Bürzel und Rücken weiß, Schwanz länger und heller Bereich auf den inneren Handschwingen, Schnabel kräftiger. Altvogel: Flügeldecken unterseits dunkel und langer Schwanz mit schwarzer Endbinde und heller Basis (zwei Merkmale, die bei ziehenden Vögeln aus der Ferne von unten zu sehen sind), goldfarbene «Kapuze», weißes Band auf der Schulter (manchmal auf einige Flecke begrenzt).

Spanischer Kaiseradler *Aquila adalberti*

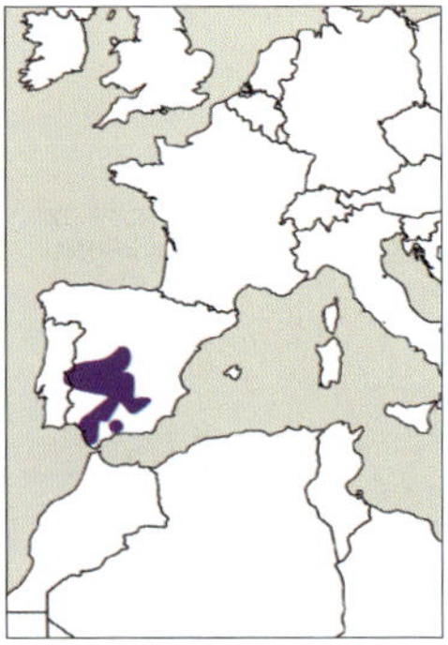

Flügelspannweite 180–210 cm. Dem Kaiseradler nahestehende Art. Seltener Brutvogel auf der Iberischen Halbinsel; einige immature Vögel verirren sich manchmal bis in den Norden der Pyrenäen; Verbreitung der Jungvögel im Winter bis nach Marokko. Gefieder des Jungvogels rotbraun, kaum gestrichelt, wird schnell heller, einheitlicher und rotbrauner als das des Kaiseradlers; gestrichelter Latz im oberen Brustbereich; Bauch und unterer Brustbereich einheitlich ockerfarben. Altvogel: weißer Flügelvorderrand, zusätzlich weiße Bänder auf der Schulter, grauer Schwanz mit breiter, schwarzer Endbinde.

Buntfalke *Falco sparverius*

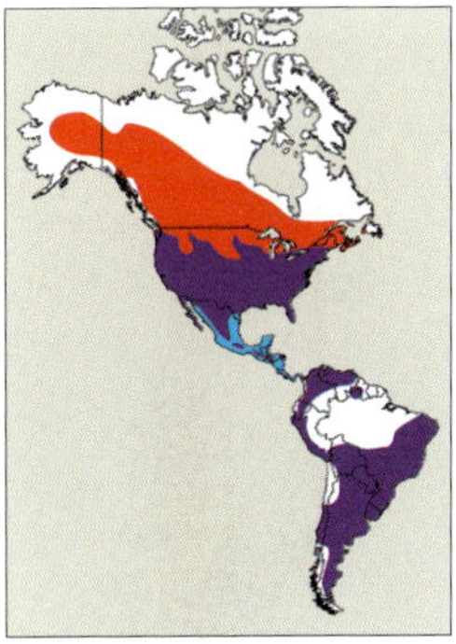

Flügelspannweite 55–65 cm. Kleiner, nearktischer Falke; sehr seltener Irrgast im Vereinigten Königreich, auf den Azoren, in Dänemark, auf Malta. Klein; Körpergröße wie Zwergfalke, Verhalten und Flug aber wie Turmfalke. Zeichnung des Kopfes dient als Unterscheidungsmerkmal: zwei schwarze «Tränen» und ein schwarzer Fleck vor dem Nacken. Männchen: Scheitel grau mit roter Haube, Flügel grau mit schwarzen Punkten, Schwanz rotbraun mit breiter, schwarzer Endbinde. Weibchen: Flügeldecken und Mantel rotbraun mit breiten, schwarzen Bändern, Schwanz gebändert, Kopf wie beim Männchen, rotbraune Bänder auf der Brust. Jungvogel mit gräulichem, fein gestricheltem Scheitel, Mantel und Flügel stark schwarz gebändert, unterseits gestrichelt.

Weibchen

Weibchen

Männchen

Männchen

jung

Männchen

Merlin (Nominatform) *Falco columbarius columbarius*

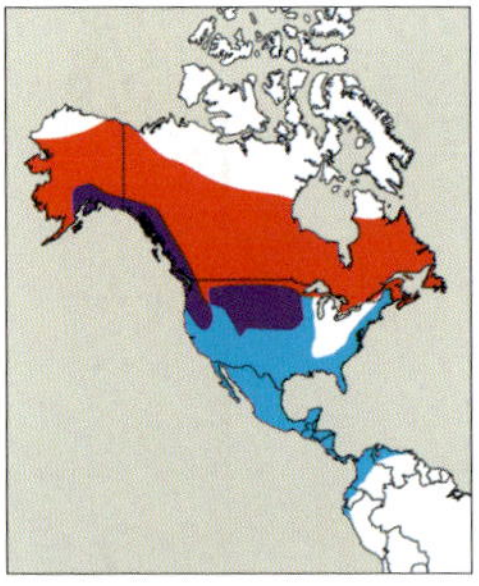

Flügelspannweite 55–69 cm. Sehr selten in Irland, Island und auf den Azoren beobachtet. Kleiner, gedrungener Falke, erinnert an Sperber, mit kurzen, aber spitzen Flügeln. Das Schwanzmuster der nearktischen Formen unterscheidet sich von dem der europäischen. Weibchen dunkelbraun, Schwanz mit drei schwarzen Bändern, von denen das letzte am dunkelsten und am breitesten ist (vier Bänder der gleichen Breite bei den europäischen Formen). Männchen oberseits bläulich grau, ebenfalls drei Bänder auf dem Schwanz, von denen das letzte breiter ist; graue Zwischenbänder kaum schmaler als die zwei schwarzen Bänder an der Basis; unterseits weiß, fein dunkelbraun oder rötlich gestrichelt und gebändert (Flanken).

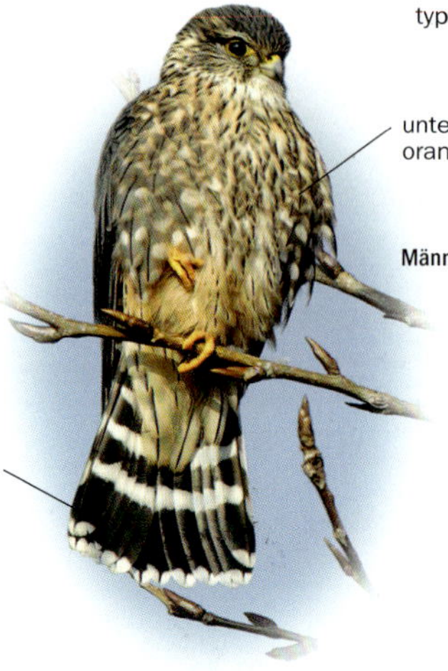

Amurfalke *Falco amurensis*

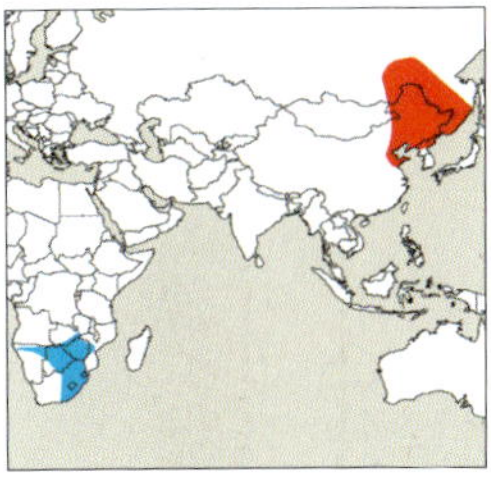

Flügelspannweite 63–70 cm. Fernöstliches Gegenstück zum Rotfußfalken; großer Zugvogel, der im südlichen Afrika überwintert; sehr seltener Irrgast in Europa. Männchen wie Rotfußfalke, Unterflügeldecken aber weiß, Rumpf grau und heller als Flügel, Bartstreif auf dem Gesicht dunkler. Weibchen mit grauschwarzem Scheitel, unterseits weiß mit deutlichen schwarzen Streifen und Bändern, Flügeldecken schiefergrau und schwarz gebändert; Wachshäute, Augenring und Beine rot; keine orangene Färbung. Jungvogel ähnlich Rotfußfalke, Scheitel grauer; markante, schwarze Maske; auf den Flanken nur schwarze Strichel, die beim Rotfußfalken als Bänder ausgebildet sind. Im Rahmen der Mauser werden nach und nach weiße Unterflügeldecken ausgebildet.

Lannerfalke *Falco biarmicus*

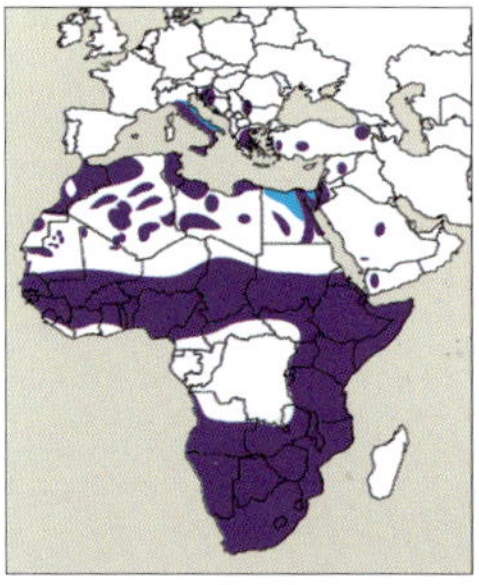

Flügelspannweite 95–105 cm. Schlank; Flügel in Ruhestellung genauso lang wie Schwanz; Stirn weiß mit schwarzem Band und rotbraunem Scheitel darüber; schwarze, lange, sehr schmale Bärte. Oberseite schwarz-grau (Unterart *feldeggii*, Italien und östlicher) oder grau, schwarz gebändert (Unterart *erlangeri* in Nordafrika). Unterseite hell, manchmal nur mit schwarzen Flecke auf den Flanken oder mit einer gefleckten Brust und gebänderten Flanken. Bei den Jungvögeln besteht Verwechslungsgefahr mit der nördlichen Wanderfalken-Unterart *F. peregrinus calidus*, aber Stirn weiß mit dunklem Band darüber; Bartstreif sehr schmal und spitz; Unterschwanzdecken ohne Strichel; mittlere Steuerfedern einheitlich und große Unterschwanzdecken dunkelbraun mit einigen weißen Flecken. Die Jungvögel der Unterart *feldeggii* weisen einen schmalen, schwarzen Strich entlang der Federschäfte der Unterschwanzdecken auf.

juvenil

adult, Unterart *biarmicus* (südliches Afrika)

adult, sehr hell, Unterart *erlangeri*

Unterart *erlangeri*

adult, Unterart *erlangeri*

Jungvogel, Unterart *feldeggii*

immatur, Unterart *tanypterus*

Würgfalke *Falco cherrug*

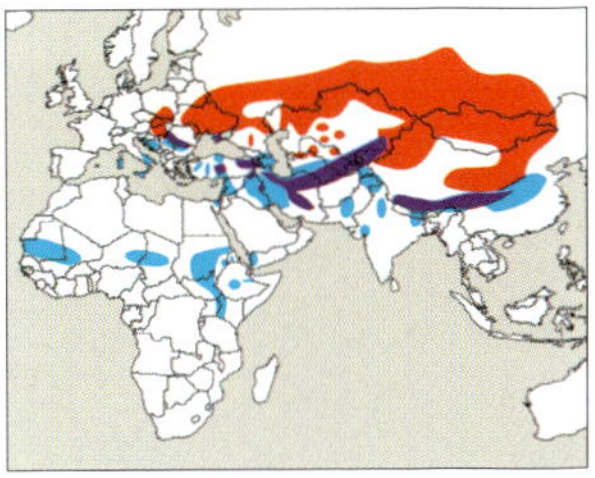

Flügelspannweite 105–130 cm. Sehr groß, massiv; Schwanz in Ruhestellung länger als Flügel. Oberseits einheitlich dunkelbraun, unterseits außer den einheitlich gefärbten Unterschwanzdecken stark dunkel gestrichelt. Kopf sehr hell mit weißlichem, mehr oder weniger braun gestricheltem Scheitel; Bartstreif kurz und wenig markant. Altvogel mit dunklen «Hosen», breitem, dunklem Band auf den Unterflügeldecken, gelben Wachshäuten und Beinen. Beim Jungvogel sind Beine, Wachshäute und Augenring grau, Unterflügeldecken dunkel, vollständig dunkelbraun erscheinend; dunkle «Hosen» (beim Lannerfalke immer hell). Steuerfedern auf beiden Seiten mit beigefarbenen Ovalen gezeichnet. Sehr selten; Mittels Satellitentelemetrie konnte gezeigt werden, dass einzelne Vögel von Mitteleuropa Richtung Maghreb ziehen.

Gerfalke *Falco rusticolus*

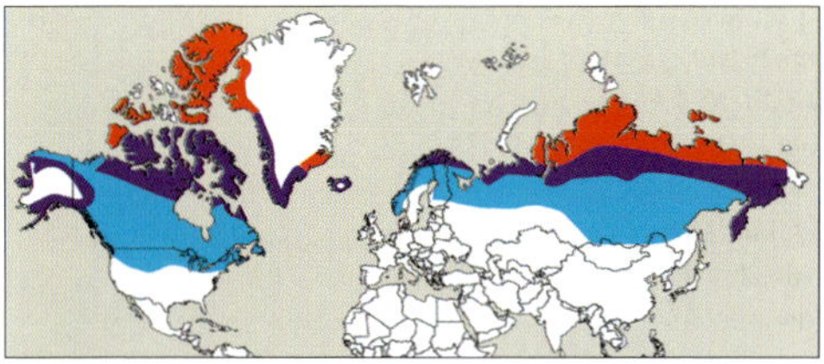

Flügelspannweite 110–135 cm. Arktischer Falke; seltener Irrgast im Winter an den Nord- und Westküsten von Südeuropa. Sehr groß und massiv; Schwanz in Ruhestellung länger als Flügel; breiter Bartstreif geht in dunkle Wange über. Beine, Wachshäute und Augenring beim Jungvogel bläulich grau, beim Altvogel gelb. Jungvogel: dunkelbraun-grau mit stark gestrichelter Unterseite und dunkleren Unterflügeldecken; Beine, Wachshäute und Augenring grau. Altvogel, graue Morphe (Europa): Schwanz und Bürzel einheitlich fein gebändert; Unterseite schwarz gefleckt und große Unterflügeldecken etwas dunkler. Altvogel, weiße Morphe (Grönland): unverwechselbar, weiß mit schwarzen Flecken. Altvogel, dunkle Morphe (kanadische Atlantikküste): schwarzbrauner Körper mit weißen Stricheln oder Bändern auf den Flanken und «Hosen»; Kopf vollständig dunkel; Unterflügeldecken dunkelbraun mit kleinen, weißen, runden Flecken.

juvenil

adult, weiße Morphe

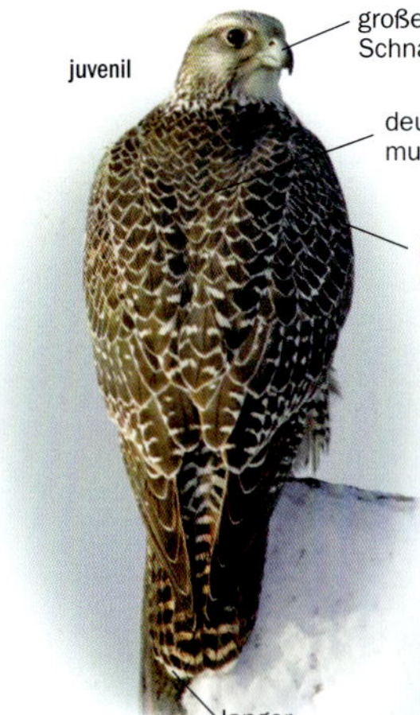

juvenil

juvenil

adult, dunkle Morphe (Labrador)

Wüstenfalke *Falco pelegrinoides*

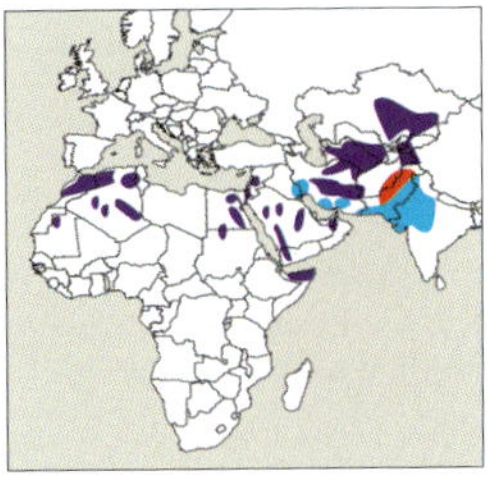

Flügelspannweite 75–100 cm. Sehr seltener Irrgast in Südeuropa (Italien, Malta, Griechenland). Stellvertreter des Wanderfalken am Rand der Sahara; kleiner und schlanker. Altvogel: Nacken rotbraun, Bartstreif ziemlich schmal (manchmal aber dicker und bleibt dicker als bei Lannerfalke); unterseits wenig gebändert oder gepunktet; Schwanz mit dunklen Bändern, die zum Ende hin breiter und dunkler werden und damit in jeder Altersstufe ein kennzeichnendes Kontrastmuster bilden (anders als bei Wander- und Lannerfalke). Jungvogel: Überaugenstreif und Nacken gämsfarben, Unterschwanzdecken mit schmalem Mittelstreifen, gleiches Schwanzmuster wie Altvogel, häufig ein dunkles «Komma» am Handgelenk auf der Flügelunterseite.

Schieferfalke *Falco concolor*

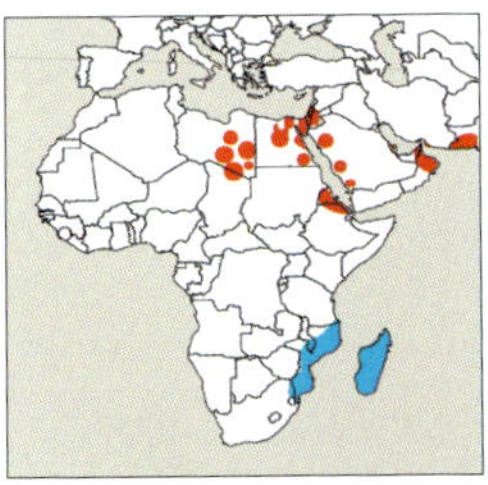

Flügelspannweite 78–90 cm. Brutvogel im Mittleren Osten; äußerst seltener Irrgast in Europa; eine bemerkenswerte Beobachtung eines einjährigen Vogels in der Camargue (Frankreich), fotografiert am 23. August 2006. Altvogel vollständig anthrazitgrau; sehr schlank; lange Flügel (Schwanz kürzer als bei Eleonorenfalke); Wachshäute und Beine gelb. Schwanz in Ruhestellung kürzer als Flügel (gleiche Länge wie bei Eleonorenfalke). Jungvogel: wie junger Eleonorenfalke, aber Endbinde des Schwanzes breiter als die anderen Bänder (bei Eleonorenfalke schmal und gleich breit wie die anderen Bänder) und schwarze, «eckige Klammer» an der Maske im hinteren Wangenbereich; Hinterrand des breiteren Flügels dunkel, wie die dunkle Spitze der Handschwingen; keine sichtbaren Bänder auf der Schwanzoberseite (im Gegensatz zu Eleonorenfalke).

Carolinasumpfhuhn *Porzana carolina*

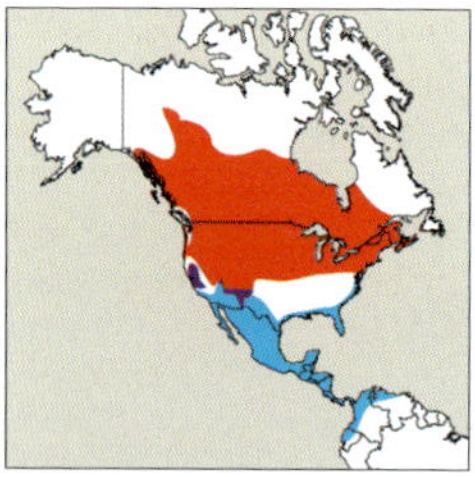

20 cm. Nearktischer Irrgast im Herbst, manchmal im Winter. Tüpfelsumpfhuhn mit cremefarbenen Unterschwanzdecken und kurzen Flügeln sehr ähnlich, aber Hals und Brust beigefarben ohne Fleck, gelber Schnabel ohne Rot, einheitlicher Scheitel mit einem einzelnen dunklen Scheitelstrich, Schirmfedern ohne Querbänderung, nur mit hellen Rändern. Flanken weiß marmoriert; dunkles Gesicht zwischen Auge und dicker Schnabelbasis. Altvogel: schwarzes Gesicht, schmales, schwarzes Band auf dem Vorderhals; rotbrauner Scheitel ohne weiße Flecke; Kopf- und Halsseiten sowie Brust grau. Jungvogel: helle Kehle, braune Wange, rötliche Brust; die meisten Individuen mit gräulichem Hals und dunklem Gesicht. Handschwingenprojektion sehr kurz.

Graukehl-Sumpfhuhn *Porzana marginalis*

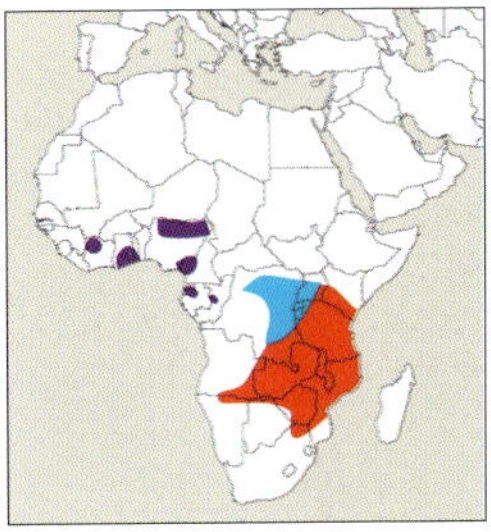

19 cm. Kleines Sumpfhuhn aus Afrika südlich der Sahara; sehr seltener Irrgast auf den Kanaren und in Spanien. Erinnert an Zwergsumpfhuhn, aber Schnabel grün und dick; Gesicht grau oder beigefarben, rote Augen. Unterscheidet sich durch einheitlich rote Unterschwanzdecken, Oberpartien mit langen, weißen Stricheln (besonders Säume der Schulterfedern und Flügeldecken), kaum gestrichelte Flanken. Grüne Beine. Jungvogel: Kopf und Brustseiten beigefarben, Schnabel mit dunklem First, einheitlich rote Unterschwanzdecken und Oberpartien wie beim Altvogel. Weibchen weniger farbenfroh als Männchen (einige ohne dunkelgraue Färbung).

Savannenralle *Crex egregia*

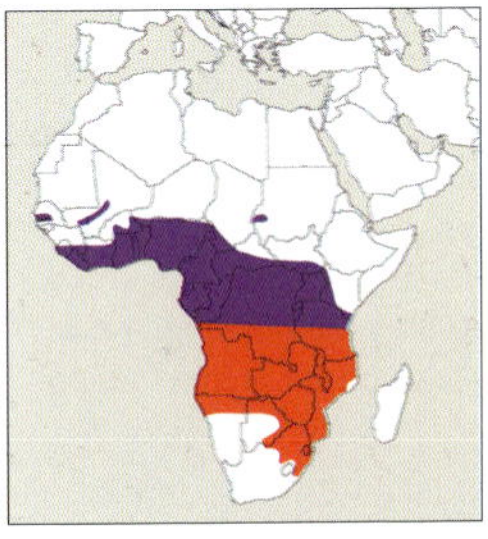

22 cm. Landralle aus Afrika südlich der Sahara; einige Erwähnungen auf den Kanaren. Erinnert mit ihrem großen, kegelförmigen Schnabel und ihrer aufrechten Körperhaltung an Wachtelkönig. Schlanker; Schnabel und Beine länger. Flanken und Unterschwanzdecken schwarz-weiß gebändert (deutliche und sehr regelmäßige Bänder), Brust und Hals grau; Gesicht grau mit hellem Überaugenstreif und hervorstechender, roter Iris; oberseits mit deutlichem Schuppenmuster (schwarze Federn mit breitem, mattbraunem Rand). Schnabel mit rötlicher Basis; Beine rosafarben. Dreifaches Muster – oberseits Schuppenmuster, Bauch gebändert und Hals einfarbig – typisch für diese Art.

Amerikanisches Blässhuhn/Indianerblässhuhn *Fulica americana*

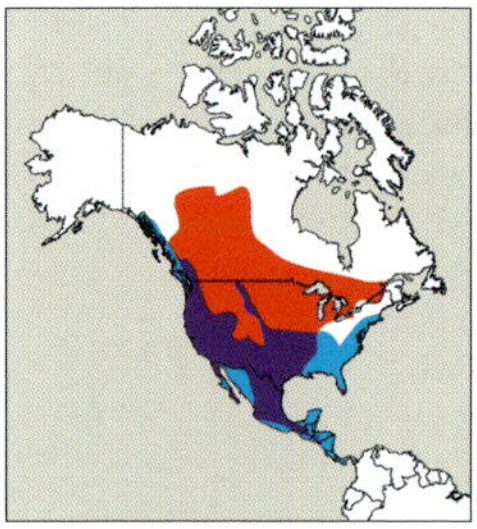

35 cm. Nearktisches Gegenstück zu unserem Blässhuhn; sehr seltener Irrgast im Winter in Westeuropa. Gefieder schwarz, Schnabel weiß und dick mit dunkler Subterminalbinde, dunkles Horn oben am Stirnschild, weiße Seiten unter dem Schwanz wie bei Zwergteichhuhn, Flanken etwas grauer als Hals und Rücken. Kopf ziemlich massiv und eckig.

Zwergteichhuhn *Gallinula angulata*

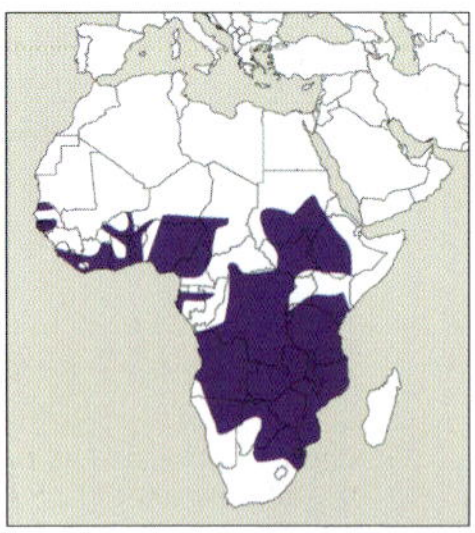

23 cm. Teichralle aus Afrika südlich der Sahara; sehr seltener Irrgast in Spanien. Wie unsere Teichralle mit dunklem Gefieder, weißen Stricheln auf den Flanken, weißen Seiten unter dem Schwanz, Schnabel aber sehr dick, kräftig und kegelförmig, gelb mit rotem oberem Rand (Altvogel); Dicke des Schnabels an der Basis reduziert das Stirnschild auf eine einfache, kurze Schnabelverlängerung. Beine gelb-rosa bis gelb-braun. Mantel braun. Jungvogel: Oberseite von Scheitel bis Rücken braun, Unterseite beigefarben mit braunen Flanken und gräulichem Gesicht; Beine graubraun; Schnabel gelb mit verwaschen dunklem Oberrand.

Bronzesultanshuhn *Porphyrio alleni*

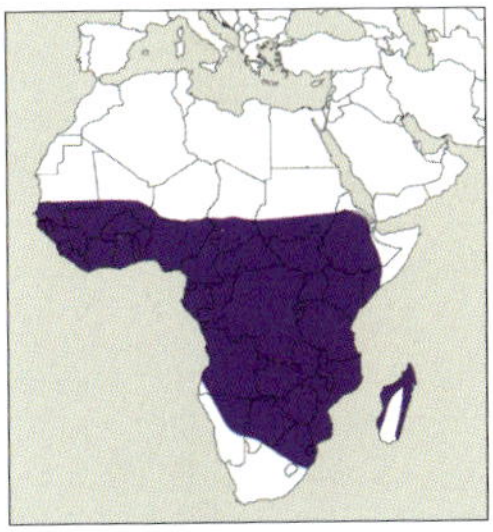

23 cm. Kleines afrikanisches Purpurhuhn; schlank, mit ziemlich langem Hals und Schnabel mit breiter Basis, die von einem kleinen Stirnschild überragt wird; Körpergröße wie Wasserralle. Altvogel: Schnabel und Beine dunkelrot, weiße Seiten unter dem Schwanz, Rumpf dunkelblau und Rücken dunkelgrün. Jungvogel: Beine braun, Schnabel und Stirnschild braun, Oberseite mit Schuppenmuster (gut abgegrenzter, gämsfarbener Rand auf den Schulterfedern), Kopf ockerfarben-braun mit cremefarbener Kehle; cremefarbene Tönung des Bauches reicht bis unter den Schwanz; Grünglanz auf den Flügeln. Untere Partien werden im ersten Frühling blau und grenzen damit die weißen Unterschwanzdecken ab, das Schuppenmuster auf der Oberseite bleibt aber erhalten.

adult

juvenil

juvenil

juvenil

Zwergsultanshuhn *Porphyrio martinica*

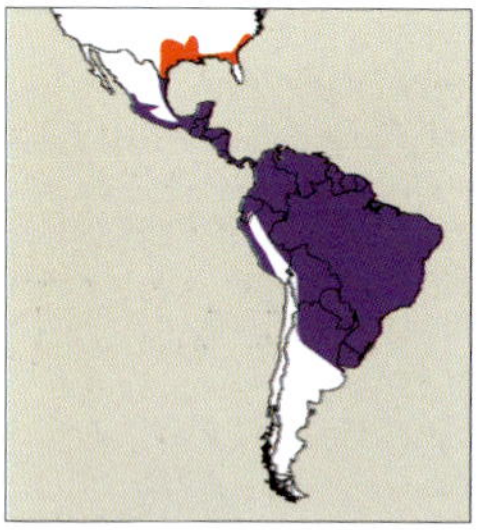

30–33 cm. Nearktisches Purpurhuhn; sehr seltener Irrgast in Westeuropa. Altvogel erinnert an (afrikanisches) Bronzesultanshuhn mit grüner Oberseite und blauem Körper, aber deutlich größer (wie Teichralle); Beine gelb und länger; verkürztes, blaues Stirnschild und gelbe Schnabelspitze; Unterschwanzdecken völlig weiß, ohne schwarzes Mittelband. Jungvogel: Gesicht, Halsseiten, Brust und Flanken gämsfarben; türkis-grünlicher Glanz auf den Flügeln, Rücken mit braunen Nuancen; Stirnschild grau, Schnabel braun und grünlich; Beine gelb.

subadult

adult

adult

immatur

juvenil

Purpurhuhn *Porphyrio porphyrio*

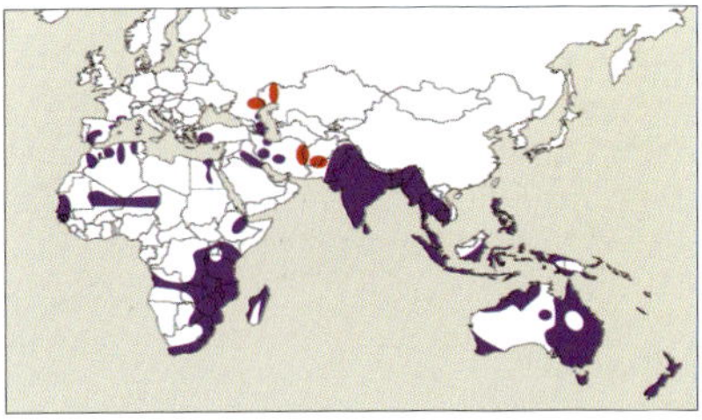

48 cm. Die größte unserer Rallen und die mit dem gedrungensten Körper; dunkelblaues Gefieder und sehr großer, roter Schnabel mit Stirnschild; Beine rosarot; breiter, weißer Steiß. Jungvogel unterseits heller und gräulicher. Sehr redselig, Ruf verschiedenartig, lautes Gelächter; Kontaktruf: ein trockenes *tschuk.* Lebt in Sumpfgebieten, im Röhricht und in altem Schilfrohr. Zurückhaltend; kommt wenig aus dichter Vegetation heraus, wo es junge Schilftriebe frisst. Das Smaragdhuhn, *Porphyrio madagascariensis*, nistet im Niltal; sehr seltene Beobachtungen in Europa von mutmaßlichen Gefangenschaftsflüchtlingen. Wie *P. porphyrio*, aber Rücken grün. Bei der grauköpfigen Form des Purpurhuhns, *Porphyrio poliocephalus,* (Kaspisches Meer, Persischer Golf) geht die graue Färbung des Kopfes am Hals ins Blaue über; Brust und Flügel türkisfarben; dunkles, isoliertes Auge auf dem hellen Gesicht. Wie bei vorhergehender Art sehr wenige Beobachtungen in Europa von mutmaßlichen Gefangenschaftsflüchtlingen.

adult, Unterart *porphyrio*

adult, Unterart *poliocephalus*

immatur, Unterart *madagascariensis*

adult, Unterart *madagascariensis*

Kanadakranich *Grus canadensis*

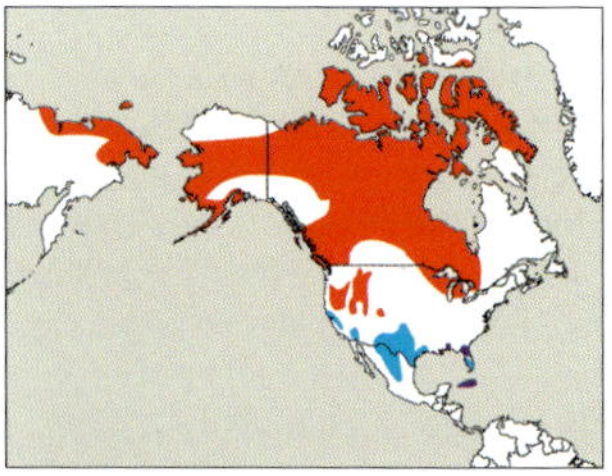

Flügelspannweite 155–180 cm. Sehr seltener, nearktischer Irrgast zwischen Schottland und Spanien. Etwas kleiner als der Kranich, Gefieder mit gleicher Graufärbung, aber Hals vollständig grau; Schnabel grau, aber spitzer; Stirn und Scheitel bis hinter das Auge rot. Kehle und Wangen weißer. Verlängerte Schirmfedern am Hinterende gleich, Rücken häufig mit rostbrauner Zeichnung, manchmal auch auf Oberflügeldecken und Schirmfedern. Im Flug: weniger Kontrast zwischen Schwungfedern und Flügeldecken.

adult

Schneekranich *Grus leucogeranus*

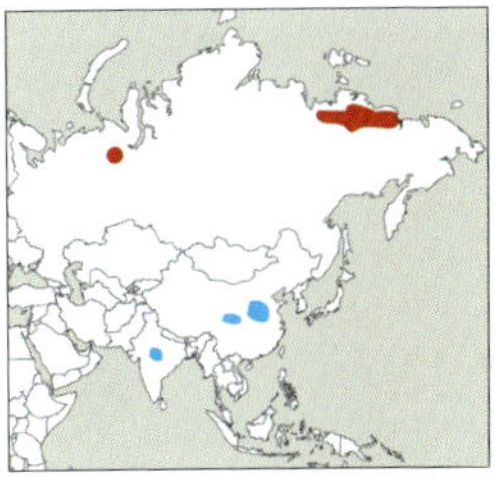

Flügelspannweite 205–245 cm. Großer, weißer Kranich mit schwarzen Schwungfedern und Handdecken; in Sibirien sehr selten geworden; einige von ihnen ziehen in Richtung Wolgadelta. Schnabel lang und grau, Beine rosafarben; beim Altvogel umschließt das unbefiederte, rote Gesicht das weiße Auge. Jungvogel: Kopf, Hals und Mantel rostbraun, Oberflügeldecken des Armes weiß und weitgehend rostbraun gerändert, Gesicht gleich gefärbt wie Kopf. Im Flug, von unten gesehen, Handschwingen schwarz, aber Handdecken weiß.

Jungfernkranich *Grus virgo*

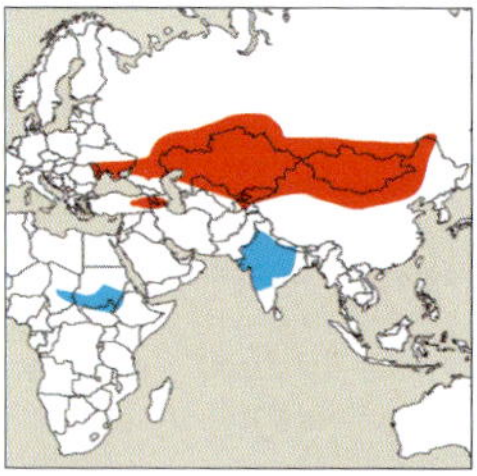

Flügelspannweite 155–180 cm. Ursprünglich aus Zentralasien; seltene Irrgäste in Europa, und Gefangenschaftsflüchtlinge, die möglicherweise Kranichen folgen. Kleiner und schlanker als der Kranich, Schnabel kürzer und schmaler; Schwarz auf Hals reicht bis zur Brust, Scheitel hell; lange, weiße Schmuckfedern am Kopf; lange, graue, spitze Schirmfedern am Hinterende, keinen Federbusch bildend. Jungvogel mit hellem Kopf; erinnert an Muster des Altvogels. Im Flug von unten durch schwarze Brust (lange schwarze Brustfedern) leicht vom Kranich zu unterscheiden.

Steppenkragentrappe *Chlamydotis macqueenii*

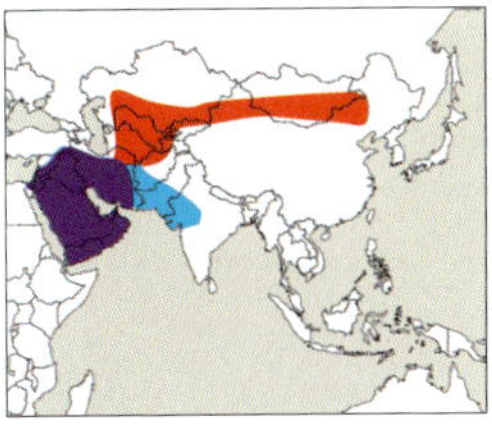

60 cm. Sehr seltener Irrgast aus Zentralasien; Zugvogel, der auf der Arabischen Halbinsel überwintert; einige frühere Erwähnungen; ein Jungvogel im Januar 2003 völlig erschöpft in Flandern gefunden. Größer als Zwergtrappe. Schlank, Hals schmal und einheitlich beige-grau (Jungvogel) oder mit schmalem, schwarzem, seitlichem Band (Altvogel); Kopf langgestreckt und hell, mit weißer Haube ohne schwarze Färbung (schwarze Federn in der Mitte der weißen Haube nur bei Zwillingsart, der Kragentrappe, *C. undulata,* beheimatet in Nordafrika und auf den Kanaren). Oberseits beigefarben, mit schwachem Wellenmuster (bei der Kragentrappe deutlicher). Flug mit langsamen Flügelschlägen und Gleitphasen; Schwungfedern schwarz mit weißem Viereck an der Basis der Handschwingen.

Männchen

Kragentrappe, Männchen (Unterart *undulata*)

Orientbrachschwalbe *Glareola maldivarum*

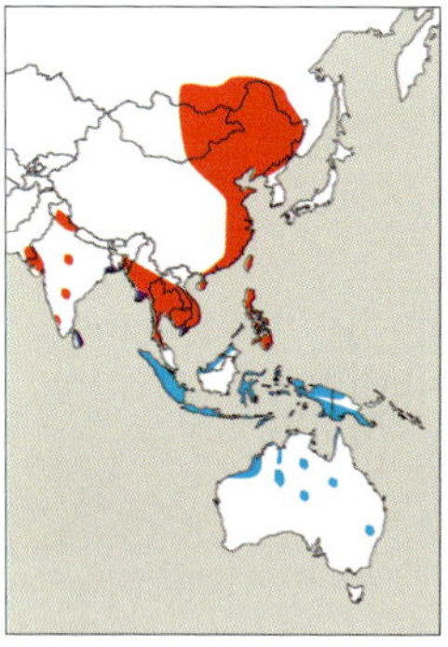

25 cm. Sehr seltener Irrgast asiatischer Herkunft. Wie Rotflügel-Brachschwalbe mit rotbraunen Unterflügeldecken, aber ohne weißen Flügelhinterrand; kurzer und wenig gekerbter Schwanz, dessen Schmuckfedern in Ruhestellung um einige Zentimeter kürzer als die Flügelspitzen sind; Flügeloberseite dunkler, Oberbauch orangefarben; Zügel schwärzer und rote Schnabelbasis verkürzt. Die runde Form der Nasenlöcher auf dem Schnabel ist kennzeichnend (ovale, flache Nasenlöcher bei den anderen beiden in Europa beobachtbaren Brachschwalben). Im Flug wirkt der Schwanz abgehackt. Ruf: ein durchdringendes, sehr schnelles Schnarren, nach der ersten Note ansteigend.

adult, abgetragenes Gefieder

Schwarzflügel-Brachschwalbe *Glareola nordmanni*

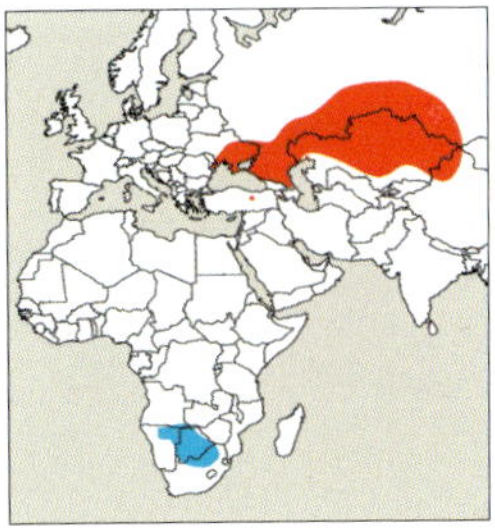

26 cm. Seltener Irrgast aus den Steppen Zentralasiens; überwintert im südlichen Afrika. Ähnlich Rotflügel-Brachschwalbe, aber Unterflügeldecken schwarz, Oberseite dunkler erdbraun gefärbt; an der Spitze der Armschwingen fehlt das Weiß auf dem Flügelhinterrand. Gestalt anders: Schwanz in Ruhestellung kürzer als Flügel und Beine länger. Schwarze Zügelstreifen sorgen für einen ernsteren Gesichtsausdruck; wenig Rot an der Schnabelbasis. Ruf: *ket* oder *krett,* rauer und tiefer als bei Rotflügel-Brachschwalbe.

Amerikanischer Sandregenpfeifer *Charadrius semipalmatus*

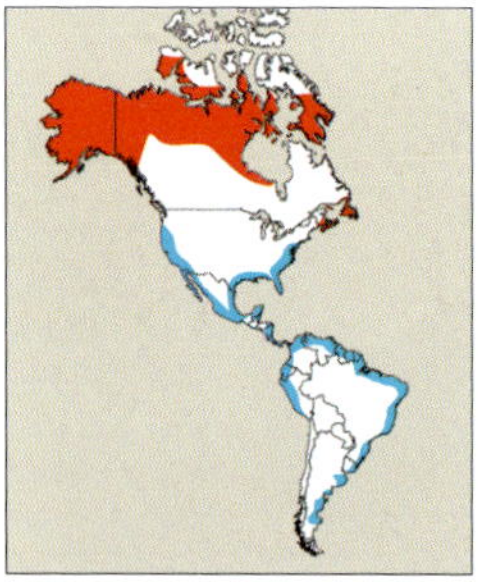

17 cm. Seltener, nearktischer Irrgast in Europa; jährlich auf den Azoren zu beobachten. Sehr schwer von Sandregenpfeifer zu unterscheiden. Drei Unterscheidungsmerkmale: schmaler, weißer Strich über den Schnabelwinkeln, alle Zehen durch kleine Schwimmhäute verbunden (beim Sandregenpfeifer winzige Schwimmhaut zwischen Mittel- und Außenzehe) und Ruf in Form eines ansteigenden *tschu-wie* - rauer, weniger flötend und weniger zweisilbig. Ferner schmaler, gelber Lidring, kurzer, wulstiger Schnabel, Unterschnabel mit orangefarbener Basis, in der Regel schmales Brustband, Flügeldecken beim Jungvogel deutlicher hellrandig; Schnabel scheint auch manchmal leicht hochgestülpt, weil die Spitze des Unterschnabels stärker abgerundet ist als die des Oberschnabels.

Keilschwanzregenpfeifer *Charadrius vociferus*

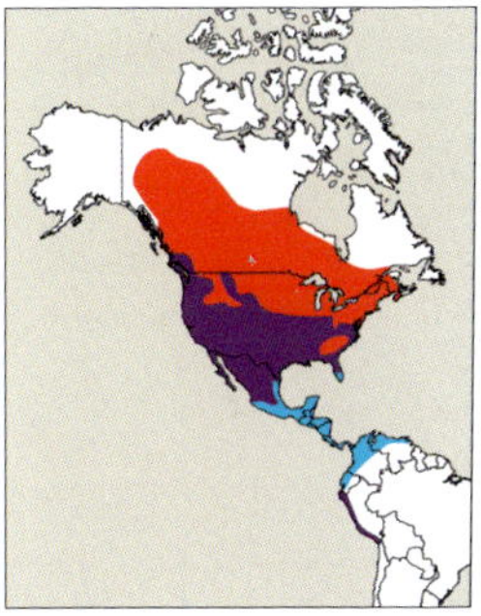

25 cm. Sehr seltener, nearktischer Irrgast im Herbst oder im Winter. Groß; schlank, langgestreckt wirkend; langer Schwanz überragt Flügelspitzen in Ruhestellung; Beine lang und rosafarben; Schnabel lang, schmal und völlig schwarz. Doppeltes, schwarzes Brustband; weiße Stirn mit schwarzem Stirnband darüber, das einen breiten, weißen Überaugenstreif hinter dem Auge abgrenzt; roter Lidring. Orange-roter Bürzel kontrastiert mit mattbraunem Mantel und breitem, weißem Flügelstreif; im Flug sichtbar. Ruf: ein ansteigendes *klüii.*

Hirtenregenpfeifer *Charadrius pecuarius*

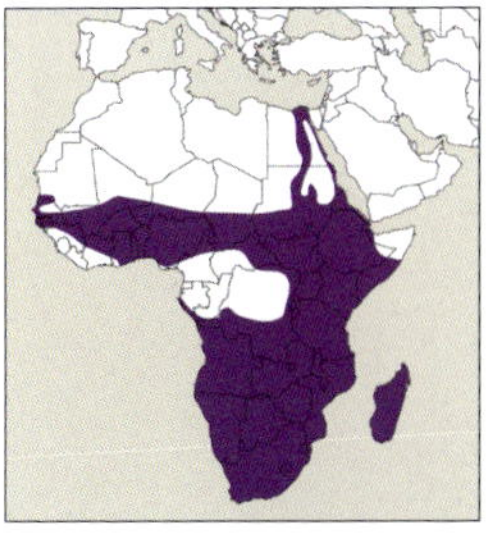

15 cm. Regenpfeifer aus Afrika; sehr seltener Irrgast in Frankreich. Gedrungen wirkender Regenpfeifer wie Amerikanischer Sandregenpfeifer mit unterbrochenem Halsring, aber sehr rundem Kopf; langbeiniger, Unterseite orangefarben; weißer Überaugenstreif geht in einen breiten, weißen Fleck auf dem Nacken über. Obere Partien mit hellbrauner, mattgrauer Färbung. Männchen mit breiter, weißer, dreieckiger Stirn, schwarzem Zügelstrich, schwarzem Band auf der Wange, das sich bis zur Schulter zieht. Überaugenstreif und Nacken des Weibchens verwaschen gämsfarben. Im Flug: kontrastreicher Flügel mit kleinen, schwärzlichen Oberflügeldecken, die anderen Flügeldecken beigefarben; weißes, wenig markantes Flügelband auf den Handschwingen. Ruf: ein kurzes *tschik.*

Mongolenregenpfeifer *Anarhynchus mongolus*

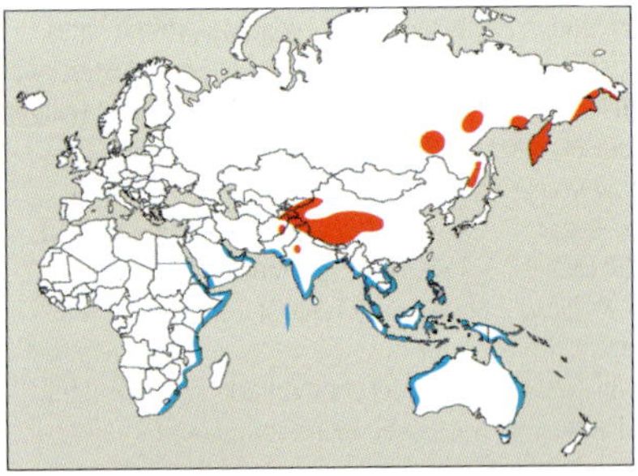

18 cm. Seltener, asiatischer Irrgast. Ähnlich Wüstenregenpfeifer, aber runder, häufig aufrechter, Körper hinter den Beinen kürzer, Schnabel dick und kürzer. Die Entfernungen von der Schnabelbasis bis zur Schnabelspitze und bis zum Augenhinterrand sind gleich lang. Dunkle, grünlich graue bis schwärzlich graue Beine überragen den Schwanz im Flug kaum. Männchen im Prachtkleid: schwarze Maske, weiße Kehle, breites, ziegelrotes Brustband. Weibchen: Maskenstrich und Brust orangefarben. Im Winter: brauner Nacken, Überaugenstreif und Kehle weiß, braune Halbmonde auf den Brustseiten. Zwei Formen: *mongolus*-Gruppe (Ostasien): Flanken mit ziegelroten Flecken, etwas Weiß an der Stirn, häufig schwarzer Saum oberhalb des ziegelroten Brustlatzes; *atrifrons/pamirensis*-Gruppe (Zentralasien): schwarze, weiß gestrichelte Stirn und Flanken ohne Flecke. Ruf: ein schnelles *trik*, ein rollendes *trrr.*

adult

Männchen von der Gruppe *mongolus*

1. Winter

Männchen von der Gruppe *atrifrons/pamirensis*

Männchen von der Gruppe *mongolus*

Weibchen von der Gruppe *mongolus*

Wüstenregenpfeifer *Anarhynchus leschenaultii*

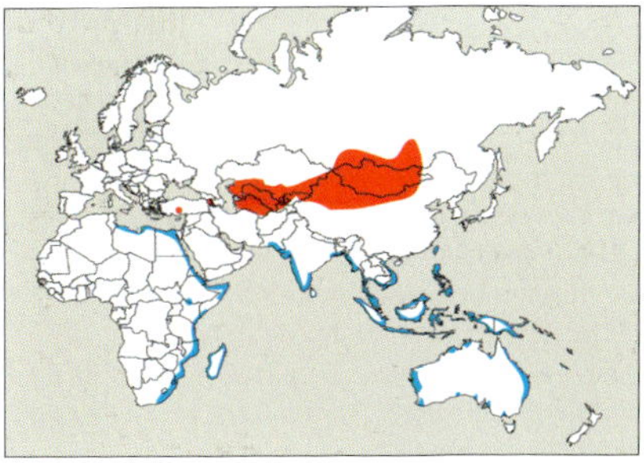

21 cm. Seltener Irrgast aus Zentralasien; vorwiegend an großen Flussmündungen und salzhaltigen Gewässern. Schlanker und langgestreckter als Mongolenregenpfeifer, waagerechtere Haltung; Schnabel lang (länger als Entfernung von der Schnabelbasis bis zum Augenhinterrand, mit einem Nagel, der häufig länger als die Nasenlöcherpartie ist); Beine in der Regel grün und lang, den Schwanz im Flug deutlich überragend. Männchen im Prachtkleid: weiße Stirn, schwarze Maske, ziegelroter Brustlatz. Unterart *columbinus* (nistet in der Türkei): Schnabel kürzer, häufig ziegelrote Federn auf dem Nacken und Mantel. Unterart *leschenaultii* aus Ostasien mit sehr langem, unproportioniert groß wirkendem Schnabel, mit einem Nagel, der länger als die Nasenlöcherpartie ist. Im Winter: heller Überaugenstreif, besonders vor dem Auge, brauner Nacken, zwei breite, braune Halbmonde auf den Brustseiten. Ruf: ein rollendes *prrr,* oft zweifach oder wiederholt.

Männchen, Prachtkleid

Weibchen

Männchen

Weibchen

jung

Wermutregenpfeifer *Anarhynchus asiaticus*

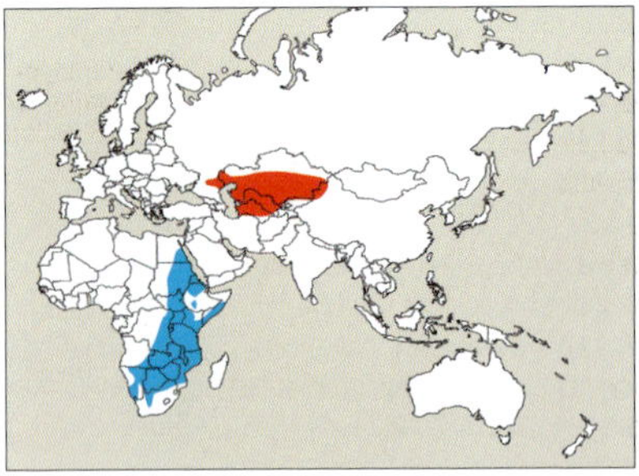

20 cm. Seltener Irrgast aus den Steppen Zentralasiens. Bevorzugt große, trockene Wattgebiete in der Nähe von Brackwasser. Etwas größer als Sandregenpfeifer, schlanker; Hinterende langgestreckt, Flügelspitzen überragen Schwanz weit. Beine grün mit langen Schienbeinen; Schnabel lang und dünn. Breite, weiße Stirn; markanter, weißer Überaugenstreif, der hinter dem Auge breiter wird; breite, weiße, braun umrandete Kehle; Brustlatz braun gesprenkelt (Weibchen, Jungvogel, Winter) oder ziegelrot und nach unten schwarz begrenzt (Männchen im Prachtkleid). Hals hinten braun, ohne weißen Halsring. Im Flug: kurzer, weißer Flügelstreif und Zehen, die den Schwanz leicht überragen. Beim Jungvogel Federn der Oberseite mit deutlichen hellen Säumen. Kontaktruf: ein schnelles *tschüp.*

Steppenregenpfeifer *Anarhynchus veredus*

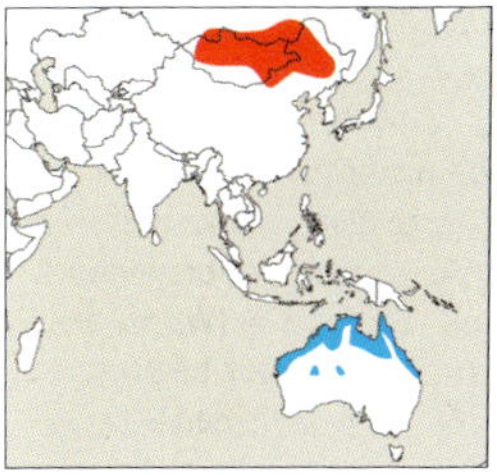

24 cm. Irrgast aus der Mongolei; Wintergast in Australien. Ein Männchen im Mai 2003 in Finnland fotografiert. Ähnlich Wermutregenpfeifer, aber größer und schlanker; sehr langbeinig; Flügel in Ruhestellung länger als Schwanz. Männchen im Prachtkleid mit weißem Kopf, orangefarbenem Brustband, das stufenweise vom Rotbraun ins Schwarz übergeht – wie eine Raffung der Bauchzeichnung des Mornellregenpfeifers. Beine gelb-rosa bis rosa-bräunlich, aber immer hell. Weibchen: Gesicht und Überaugenstreif ockerfarben, häufig Ansatz eines bräunlichen Brustbandes. Schnabel im Verhältnis länger als der des Wermutregenpfeifers. Ruf: ein sehr schrilles und schnelles *plit* oder *tlüt.*

Spornkiebitz *Hoplopterus spinosus*

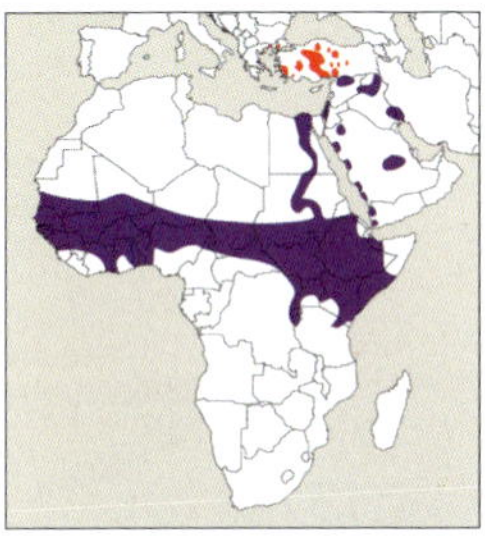

27 cm. Sehr seltener Irrgast oder Gefangenschaftsflüchtling in Westeuropa. Dreifarbiger, lautstarker Kiebitz, mit schwarzem Scheitel und Brustlatz unverwechselbar; Bauch schwarz und Unterschwanzdecken weiß, Flügel und Oberseite hellbraun mit weißem Band vor den schwarzen Schwungfedern; Schwanz schwarz mit weißen Rändern; Bürzel weiß. Lange, schwarze Beine, die den Schwanz im Flug überragen. Jungvogel oberseits mit dunklem Schuppenmuster. Ruf: ein schrilles *püik*; erinnert an Stelzenläufer. Bevorzugt offenes, brachliegendes Gelände; häufig in Wassernähe. Im Gegensatz zu anderen exotischen Arten mit ähnlichem Federkleid keine hängenden Kehllappen an der Schnabelbasis und kein farbiger Lidring.

Tundra-Goldregenpfeifer *Pluvialis fulva*

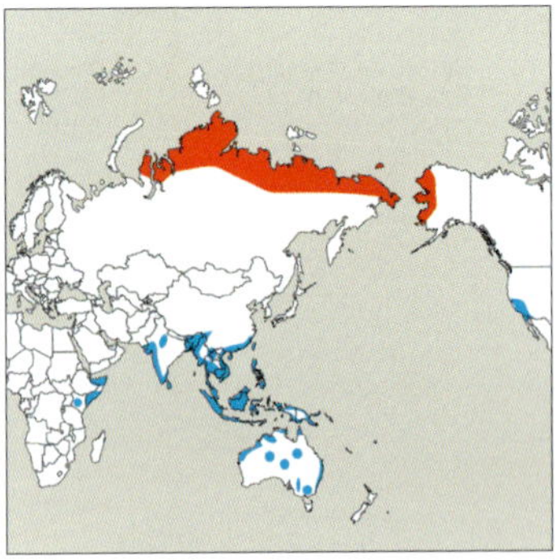

23 cm. Stellvertreter des Goldregenpfeifers in Ostsibirien. Jährlicher Irrgast, besonders Altvögel im Sommer. Kennzeichnende Gestalt: noch schlanker als Prärie-Goldregenpfeifer; Schienbeine länger und Zehen überragen den Schwanz im Flug; Schnabel schmaler und länger. Achselfedern und Unterflügeldecken grau, wie Prärie-Goldregenpfeifer. In Ruhestellung: Schwungfedern überragen Schwanz wenig, Schirmfedern genauso lang wie Schwanz, Handschwingenprojektion kurz. Prachtkleid: Männchen schwärzer als Weibchen; wie Prärie-Goldregenpfeifer, aber Unterschwanzdecken schwarz mit weißen Abzeichen (beim Weibchen weiß), weiße Federn entlang der Flanken, breite Abzeichen auf den Schirmfedern, goldfarbene Flecke auf dem Mantel und den sehr großen Flügeln mit dreieckigen, häufig dicht aneinandergereihten Zacken. Jungvogel: dunkler Scheitel, typische Gestalt der Art; Gefieder verwaschen goldgelb. Ruf: ein weiches tu-iee, an Dunklen Wasserläufer erinnernd; aber auch ein dreisilbiges tlu-i-u als Zugruf.

Männchen, Prachtkleid

adult

1. Sommer

Weibchen, Prachtkleid

juvenil

Prärie-/Amerikanischer Goldregenpfeifer *Pluvialis dominica*

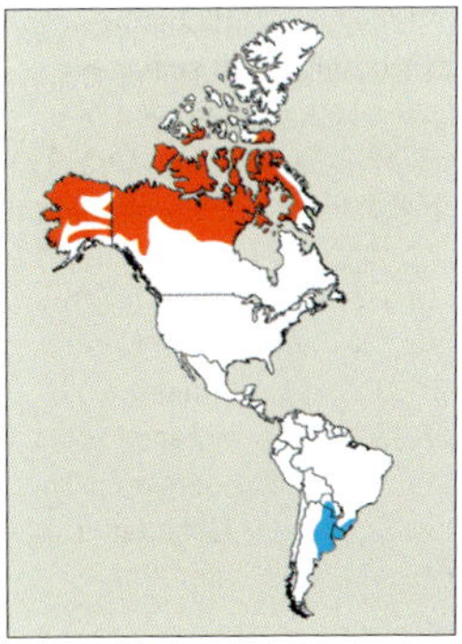

25 cm. Nearktisches Gegenstück zum Goldregenpfeifer. Schlanker, Beine länger, Flügel überragen den Schwanz deutlich, Schirmfedern kürzer als Schwanz, daher lange Handschwingenprojektion. Adultes Männchen: unterseits bis zu den Unterschwanzdecken völlig schwarz, einschließlich der Flanken; große, weiße «Schärpen» mit breitem, abgerundetem Ende auf den Halsseiten; grobe, weißliche Flecke auf dem schwarzen Rücken; wenig Goldfärbung. Weibchen: Flanken und Unterschwanzdecken weiß gesprenkelt; «Hosenträger» haben ihre typische Tropfenform. Jungvogel: dunkler Scheitel; breiter, weißer Überaugenstreif; unterseits ausgedehnt grau bis auf die Flanken, mattgraues und weißes Gefieder, Goldfärbung wenig oder gar nicht ausgeprägt. Ruf: *klü-i* oder *tlü-ü,* auf der ersten Silbe betont, fast einsilbig.

Weibchen, Prachtkleid

juvenil

Männchen, Prachtkleid

Männchen, Prachtkleid

juvenil

Krokodilwächter *Pluvianus aegyptius*

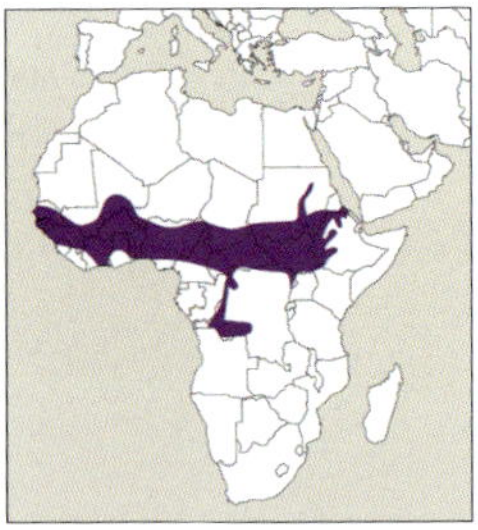

20 cm. Sehr seltener Irrgast aus Afrika südlich der Sahara, möglicherweise Gefangenschaftsflüchtling (Kanaren, Spanien, Frankreich). Kleiner, untersetzter Regenpfeifer mit breiten Flügeln und kurzen Beinen. Oberseits bläulich grau, typisches schwarz-weißes Kopfmuster, Kehle und Bauch orangefarben, schwarzes Brustband. Im Flug: schwarzes Band mittig auf Rücken und Schwungfedern, grauer Schwanz mit weißer Spitze. Unverwechselbar; zuckt häufig mit Rumpf und Schwanz; hält sich in Wassernähe auf. Ruf: ein lautes und nasales *kia* oder *küit*.

Rennvogel *Cursorius cursor*

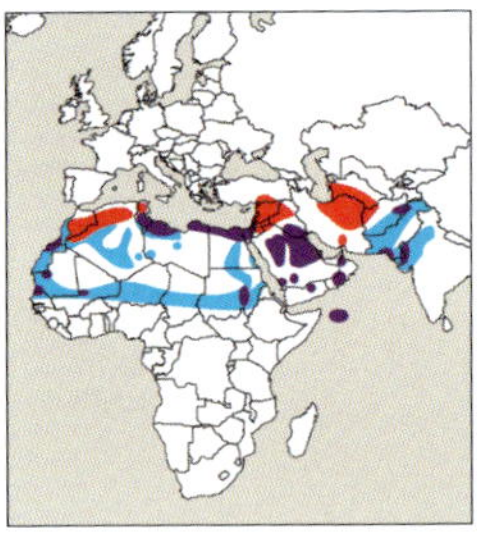

26 cm. Kleiner Regenpfeifer aus den Wüsten des Mittleren Ostens und vom Rand der Sahara; seltener Irrgast an unseren Küsten. Sandfarbenes Gefieder; weißer, hinter dem Auge schwarz unterstrichener Überaugenstreif; aschgrauer Scheitel. Schnabel schwarz, kurz und spitz; Beine hellgrau. Jungvogel mit dunklen Abzeichen auf den Flügeldecken und Schulterfedern. Häufig aufrechte Haltung oder schnelles, gebücktes Rennen, bevor er sich wieder aufrichtet. Im Flug schwarze Flügelspitzen und völlig schwarze Flügelunterseite kennzeichnend. Flugruf: ein dumpfes *quit*.

Steppenkiebitz *Vanellus gregarius*

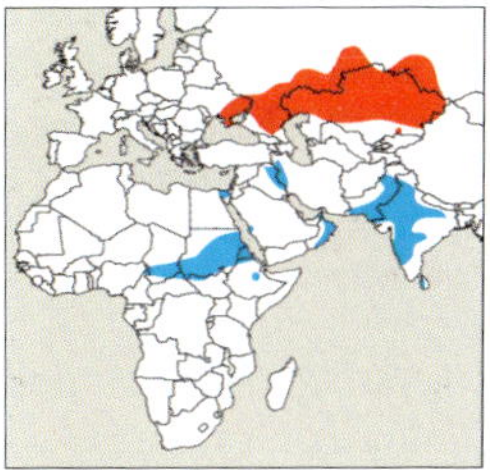

28 cm. Seltener Irrgast aus den Steppen Zentralasiens; jedes Jahr vereinzelt in Gruppen von Kiebitzen beobachtet. Langbeiniger als Kiebitz, Schnabel länger und dünner. Gefieder hellbraun bis beige, Beine schwarz, Flügel dreifarbig mit schwarzer Hand, beigefarbenem und weißem Arm (weißes Dreieck auf den Armschwingen); schwarze Endbinde auf dem weißen Schwanz. Prachtkleid: schwarzer Scheitel und schwarzer Augenstreif, weißer Überaugenstreif; Bauch schwarz, dann rot. Winter: breiter, weißer Überaugenstreif und oberseits einheitlich beigefarben. Jungvogel: hellrandige Flügeldecken, die er im ersten Winter behält; brauner Scheitel. Ruf: ein raues *krätsch*.

adult, Prachtkleid

adult, Prachtkleid

1. Winter

Winter

juvenil

Weißschwanzkiebitz *Vanellus leucurus*

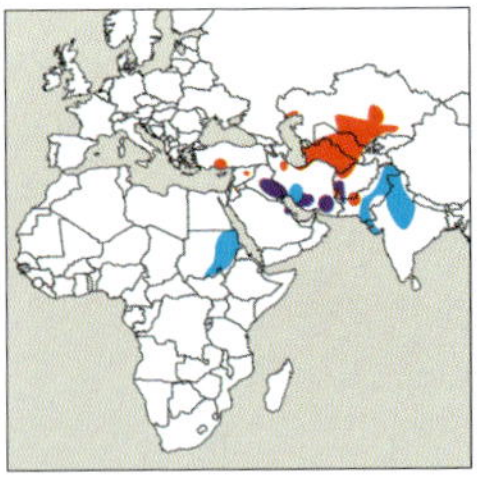

27 cm. Sehr seltener Irrgast aus den feuchten Steppengebieten Zentralasiens; hält sich an Teichen am Ufer auf. Charakteristische Gestalt; Körperform erinnert etwas an Stelzenläufer. Langer Hals mit rundem Kopf; sehr lange, dünne, leuchtend gelbe Beine, die den Schwanz im Flug deutlich überragen. Einheitliches Gesicht mit großem Auge; Kopf, Brust und Mantel einheitlich hellbraun; Schwanz völlig weiß. Dreifarbiger Flügel mit schwarzen Handschwingen und weißem Band von den Armschwingen bis auf die Handdecken, einschließlich Handgelenk. Jungvogel mit schwarzen, subterminalen Flecke und deutlichen hellen Rändern an den kleinen und mittleren Flügeldecken und den Schirmfedern, wodurch ein Schuppenmuster entsteht.

Großer Knutt *Calidris tenuirostris*

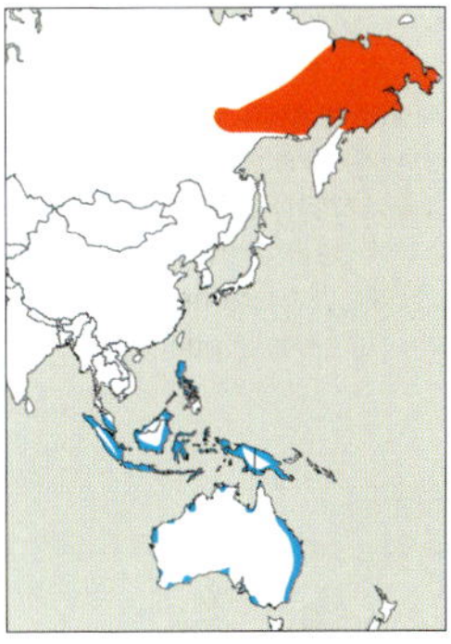

25 cm. Nistet im Nordosten Sibiriens, überwintert in Asien; sehr seltener Irrgast. Ähnlich Knutt, Gestalt aber etwas anders: längerer Schnabel, Flügel etwas länger als der Schwanz. Jungvogel mit schwarzen Stricheln und «Spitzklammern» auf Flanken und Brust, kleinen, verteilten, schwarzen Punkten bis in den hinteren Flankenbereich; Schulterfedern (schwärzlich) und Flügeldecken (mit schwarzem Ankerzeichen) mit breitem, deutlich abgegrenztem, cremefarbenem Rand. Altvogel mit schwarzen und roten Schulterfedern, schwarzem Brustlatz, schwarzen Streifen und «Spitzklammern» auf den Flanken; Kopf fein schwarzweiß gestreift. Im Flug weißer, viereckiger Bürzel.

adult, Prachtkleid

juvenil

jung

adult, Prachtkleid

Sandstrandläufer *Calidris pusilla*

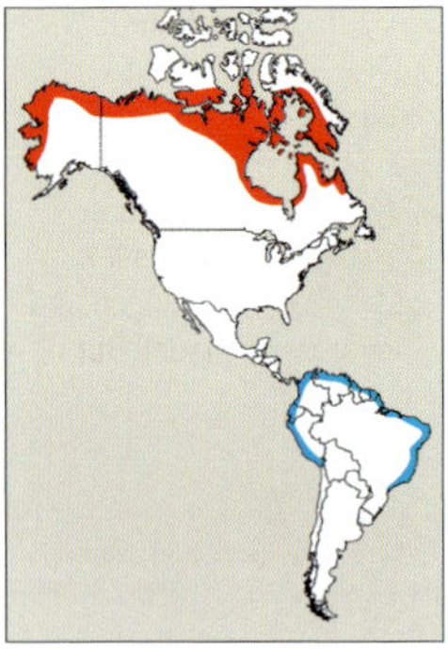

14 cm. Seltener, nearktischer Irrgast; jährlich an den Westküsten zu beobachten. Ähnlich Zwergstrandläufer, aber schwarzer Schnabel häufig dunkler als Beine sowie besonders kleine Schwimmhäute zwischen den Zehen, die schwer zu sehen sind. Jungvogel: Oberseite schuppenförmig gemustert, mit matter Färbung (keine rotbraunen Ränder, keine Rotfärbung auf Schulterfedern), ohne deutliche weiße «Hosenträger» (wie bei Zwergstrandläufer), Flügeldecken einheitlicher grau. Altvogel im Prachtkleid: schwarz gestrichelter Latz auf der Brust; graue Schulterfedern mit schwarzem Ankerzeichen kontrastieren mit Flügeln und Mantel. Ruf: ein kurzes, brummendes *chrüp*.

Bergstrandläufer *Calidris mauri*

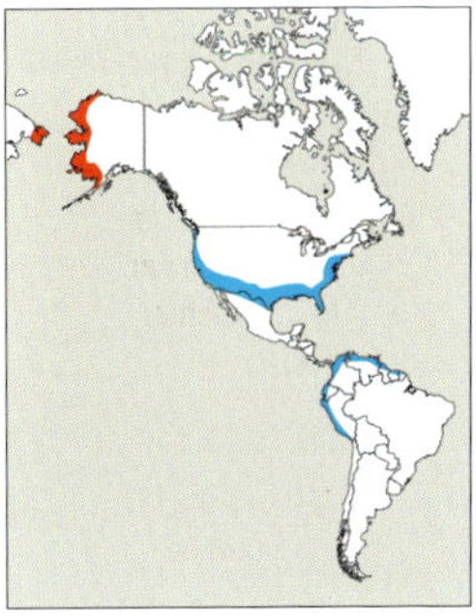

15 cm. Sehr seltener, nearktischer Irrgast, vorwiegend im September. Ähnlich Sandstrandläufer, aber Kopf größer, Hals dick, Schnabel durchschnittlich länger und am Ende dünner, aber mit variabler Größe; Beine schwarz, Schwimmhäute winzig. Erscheint schlanker; erinnert an Sichelstrandläufer in Miniaturausgabe. Jungvogel ähnlich Sandstrandläufer, ohne weiße «Hosenträger», aber Schulterfedern mit rotbraunen Rändern, deutlichere Strichel auf der Brust, breiter Überaugenstreif vor dem Auge, Wange heller. Altvogel im Prachtkleid: schwarze, pfeilförmige Flecke auf Brust und Flanken, Wangen und Schulterfedern mit roter Zeichnung; typischer langer, abwärtsgebogener Schnabel. Ruf: ein schrilles *tjiet*.

Langzehen-Strandläufer *Calidris subminuta*

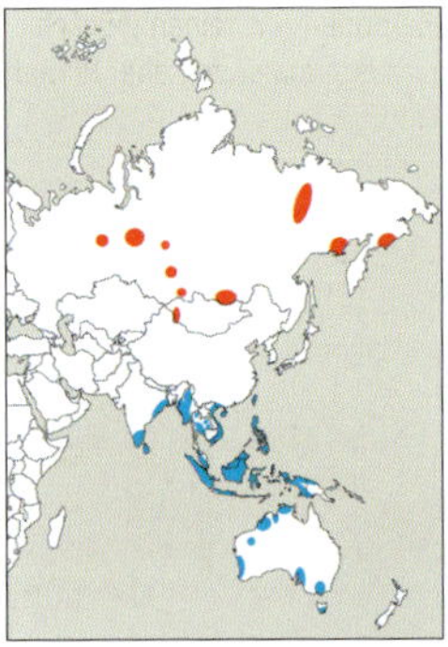

15 cm. Sehr seltener, asiatischer Irrgast; eine einzige französische Erwähnung im November 2011. Ähnlich Wiesenstrandläufer mit kurzem Schnabel und grünlich gelben Beinen, aber längeren Zehen, mindestens genauso lang wie Schnabel; dunkle Stirn und weißer, ausgebuchteter Überaugenstreif vor dem Auge, der vor der Stirn aufhört. Unterschnabelbasis hell. Beine überragen den Schwanz im Flug. Winter: Flügeldecken und Schulterfedern mit noch dunkleren Zentren, die durch die breiten, grauen Ränder deutlicher als beim Wiesenstrandläufer abgegrenzt sind. Altvogel im Prachtkleid mit etwas Rot auf den Schulterfedern und Wangen. Ruf: ein tiefes *trrip*.

Wiesenstrandläufer *Calidris minutilla*

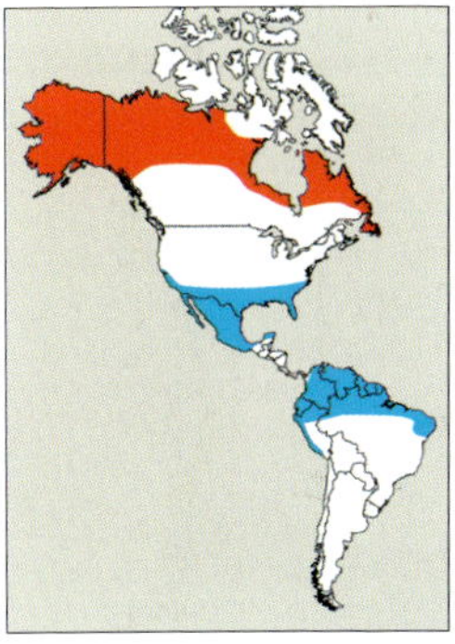

14 cm. Seltener, nearktischer Irrgast im Spätsommer und Herbst. Erinnert mit seinen grünlich gelben Beinen und seinem kurzen, gebogenen Schnabel an Temminckstrandläufer, aber Rumpf weniger langgestreckt und aufrechter gehalten; ausgeprägter Überaugenstreif reicht bis zur Schnabelbasis. Schnabel kürzer und Kopf größer als bei Langzehen-Strandläufer. Jungvogel: Mantel erinnert an Zwergstrandläufer; schmale, weiße «Hosenträger»; weiße und rote Säume an den Schulterfedern. Altvogel im Winter: graue Schulterfedern mit breiten, dunklen, unscharf abgegrenzten Zentren, weniger kontrastreich als Langzehen-Strandläufer; Brustlatz aus undeutlichen Stricheln. Ruf: ein zartes, ansteigendes *trieep*.

adult, Prachtkleid

juvenil

adult, Winter

Winter

juvenil

juvenil

Weißbürzel-Strandläufer *Calidris fuscicollis*

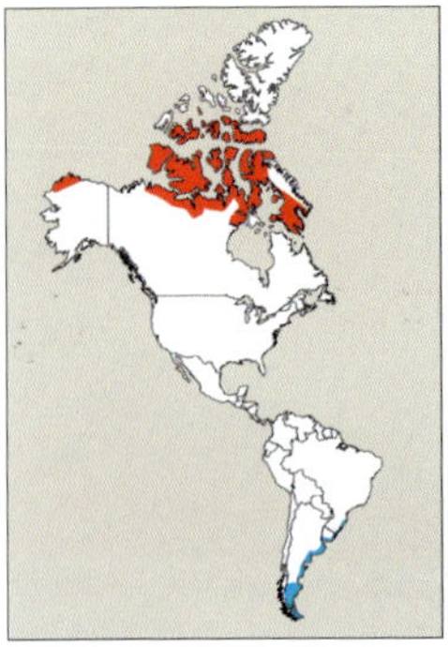

17 cm. Seltener, nearktischer Irrgast, aber jährlich an den Küsten zu beobachten. Kleiner, langgestreckter Strandläufer, dessen Flügel den Schwanz deutlich überragen; lange Handschwingenprojektion, Beine schwarz, Schnabel kurz und leicht abwärtsgebogen, braune Basis. Jungvogel: Schulterfedern mit rotbraunen und weißen Rändern; deutlicher weißer Überaugenstreif; gämsfarbene Strichel auf Brust und Flanken; Schulterfedern frühzeitig, bereits zum Ende des Sommers hin gemausert. Winter: Gesicht und Brust grau mit schmalem, weißem Überaugenstreif; graue Strichel des Brustlatzes setzen sich auf den Flanken fort und reichen bis unter den Schwanz. Altvogel im Prachtkleid: Schulterfedern mit rotbraunen Rändern; schwarze Strichel des Brustlatzes reichen in Form von Strichen oder «Spitzklammern» bis in den hinteren Flankenbereich hinein; orangefarbene Unterschnabelbasis. Ruf: ein dünnes und schrilles *tsii*.

adult, Prachtkleid

adult, Prachtkleid

1. Winter

adult, Winter

juvenil

Bairdstrandläufer *Calidris bairdii*

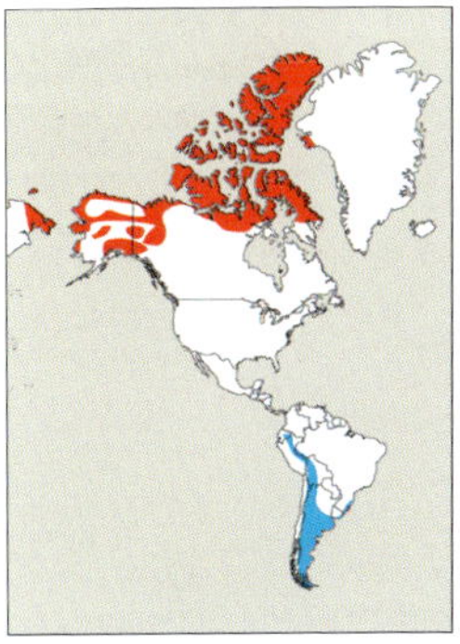

16 cm. Seltener, jährlicher, nearktischer Irrgast; an den Küsten, manchmal landeinwärts zu beobachten. Gestalt wie Weißbürzelstrandläufer: sehr lange Flügel und sehr lange Handschwingenprojektion, kurzer Schnabel und schwarze Beine, Körper aber typisch langgestreckt und oval, Schnabel gerader und völlig schwarz und keinerlei rotbraune Färbung. Überaugenstreif zeichnungslos; heller Fleck vor dem Auge. Jungvogel unterseits mit gleichmäßigem Schuppenmuster, Federn mit schwarzer Ankerzeichnung und deutlichem cremefarbenem Saum. Altvogel im Prachtkleid: breiter, fein grau gestrichelter Brustlatz und schwarze Schulterfedern mit cremefarbenem Saum kontrastieren mit einheitlich gefärbten Flügeldecken; erinnert an Temminckstrandläufer. Winter: erinnert an Weißbürzelstrandläufer, aber Gefieder bräunlicher, Brust verwaschen braun mit feinen Streifen, Flanken ohne Abzeichen. Ruf: ein kurzes und brummendes *priit.*

Graubrust-Strandläufer *Calidris melanotos*

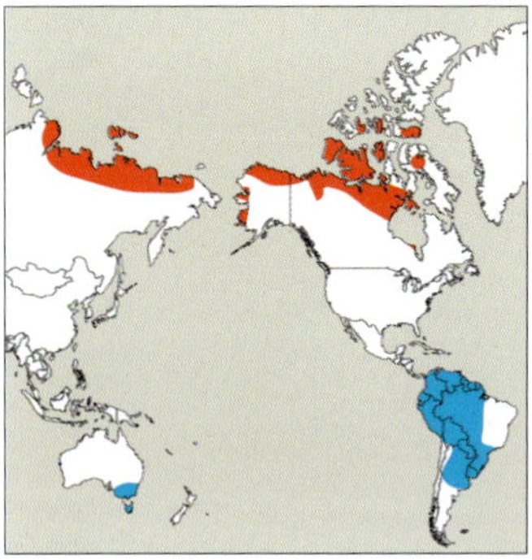

21 cm. Seltener, nearktischer und sibirischer Zugvogel; jährlich in kleiner Zahl an den Küsten und in großen Feuchtgebieten zu beobachten, besonders im Herbst. Großer Strandläufer; im Vergleich zu Alpenstrandläufer Körper runder und untersetzter, Schnabel verhältnismäßig kürzer und mit brauner Basis; Beine grünlich gelb. Breiter, dicht schwarz gestrichelter Brustlatz in jeder Altersstufe mit deutlicher unterer Abgrenzung. Jungvogel: Schulterfedern mit weißen und roten Säumen, deutliche weiße «Hosenträger», rotbrauner Scheitel und Überaugenstreif undeutlich, fein gestrichelt. Altvogel: Schulterfedern weniger kontrastreich, unscharfe Ränder an den Flügeldecken. Prachtkleid: dicht gestrichelter und gut abgegrenzter Brustlatz (besonders beim Männchen); gelb-orangefarbene Beine. Ruf: ein rollendes *krrrt;* erinnert an Sichelstrandläufer.

juvenil

juvenil

juvenil

adult

adult

Spitzschwanz-Strandläufer *Calidris acuminata*

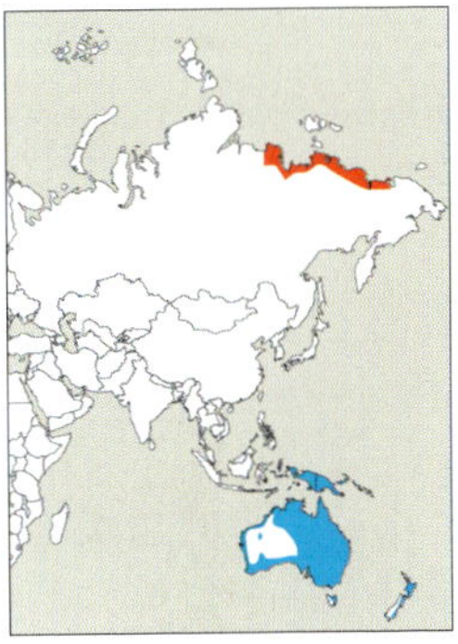

19 cm. Seltener, asiatischer Irrgast im Sommer und Herbst, vorwiegend in Feuchtgebieten im Küstenbereich. Größe und Gestalt wie Graubrust-Strandläufer, etwas schlanker, Schnabel scheint stärker abwärtsgebogen. Jungvogel mit rotbraun gestricheltem Scheitel und deutlichem weißem Überaugenstreif ohne Strichelung, wodurch eine markantere Kopfzeichnung entsteht; fein gestrichelter Ring auf dem Vorderhals; Brust gämsfarben ohne Strichelung in der Mitte. Altvogel im Prachtkleid: dunkler, rötlich gestrichelter Scheitel, heller Überaugenstreif und dunkle Wange; Brust schwarz gepunktet mit verwaschen rehbraunen Seiten; schwarze, kennzeichnende «Spitzklammern» auf den Flanken und Unterschwanzdecken. Ruf: ein weiches *wiep.*

adult, Prachtkleid

adult, Prachtkleid

juvenil

adult, Prachtkleid

adult, Prachtkleid

Rotkehl-Strandläufer *Calidris ruficollis*

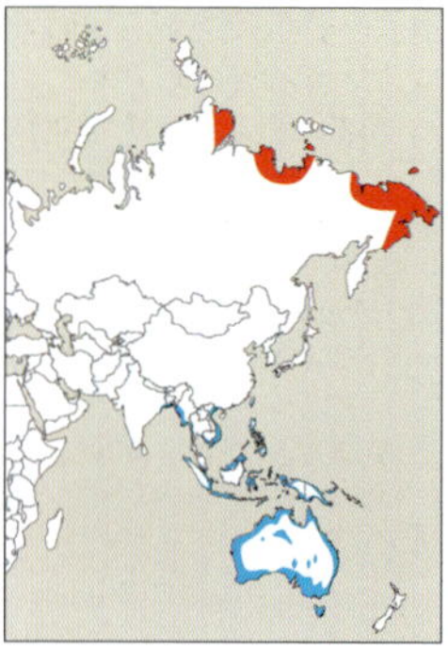

14 cm. Sehr seltener, asiatischer Irrgast, vorwiegend Altvögel im Prachtkleid im Sommer, welche leichter zu bestimmen sind. Ähnlich Zwergstrandläufer; aber deutlich langgestreckter, Körper weniger rund, Schnabel kurz. Prachtkleid: Gesicht und Kehle einheitlich rot, ohne Strichelung, unterstrichen durch einen fein schwarz gepunkteten Brustlatz auf der weißen Brust; Flügeldecken einheitlich grau, Schulterfedern rot und schwarz gezeichnet. Jungvogel: wie Zwergstrandläufer, aber langgestreckte Gestalt; weiße «Hosenträger» auf dem Mantel fehlend oder undeutlich; Schulterfedern rot oder rötlich gesäumt; Flügeldecken eher einheitlich grau mit dunklen Zentren und weißen Spitzen; Brust gämsfarben mit unscharfer Strichelung. Ruf: ein raues *krät* oder *schräk;* ganz anders als das kurze *tit* des Zwergstrandläufers.

adult, Prachtkleid

juvenil

juvenil

juvenil

adult, Prachtkleid

Sumpfläufer *Calidris falcinellus*

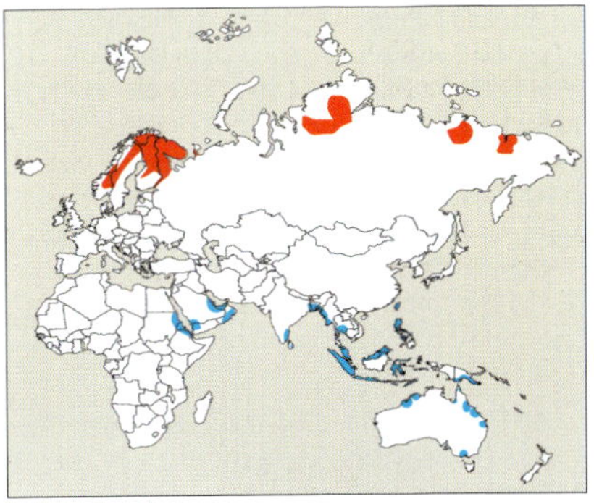

17 cm. Kleiner Strandläufer mit dunklem Gefieder und typischem langem, abwärtsgebogenem Schnabel. Im Vergleich zu Alpenstrandläufer kleiner, dunkler, Beine heller; Schnabel lang und abwärtsgebogen, scheint schmaler und am Ende abfallend und wie abgebrochen. Schwarzer Scheitel, doppelter Überaugenstreif auf jeder Seite (gegabelt), schwarze Zügel. Altvogel im Prachtkleid: Brust und Flanken mit schwarzen, pfeilförmigen Flecken, Rücken dunkel mit schmaler, heller V-Zeichnung auf Mantel und Schulter («Hosenträger»). Altvogel im Winter: Scheitel deutlich gestrichelt, Schulterfedern mit dunklem Mittelstreifen, Flügeldecken mit schwarzen Zentren und unscharfen, weißen Säumen. Jungvogel: Brust mit schwarzen, ziemlich unscharf abgegrenzten Stricheln oder Punkten; schmale, weiße «Hosenträger» auf der Oberseite, Flügeldecken weiß gesäumt. Im Flug: weißer Bürzel mit schwarzer Mittelbinde. Ruf schrill und trillernd, ansteigend: *kriek*.

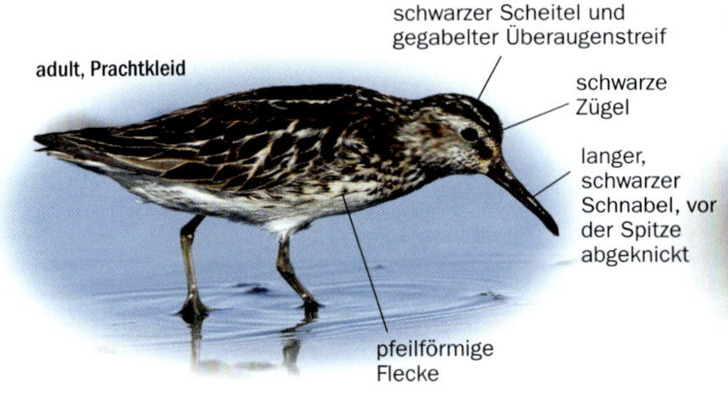

adult, Prachtkleid

1. Winter

juvenil

adult, Prachtkleid

Bindenstrandläufer *Calidris himantopus*

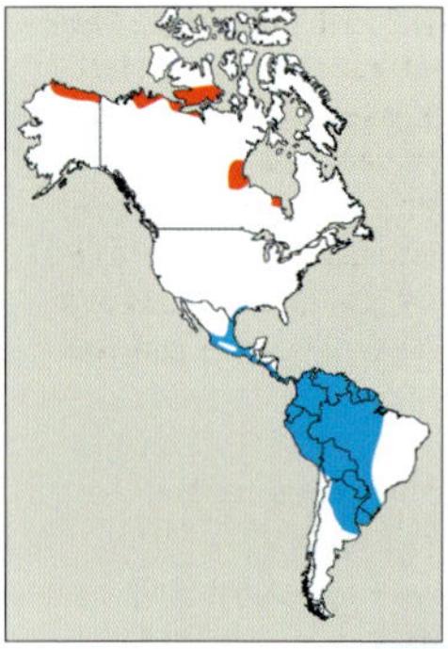

21 cm. Seltener, nearktischer Irrgast; einige Erwähnungen von Altvögeln im Sommer und Jungvögeln im Herbst. Erinnert an Sichelstrandläufer, aber schlanker; langbeinig, Schnabel lang und abwärtsgebogen, Bürzel weiß. Beine grün; Schnabel lang, gebogen und am Ende dünn. Altvogel im Prachtkleid: Scheitel und Wangen rotbraun, Unterseite dicht schwarz gebändert; aus der Nähe einige Oberschwanzdecken mit einigen vereinzelten schwarzen Bändern. Winter: oberseits ziemlich einheitlich grau, Strichel auf den Flanken. Jungvogel: Brust fein gämsfarben gestrichelt, Strichel auf den Flanken, grünliche Beine. Ruf ähnlich dem des Sichelstrandläufers: ein kurzes, tiefes *tiriit.*

Grasläufer *Calidris subruficollis*

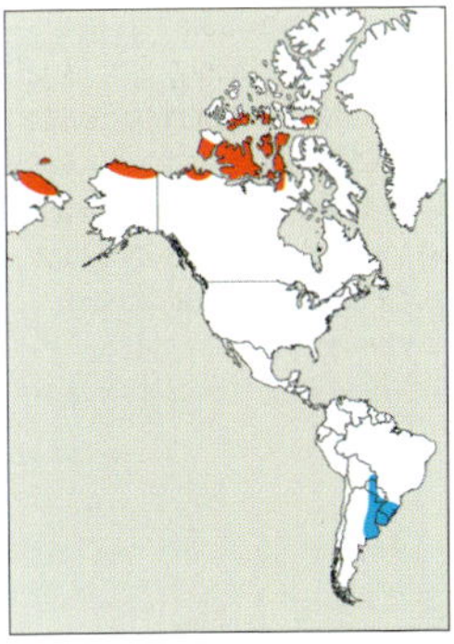

19 cm. Jährlicher, nearktischer Irrgast, vorwiegend an der Atlantikküste; auf kurzgrasigen Wiesen anzutreffen. Erinnert an Kampfläufer, aber deutlich kleiner; Schnabel kurz, fast gerade; Beine gelb. Gesicht einheitlich gämsfarben, ohne Augenstreif hinter dem Auge; kleiner, gestreifter Scheitel, wie eine abgegrenzte «Baskenmütze» auf dem Schädel; schwarze Punkte auf den gämsfarbenen Brustseiten. Jungvogel: schwarze Mantelfedern mit deutlichen, schmalen, cremefarbenen Säumen, wodurch ein schuppiges, gleichmäßiges, zweifarbiges Muster entsteht. Altvogel: Schulterfedern mit schwarzen Zentren und breiten, unscharf abgegrenzten, gämsfarbenen Säumen. Kein Weiß auf dem Bürzel und kein Flügelband im Flug. Ruft selten ein dumpfes *järf*.

juvenil

juvenil

1. Sommer

juvenil

1. Winter

Wilsonbekassine *Gallinago delicata*

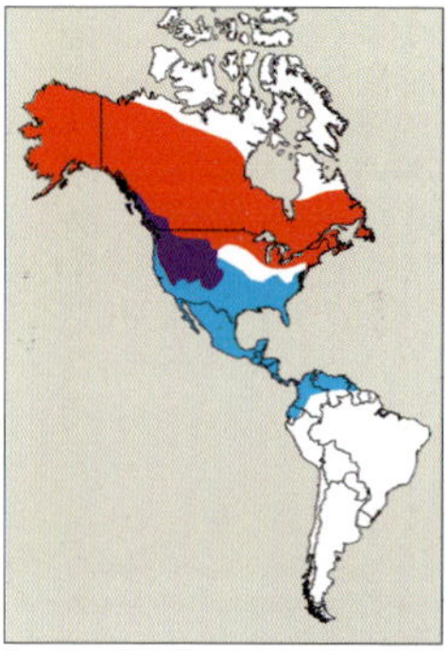

26 cm. Nearktisches Gegenstück zu unserer Bekassine; sehr seltener Irrgast in Europa; jährlich auf den Azoren zu beobachten. Sehr schwer zu unterscheiden, da Kombination aus Unterscheidungsmerkmalen schwer zu erkennen: sehr schmaler, weißer Flügelhinterrand, Achselfedern und Unterflügeldecken mit breiten, schwarzen Bändern (mindestens genauso breit wie die weißen Bänder, und kein weißes Band auf den Unterflügeln), Flanken weitgehend schwarz-weiß gebändert, Rücken kontrastreicher (schwarz und goldfarben), mittlere Steuerfedern rotbraun, äußere Steuerfedern mit breiter, weißer Spitze. Keine rehbraune Gesamtfärbung wie bei einigen Bekassinen *(faeroensis)*, aber eher schwarzes, creme- und goldfarbenes Gefieder, nicht warm, mit blassem Rot auf Wangen und leuchtendem Rot auf Steuerfedern. Ruf wie Bekassine.

Doppelschnepfe *Gallinago media*

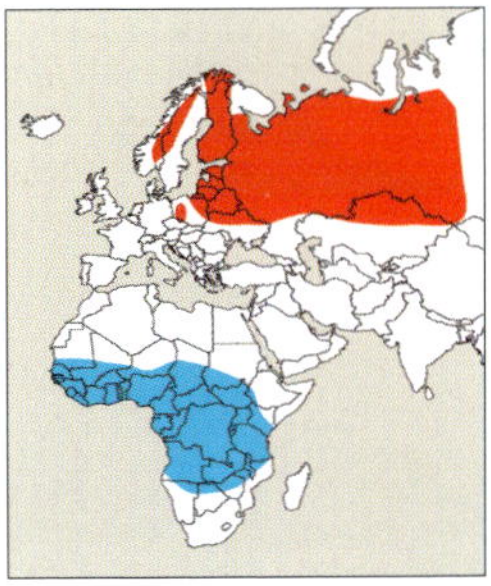

28 cm. Seltener Zugvogel (April–Mai und August–September); nistet im Norden Europas und in Sibirien, überwintert in Ostafrika. Große Sumpfschnepfe; Schnabel mittellang, Flanken und Bauch schwarz gebändert; breite, weiße Spitzen an den Oberflügeldecken, die drei weiße Streifen auf dem Flügel bilden; schmaler, weißer Flügelhinterrand. Rotbrauner Schwanz mit breiten, weißen Ecken, welche zu sehen sind, wenn der Vogel auffliegt oder landet. Flügelunterseite schwarz gebändert, sehr dunkel, wie Flanken und Bauch im Flug. Fliegt mit gelegentlichem, dumpfem Ruf auf, dann direkte Flugweise ohne Zickzackflug.

Spießbekassine *Gallinago stenura*

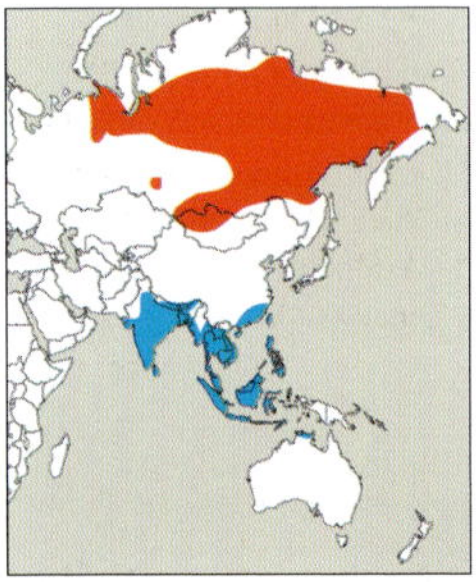

26 cm. Sehr seltener, asiatischer Irrgast in Italien, im Mittleren Osten. Kleiner und kürzer als Bekassine, mit kurzem Schnabel, kurzem Schwanz und 6–7 nadelförmigen äußeren Steuerfedern mit reduzierten, harten Spitzen – charakteristisch, aber sehr schwer zu sehen, verleihen dem Schwanz eine zweistufige Form. Muster der Flügeldecken heller. Aneinandergereihte, schwarze Bänder auf den Flanken. Im Flug: kein weißer Hinterrand, Flügelunterseite sehr dunkel, Flügeloberseite mit hellem Feld auf dem Arm, Zehen überragen den Schwanz deutlich. Fliegt mit dumpfem, rauem, nasalem, charakteristischem Ruf auf: *tschark*.

Waldbekassine *Gallinago megala*

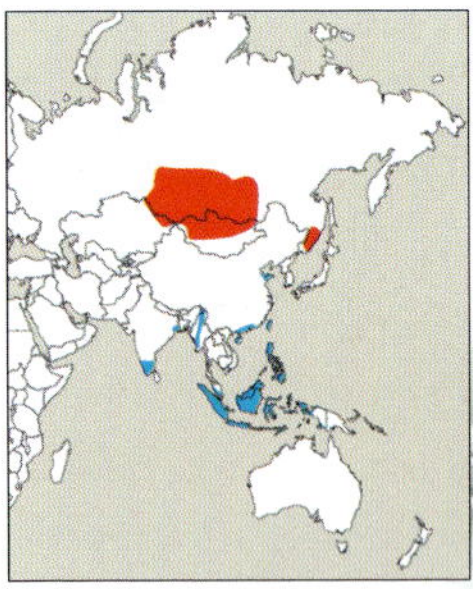

28 cm. Sehr seltener Irrgast; von der asiatischen Taigaregion Sibiriens bis hin zum Uralgebirge. Wie Spießbekassine mit kurzem Schwanz, kurzem Schnabel, hellen Flügeldecken, aber anderer Form der Steuerfedern: 2–5 schmale äußere Steuerfedern mit nicht reduzierten Spitzen, d. h. geringere Anzahl sukzessive schmaler werdender Steuerfedern; Schwanzform weniger abgestuft. Unterscheidet sich von der Bekassine durch das Fehlen der weißen Färbung am Ende der Armschwingen und den kürzeren Schnabel. Schirmfedern beigefarben marmoriert und schwarz gebändert, Flügeldecken hell. Balzgesang dient als Unterscheidungsmerkmal. Fliegt manchmal mit kurzem Ruf auf, der an den Ruf des Stars beim Auffliegen erinnert: *pschirk*.

Kanadaschnepfe *Scolopax minor*

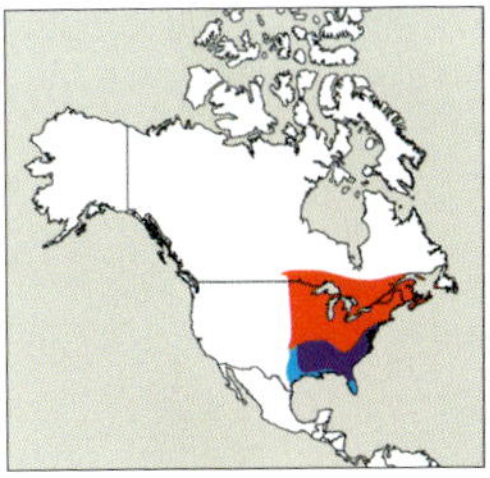

28 cm. Nearktischer Zugvogel. Ein junges Individuum bei der Jagd im französischen Département Dordogne im Oktober 2006 getötet; einzige europäische Erwähnung. Typische Schnepfe mit rundem Rumpf, langem Schnabel, großem, rundem Kopf mit großem, rundem, schwarzem Auge, das im hinteren Gesichtsbereich platziert ist. Kleiner als europäische Bekassine, Gefiederoberseite grauer, untere Partien einheitlich orange-rötlich. Flügeldecken hell, Schulterfedern schwarz und grau, wodurch der Mantel sehr dunkel wirkt; Nacken grau. Schnabel schmutzig rosa mit schwarzer Spitze; Beine rosafarben.

Zwergbrachvogel *Numenius minutus*

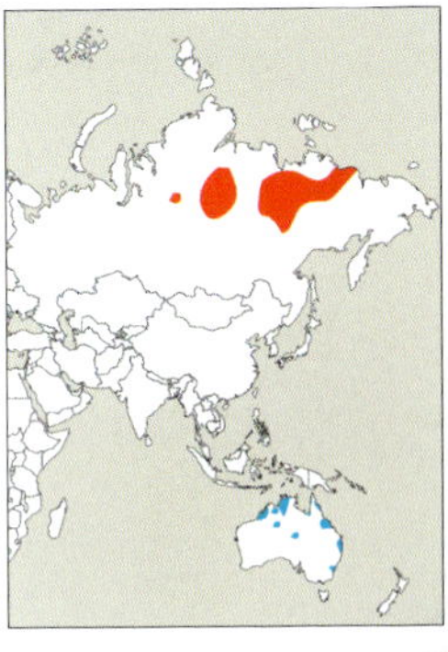

30 cm. Kleiner, asiatischer Brachvogel; sehr seltener Irrgast in Europa. Einheitliches Gesicht mit hellen Zügelstreifen, seitlichen Streifen auf dem Scheitel, aber ohne dunklen Augenstreif wie nearktischer Regenbrachvogel. Bürzel dunkel, Bauch und Flanken weiß, Hals ockerfarben gesprenkelt. Erinnert an Prärieläufer, aber Schwanz kürzer, Schnabel länger und dunkler, Flanken nicht gebändert, Beine grau und nicht gelb-braun. Ruf: *kwie-kwie-kwie...* weicher und verzerrter als bei Regenbrachvogel.

Hudson-Regenbrachvogel *Numenius hudsonicus*

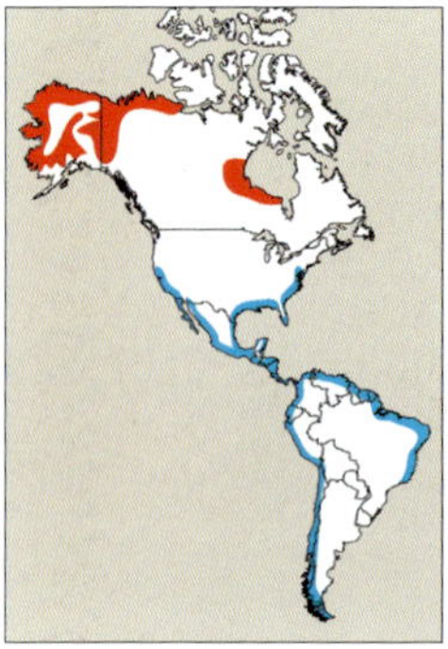

41 cm. Sehr seltener Irrgast in Europa; jährlich auf den Azoren. Nearktisches Gegenstück zu europäischem Regenbrachvogel *(Numenius phaeopus)*. Insgesamt ähnlich Regenbrachvogel, aber ohne weiße «Zigarre» auf dem Rücken, denn Bürzel und Rücken sind braun gebändert. Gefiederfärbung wärmer als bei unserem Regenbrachvogel: dunkelbraune Bänder auf beige- bis gämsfarbenem Grund, kein Weiß wie beim europäischen Regenbrachvogel. Mit der Abnutzung des Gefieders wird diese Färbung des Grundes weißlicher. Ruf: ein flötendes *hühühühühühü...* wie Regenbrachvogel, vorwiegend im Flug abgegeben.

abgetragenes Wintergefieder

neues Herbstgefieder

Hudson-Regenbrachvogel

Regenbrachvogel
N. phaeopus

Dünnschnabel-Brachvogel *Numenius tenuirostris*

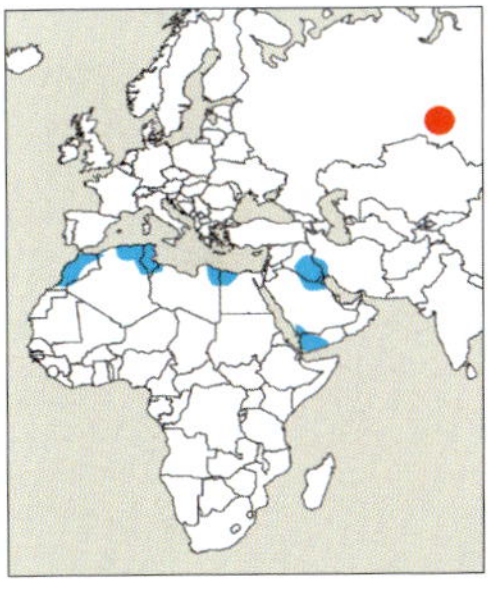

39 cm. Kleiner Brachvogel mit schmalem Schnabel; Zugvogel; nistete irgendwo in Sibirien; war im 18. Jahrhundert häufig an den europäischen Küsten zu sehen, wird aber heutzutage als ausgestorben betrachtet; die letzte Beobachtung dieser Art weltweit liegt bald 20 Jahre zurück. Einheitliches Gesicht, runde Flecke auf den weißen Flanken (Flanken beim Jungvogel eher gestrichelt). Der Schnabel ist vollständig schwarz und von oben gesehen sehr schmal. Im Flug: Flügelunterseite kontrastreich (weiße Armdecken, dunkle Schwungfedern), Flügeloberseite ebenfalls (helles Fenster auf den inneren Handschwingen und den äußeren Armschwingen), Schwanz hell, weiß, mit einigen wenigen schwarzen Bändern.

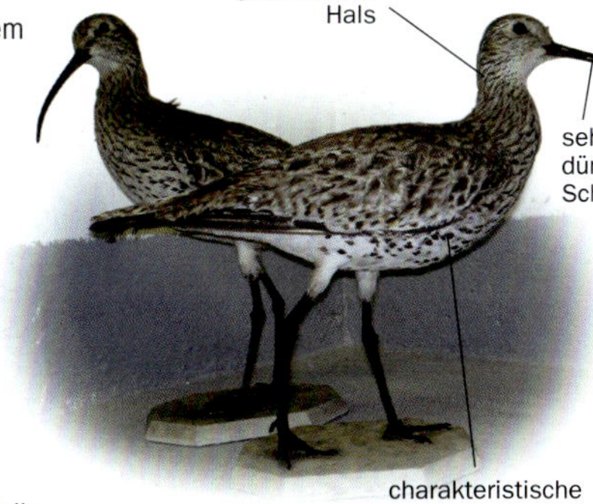

Prärieläufer *Bartramia longicauda*

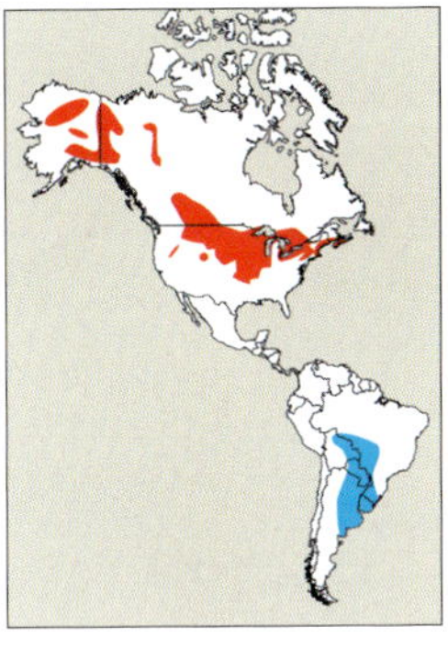

30 cm. Sehr seltener, nearktischer Irrgast, vorwiegend an der Atlantikküste. Erinnert an Brachvogel, aber langer Schwanz und kurzer, fast gerader Schnabel. Beine gelblich, Schwanz deutlich länger als Flügel; flink; hält sich häufig aufrecht. Im Flug: kein Weiß auf dem Bürzel, Flügelunterseite dunkel. Mögliche Verwechslung mit Zwergbrachvogel, aber Beine gelb, Schwanz länger als Flügel, Flanken gebändert, Schnabel kurz und gerade mit breiter, orangefarbener Basis. Flugruf: *kip-ip-ip-ip-ip…*

Kleiner Schlammläufer *Limnodromus griseus*

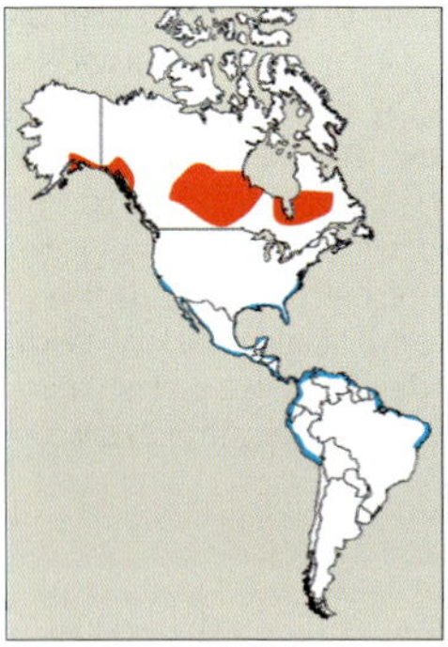

27 cm. Sehr seltener, nearktischer Irrgast im Herbst und im Winter. Sehr ähnlich Großer Schlammläufer, aber Schnabel häufig kürzer (nicht immer). Jungvogel: schwarze Schirmfedern mit hellen, inneren Abzeichen, manchmal ein unauffälliger Längsstreifen, häufig ein inneres V in Zickzackform. Im Winter: Gefieder grau wie sein Zwilling, hinterer Flankenbereich mehr gepunktet als gebändert; einziges Unterscheidungsmerkmal: der zweisilbige Ruf *tüdlü* ist tiefer und flötender, an Steinwälzer erinnernd. Prachtkleid: sehr breite, schwarze Bänder auf den weißlichen Flanken, Bauchseiten schwarz gepunktet. Im Flug: weißes «Oval» auf dem Rücken, weißer Flügelhinterrand schmaler als bei Rotschenkel, Schwanz grau (fein schwarz-weiß gebändert).

Großer Schlammläufer *Limnodromus scolopaceus*

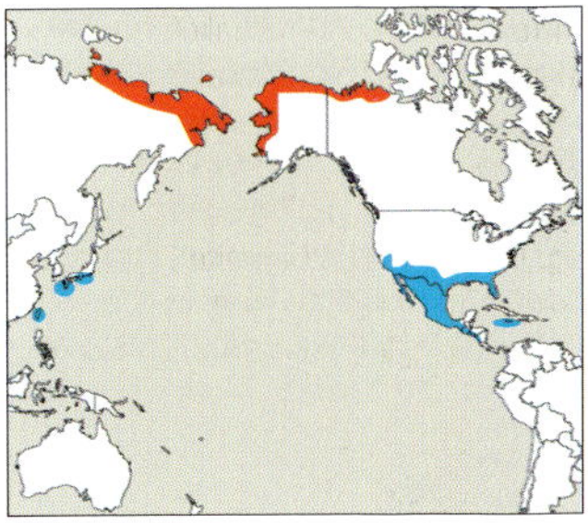

28 cm. Seltener, nearktischer und sibirischer Irrgast; jährlich in Küstengebieten, an Flussmündungen; vom Sommer bis zum Winter. Figur eines großen Strandläufers mit langem, geradem Schnabel wie Sumpfschnepfe; Auge im hinteren Kopfbereich. Beine grün; stark gezeichneter, cremefarbener Überaugenstreif; Scheitel und Zügelstreif dunkel. Im Flug: weißer Flügelhinterrand, weißer Keil auf dem Rücken, Bürzel und Schwanz fein schwarz-weiß gebändert. Jungvogel: graue Schirmfedern mit einheitlichen, dunklen Zentren und schmalen, hellen Rändern. Winter: Federn des Mantels grau mit unscharfen, dunklen Zentren, Brust grau, hinterer Flankenbereich grau gebändert. Prachtkleid: untere Partien bis unter den Schwanz ziegelrot, Brustseiten schwarz gebändert. Ruf: ein kurzes, einsilbiges, manchmal zweifaches *kip*.

adult, Prachtkleid

1. Winter

1. Winter

adult, Prachtkleid

adult, Winter

Hudsonschnepfe *Limosa haemastica*

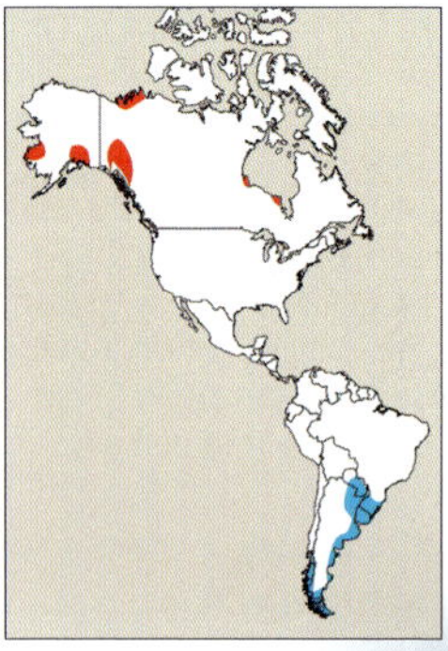

30 cm. Nearktisch; sehr seltener Irrgast im Großbritannien, in Skandinavien, auf den Azoren. Kleiner als Uferschnepfe; kleine und mittlere Unterflügeldecken schwarz, aber Muster der Steuer- und Schwungfedern ähnlich; schwarzes Band am Ende des weißen Schwanzes, weißes Flügelband auf dem schwarzen Flügel. Altvogel: typisches dreifarbiges Rumpfmuster: grauer Kopf, schwarze Oberseite, rot gebänderte Unterseite; Mantel tiefschwarz, Flügeldecken einheitlicher grau, weißer Überaugenstreif auf hellgrauem, fein gestricheltem Kopf mit dunklem Scheitel; ziegelrote Unterseite mit schwarzer Bänderung. Schnabel aufwärtsgebogen, im Sommer mit orangefarbener Basis, im Winter mit rosafarbener Basis; Beine schwärzlich grau. Ruf: ein nasales, wiederholtes *ket*.

Drosseluferläufer *Actitis macularius*

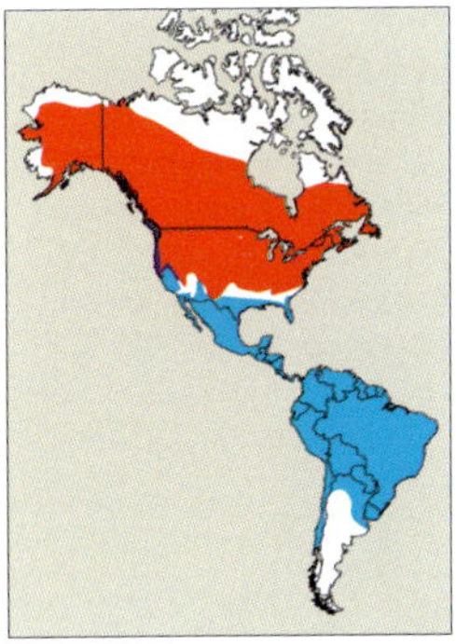

19 cm. Seltener, aber jährlicher, nearktischer Irrgast; ähnlich Flussuferläufer, aber Schwanz kürzer, die Flügel in Ruhestellung nur wenig überragend; Beine gelb-orange; Schnabel mit heller Basis, scheint häufig leicht gebogen; Überaugenstreif deutlicher. Jungvogel: Flügeldecken mit deutlicherem Schuppenmuster (schwarze Säume dann heller und deutlicher); Schirmfedern einheitlich; Basis des Unterschnabels rosa. Altvogel im Prachtkleid: schwarze, runde Flecke auf der Brust; Schnabel rosa-orangefarben mit schwarzer Spitze. Im Flug: das gegenüber Flussuferläufern reduzierte Flügelband reicht nicht über den ganzen Armflügel. Stimme manchmal anders als die des Flussuferläufers, mit schrillen, ein- oder zweisilbigen Rufen.

1. Winter

juvenil

adult, Prachtkleid

adult, Prachtkleid

Einsamer Wasserläufer *Tringa solitaria*

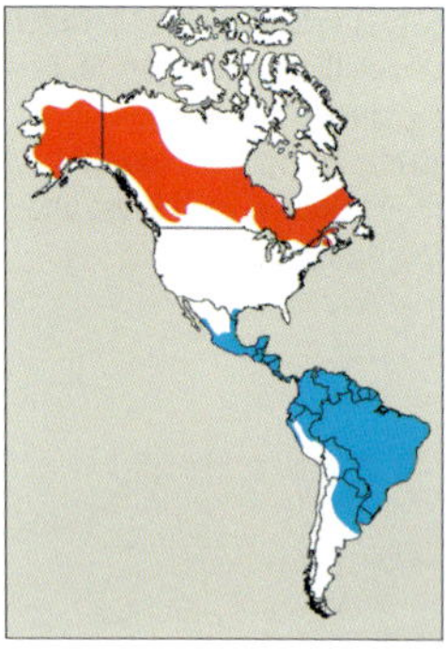

20 cm. Sehr seltener, nearktischer Irrgast im Herbst und im Winter. Sehr ähnlich Waldwasserläufer, oberseits schwärzlich braun mit schmalem, weißem Augenring und grünlichen Beinen, aber lange Flügel, die den Schwanz deutlich überragen; brauner Bürzel (nicht weiß) formt zusammen mit den beiden einheitlich schwärzlich gefärbten mittleren Steuerfedern ein schwärzliches Band. Schwanzseiten mit schmaleren und enger stehenden, schwarzen Bändern. Brust heller; helle Abzeichen auf der Oberseite etwas dichter, aber weniger dicht als bei Bruchwasserläufer. Einige dunkle Bänder im hinteren Flankenbereich. Ruf: *tüwiit-wiit* wie Waldwasserläufer, aber noch weicher.

adult

juvenil

Grauschwanzwasserläufer *Tringa brevipes*

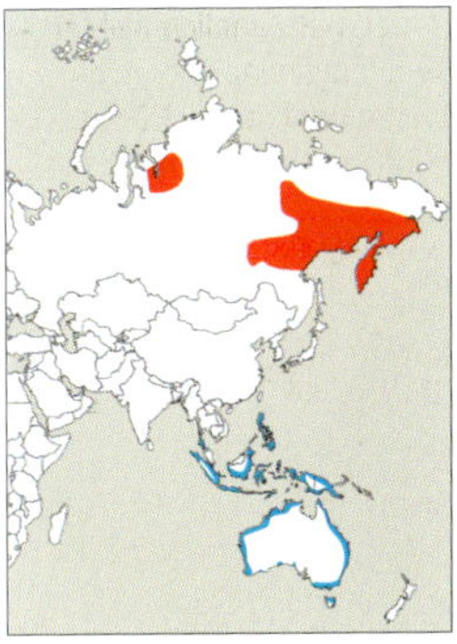

27 cm. Sehr seltener, asiatischer Irrgast in Schweden und im Vereinigten Königreich. Untersetzter Regenpfeifer mit robusten Beinen; Gefieder oberseits einheitlich mausgrau; deutlicher weißer Überaugenstreif und dunkler Augenstreif. Häufig geduckte und waagerechte Haltung; auf den Klippen entlang der Küsten oder in Wattgebieten. Die gelben, kurzen Beine erinnern an Rotschenkel. Altvogel im Prachtkleid mit grauen Bändern auf Brust und Flanken. Jungvogel blasser gefärbt, auf der Oberseite unauffällig hell gepunktet.
Ruf: ein flötendes *tüi-di*.

adult

adult

juvenil

adult

juvenil

Großer Gelbschenkel *Tringa melanoleuca*

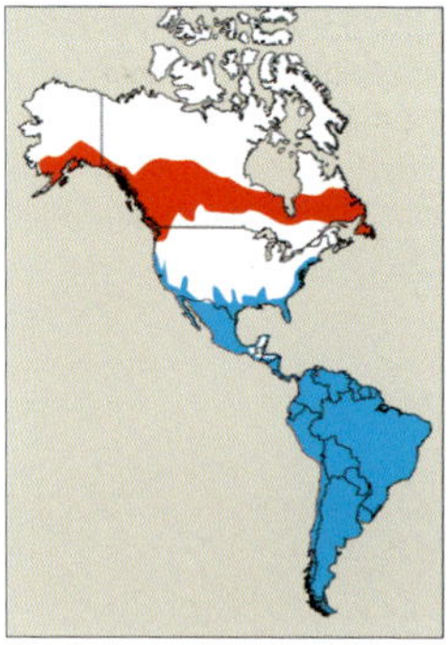

31 cm. Sehr seltener, nicht jährlicher, nearktischer Irrgast. Erinnert an Grünschenkel, aber Beine gelb, Schnabel weniger lang und weniger aufgeworfen; Jungvogel oberseits mit cremefarbenem Zackenmuster. Erinnert an Kleinen Gelbschenkel, aber größer, Schnabel an der Basis dicker und etwas aufgeworfen. Bürzel weiß, aber Rücken dunkel, daher im Flug kein weißer Keil auf der Oberseite wie beim Grünschenkel. Brust weiß mit deutlichen dunklen Stricheln, die (anders als beim Kleinen Gelbschenkel) aus der Ferne keinen eindeutigen Latz formen. Dreisilbiger Ruf: *tjüh tjüh tjüh*, wie Grünschenkel.

1. Winter

1. Winter

juvenil

adult, Prachtkleid

Kleiner Gelbschenkel *Tringa flavipes*

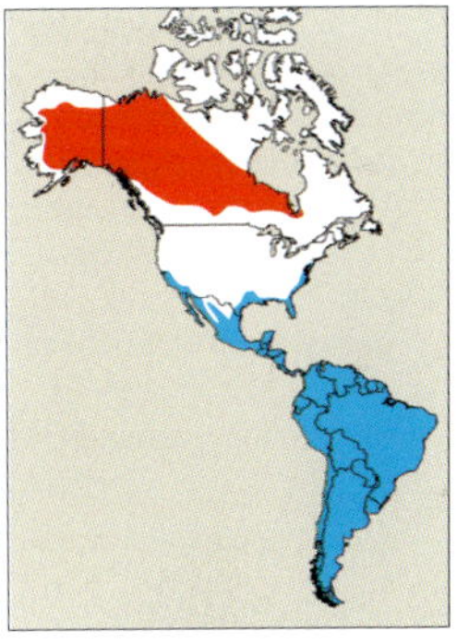

24 cm. Seltener, nearktischer Irrgast, jährlich im Herbst und zum Überwintern. Erinnert an Rotschenkel, aber Gestalt schlanker; hochbeiniger, Schnabel schmaler und ziemlich kurz; lange Handschwingenprojektion. Beine gelb, weißes Band auf dem Bürzel wie Bruchwasserläufer; kein weißer Keil auf dem Mantel. Brust unscharf gestrichelt. Zackenmuster auf Oberseite beim Jungvogel cremefarben, beim Altvogel im Winter grau; im Prachtkleid komplexeres, grau-schwarz-weißes Muster. Ruf: ein weiches, einmaliges oder wiederholtes *tschü.*

adult, Prachtkleid

adult, Winter

1. Winter

juvenil

adult, Prachtkleid

Schlammtreter *Tringa semipalmata*

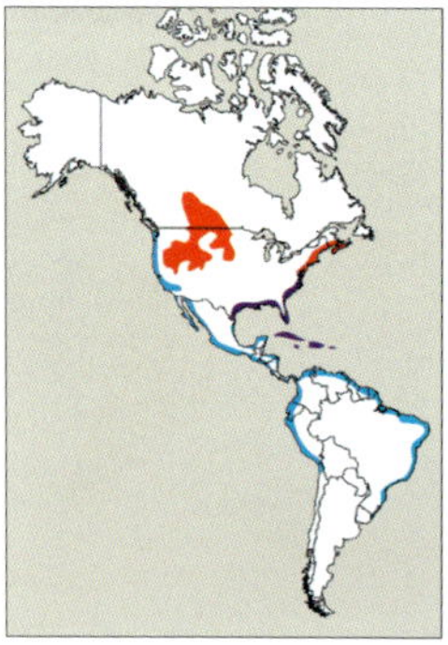

34 cm. Sehr seltener, nearktischer Irrgast; in Frankreich, Finnland, Italien, Norwegen und auf den Azoren beobachtet. Erinnert an Grünschenkel, aber noch massiver wirkend; im Winter oberseits einheitlich grau; Hals und Brust gleichermaßen einheitlich verwaschen grau. Im Flug: Hand, Schwungfedern und Unterflügeldecken schwarz mit breitem, weißem Flügelband. Schnabel dick und gerade, grau mit dunklerer Spitze; Beine grau. Prachtkleid: Gesicht gestrichelt, angedeutete schwarze Bänder auf den Schulterfedern, Brust verwaschen gelblich, Flanken gebändert. Ruf: ein wiederholtes *kip kip* oder *ki-li-li*. In Europa zwei Unterarten beobachtet: westliche Unterart *inornata* größer, mit einheitlich grauen mittleren Steuerfedern, häufig alle äußeren Armschwingen mit schwarzer Spitze. Östliche Unterart *semipalmata* kleiner, unterseits stärker gebändert, mittlere Steuerfedern fein gebändert, wenig Schwarz an der Spitze von etwa 4 bis 6 äußeren Armschwingen.

Wilsonwassertreter *Phalaropus tricolor*

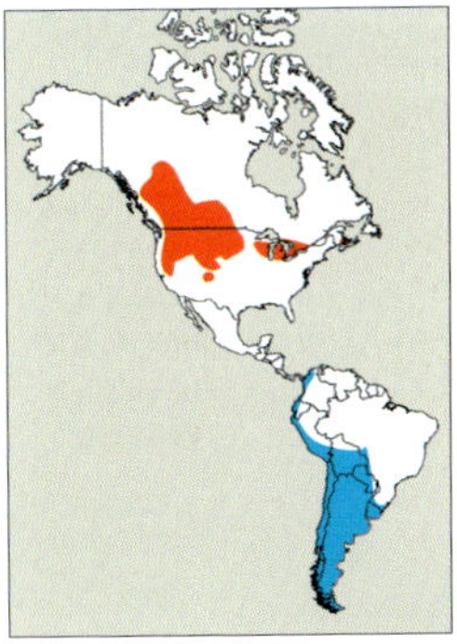

23 cm. Nearktischer Irrgast; aufgrund des langen und schmalen Halses schlanker wirkend als die anderen Wassertreter; erinnert an Teichwasserläufer. Schnabel lang, schmal, nadelförmig; Beine gelb mit kurzen Schienbeinen. Winter: oberseits einheitlich hellgrau, unterseits weiß; langer, weißer Überaugenstreif (reicht bis in den Nacken). 1. Winter: oberseits grau wie Altvogel, aber Flügeldecken, Schulterfedern und Schirmfedern schwarz mit deutlichem schmalem, weißem Saum. Prachtkleid: schwarzer Augenstreif geht auf dem Hals ins Rot über; Vorderhals orangefarben; kurzer weißer Überaugenstreif; Beine schwarz; umgekehrter Geschlechtsdimorphismus: das Gefieder des Männchens ist eine matte und ausgeblichene Version des Gefieders des Weibchens. Im Flug: oberseits grau mit weißem Bürzel; im 1. Winter Flügel schwarz, kein Flügelband. Ruf: ein kurzes und nasales *witt.*

Weibchen

1. Winter

1. Winter

Männchen

adult, Winter

Weibchen

Antarktikskua *Stercorarius maccormicki*

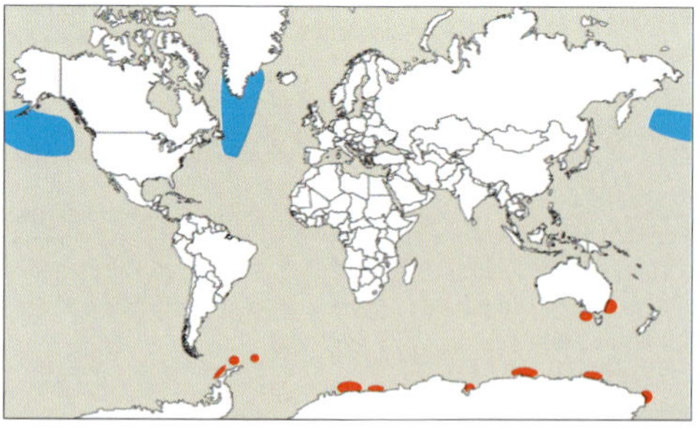

53 cm. Antarktisch; zieht während des südlichen Winters bis zum Nordatlantik; sehr selten. Sehr ähnlich Skua, aber schlanker, Schnabel weniger groß, Gefieder einheitlicher mattbraun (niemals rötlich), Unterflügeldecken dunkler, kein dunklerer Scheitel. Aktive Mauser der immaturen Vögel in unserem Sommer, häufig 2 bis 3+ Schwungfedern gleichzeitig in aktiver Mauser (1 bis 2+ bei Subantarktikskua und Skua). Bestimmung oft nur durch Berücksichtigung des Mausermodus möglich. Einige Individuen mit hellerem Körper.

Subantarktikskua *Stercorarius antarcticus*

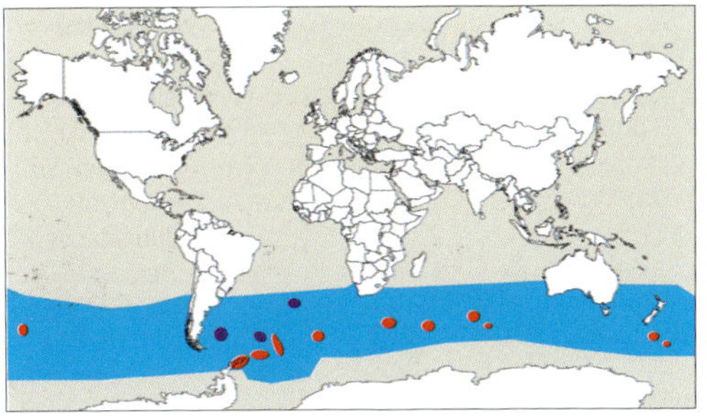

52 cm. Nistet auf den subantarktischen Inseln und der Antarktischen Halbinsel; Zugvogel und außergewöhnlicher Irrgast im Nordatlantik. Untersetzter und gedrungener als Antarktikskua, Schnabel kürzer und dicker als der der Skua, Kopf braun, ohne wirklich dunkleren Scheitel, Mantel mit beigefarbenen Rändern, Flügeldecken oberseits einheitlicher. Immature Vögel sehr schwer von denen der zwei anderen Skua-Arten zu unterscheiden; Gefieder matt, ohne deutliche rote Färbung; der Modus der Mauser der Schwungfedern und die Färbung der Beine (Anflug von Hellblau bei den Jungvögeln) sind präzise aufzuzeichnen; eine einjährige Skua beendet die Mauser der Handschwingen im August, während eine Subantarktikskua desselben Alters mit dieser im Sommer beginnt.

Graukopfmöwe *Chroicocephalus cirrocephalus*

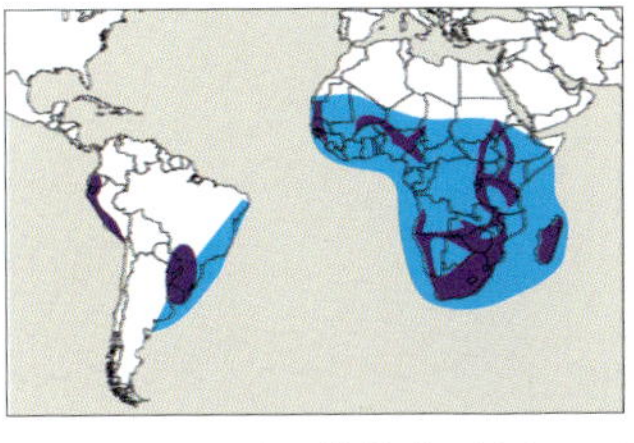

41 cm. Afrikanische Möwe; sehr seltener Irrgast in Spanien, Italien. Erinnert an Lachmöwe, aber etwas größer, massiver, Schnabel kräftig und von der Basis an dicker. Schwarze Flügelspitze mit zwei subterminalen, weißen Flecken, der ein weißes Band vor dem Grau der inneren Hand- und Armdecken vorausgeht. Mantel dunkler grau als bei Lachmöwe, Flügelunterseite dunkel. Altvogel mit grauer Kapuze derselben Ausdehnung wie bei Lachmöwe, vor dem Weiß des Halses etwas dunkler; weiße, rot umrandete Iris. Jungvogel mit schwarzer Flügelspitze, Nacken grau, Schwanzbinde auf den Seiten schmal; Schnabel kräftig und orangefarben mit schwarzer Spitze, Iris dunkel; Basis der Handschwingen und inneren Handdecken weitgehend weiß.

Bonapartemöwe *Chroicocephalus philadelphia*

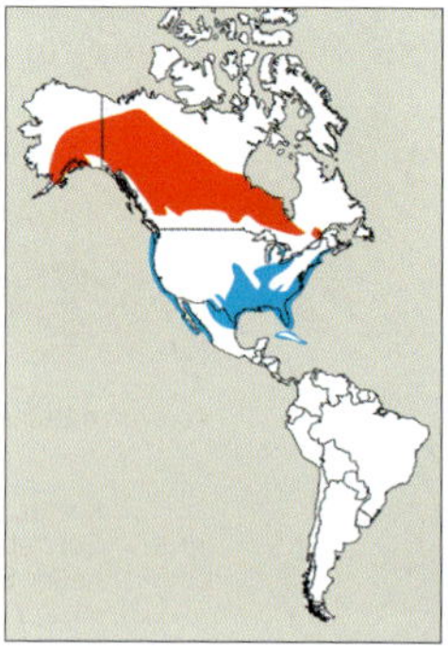

33 cm. Nearktischer Irrgast, jährlich an der Atlantikküste. Wie Lachmöwe, aber kleiner, Schnabel schwarz und kurz, Beine rosa (weder orange noch rot). Gestalt erinnert auch an Zwergmöwe. Unter dem Flügel ist das Schwarz auf die Spitze der Handschwingen begrenzt (kein Schwarz auf der Innenfahne der mittleren Handschwingen). Altvogel im Winter: schwarzer Fleck auf Höhe der Ohren, grauer «Schal» im Nacken. Altvogel im Prachtkleid: breite, schwarze Kapuze. 1. Winter: Schnabel schwarz, Beine rosa, grauer «Schal» im Nacken; deutlicher schwarzer Flügelhinterrand.

Elfenbeinmöwe *Pagophila eburnea*

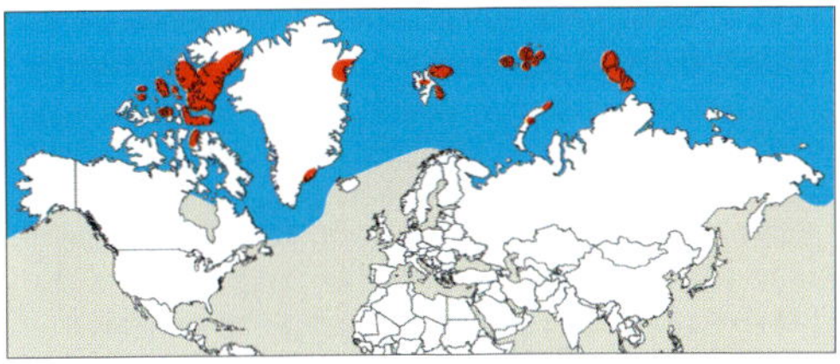

44 cm. Sehr seltener, arktischer Irrgast in Europa, jährlich in Island zu beobachten, nistet auf Spitzbergen, überwintert am Rand des Packeises. Nachweislicher Aasfresser. Körpergröße wie Sturmmöwe; kurze, schwarze Beine und kurzer, grauer Schnabel mit gelber Spitze. Altvogel: vollständig weiß; Gesicht weiß, Auge dunkel; Schnabel farbenfroher. 1. Winter: Gesicht grau, wie «dreckig»; schwarze Punkte auf den Flügeldecken und an der Spitze der Schwung- und Steuerfedern, die je nach Individuum mehr oder weniger ausgedehnt sind. Eleganter Flug mit spitzen Flügeln erinnert an Dreizehenmöwe.

Rosenmöwe *Rhodostethia rosea*

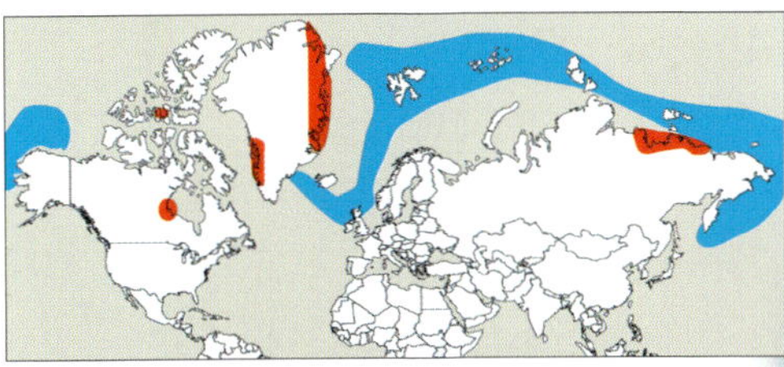

31 cm. Sehr seltener, arktischer Irrgast. Langgestreckte, kleine Möwe; kurzbeinig; langer, keilförmiger Schwanz. Kann an Zwergmöwe erinnern, aber schwarzer Schnabel kürzer, Beine kürzer, Flügelunterseite hell, Schwanz länger, Flügel länger und spitzer, weißer Flügelhinterrand breiter. Im Flug: langer Schwanz und dicker Hals mit kurzem Kopf, der wie an den Rumpf geklebt gewirkt. Altvogel: oberseits hellgrau, einschließlich Schwungfedern; weiße Unterseite wird zur Brust hin häufig rosa; schmaler, schwarzer Halsring im Prachtkleid; grauer «Schal» im Nacken im Winter, schwarzer Punkt auf Höhe der Ohren und schwärzlicher Bereich um das Auge; Beine rot. Jungvogel: schwarzes Band in W-Form auf dem Flügel, Armschwingen weiß, keilförmiger Schwanz mit schwarzer Spitze, Beine rosa.

Aztekenmöwe *Larus atricilla*

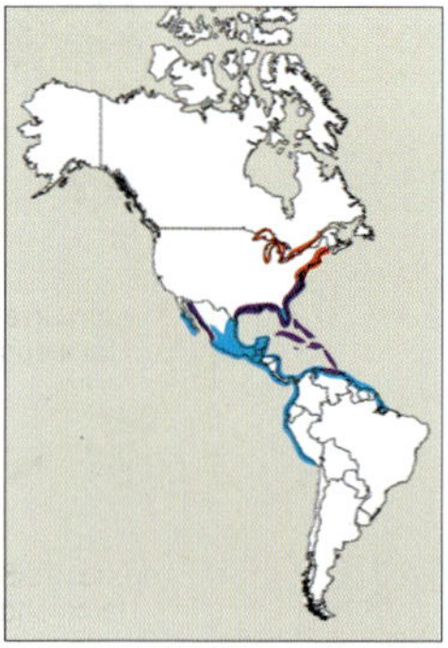

39 cm. Große Möwe; seltener, nearktischer Irrgast, mit anthrazitgrauem Mantel und schwarzen Beinen. Schnabel lang und häufig etwas abwärtsgebogen, im Winter schwarz, im Sommer dunkelrot (Altvogel). Altvogel mit dreieckiger, schwarzer Flügelspitze; im Prachtkleid mit schwarzer, ausgedehnter Kapuze und schmalen, weißen Halbmonden ober- und unterhalb des Auges. 1. Winter: dunkler Schwanz mit schwarzer Binde, Brust und Flanken graubraun, graubraune Maske auf Wange und Nacken, Schnabel völlig schwarz; Mantel grau, aber juvenile Flügel mit braunen Armdecken und Schirmfedern, welche undeutlich cremefarben gerändert sind. 2. Winter: wie Altvogel, aber grauer «Schal» auf der Brust; weiße Spitze der Handschwingen reduziert oder fehlend.

Präriemöwe *Larus pipixcan*

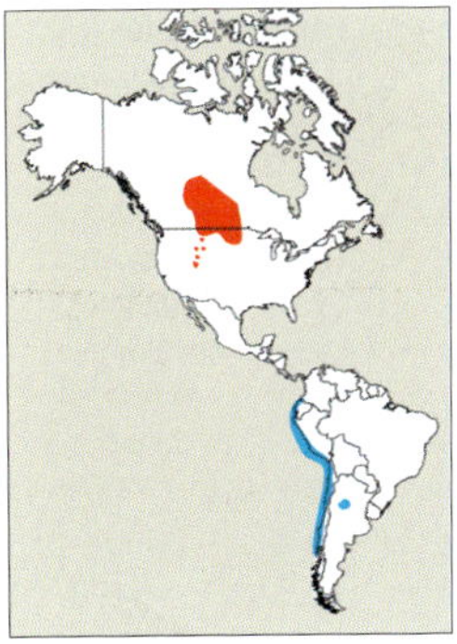

34 cm. Seltener, nearktischer Irrgast; erinnert an Aztekenmöwe, aber kleiner und runder, Schnabel und Beine kürzer, Grau des Mantels etwas heller, silbriger; weiße Halbmonde am Auge markanter, hinter dem Auge zusammentreffend und im Winter auf der schwarzen Halbkapuze besser zu sehen. Altvogel mit breiter, weißer Spitze an den Handschwingen und weißem Band, die die schwarze Flügelspitze unterstreicht (weißer Hinterrand reicht bis zum Schwanz), Schnabel im Prachtkleid dunkelrot, im Winter schwarz; im Prachtkleid schwarze Kapuze. 1. Winter: Schwanz mit deutlicher schwarzer Binde, Brust und Flanken weiß; schwarze Halbkapuze vom Auge bis zum Nacken. 2. Winter: mehr Schwarz auf den Handschwingen, weiße Spitzen reduziert.

1. Winter

adult, Winter

adult, Prachtkleid

adult, Winter

1. Winter

adult, Prachtkleid

Reliktmöwe *Larus relictus*

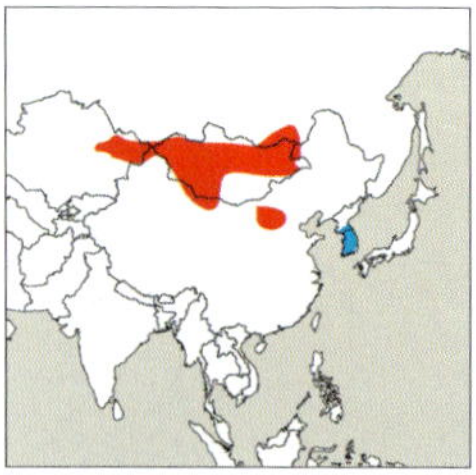

45 cm. Mittelgroße Möwe; nistet an den Salzseen Ostasiens, vorwiegend in der Mongolei. Eine Aufzeichnung im europäischen Russland im Mai 2000. Ziemlich untersetzt, erinnert an Schwarzkopfmöwe, aber Flügelmuster anders: wie die Zeichnung der Kumlienmöwe, aber in Schwarz (schwarze «Zunge» auf den Außenfahnen, Spitze der äußeren Handschwinge völlig weiß, schwarze L-Formen auf 5–6 äußeren Handschwingen); kein weißer Hinterrand an den inneren Handschwingen. Prachtkleid: schwarze Kapuze bedeckt weniger vom Nacken als bei Schwarzkopfmöwe; sehr breite, weiße Halbmonde ober- und unterhalb des Auges; Schnabel und Beine dunkelrot. Winter: dunkles, gestricheltes Band im Nacken wirkt wie ein «Schal», wie bei einer Steppenmöwe im 1. Winter. 1. Winter: Schirmfedern mit deutlichen schwarzen Zentren; kurzer, grauer Schnabel mit schwarzer Spitze, kleines, schwarzes Auge im weißen Gesicht, gestrichelter «Schal» im Nacken wie bei Steppenmöwe *(Larus cachinnans)*; reduzierte schwarze Spitze nur auf den mittleren Schirmfedern. 2. Winter: kleiner, weißer Spiegel auf der äußeren Handschwinge, isolierte, schwarze Spitze an den 5 inneren Handschwingen, Handdecken schwarz.

Weißaugenmöwe *Larus leucophthalmus*

41 cm. Nistet am Roten Meer; sehr selten erwähnt an Ägäis und Adria. Sehr schlank; lange, gelbe Beine; Schnabel lang, schmal und leicht abwärtsgebogen, weißer Halbmond über und unter dem Auge. Altvogel mit ausgedehnter, schwarzer Kapuze, Brust grau, weißer Hinterrand am schwarzen Flügel, Schnabel mit roter Basis. Jungvogel: Schwanz schwarz und Bürzel weiß, Brustlatz dunkel, Kopf und Hals fein gestrichelt, Schnabel schwarz.

Alaskasturmmöwe *Larus (canus) brachyrhynchus*

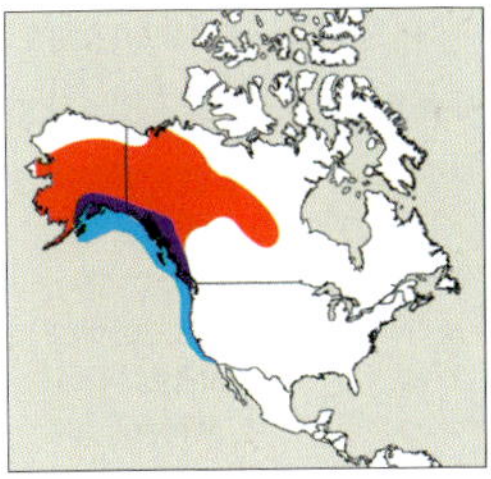

43 cm. Nearktische Form der Sturmmöwe; außergewöhnlicher Irrgast auf den Azoren. Größe und Gestalt wie unsere Sturmmöwe, aber Schnabel kürzer; Iris hellbraun, manchmal dunkelgelb. Mehr Weiß auf den Handschwingen beim Altvogel: äußere Handschwingen mit breiter, weißer Spitze und weiße Bänder zwischen dem Grau und dem Schwarz der mittleren Handschwingen; typische Kontinuität zwischen den beiden weißen Spiegeln der beiden äußeren Handschwingen und den weißen, subterminalen Halbmonden auf den sich anschließenden Handschwingen, wodurch eine Kette weißer, runder Flecke entsteht. Winter: Rauchfarbene, gesprenkelte «Kapuze» und auf Brust unscharf gestricheltes Muster. 1. Winter: Schwanz vollständig dunkelbraun, Bauch braun-rauchfarben, Schirmfedern mit stark reduziertem weißem Rand.

adult, Winter

adult

adult, Winter

jung

adult

Ringschnabelmöwe *Larus delawarensis*

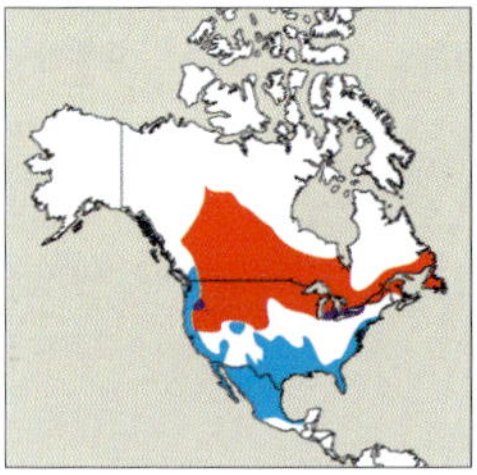

45 cm. Nearktisch; seltener, aber regelmäßiger Wintergast, vorwiegend an der Atlantikküste, mit treuen Rückkehrern. Erinnert stark an Sturmmöwe, aber Schnabel dicker, Kopf eckiger. Altvogel: Schnabel gelb mit deutlicher schwarzer Subterminalbinde, Iris hell, Mantel hellgrau; weißer Halbmond auf den Schirmfedern kleiner und undeutlicher; kleiner, weißer Spiegel an der Flügelspitze (einige Individuen mit zwei Spiegeln). 1. Winter: schmaler, heller Rand der Schirmfedern kennzeichnend; breite, schwarze Binde auf dem Schwanz mit unscharfen Abgrenzungen (variabler Schwanz); Schnabel dick, rosa gefärbt mit schwarzer Spitze; Beine rosa, Brust mit schwarzem Schuppenmuster. 2. Winter: Anflug von Schwarz auf dem Schwanz, manchmal auf Armschwingen; Schirmfedern völlig grau; Endbinde des Schnabels breiter.

Kamtschatkamöwe *Larus schistisagus*

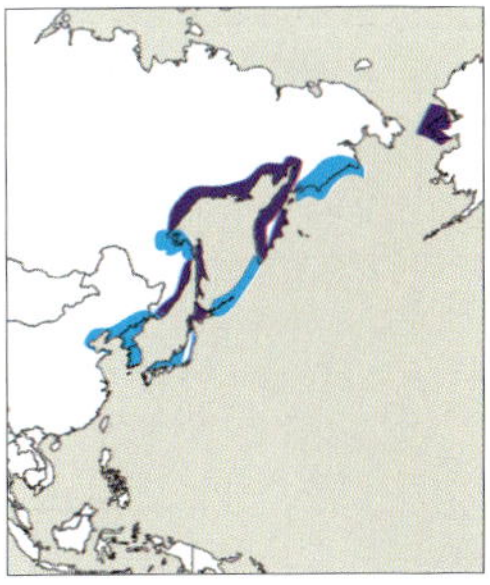

55–68 cm. Ursprünglich aus dem Nordpazifik; einige seltene Erwähnungen in Europa (Großbritannien, Island, Deutschland, baltische Länder). Untersetzt, breite Flügel, Beine leuchtend rosa. Altvogel: Mantel dunkel-schiefergrau wie die dunkelsten Heringsmöwen der Unterart *graellsii.* Schwarze Abzeichen auf den mittleren Handschwingen typischerweise durch weiße, markante Halbmonde vom Grau abgegrenzt; typische Kontinuität zwischen den beiden weißen Spiegeln der äußeren Handschwingen und den Halbmonden, wodurch eine Kette weißer Kreise entsteht; Armschwingen mit sehr breitem, weißem Hinterrand, häufig auf dem geschlossenen Flügel sichtbar. Im Winter: dunkle Strichelung, besonders auf dem Nacken und um das Auge herum. 1. Winter: untersetzte Gestalt mit dickem, schwarzem Schnabel; (Innenfahne der äußeren Steuerfedern cremefarben gebändert, alle Schirmfedern mit unscharfem, cremefarbenem Rand, große Armdecken einheitlich mit cremefarbenem Rand; Wange und Nacken häufig hell im Kontrast zur dunklen «Kappe», die bis auf das Auge reicht. 2. Winter: helle Iris in dunkel gestricheltem Bereich, schiefergraue Federn auf der Oberseite, Flügeldecken stark abgetragen und einheitlich.

Tundramöwe *Larus (fuscus) heuglini*

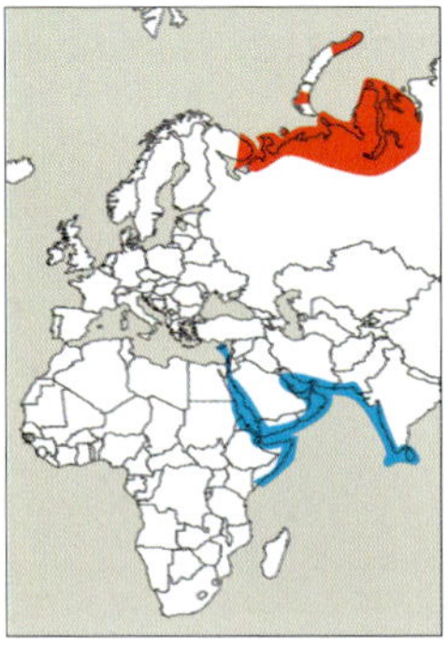

52–58 cm. Unterart der Heringsmöwe oder eigene Art; nistet im sibirischen Russland; zieht über den Mittleren Osten nach Ostafrika. Beine gelb, Mantel schiefergrau wie *graellsii,* aber größer, schlanker, mit sehr langen Flügeln und hochbeinig, Schnabel lang und eher schmal. Im Winter: häufig schwarz gestrichelter «Schal» auf dem Hinterhals, der einen Halsring bildet, sowohl bei den immaturen als auch bei den Altvögeln; wenn nicht vorhanden, dann Kopf weiß. 1. Winter: Flügeldecken und Schulterfedern erinnern an Steppenmöwe (*Larus cachinnans*), aber Schwanz wie Heringsmöwe und dunkle innere Handschwingen bilden kein helles Fenster.

1. Winter

adult

1. Winter

juvenil

adult, Prachtkleid

subadult

Heringsmöwe (Nominatform) *Larus fuscus fuscus*

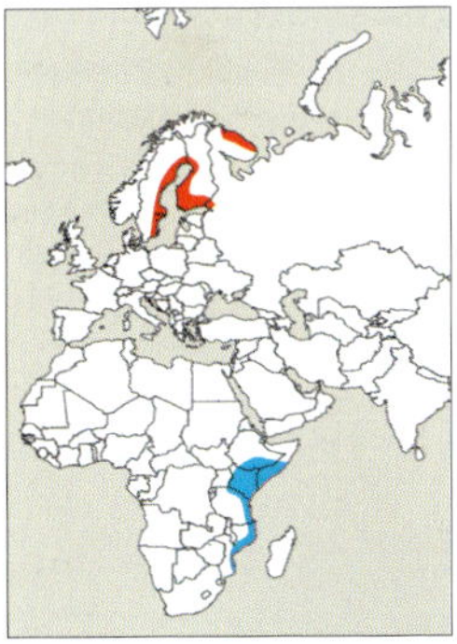

48–56 cm. Unterart der Heringsmöwe; großer Zugvogel, der im Ostseegebiet (Finnland und weiter östlich) nistet und in Ostafrika überwintert. Irrgast in Westeuropa, insbesondere im Nest beringte Vögel. Schlanke Gestalt, lange Flügel (sehr lange Handschwingenprojektion) und schmaler Schnabel. Mausert langsamer als die anderen Heringsmöwen. Altvogel mit schwarzem Mantel, einem kleinen, weißen Spiegel auf der längsten Handschwinge, weißem Kopf im Winter. 1. Sommer: schwarze Federn der 3. Generation auf Mantel, Schulterfedern, mittleren Armdecken, andere Armdecken einheitlich; Schulterfedern der 2. Generation abgetragen, hellbraun gefärbt mit unscharfem, dunklem Mittelstrich; Handschwingen neu, manchmal 1–2 juvenile äußere Handschwingen. 2. Sommer: adultes Gefieder, aber Schnabel mit schwarzer Binde; häufig 2 alte, braun gefärbte äußere Handschwingen und 2 nicht gemauserte äußere Steuerfedern mit schwarzer Spitze.

2. Winter

adult

2. Winter

2. Winter

juvenil

Mittelmeermöwe (sp. *atlantis*) *Larus michahellis* sp. *atlantis*

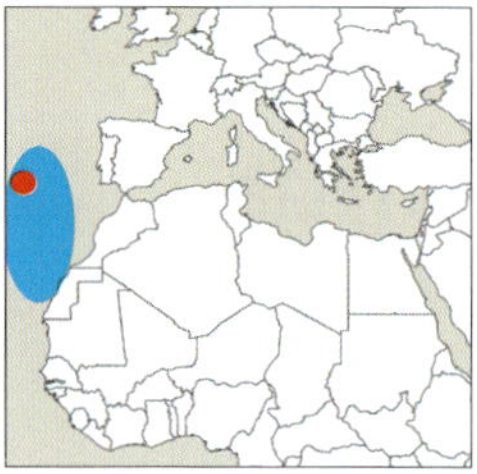

52–58 cm. Unterart der Mittelmeermöwe; Altvogel mit etwas dunklerem Mantel als Unterart *michahellis;* etwas Schwarz auf sechs äußeren Handschwingen; im Winter dicht grau gestrichelte Kapuze (manchmal weniger ausgeprägt). 1. Winter: Ober- und Unterflügeldecken (fast) einheitlich dunkelbraun, Schirmfedern mit abgetragenem, hellem Rand, Rumpf und Maske auf dem Kopf schokoladenbraun; breite, schwarze Binde auf dem Schwanz mit weißer Basis, dunkelbraune Fußwurzeln und völlig schwarzer Schnabel; gemauserte Schulterfedern mit dunkler, rauchfarbener Färbung; Bürzel stellt die hellste Partie des Vogels dar. 2. Winter: oberseits und auf den Flügeln weitgehend grau, große Armdecken einheitlich braun; breite, schwarze Binde auf dem Schwanz, Schnabel noch fast völlig schwarz, Vorderseite der Fußwurzeln braun geschuppt.

adult, Winter

adult, Winter

1. Winter

1. Winter

2. Winter

Kumlienmöwe *Larus glaucoides kumlieni*

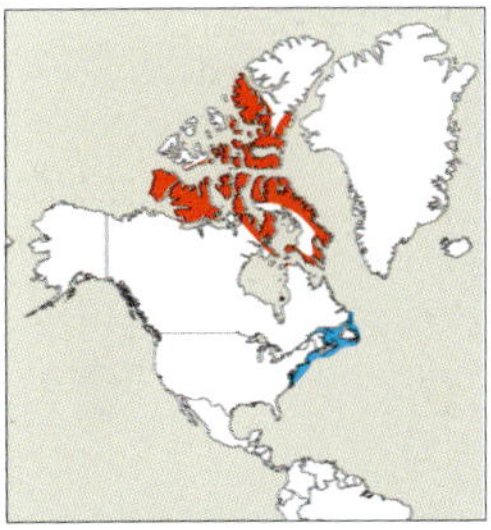

56 cm. Seltener Irrgast; nistet in der zentralen kanadischen Arktis, überwintert an der Nordostküste Nordamerikas; wird immer häufiger in Europa in Trupps von Polarmöwen beobachtet. Aussehen wie letztere, aber dunkle, unscharfe, mehr oder weniger markante Abzeichen an der Spitze der Handschwingen, wodurch diese dunkler als die Basis wirkt; zunehmend dunklere Färbung in Richtung der Flügelspitze. Im 1. und 2. Winter: dunkle, mehr oder weniger einheitliche Binde auf dem Schwanz. Schnabel oft kräftiger, im 1. Winter völlig dunkel, und Iris beim Altvogel dunkler (aber auch häufig Individuen mit heller Iris). Altvogel mit mehr oder weniger Dunkelgrau an der Spitze einiger äußerer Handschwingen, manchmal nur der Anschein einer grauen Zeichnung, die etwas dunkler als der Mantel ist, oder sogar nur auf der äußeren Handschwinge. Nicht zu verwechseln mit stark gezeichneten, jungen Polarmöwen: im 1. Winter schwarze V-Muster vor dem Ende jeder Handschwinge, Steuer- und Schirmfedern gebändert, aber ohne einheitliches Band, und Schnabel dunkel wie *kumlieni*.

Kanadamöwe *Larus smithsonianus*

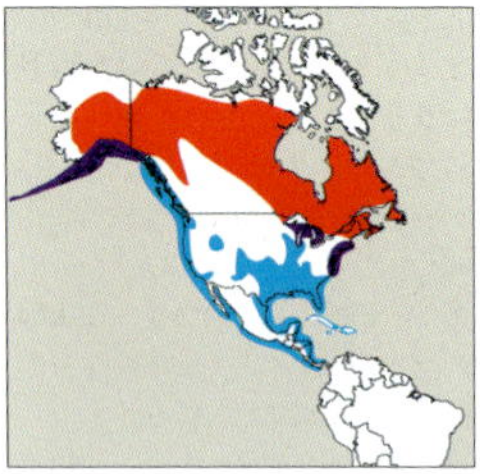

52–58 cm. Sehr seltener, nearktischer Irrgast, vorwiegend zum Überwintern. Stellvertreter der Silbermöwe in Nordamerika; sehr ähnlich, massiver. 1. Winter: sehr dunkel, mit hellerem Kopf, Steuerfedern völlig schwarz, Bürzel stark gebändert, Unterschwanzdecken dicht gebändert, Schirmfedern mit kleinen, cremefarbenen Zacken, im Winter häufig abgetragen. Juvenile Schulterfedern auch im Winter, einige davor gemausert, mit grauer Färbung und schwarzen Rhomben an der Basis. Innere Handschwingen ziemlich dunkel; große Armdecken mit einheitlicher Basis, wodurch ein Flügelband entsteht; Flügelunterseite sehr dunkel; Rumpf häufig einheitlich dunkelbraun mit heller «Halskrause». 2. Winter: Iris hell, Kopf und Brust sehr dunkel, Schwanz völlig schwarz, Unterschwanzdecken stark gebändert oder mit breiten, schwarzen «Spitzklammern» mit schwachem, hellem Rand; Mantel mit aschgrauen Federn mit undeutlichen schwarzen Federschäften. Altvogel: besonderes, schwarzes Handschwingenmuster: wenig Schwarz auf Innenfahne, etwas Schwarz erstreckt sich entlang der Federschäfte und formt somit ein W; zwischen dem Schwarz und dem Grau der mittleren Handschwingen häufig ein weißer Halbmond; Handschwingen manchmal tiefschwarz, ohne ausgedehnte, graue «Zunge» auf der Innenfahne der äußeren Handschwinge. Im Winter: breiter, dicht gestrichelter Latz vom Kopf bis zur Brust.

adult, Winter

adult, Winter

1. Winter

1. Winter

2. Winter

3. Winter

1. Winter

Ostsibirienmöwe *Larus (smithsonianus) vegae*

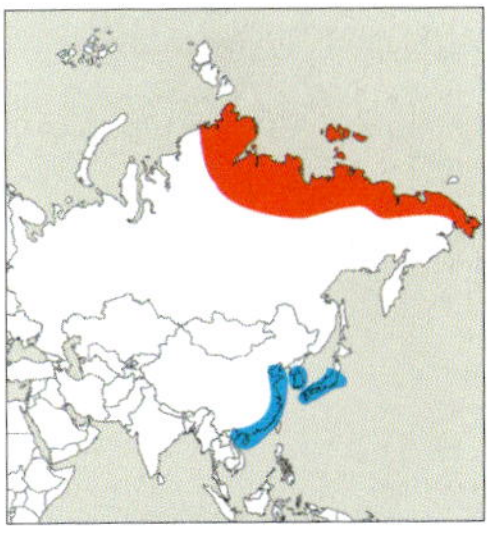

52–58 cm. «Silbermöwe», die in Ostsibirien, östlich der Tundramöwe *(heuglini)*, bis zur Beringstraße nistet. Genetisch der Kanadamöwe nahestehend, manchmal als zu dieser Art zugehörig betrachtet. Eine Beobachtung eines Altvogels in Irland im Januar 2016. Altvogel im Winter: Mantel dunkelgrau wie Unterart *argentatus* der Silbermöwe, Beine rosa-hautfarben bis dunkelrosa, Schnabel mit grünlicher Basis; pigmentierte Iris wirkt oft dunkel. Kopf vollständig fein gestrichelt, Brust und Hals stark gezeichnet mit großen, unscharfen, rauchfarbenen Flecken; Flügelmuster: weiße Spitze oder breiter, weißer Spiegel auf P10 (P steht für Primaries = Handschwingen, diese werden von außen nach innen gezählt), Spiegel auf P9, Schwarz in L-Form auf P8 bis P6 erstreckt sich bis auf Außenfahne und wird durch einen weißen Halbmond auf der Innenfahne vom Grau abgegrenzt; schwarzes Band auf P5 meistens durchgehend, Schwarz auf P5 und P6 zeigt oft eine leichte W-Form und erstreckt sich bis zur Spitze des Federschaftes; erinnert an Kanadamöwe *(Larus smithsonianus)* (manchmal schwarze Färbung bis auf P4). Beendet die Mauser der Handschwingen im Winter. Gesamteindruck wie große Thayermöwe, nur massiver. 1. Winter: Gefieder sehr hell, Flügeldecken stark gebändert, große Armdecken weiß mit braun gepunkteten Linien, Schirmfedern mit weißem Rand, ohne Zacken; gemauserte Schulterfedern sehr einheitlich; sehr breite, schwarze Schwanzbinde, Bürzel und Unterschwanzdecken extrem weiß mit wenigen, schmalen Bändern; großes, helles Fenster auf inneren Handschwingen; Schnabel rosafarben mit schwarzer Spitze und schwarzen Kanten; Vorderseite der Fußwurzeln braun geschuppt.

Thayermöwe *Larus (glaucoides) thayeri*

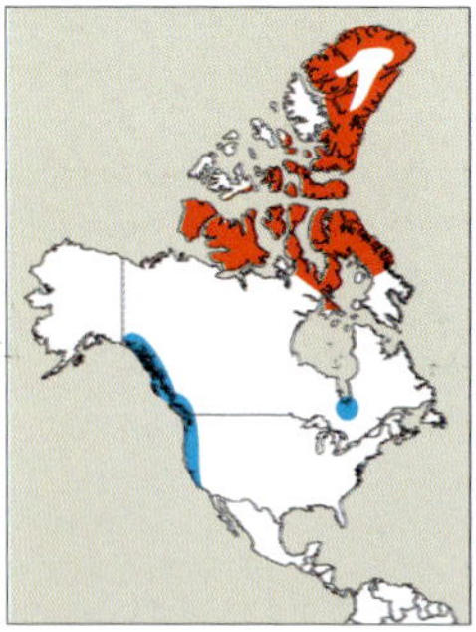

58 cm. Sehr seltener, nearktischer Irrgast; nistet im Westen der kanadischen Arktis, überwintert in Kalifornien. Einige Erwähnungen im Winter in Europa (Island, Großbritannien, Dänemark, Spanien, Irland). Ähnlich Kumlienmöwe, aber Altvogel mit schwarzem Muster auf den Handschwingen (schmal), das durch etwas Weiß vom Grau abgegrenzt und auf den Innenfahnen wenig gezeichnet ist; Iris dunkel und Beine leuchtend rosa. Gestalt etwas massiver, Schnabel ziemlich schmal und lang, beim Altvogel im Winter typischerweise mit grünlicher Basis und gelber Spitze. 1. Winter: Schnabel völlig schwarz, Rumpf einheitlich braun; kleine, helle «Halskrause»; dunkle, ungebänderte juvenile Schulterfedern bleiben fast den ganzen Winter erhalten; Schirmfedern ungebändert und mit kleinen, cremefarbenen Zacken; sehr breite, dunkle Schwanzbinde, Schwanzecken gebändert; dunkle, hellrandige Handschwingen charakteristisch. 2. Winter: Handschwingen braun bis schwärzlich, schmale Gestalt und dunkle Iris. 3. Winter: Handschwingen stärker schwärzlich gefärbt als Altvogel, Schnabel mit schwarzer Subterminalbinde, dunkle Iris.

Dominikanermöwe (sp. *vetula*) *Larus dominicanus* sp. *vetula*

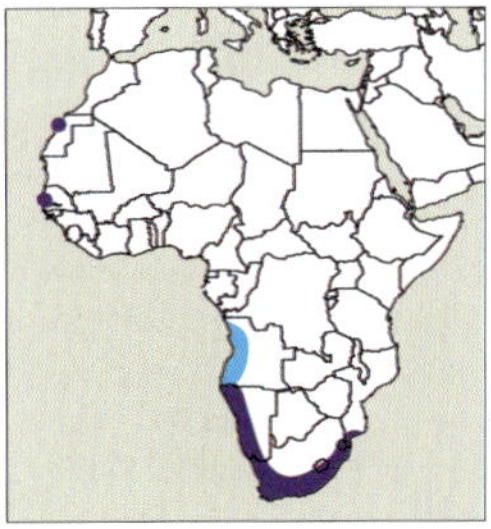

55–65 cm. Sehr seltener, afrikanischer Irrgast; nistet in Südafrika, Namibia; kleine Population in Senegal; sporadischer Nestbau in Marokko (Westsahara); Irrgast auf den Kanaren, in Portugal, Frankreich; immer häufigere Beobachtungen. Altvogel: Mantel schwarz und Kopf immer fleckenlos; erinnert mit sehr dickem Schnabel am Ende an Mantelmöwe, aber Beine hellgelb (grau-grün im Winter); Armschwingen mit sehr breitem, weißem Hinterrand (manchmal auf geschlossenem Flügel sichtbar); kleiner, weißer Spiegel nur auf der äußeren Handschwinge und kein Weiß zwischen der Basis der Schwungfeder und der schwarzen Spitze auf den mittleren Handschwingen. Iris dunkel. Nicht zu verwechseln mit Mantelmöwe mit gelblichen Beinen, die besonders anhand der völlig weißen Spitze der äußeren Handschwinge bestimmbar ist. 1. Winter: massive Gestalt, Schwanz völlig schwarz; dunkelbraune große Armdecken formen ein Flügelband auf dem offenen Flügel; innere Handschwingen dunkel, folglich kein helles Fenster. Rosabraune Beine mit schwarzen Schuppen auf der Vorderseite der Fußwurzeln; Schnabel dick und völlig schwarz.

Beringmöwe *Larus glaucescens*

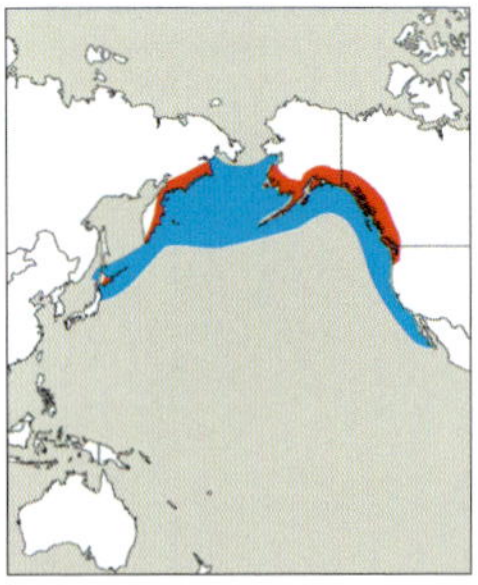

50–68 cm. Ursprünglich vom Nordpazifik; einige seltene Erwähnungen in Europa (Großbritannien, Dänemark, Irland, Island). Untersetzte, massive Möwe mit kräftiger Brust, großem, ovalem Kopf, kurzen und breiten Flügeln. Das kleine, schwarze Auge scheint oft sehr weit oben zu liegen. Altvogel: Beine dunkelrosa, Mantel mit heller, bleigrauer Färbung, Handschwingen mit dunkel- bis anthrazitgrauem Muster wie das Scheinmuster einer Silbermöwe; im Winter: unscharfe, dunkle, rauchfarbene Flecke von der Brust bis zum Kopf. Jungvogel: sehr einheitliches Gefieder, Rumpf fast gleichförmig rußschwarz-braun, Handschwingen dunkelbraun mit unscharfem, cremefarbenem Saum, Schwanz einheitlich braun, Schnabel vollständig dunkel, Beine rosabraun. Immature Kleider folgen einer für große Möwen typischen Abfolge. Nicht zu verwechseln mit möglichen Hybriden, die an der amerikanischen Pazifikküste verbreitet sind und deren Handschwingen ein dunkleres Muster aufweisen.

Antillen-Zwergseeschwalbe *Sternula antillarum*

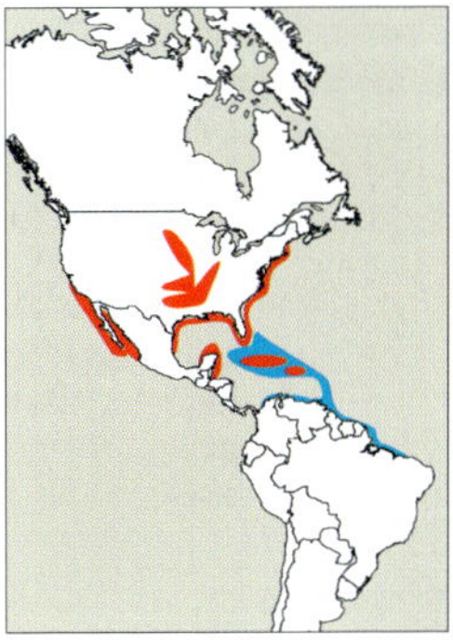

23 cm. Kleine, nearktische Seeschwalbe; Stellvertreter der Zwergseeschwalbe in Nordamerika. Ein Altvogel hat im Mai–Juni 1990 eine Kolonie in England häufig besucht. Wie Zwergseeschwalbe, aber oberseits einheitlich grau, einschließlich Schwanz und Bürzel; im Prachtkleid: gelber Schnabel mit reduzierter oder fehlender schwarzer Spitze. Jungvogel oberseits mit geringer schwarzer Zeichnung, aber variabel. Ruf unterschiedlich; schriller, etwas tiefer und nasal.

Aleutenseeschwalbe *Onychoprion aleuticus*

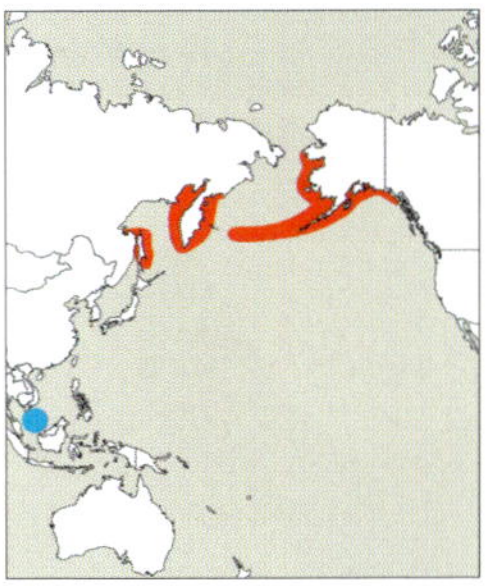

33 cm. Nistet an der Beringsee (Pazifischer Ozean); eine Beobachtung in Großbritannien im Mai 1979. Kopf wie Zügelseeschwalbe, Stirn weiß, das Weiß dehnt sich unter der schwarzen Kappe bis zum Auge aus. Kleiner, schwarzer Schnabel; kurze, schwarze Beine; lange, weiße Schmuckfedern am Schwanz. Untere Partien grau, aber Kehle weiß. Oberseits bleigrau, Schirmfedern sehr schmal weiß gesäumt, Bürzel und Schwanz weiß; helle innere Handschwingen bilden ein durchscheinendes Fenster auf der Flügeloberseite. Schwanz in Ruhestellung genauso lang wie Flügel. Im Flug: dunkler Hinterrand unter dem Flügel, welcher durch die Armschwingen entsteht, die dunkler als die Unterflügeldecken sind.

Rußseeschwalbe *Onychoprion fuscatus*

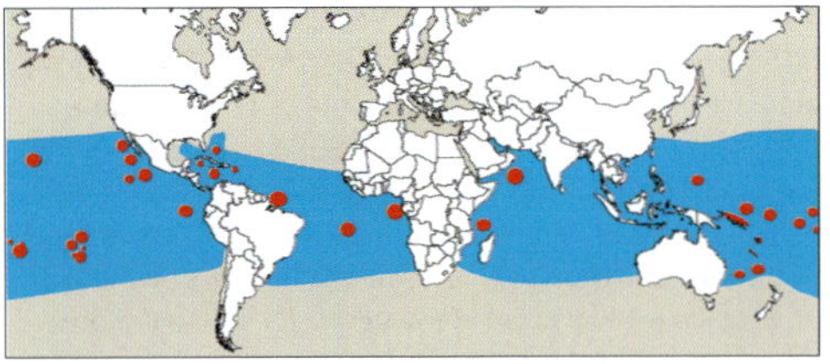

44 cm. Seeschwalbe tropischer Herkunft; 1 oder 2 Paare nisten auf den Azoren; sehr selten an der Atlantikküste zu beobachten, vorwiegend im Sommer innerhalb von Kolonien von Brandseeschwalben. Große, dunkle Seeschwalbe, schlank; Schwanz in Ruhestellung genauso lang wie Flügel. Altvogel: oberseits vom Scheitel bis zum Schwanz einheitlich schwarz, aber weiße Ränder am Schwanz; unterseits weiß, Unterseite der Schwungfedern schwärzlich, einschließlich der Basis der Handschwingen (heller als bei Zügelseeschwalbe); Stirn weiß, das Weiß endet im offenen Winkel vor dem Auge, ohne einen wirklichen Überaugenstreif zu bilden. Jungvogel: Gefieder vollständig schwärzlich braun, oberseits kaum weiß geschuppt (Mantel und Flügeldecken), Bauch bis unter den Schwanz weiß, Unterflügeldecken weiß, Schwanz gekerbt; Oberseite völlig schwarz, einschließlich Kopf; könnte an einen Noddi erinnern.

Zügelseeschwalbe *Onychoprion anaethetus*

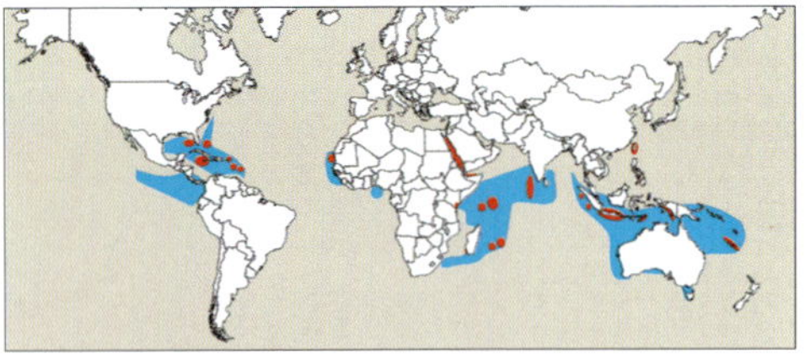

40 cm. Tropische Herkunft; nistet in Mauretanien und am Roten Meer; seltener Irrgast im Sommer. Sehr ähnlich Rußseeschwalbe, aber dunkelgrau-braune Oberseite (einschließlich Bürzel und Schwanz) kontrastiert mit den schwärzlichen Schwungfedern. Unterseits wie Rußseeschwalbe, aber helle Basis der Handschwingen formt eine Spitze unter dem Flügel. Scheitel schwarz; weißer Stirnfleck schmal und sich dünn bis hinter das Auge ziehend. Jungvogel: Flügeldecken und Mantel mit Schuppenmuster (hellbraune Federn, schwarze Subterminalbinde und beigefarbener Endsaum); weißliche Stirn wird auf dem Scheitel stufenweise schwärzlich; Schnabel völlig schwarz. Altvogel im Winter: ähnlich Jungvogel, aber oberseits einheitlich hellbraun, ohne Schuppenmuster und Stirn bis zur Mitte des Scheitels heller.

Trauerseeschwalbe (sp. *surinamensis*) *Chlidonias niger* sp. *surinamensis*

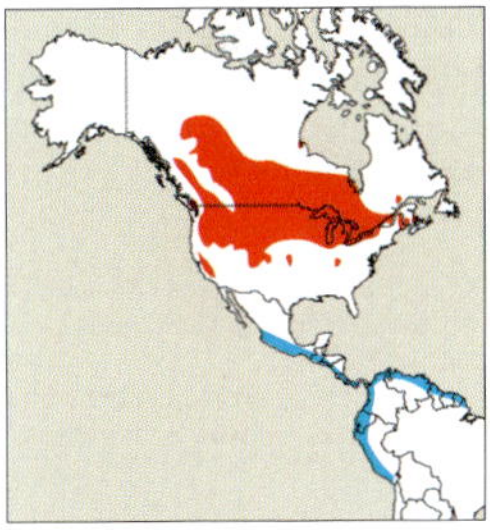

23 cm. Nearktische Unterart der Trauerseeschwalbe; sehr seltener Irrgast im Herbst in Großbritannien, auf den Azoren. Im Herbst: identisch mit Trauerseeschwalbe, mit rundem, schwarzem, aber ausgedehnterem Fleck auf jeder Schulter; Flanken von den schwarzen Flecken an und entlang der Flügel weitgehend verwaschen grau. Großer, gut abgegrenzter, schwarzer, runder Fleck auf jeder Wange, an den sich auf dem Scheitel ein grauer oder schwarzer, Streif anschließt, als ob der Vogel einen Kopfhörer trüge; bei der europäischen Unterart *(niger)* ist der Scheitel schwarz und die Flecke auf Höhe der Ohren sind nicht isoliert. Unterflügeldecken grau, Bürzel mit gleicher Graufärbung wie Rücken und Steuerfedern, ohne starken Kontrast (bei *niger* Bürzel heller als Rücken).

Amerikanische Brandseeschwalbe *Sterna acuflavida*

40 cm. Nearktische Brandseeschwalbe; Irrgast an der europäischen Atlantikküste. Sehr ähnlich Brandseeschwalbe, aber feine Unterschiede: Schnabel kräftiger und dicker, besonders an der Basis; neue Schwungfedern mit weißem, schmalerem Innenrand (abgetragene Schwungfedern völlig schwarz, bei beiden Arten identisch). Jungvögel weniger schwarz gezeichnet als die jungen europäischen Brandseeschwalben, manchmal sehr hell, mit einheitlich schwarzen Schirmfedern mit breiter, weißer Spitze, aber starke Überlappung mit europäischer Brandseeschwalbe. Die Bestimmung dieser Seeschwalbe in Europa bleibt schwierig.

juvenil

1. Winter

Winter

juvenil

adult, Prachtkleid

Brandseeschwalbe, Altvogel, Prachtkleid

Königsseeschwalbe *Sterna maxima*

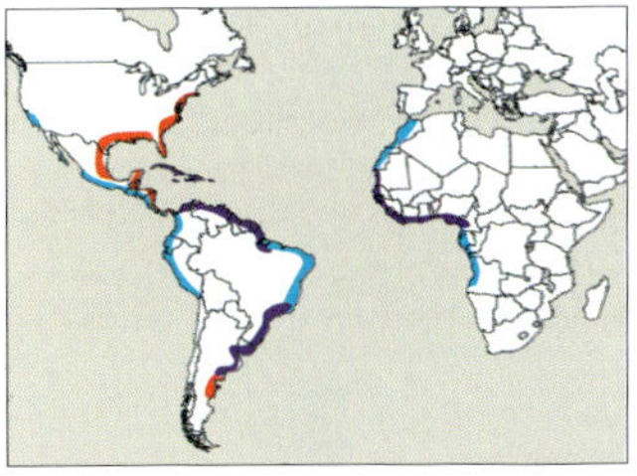

46 cm. Sehr seltener Irrgast im Frühling und im Sommer; nistet vorwiegend vor der Küste Mauretaniens und auf den Antillen. Größer als Brandseeschwalbe, aber kleiner als Raubseeschwalbe; erinnert eher an eine große Brandseeschwalbe als an eine kleine Raubseeschwalbe. Großer, dicker Schnabel, einheitlich orange gefärbt (manchmal rötlich oder mit hellerer Spitze). Mantel hellgrau wie Brandseeschwalbe, Bürzel und Schwanz weiß. Unterseite der Handschwingen weiß mit schwarzer Spitze, wodurch ein schmaler Hinterrand entsteht, der sich eindeutig von dem schwarzen Dreieck der Flügelspitze der Raubseeschwalbe unterscheidet. Im Prachtkleid: lange, schwarze Haube; Stirn wird im Sommer schnell völlig weiß. Schnabel durchschnittlich dicker und röter als bei der nearktischen Unterart *maxima;* bei der afrikanischen Unterart *albididorsalis* länger und weniger dick an der Basis.

Rüppellseeschwalbe *Sterna bengalensis*

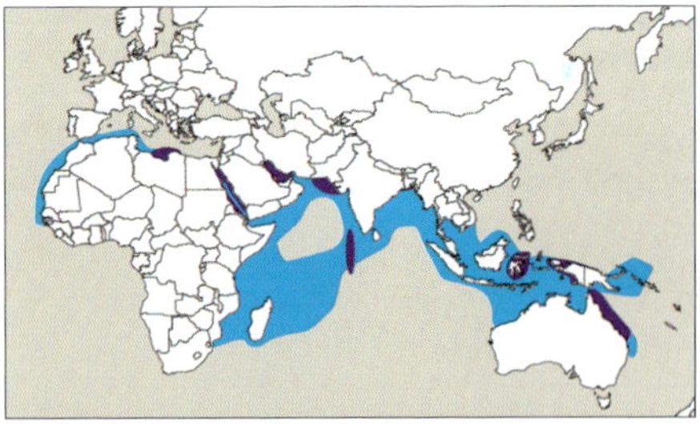

37 cm. Brutvogel an den afrikanischen Atlantik- und Mittelmeerküsten. Selten, aber jährlich in Europa. Größe und Figur ähnlich Brandseeschwalbe, aber Mantel dunkler grau, Bürzel und Schwanz mit der gleichen grauen Färbung oder nur wenig heller als der Mantel. Schnabel kaum dicker und kürzer, einheitlich hellorangefarbene Tönung. Schwarzer Scheitel geht wie bei Brandseeschwalbe in einen schwarzen Schopf über. 1. Sommer: schwarze Schirmfedern mit breitem, undeutlichem, weißem Rand, Armschwingen dunkel, Schwanz mit schwarzen Ecken, Schulterfedern mit unscharfen, dunklen Zentren (schwarzes Abzeichen in V-Form bei den jungen Brandseeschwalben). Hybridisiert manchmal mit der Brandseeschwalbe; junge Hybriden mit intermediärem Gefieder und gelb-schwarzem Schnabel.

adult, Winter

adult, Prachtkleid

adult, Winter

1. Winter

Schmuckseeschwalbe *Sterna elegans*

40 cm. Sehr seltener Irrgast; ursprünglich an der Pazifikküste Amerikas (Kalifornien) beheimatet. Altvogel wie Rüppellseeschwalbe, aber oberseits heller grau (gleicher Farbton wie bei Brandseeschwalbe), Bürzel und Schwanz weiß, Schnabel sehr lang und schmal, ohne markanten Kieferwinkel, abwärtsgebogen; Schnabel an der Basis meistens rotorange bis rötlich, Orange am Ende heller; wenige Individuen mit gleichmäßiger, orangefarbener Tönung des Schnabels. Im Prachtkleid: sehr lange Haube aus spitzen, schwarzen Federn, die bis in den Nacken reicht, länger als bei Rüppellseeschwalbe. Hybridisiert mit der Brandseeschwalbe, aber die Altvögel mit orangefarbenem Schnabel scheinen alle ungemischt zu sein.

Forsterseeschwalbe *Sterna forsteri*

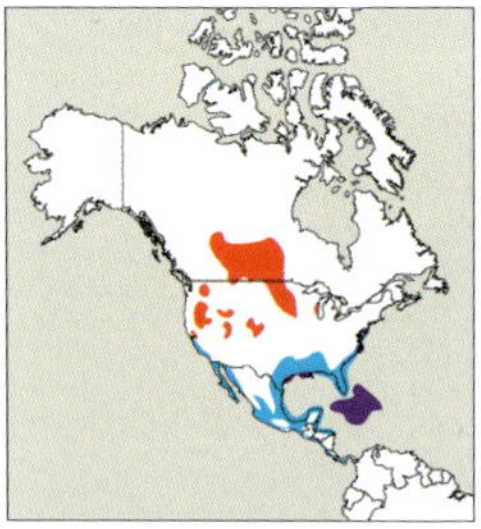

35 cm. Wintergast aus Nordamerika; jährlich in Europa. Erinnert stark an Flussseeschwalbe, aber Gestalt etwas anders: großer Kopf und Schnabel mit dickerer Basis, ein charakteristisches Kopfmuster und leuchtend rote Beine. Im Winter: Schnabel völlig schwarz; schwarze Maske über Augenregion und Ohrdecken; Flügeloberseite sehr hell, wobei die Handschwingen besonders hell sind, vor allem die inneren Handschwingen, welche fast weiß sind. Keine dunklen Armdecken auf dem Flügel bei den Jungvögeln im 1. Winter. Im Sommer: orangefarbener Schnabel mit schwarzer Färbung der distalen Hälfte; schwarzer Scheitel reicht bis unter das Auge; äußere Handschwingen mit dunklen Spitzen, innere Handschwingen sehr hell weißlich grau.

Weißwangen-Seeschwalbe *Sterna repressa*

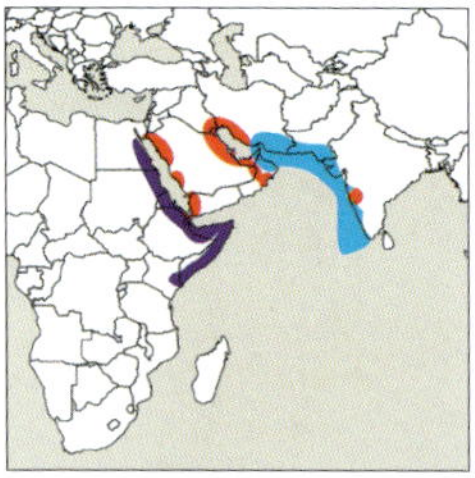

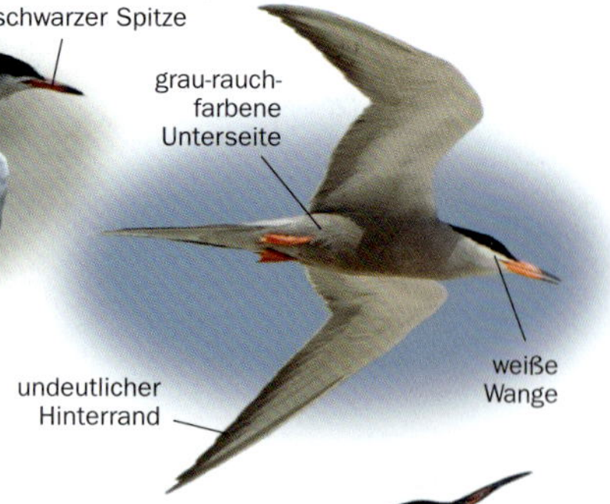

33 cm. Mittelgroße Seeschwalbe, die vom Roten Meer bis zum Norden des Indischen Ozeans verbreitet ist. Ähnlich Flussseeschwalbe, aber Schnabel länger, Flügel schmaler und Flug eleganter. Altvogel im Prachtkleid: oberseits dunkler grau, unterseits grau, Wange weiß, dunkelroter Schnabel mit tiefschwarzer Spitze; Bürzel und Schwanz grau wie Mantel; im Flug: Oberseite der Hand heller als Arm; Schmuckfedern am Schwanz in Ruhestellung länger als Flügel. Winter: schlanker, schwarzer Schnabel, weiße Stirn und schwarzer Scheitel wie Flussseeschwalbe. 1. Sommer: wie Altvogel im Winter; schwarzer Schnabel schmaler als bei Flussseeschwalbe, oberseits dunkelgrauer, Bürzel und Steuerfedern grau. Ruf wie Flussseeschwalbe.

Noddi *Anous stolidus*

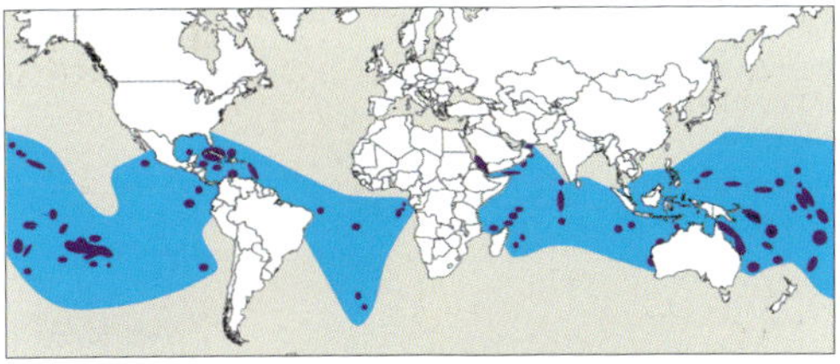

42 cm. Von den Antillen bis zum Persischen Golf; eine Erwähnung in Deutschland im Oktober 1912. Rumpf rußschwarz-braun, Flügel und Schwanz schwarz. Schwarze Zügel und schmaler, weißer Halbkreis unter dem Auge. Im Flug: sehr spitze Figur mit spitzen Flügeln und einem sehr langen, abgestuften Schwanz sowie einem langen, schwarzen Schnabel; elegante und kraftvolle Flügelschläge, wie eine große Seeschwalbe. Altvogel: weiße Stirn und heller Scheitel, der bis zum Nacken stufenweise grau wird. Jungvogel: hellbrauner Scheitel mit ganz leichter Farbabstufung; schmaler, weißer Rand oberhalb der Zügel.

Gelbschopflund *Fratercula cirrhata*

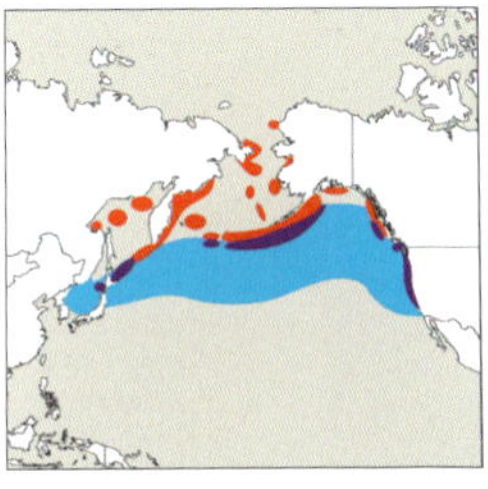

38 cm. Pazifischer Alk; zwei Erwähnungen in Europa (Großbritannien, Schweden). Großer, völlig schwarzer Papageientaucher mit weißem, dreieckigem Gesicht und großem, rotem Schnabel, langen, strohgelben Schmuckfedern am Kopf und leuchtend orangefarbenen Beinen. Im Winter: schwärzliches Gesicht und Schnabel mit weniger dicker, schwarzer Basis; weiße Iris gut sichtbar. Typischer Papageientaucher-Flug mit schnellen Flügelschlägen.

Dickschnabellumme *Uria lomvia*

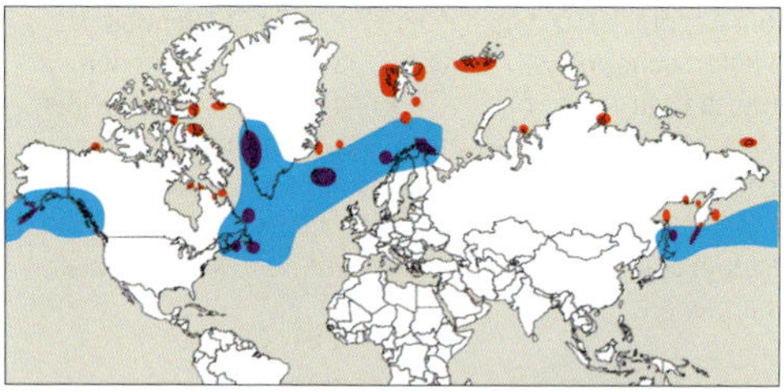

42 cm. Sehr seltener Irrgast arktischer Herkunft; nistet im Norden von Norwegen; seltener Irrgast im Winter an der Nordsee und an den Atlantikküsten. Schwer von Trottellumme (*Uria aalge*) zu unterscheiden, aber untersetztere Figur mit kürzerem und dickerem Hals; Schnabel dicker mit deutlichem weißem Strich am Schnabelwinkel, Flanken einheitlich weiß ohne Strichelung, Flügelunterseite weiß; im Flug schwer zu erkennen. Im Winter ist die ganze Wange schwärzlich, die Kehle heller, ein schwarzer Latz zwar vorhanden, jedoch weniger deutlich als im Prachtkleid.

Langschnabelalk *Brachyramphus perdix*

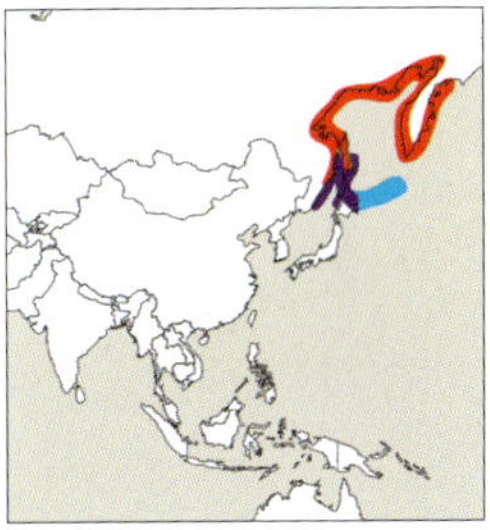

25 cm. Kleiner Alk, Figur wie Lumme; drei Beobachtungen im Winter in der Schweiz, in Rumänien, in Großbritannien. Winter: schwarz-weißes Gefieder, weißes Schulterfederband, weiße Zügel, die die schwarze Umrandung des Auges abgrenzen; schmaler, weißer Augenring, Flanken gestrichelt oder gebändert, Vorderhals weiß mit einigen vereinzelten, kurzen, schwarzen Bändern. Schnabel kürzer als bei europäischer Lumme. Federn des Mantels, Rückens und Bürzels mit sehr schmalem, hellem Rand, wodurch ein feines, nur aus der Nähe erkennbares Muster entsteht, das den Eindruck einer Bereifung vermittelt. Prachtkleid: unterseits braun marmoriert.

Silberalk *Synthliboramphus antiquus*

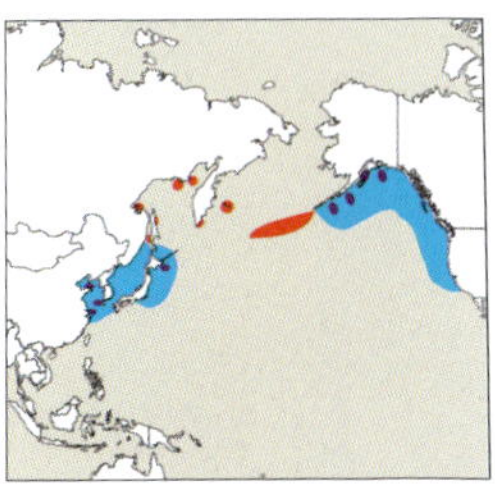

25 cm. Kleiner, pazifischer Alk; ein Individuum in Großbritannien in drei aufeinanderfolgenden Frühlingen von 1990 bis 1992 beobachtet. Rumpf oberseits dunkelgrau, unterseits weiß, Kopf schwarz; Schnabel schwarz mit rosafarbener Spitze, die klein und spitz wirkt; weißer Halsseitenfleck (wie Schwarzkehlchen). Im Winter: schwärzliche Kehle und weißer Vorderhals. Im Sommer: Reihe aus kleinen, weißen Federn (Schmuckfedern) hinter dem Auge. Im Ruhestellung, auf dem Wasser liegend, werden die sehr langen Flügel vom Schwanz etwas überragt. Im Flug: Flügelunterseite weiß, graues Band entlang der Flanken.

Schopfalk *Aethia cristatella*

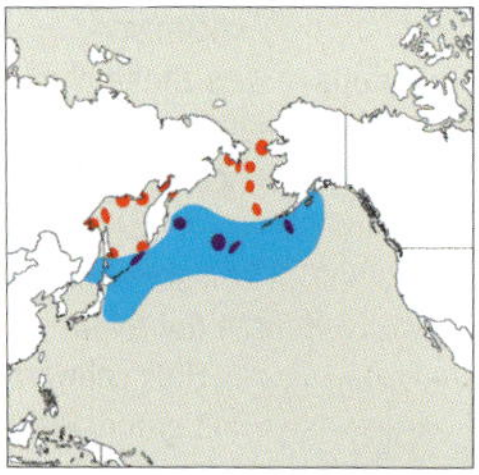

24 cm. Kleiner Alk von der Beringsee; eine Erwähnung in Island im August 1912. Klein, aber etwas größer als Krabbentaucher. Das ganze Jahr über vollständig schwärzlich grau; Schopf mit nach vorne fallenden Federn auf der Stirn; Schnabel kurz, dick und orangefarben, aufgeworfen; im Prachtkleid mit breitem, rotem Schild auf den Schnabelwinkeln. Beine grau, Iris weiß; schmaler, weißer Strich hinter dem Auge. Scheitel des Kopfes flacher als bei Rotschnabelalk. Kleinerer Schopf im Winter. Wirkt aus der Ferne völlig schwarz, sogar unter dem Schwanz und auf der Brust.

Rotschnabelalk *Cyclorrhynchus psittacula*

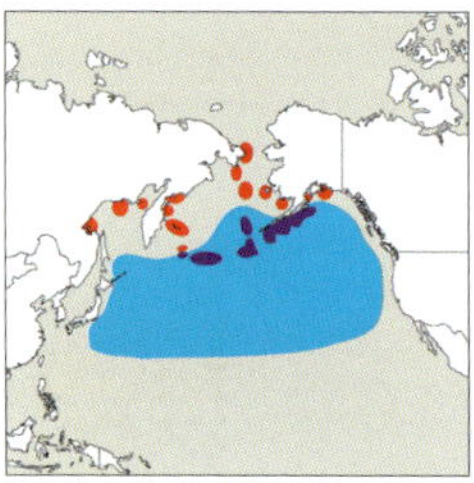

27 cm. Kleiner Alk von der Beringsee; eine Erwähnung in Schweden im Dezember 1860 nach einem schweren Sturm. Roter, kurzer Schnabel, dick und aufgeworfen; Beine grau, Iris weiß; langer, schmaler, weißer Strich hinter dem Auge. Oberseits schwärzlich grau, unterseits weiß mit dunkelgrauem Band oder dunkelgrauen Flecken entlang der Flanken. Flügel vollständig dunkel. Kopf im Sommer schwarz, Kehle und Vorderhals im Winter hell. In Ruhestellung auf dem Wasser wie ein großer Krabbentaucher völlig schwarz mit weißem Steiß (unter dem Schwanz); Kehle und Vorderhals hellgrau (im Winter).

Steppenflughuhn *Syrrhaptes paradoxus*

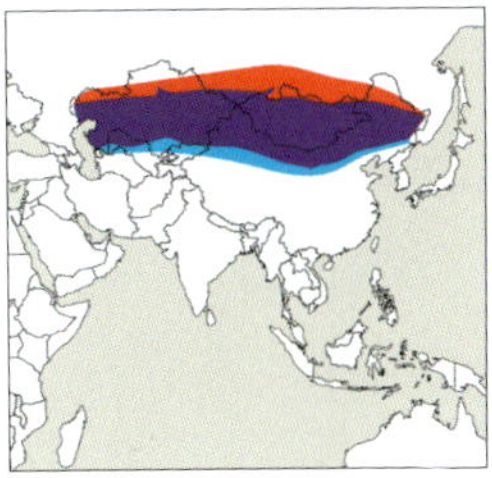

30–40 cm. Sehr seltener Irrgast aus den Steppen Zentralasiens. Aufzeichnungen vorwiegend im 19. Jahrhundert zur Zeit der Völkerwanderungen in Europa, als es zahlreiche Vögel dieser Art gab. Wie Spießflughuhn, aber längere Schmuckfedern am Schwanz; sehr lange Flügel, nadelartig verlängerte äußere Handschwingen, ausgedehnter schwarzer Fleck auf dem Bauch, schwarze Punkte auf den Achselfedern, Flügel oberseits sehr hell. Männchen: Brust und Scheitel grau, Kopf orange, Flügel einheitlich ockerfarben mit schwarzen Punkten auf Schirmfedern und inneren großen Armdecken, schwarze Bänder auf allen Oberpartien des Rumpfes. Weibchen: Flügel mit schwarz gepunkteten Linien, Hals schwarz gepunktet; erinnert an Tropfenflughuhn-Weibchen, aber Kopf orangefarben mit grauer Wange, Mantel schwarz gewellt und nicht gepunktet; schwarzes Bauchband vor den Beinen. Flugruf: ein dumpfes, wiederholtes *ku-ki-rik.*

Tropfenflughuhn/Senegal-Flughuhn *Pterocles senegallus*

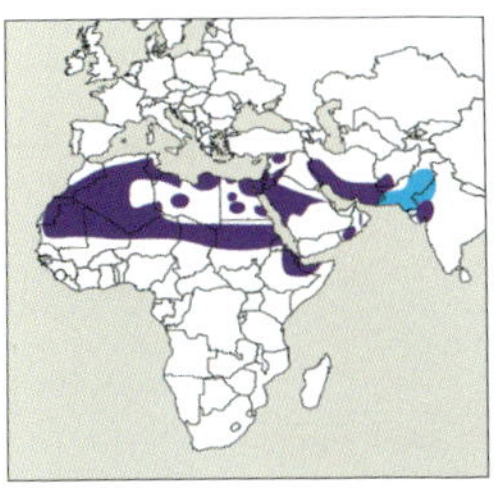

29–33 cm. Vom Rand der Sahara; eine frühere Erwähnung in Sizilien im April 1909. Kopf und Hals hellgrau mit breiter, orangefarbener Kehle; kein Brustband. Langer, spitzer Schwanz wie Spießflughuhn; Flügel mit breiten, cremefarbenen Rändern. Schwarzer Streif auf der Bauchmitte im Flug kennzeichnend; Flügelunterseite zweifarbig: Schwungfedern und große Armdecken schwärzlich, alle anderen Flügeldecken cremefarben. Männchen: Flügeldecken mit grauer Basis und ockerfarbener, gut abgegrenzter distaler Hälfte; Kehle und Scheitel orange; Überaugenstreif, Nacken und Hals grau, auf dem Bauch zu ockerfarben wechselnd. Weibchen: alle oberen Partien, Flügel und Brust ockerfarben mit schwarzen Punkten; breite, hellorangefarbene Kehle. Ruf: ein weittragendes und klangvolles *kwituu,* häufig wiederholt, besonders beim Auffliegen.

Braunbauch-Flughuhn *Pterocles exustus*

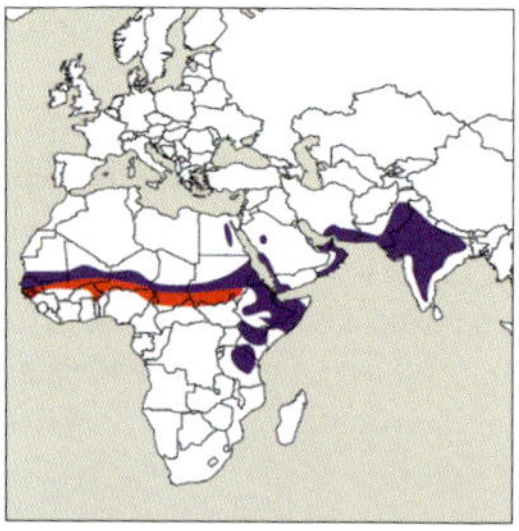

28–32 cm. Ursprünglich aus dem Mittleren Osten und der Sahelzone in Afrika; eine frühere Erwähnung in Ungarn im August 1863; kürzlich in Ägypten wiederentdeckt. Erinnert mit seinem schwärzlich braunen Bauch an Sandflughuhn, ist aber kleiner und schlanker, mit langen Schmuckfedern am Schwanz und einer völlig schwarzen Flügelunterseite. Weiße Spitzen an den inneren Handschwingen und Armschwingen sind im Flug charakteristisch. Männchen: Kopf orange, Flügeldecken ockerfarben mit schmaler, schwarzer Endbinde, die Kreisbögen bildet; Schulterfedern gleich gefärbt, aber mit undeutlicher grauer Basis, wodurch ein geschupptes Muster entsteht. Weibchen: Flügeldecken mit fein schwarz gebänderter Basis und einheitlich ockerfarbener distaler Hälfte; Gesicht und Kehle hellorange; Scheitel, Nacken und Hals gestrichelt. Ruf: *witt-kar-a*.

Palmtaube *Streptopelia senegalensis*

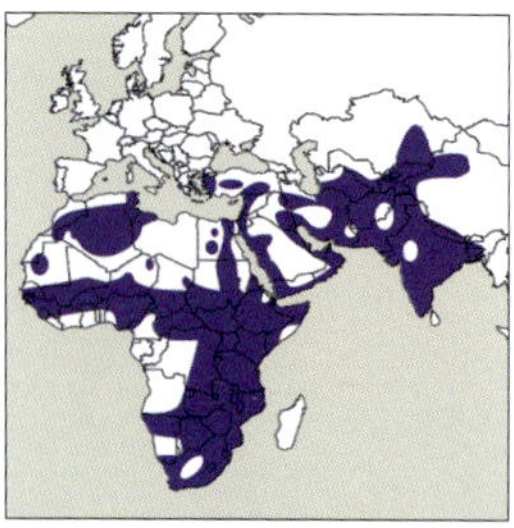

25 cm. Klein, schlank; Schwanz länger und Flügel kürzer als bei Turteltaube; kleiner, sehr schmaler Schnabel an einem kleinen, runden Kopf mit schwarzem Auge; Band aus schwarzen Strichen am Vorderhals kennzeichnend. Rücken einheitlich und innere Flügeldecken einheitlich rötlich, äußere Flügeldecken einheitlich aschgrau. Im Flug: sehr dunkle Flügelunterseite. Manchmal dunklere Individuen. Gesang: schnelle, leicht ansteigende Reihe von 6 bis 8 *pu pu pu pu pu* ... Einige Erwähnungen im Frühling an der Mittelmeerküste könnten sich auf frei lebende Vögel aus dem Maghreb beziehen, wo der Bestand dieser Art zunimmt.

Orientturteltaube *Streptopelia orientalis*

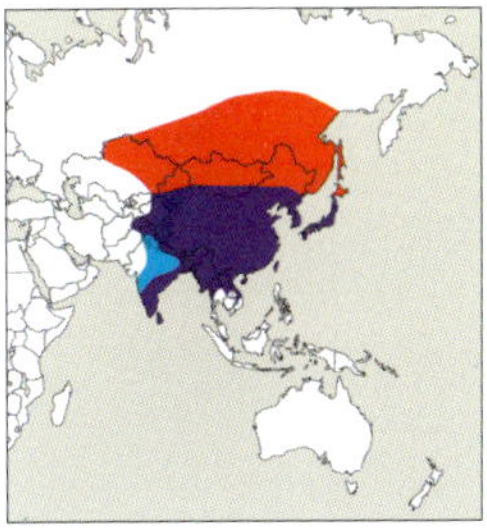

32 cm. Asiatischer Irrgast im Herbst, im Winter in Gesellschaft von Türkentauben. Wie Turteltaube, aber massiver und untersetzter; dicker Hals und großer Kopf, Körper untersetzt, an Ringeltaube erinnernd. Häufig keine sichtbare Haut zwischen dem Auge und dem dicken Schnabel. Adulte Flügeldecken mit unscharfem, dunkelrotem Saum, äußere Flügeldecken aschgrau mit dunklen Zentren; am Hals gitterartiges Muster aus 4–5 schwarzen Bändern (bei Turteltaube 3–4) auf grauem Untergrund; Schwanzecken bei Unterart *orientalis* (Sibirien und Ostasien) grau, mit dem dunkelgrauen Bauch dunkler wirkend, bei Unterart *meena* (Zentralasien) weiß mit weißem Bauch. Bei *orientalis* deutlicheres Schuppenmuster in einem dunkleren Rot. Bürzel dunkelgrau, Nacken braun und nicht grau.

Kaptäubchen *Oena capensis*

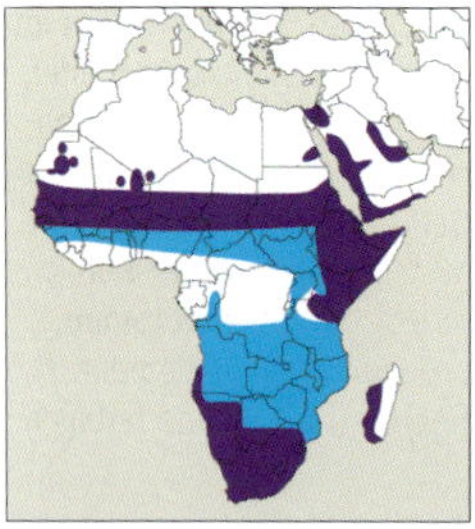

23 cm. Sehr kleine, afrikanische und arabische Taube; eine Beobachtung auf Zypern im März 2016. Kaum größer als ein Sperling, mit sehr langem Schwanz. Sandgraues Gefieder; Rücken mit zwei schwarzen Bändern, die ein weißes umschließen. Männchen: Gesicht, Kehle und Brust schwarz, Schnabel orange mit roter oder violetter Basis. Weibchen: Gesicht hell und Zügel schwarz, Schnabel schwarz mit gelblicher Spitze. Jungvogel: Flügeldecken und Schulterfedern mit deutlichem Schuppenmuster, Schnabel schwarz. Zwei kurze, dicke, schwarze Bänder auf dem Flügel. Schwungfedern im Flug mit rotbrauner Basis, große Oberflügeldecken heller, Handdecken rotbraun, mittlere Unterflügeldecken schwarz. Hält sich oft am Boden auf.

Carolinataube *Zenaida macroura*

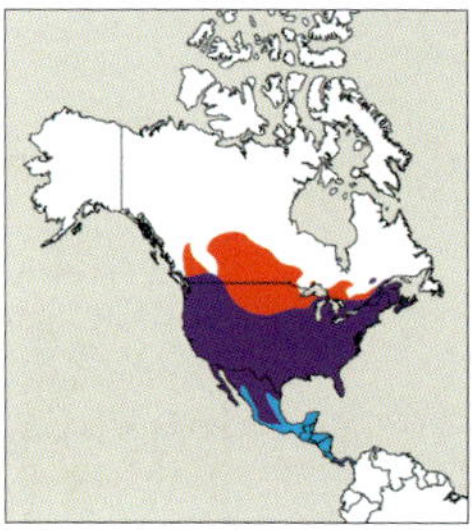

30 cm. Nearktischer Zugvogel, sehr seltener Irrgast im Herbst; auf den Azoren, in Dänemark, Schottland, Island und Spanien beobachtet. Schlank, mit langem, spitzem, abgestuftem Schwanz; Gefieder ziemlich einheitlich rötlich braun, schwarze Flecke auf dem Flügel, blauer Lidring und sehr schlanker Schnabel. Äußere Steuerfedern mit breiter, weißer Spitze, der ein schwarzes Band vorausgeht. Schwarzer Fleck im unteren Wangenbereich; manchmal oberer Mantelbereich und Armdecken grauer gefärbt. Ernährt sich vorwiegend am Boden, lässt sich gern nieder.

Goldkuckuck *Chrysococcyx caprius*

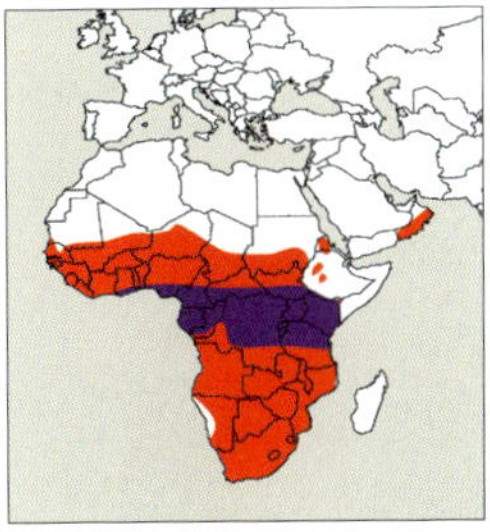

19 cm. Ganz kleiner, asiatischer und afrikanischer Kuckuck; eine Erwähnung auf Zypern im April 1982. Gefieder metallisch grün und weiß. Kurzer Schwanz, Schnabel rot; sehr breiter, deutlicher Überaugenstreif; sehr regelmäßige, breite, schwarze und weiße Bänder auf den Flanken und Unterschwanzdecken; weißes Band auf der Flügeloberseite, Schwung- und Steuerfedern schwarz-weiß gebändert. Männchen: oberseits metallisch grün, Schnabel rot; sehr breiter, weißer Überaugenstreif, weißer Punkt vor dem Auge; kurzer, schwarzer Wangenstrich; rote Iris. Weibchen: rotbraune Bänder auf den Steuerfedern, Nacken rotbraun, Unterseite verwaschen gelblich; Gefieder weniger leuchtend und kontrastreich als beim Männchen. Jungvogel: Schwanz, Flügel und Scheitel rot gebändert, Iris grau, ohne farbigen Augenring, Schnabel rötlich.

Hopfkuckuck *Cuculus saturatus*

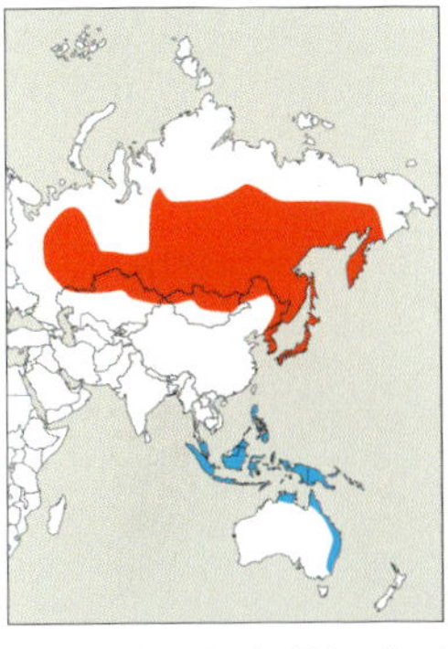

32 cm. Nistet in der Taiga des Ural und weiter östlich; weiter westlich möglicher Irrgast, aber sehr schwer vom Kuckuck zu unterscheiden. Männchen: weiter auseinanderliegende Bänder (folglich weniger Bänder) auf der Brust, gelbliche Unterschwanzdecken mit breiteren, schwarzen Bändern (aber einige kuckucksähnlich), einheitlich weiße Handdecken unter dem Flügel (nicht gebändert). Weibchen: rotbraune Morphe mit breiteren und dichteren, schwarzen Bändern unterseits, besonders auf dem Schwanz und den Schirmfedern; letztere können schwarz gefärbt sein mit schmalen, rotbraunen Bändern; Bürzel gleichermaßen stark schwarz gebändert (in der Regel mehr Schwarz als Rot; beim Kuckuck umgekehrt). Gesang: kennzeichnende Reihe von *pu*-Lauten des gleichen Tons, an Wiedehopf erinnernd. Meldungen möglicher Hybriden in Finnland, mit Gesang wie Hopfkuckuck, aber intermediären Gefiedermerkmalen oder Gefieder wie Kuckuck (besonders die gebänderten Handdecken).

Schwarzschnabelkuckuck *Coccyzus erythrophthalmus*

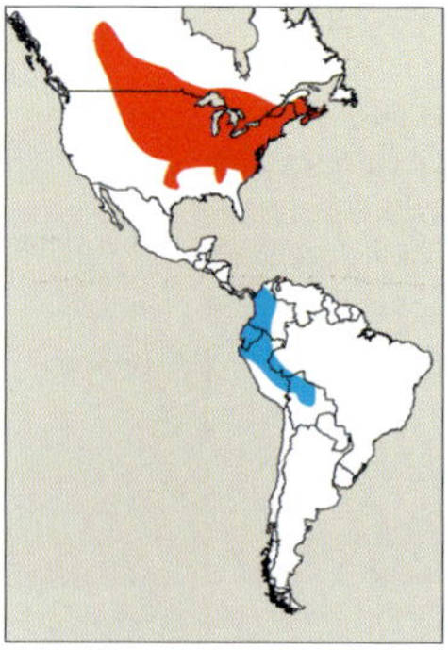

30 cm. Nearktischer Zugvogel; Irrgast im Herbst; sehr ähnlich Gelbschnabelkuckuck. Klein, schlank; langer, abwärtsgebogener Schnabel mit grauem Unterschnabel; roter Lidring (Altvogel) oder gelber Lidring (Jungvogel). Unterseite der Steuerfedern grau mit kleinem, weißem Punkt, dem ein schwärzliches Band vorausgeht. Mattbraune Färbung, Scheitel und Wange einschließend, etwas dunkler als bei Gelbschnabelkuckuck. Rötlich braune Färbung an der Basis der Handschwingen vorhanden, aber weniger leuchtend und markant als bei seinem Zwilling. Ernährt sich am Boden, lässt sich gerne lange auf Baum- oder Buschspitzen nieder, manchmal ungeschützt in der vollen Sonne.

Gelbschnabelkuckuck *Coccyzus americanus*

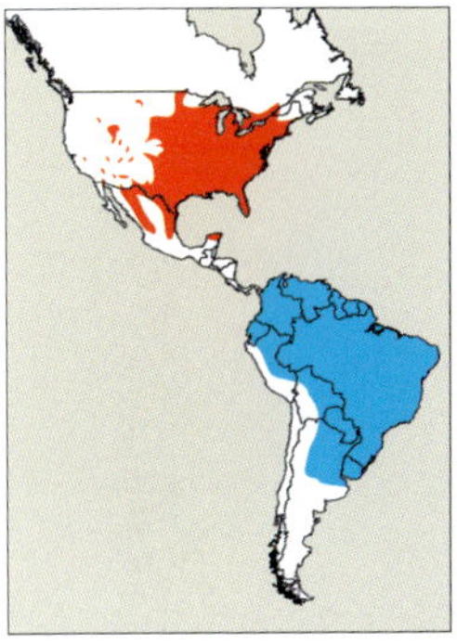

30 cm. Nearktischer Zugvogel; Irrgast im Herbst. Häufiger als Schwarzschnabelkuckuck. Klein, schlank; langer, abwärtsgebogener Schnabel, gelber Unterschnabel mit schwarzer Spitze. Scheitel und Wange grau, gelber Lidring. Gefieder oberseits graubraun, etwas heller als Schwarzschnabelkuckuck; gut abgegrenzter, rotbrauner Bereich auf den Handschwingen. Unterseite der Steuerfedern schwarz (Altvogel) oder dunkelgrau (Jungvogel) mit breiten, weißen Spitzen (etwa zwei- bis dreimal breiter als bei Schwarzschnabelkuckuck). Körperunterseite weiß. Ernährt sich am Boden und lässt sich auch gerne länger ungeschützt nieder, bleibt aber schwer zu sehen, wenn er sich im Blätterdach befindet.

Schneeeule *Bubo scandiacus*

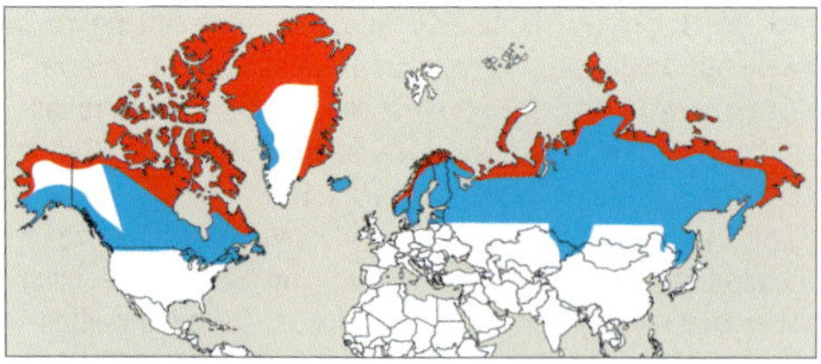

53–65 cm. Nahe Verwandte des Uhus; arktischer Brutvogel, in Fennoskandien und Kanada. Seltener Irrgast im Winter; erreicht die Nordseeküsten nach dem Überqueren des Atlantiks häufig per Boot. Gefieder beim adulten Männchen fast einheitlich weiß, beim Weibchen und beim jungen Männchen oberseits und unterseits stärker schwarz gebändert: beim Weibchen breite Bänder, besonders auf den Schirmfedern sichtbar, beim jungen Männchen schmalere Bänder. Gesicht völlig weiß mit goldgelben Augen, Schnabel schwarz, Ansätze von schwarzen Federbüscheln bei den jungen Weibchen. Einige Winter eine kleinere Anzahl von Vögeln kanadischer Herkunft in Westeuropa.

Männchen

Weibchen

Männchen, immatur

Sperbereule *Surnia ulula*

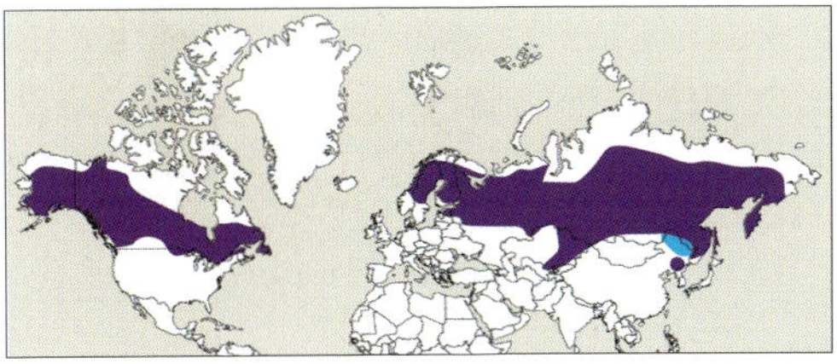

40 cm. Ursprünglich aus Skandinavien; einige seltene Irrgäste an den Küsten Mitteleuropas. Mittelgroße, tagaktive Eule; schlanker Körper mit langem Schwanz. Dunkelgraues Gefieder mit breiten, weißen «Hosenträgern» auf den Seiten des Mantels. Iris und Schnabel gelb, Beine weiß und befiedert. Langer, weißer Überaugenstreif in V-Form; schwarze, senkrechte Bänder, die das Gesicht einrahmen (tatsächlich aber zwei schwarze Bänder, die auf jeder Seite ein weißes Band einrahmen). Schwanz weiß gebändert; Unterseite fein grau gebändert wie Sperber.

Kapohreule *Asio capensis*

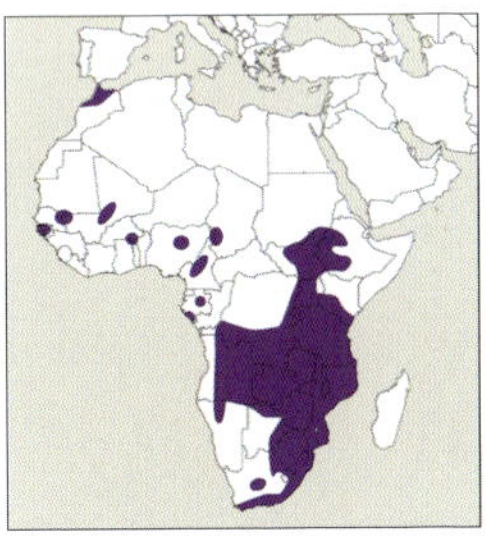

35 cm. Lebt in afrikanischen Sumpfgebieten, vorwiegend in Marokko; sehr seltener Irrgast; frühere Beobachtungen in Spanien. Größe und Körperform erinnern an Sumpfohreule, aber Flügel abgerundeter, oberseits einheitlich erdbraun, Gesicht hell mit völlig schwarzen Augen und schwarzen «Tränen», die zwei schwarze, tropfenförmige Flecke im unteren Bereich der Maske bilden. Brust einheitlich braun, Bauch unauffällig braun gebändert. Im Flug: Basis der Handschwingen einheitlich orange, orangefarbene Steuerfedern schwarz gebändert; Oberflügeldecken beim Jungvogel hell marmoriert, beim Altvogel einheitlich braun. Jagdbeginn in der Dämmerung.

Rothals-Ziegenmelker *Caprimulgus ruficollis*

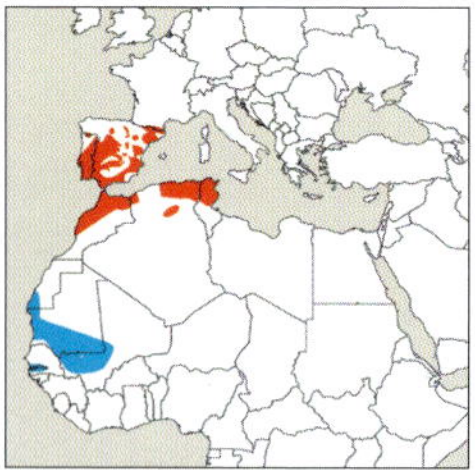

32 cm. Brutvogel in Spanien und dem Maghreb; einige Sänger kürzlich an der französischen Mittelmeerküste angetroffen. Etwas größer als Ziegenmelker, Gefieder ähnlich, aber: roter Streif vom Nacken bis zu den Halsseiten, Linien aus hellockerfarbenen oder orangefarbenen Flecken auf allen Reihen der Flügeldecken. Rötliche Färbung am Hals, auf der Unterseite und unter den Flügeln. In Ruhestellung ist das Handgelenk des Flügels grau wie der Mantel. Männchen und Weibchen mit weißen Flecken auf den Handschwingen und an den Schwanzecken. Gesang: ein unermüdlich wiederholtes *ko-pok ko-pok*...

Pharaonen-Ziegenmelker *Caprimulgus aegyptius*

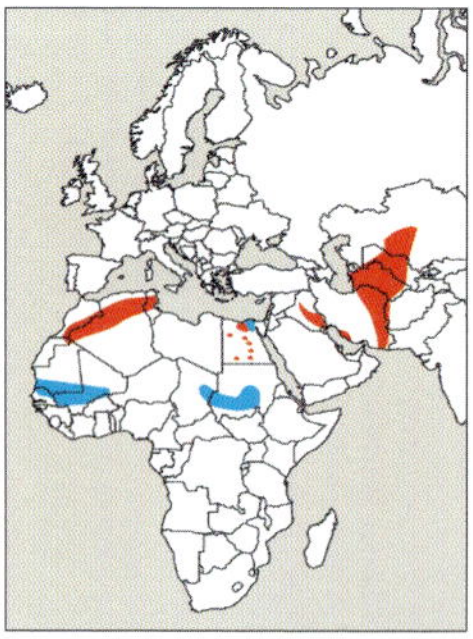

25 cm. Kleine Nachtschwalbe aus dem Saharagebiet und den Wüstengebieten Saudi-Arabiens; Zugvogel; sehr seltener Irrgast, vorwiegend in Italien und auf Malta, aber auch bis nach Schweden (besonders von März bis Juni, aber seit 30 Jahren nicht mehr). Schwanz kürzer als bei den europäischen Nachtschwalben, im Flug und am Boden sichtbar. Gefieder sehr hell, vorwiegend beige, fein braun und grau gewellt, mit schwarzen Kreuzen auf den Schulterfedern und großen Armdecken; Flügeldecken mit breiten, ockerfarbenen Spitzen, wodurch die Flügeloberseite heller als die Schwungfedern wirkt (Flügeloberseite zweifarbig). Handschwingen oberseits schwarz gebändert, unterseits weiß, wenig gebändert und mit schwarzer Spitze. Undeutlicher heller Fleck auf jeder Halsseite; kein weißer Fleck auf der Flügelspitze oder an den Schwanzecken.

Falkennachtschwalbe *Chordeiles minor*

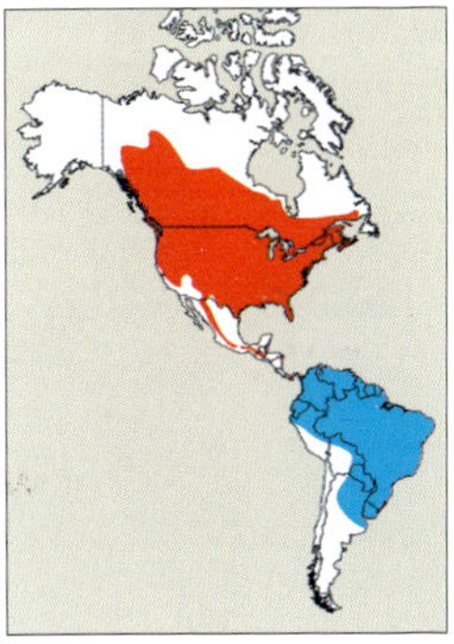

24 cm. Sehr seltener, nearktischer Irrgast im Herbst. Kleine Nachtschwalbe mit dunklem Gefieder (schwärzlich grau, einige Individuen aschgrau); spitze Flügel im Flug; schwarze Schwungfedern kontrastieren mit den helleren Flügeldecken; Schwanz leicht gekerbt. Handschwingen schwarz und ungebändert, mit breitem, halblangem, weißem Band (beim Weibchen schmaler). Flügel in Ruhestellung genauso lang wie Schwanz, Handgelenk schwarz; kein weißer Fleck an der Spitze der Flügeldecken, welche ein fein marmoriertes Muster aufweisen. Schwarze Zeichnung auf den Schirmfedern bei Altvögeln und Jungvögeln unterschiedlich: schwarze, mittige Tannenbaumform beim Altvogel; feine, schwarze Marmorierung in unscharfer Zickzack-Form beim Jungvogel. Weißes Band auf der Kehle (beim Männchen stärker gezeichnet), beim Jungvogel dunkel gebändert. Fliegt auch am Tag.

Männchen, adult

jung

Weibchen, adult

jung

adult

Stachelschwanzsegler *Hirundapus caudacutus*

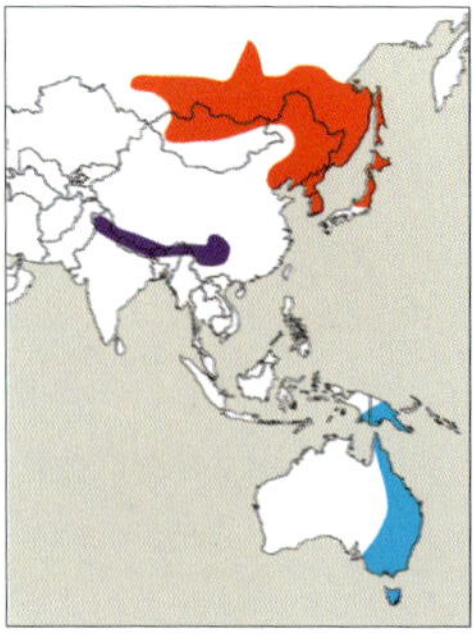

20 cm. Großer, asiatischer Segler; sehr seltener Irrgast in Nordeuropa. Wie ein riesiger Schornsteinsegler; granatenförmiger Körper mit kurzem, schmalem Schwanz; Kopf wie an den Rumpf geklebt. Starke Kontraste: Stirn und Kehle weiß, Unterschwanzdecken weiß, Mantel hell, Rest sehr dunkel. Breite Flügel mit gewelltem Hinterrand an den Armschwingen, aber auch an den Handschwingen.

Schornsteinsegler *Chaetura pelagica*

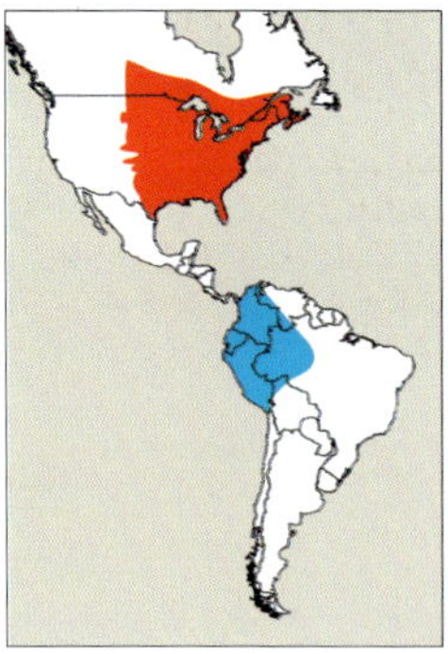

13 cm. Nearktischer Zugvogel; sehr seltener Irrgast; erstmaliger Besuch in Europa im Jahr 2005. Kleiner, brauner Segler mit granatenförmigem Körper, breiten, spatelförmig wirkenden Flügeln und kurzem, viereckigem Schwanz; Steuerfedern mit schmalen Spitzen wie kurze Nadeln, nur aus nächster Nähe sichtbar. Bürzel hellbrauner als Flügel; helle Kehle mit unscharfer Abgrenzung; im Feld schwer zu erkennende, dunkle Maske auf dem Auge; kein Weiß. Einige Individuen heller als andere.

Pazifiksegler *Apus pacificus*

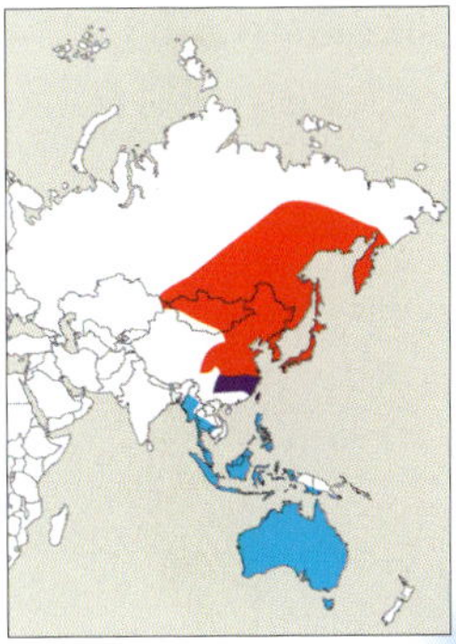

19 cm. Großer, sibirischer Segler; seltener Irrgast in Nordeuropa. Dunkelbraunes Gefieder mit weißem, rechteckigem Bürzel und heller Kehle. Erinnert an Kaffernsegler, aber deutlich größer; Unterseite mit deutlichem hellem Schuppenmuster (kontrastreicher als beim Fahlsegler). Sehr ausgedehnte, weiße Kehle; Schwanz stark gekerbt; weißes Band auf dem Bürzel mit vereinzelten, schmalen, schwarzen Stricheln, die nur aus der Nähe erkennbar sind. Abfallender, rauer Ruf, an Fahlsegler erinnernd.

Kaffernsegler *Apus caffer*

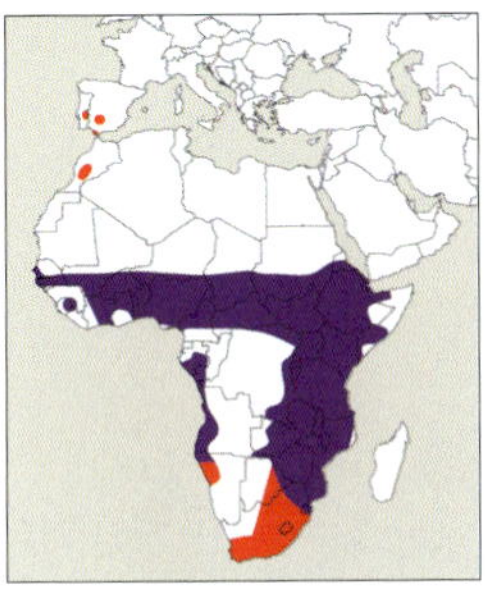

15 cm. Afrikanischer Segler; lokaler Brutvogel auf der Iberischen Halbinsel; zufällig anderswo in Europa. Schlank, kleiner als Mauersegler; langer, tief gekerbter Schwanz, im Flug häufig geschlossen gehalten, wodurch er lang und schmal wirkt. Kleiner, weißer, rechteckiger Bürzel, der sich nicht auf die Seiten ausdehnt; Armschwingen mit schmalem, weißem Hinterrand (manchmal schwer zu sehen); deutliche, weiße Kehle. Handflügel schmaler als bei Haussegler, Flügelhinterrand gerader. Nutzt für sein Gelege häufig ein altes Nest der Rötelschwalbe. Ruf: schnelle Abfolge trockener *tschük*-Laute, die in einem Triller enden können.

Haussegler *Apus affinis*

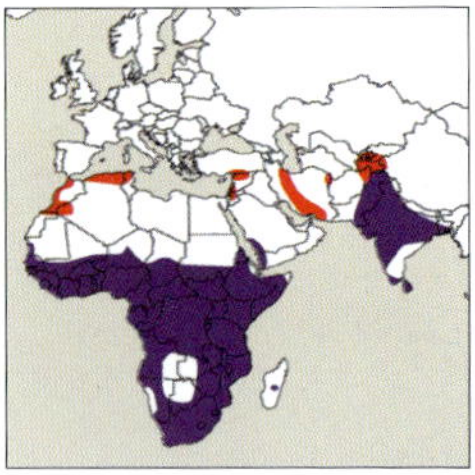

13 cm. Kleiner, afrikanischer und asiatischer Segler; schwarzes Gefieder mit weißem Bürzel. Schwanz viereckig, Flügel kurz mit breiter Hand; deutliche, ausgedehnte, weiße Kehle; breites, weißes Band auf dem Bürzel reicht bis auf die Bauchseiten, manchmal von unten sichtbar. Weniger schneller Flatterflug als der des Mauerseglers. Ruf: ein schrilles Zwitschern. Kleine, nur lokal nistende Population in Spanien; einige seltene Irrgäste anderswo auf dem Vogelzug.

Gürtelfischer *Megaceryle alcyon*

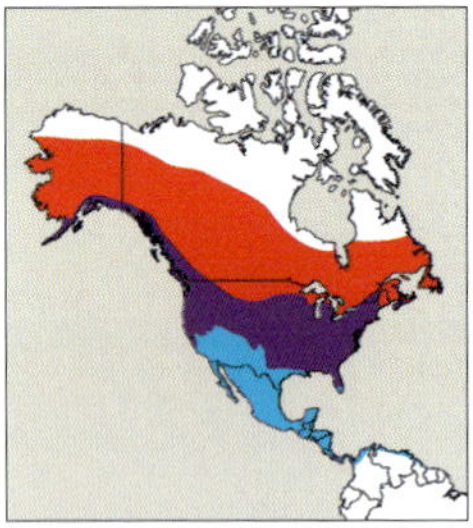

32 cm. Großer, nearktischer Eisvogel; Körpergröße wie Braunliest; langer Schwanz, dicker, schwarzer Schnabel mit grauer Basis und struppige Haube. Sehr seltener Irrgast in Großbritannien, Irland, Island, in den Niederlanden, in Spanien, auf den Azoren. Oberseits blaugrau mit weißem Halsring, unterseits mit breitem, blaugrauem Brustband beim Männchen (das keine Orangefärbung aufweist) und einem zweiten, orangefarbenen Brustband beim Weibchen, das sich entlang der Flanken fortsetzt. Im Flug: Basis der Handschwingen schwarz mit weißer Bänderung, Rest des Flügels blaugrau.

Braunliest *Halcyon smyrnensis*

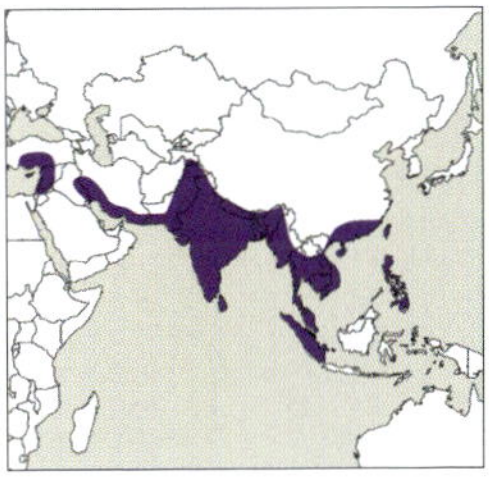

28 cm. Großer Eisvogel; sehr großer, dunkelroter Schnabel mit geradlinigem First. Ziegel-/dunkelroter Körper, Kehle und Vorderbrust weiß; oberseits türkisblau, einschließlich Schwanz; Armschwingen hellblau mit schwarzer Spitze, Handdecken blau; weiße Basis an den schwarzen Handschwingen formt ein im Flug gut sichtbares, weißes Feld. Flügeloberseite: kleine Armdecken dunkelrot, mittlere Armdecken schwarz, große Armdecken türkis. Rufe: sehr klangvolle, flötende Triller. Hält sich nicht zwingend in der Nähe von Wasser auf; jagt vom Ansitz aus in offenen, sogar trockenen Gebieten bis ins Röhricht hinein. Drei Beobachtungen in Griechenland.

Graufischer *Ceryle rudis*

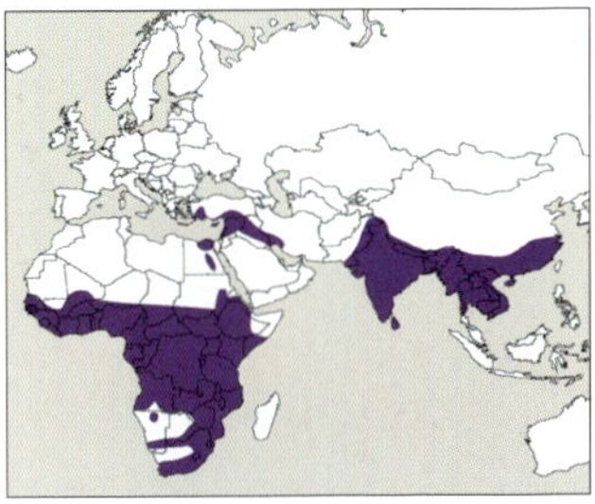

26 cm. Großer, scheckiger Eisvogel; schwarz-weißes Gefieder, langer, weißer Überaugenstreif und weißer Halsring; ein schwarzes Brustband (Weibchen) oder zwei schwarze Brustbänder (Männchen); weiße Flecke auf den Nackenseiten wie Buntspecht. Sehr langer, schwarzer Schnabel. Flügel und Mantel gescheckt, Schwanz schwarz mit weißer Basis. Häufiger Rüttelflug. Im Flug: weiße Basis an den schwarzen Handschwingen bildet ein eckiges Feld auf der Hand; Armschwingen schwarz-weiß gebändert. Durchdringende, metallische, flötende Rufe. Bevorzugt Feuchtgebiete, Küsten, Mangrovenwälder. Seltener Irrgast in Polen und Griechenland.

Blauwangenspint *Merops persicus*

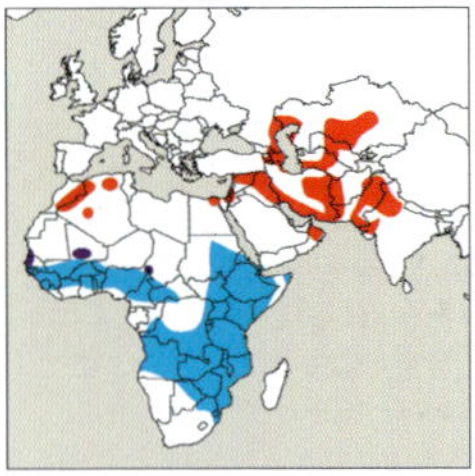

30 cm. Spint aus Nordafrika und Zentralasien; Zugvogel; sehr seltener Irrgast, vorwiegend Jungvögel im Herbst und Altvögel im Sommer. Altvogel glänzend grasgrün mit schwarzem, blau umrandetem Zügelstrich, gelbem Kinn und roter Kehle; Flügelunterseite orange mit schwarzem Hinterrand gleichbleibender Breite. Jungvogel einheitlich mattgrün mit schwarzem Augenstreif und hellorangefarbener Kehle, Bauch weiß; keine Schwanzspieße, Gefieder wie Altvogel, aber wesentlich matter; junger Bienenfresser manchmal grünlich, aber Kopf ohne grüne Färbung und schwarzer Hinterrand unter dem Flügel an den Armschwingen breiter als an den Handschwingen. Ruf: ein rollendes *prii-prii-prii ...* - schriller und weniger melodisch als bei Bienenfresser.

Senegalracke *Coracias abyssinica*

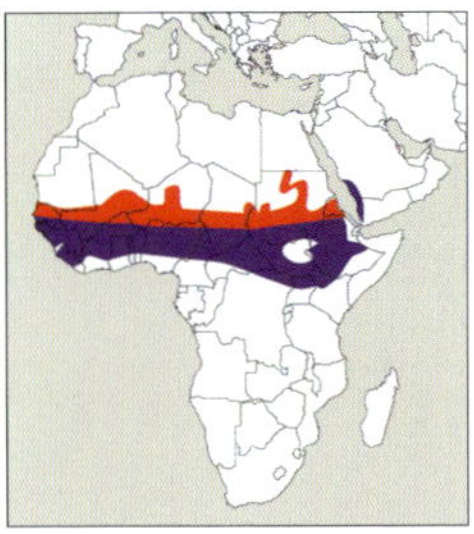

30 cm zzgl. 12 cm verlängerte äußere Schwanzfedern (Schmuckfedern). Racke aus Afrika südlich der Sahara; eine Erwähnung auf den Kanaren (Fuerteventura) im Juni 2014. Größe und Färbung sehr ähnlich Blauracke, mit rostbraunem Rücken, türkisblauem Rumpf, schwarzem Augenstreif, aber cremefarbenem Gesicht; langer Schwanz wird beim Altvogel durch schwarze Schmuckfedern verlängert. Typische Racke; lässt sich ungeschützt nieder, um vom Ansitz aus zu jagen.

Goldspecht *Colaptes auratus*

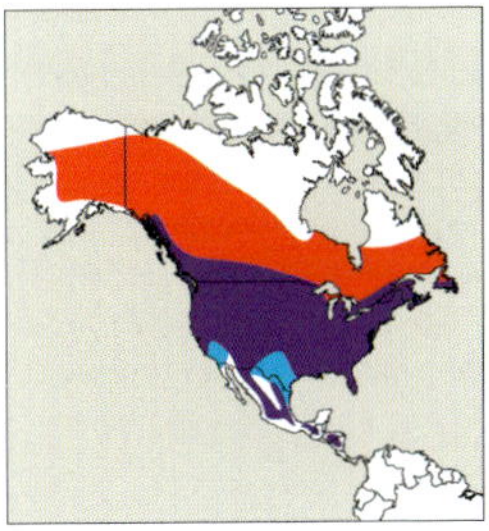

31 cm. Nearktischer Specht; Zugvogel; sehr seltener Irrgast in Irland, Schottland, Dänemark, auf den Azoren. Großer, beigefarbener Specht mit schwarz gesprenkeltem Körper, grauem Scheitel; roter Fleck in flacher V-Form auf dem Nacken und großer, schwarzer, tropfenförmiger Bartstreif (Männchen) oder ohne Bartstreif (Weibchen). Gesicht und Brust beige-orange; breiter, schwarzer Halbmond auf der Brust; die sich unterhalb anschließenden Partien sind bis unter den Schwanz von dichten, großen, schwarzen, runden Flecken gezeichnet. Oberschwanzdecken und Bürzel schwarz gebändert. Im Flug: sichtbarer weißer Rücken, Unterseite von Flügeln und Schwanz gelb. Langer, schwarzer Schnabel und schwarze Iris. Ruf: ein schwerfälliges *wik wik wik* … Im Flug schlank; hält sich zur Nahrungssuche oft am Boden auf.

Gelbbauch-Saftlecker *Sphyrapicus varius*

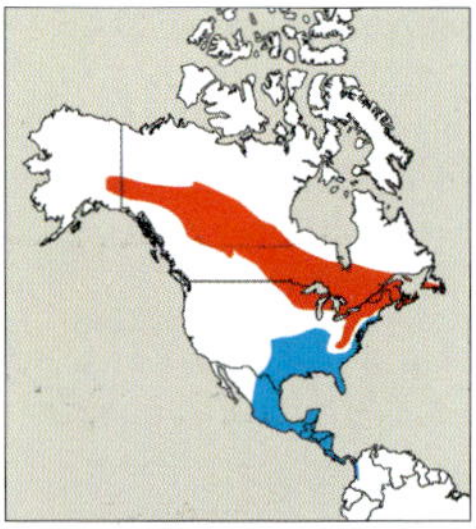

20 cm. Nearktischer Specht; Zugvogel; sehr seltener Irrgast in Island, Irland, auf den Scilly-Inseln und den Azoren. Kopfmuster dem des Dreizehenspechts sehr ähnlich, Scheitel und Kehle beim Jungvogel weiß und schwarz gefleckt, beim Männchen rot gefärbt. Rücken schwarz-weiß gestreift; weißes Längsband auf dem Armflügel; unterseits weiß, Bauch manchmal gelblich. Altvogel: breiter, schwarzer Wangenstreif setzt sich als Brustlatz im oberen Brustbereich fort; rote Kappe; Kehle rot (Männchen) oder weiß (Weibchen); Flanken mit schwarzen «Spitzklammern» oder Bändern. 1. Winter: schwarzer Kopf und Brustlatz fein weiß gepunktet, Unterseite und Schulterfedern stark schwarz gebändert; Rotfärbung des Scheitels und der Kehle mit weißer Bereifung (Männchen); bei einigen jungen Weibchen manchmal gar keine sichtbare Rotfärbung.

DIE TYRANNEN Nearktische Fliegenschnäpper; Zugvögel; Irrgäste in Europa im Herbst. Drei weitere sehr ähnliche Arten, die Europa erreichen könnten, werden zusammen auf einer separaten Seite behandelt. Unterscheidungsmerkmale: olivgrünbraune Oberseite, zwei breite, cremefarbene Flügelbänder, cremefarbene Säume an den Schirmfedern; cremefarbene Ränder an den Armschwingen, die vor den Armdecken aufhören, heller Augenring, Schnabel mit sehr breiter Basis. Aufgrund der variablen Kriterien der Gefiederfärbung ist die Bestimmung dieser Vögel sehr schwierig und verlangt oft ein Einfangen, um Maße und Flügelformel zu ermitteln.

Buchenschnäppertyrann *Empidonax virescens*

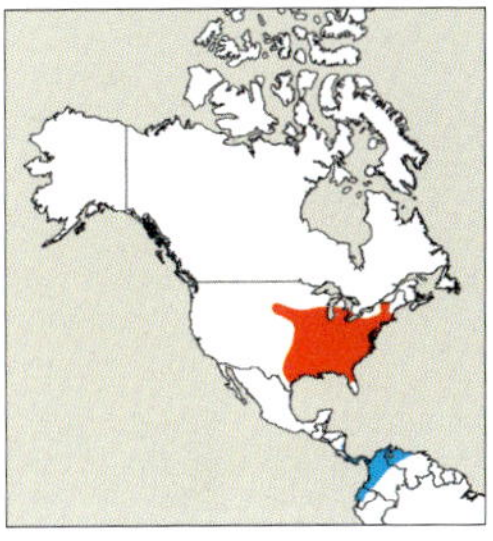

15 cm. Nearktisch; zwei Erwähnungen in Island (Oktober 1967) und England (Oktober 2015). Oberseits olivgrün (markante olivgrüne Färbung), Schnabel mit breiter Basis, Unterschnabel vollständig orange, ohne dunkle Spitze; sehr deutlicher und gut sichtbarer, cremefarbener Augenring, sehr lange Handschwingenprojektion (mindestens zwei Drittel der Schirmfedern), Brust rauchfarben, gelbliche Färbung unterseits bis zum Bauch. Ruf: ein starkes *puist* oder ein trauriges *piek*.

Erlenschnäppertyrann *Empidonax alnorum*

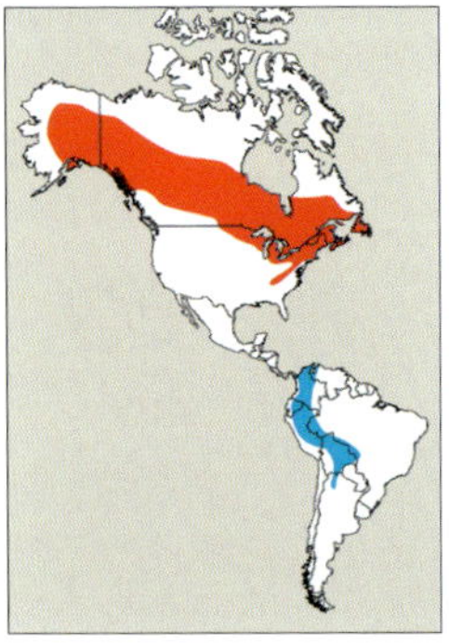

15 cm. Nearktisch; Irrgast in Island (Oktober 2003) und England (Oktober 2010). Oberseits olivgrünbraun; breiter, langer Schnabel mit vollständig gelbem Unterschnabel (keine dunkle Spitze). Deutlicher, aber schmaler Augenring, manchmal schwer zu erkennen. Klein und gedrungen, mit breitem Schwanz, ziemlich langen Flügeln (Handschwingenprojektion länger als bei Zwergschnäppertyrann) und einem etwas längeren Schnabel. Schwarzes Armschwingenband (sichtbarer Teil der Armschwingen ohne hellen Saum unter den großen Armdecken) häufig schmaler als bei *minimus;* schmaler oder sogar gleich breit wie der sichtbare dunkle Teil auf den mittleren Armdecken. Ruf: ein trauriges *piep.*

Zwergschnäppertyrann *Empidonax minimus*

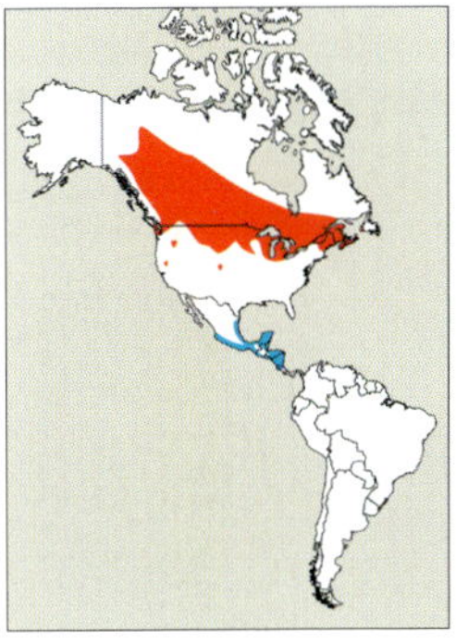

14 cm. Nearktisch; eine Erwähnung in Island (Oktober 2003). Oberseits olivgrün-braun; Unterschnabel mit dunkler Spitze (manchmal reduziert). Markanter Augenring, immer gut sichtbar, breiter als bei Erlenschnäppertyrann. Klein und gedrungen, mit schmalem Schwanz und kurzen bis mittellangen Flügeln (häufig kürzere Handschwingenprojektion als bei Erlenschnäppertyrann); Schnabel durchschnittlich kürzer als bei Erlenschnäppertyrann. Breites, schwarzes Armschwingenband (sichtbarer Teil der Armschwingen ohne hellen Saum unter den großen Armdecken) mindestens genauso hoch wie der sichtbare dunkle Teil der großen Armdecken (höher als bei den meisten Vögeln der Art *alnorum*). Ruf: ein kurzes und trockenes *puit* oder *pit*.

DREI TYRANNEN, DIE NOCH NICHT IN EUROPA BEOBACHTET WURDEN, deren nearktische Verbreitung und deren Zugverhalten aber vermuten lassen, dass sie sich an die europäische Atlantikküste verirren könnten.

Birkenschnäppertyrann *Empidonax flaviventris*

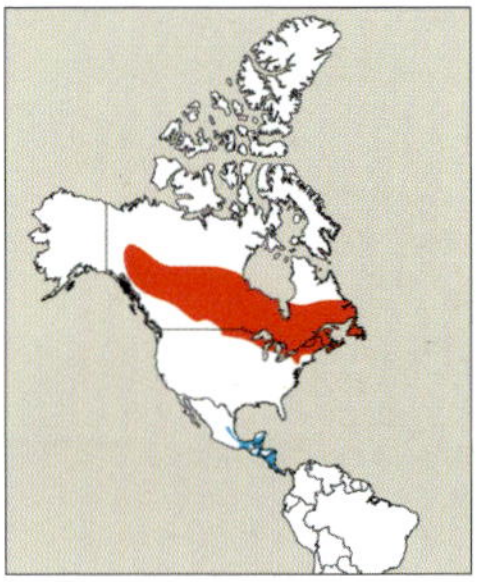

14,5 cm. Sehr ähnlich Buchenschnäppertyrann, aber kürzere Handschwingenprojektion, Bauch gelblich, Brust verwaschen olivgrün-braun, olivgrüner Wangenbereich ohne Kontrast zur gelblichen Kehle. Breitere, gämsfarben-gelbliche Flügelbänder, Schnabel an der Basis schmaler, Schwanz schmaler. Breiter, weißer Augenring; Unterschnabel vollständig orangefarben. Ruf: ein kurzes, ansteigendes, flötendes *twui,* an Waldschnäppertyrann erinnernd; aber auch ein abfallendes *piu* während des Zuges.

Weidenschnäppertyrann *Empidonax traillii*

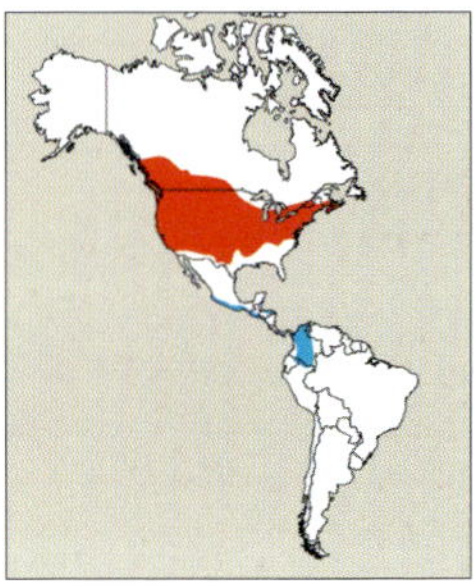

15 cm. Ähnlich Erlenschnäppertyrann, mit dem gleichen breiten Schwanz, einer mittellangen Handschwingenprojektion und einem vollständig orangefarbenem Unterschnabel, aber einem Schnabel mit dickerer und breiterer Basis, einem sehr schmalen oder fehlenden Augenring und einem markanteren hellen Zügelstreif. Kopf dreieckiger, mit flacher Stirn und Haubenansatz hinten. Ruf: ein flüssiges *uit,* anders als das *piep* des Erlenschnäppertyranns.

Olivflankenschnäppertyrann *Contopus cooperi*

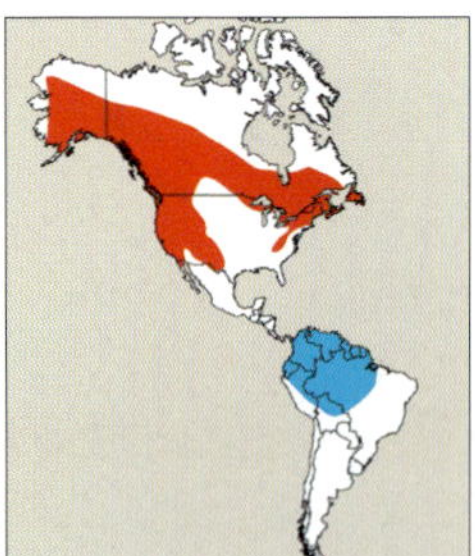

17,5 cm. Großer, nearktischer, untersetzter Fliegenschnäpper mit großem Kopf, sehr dickem Schnabel mit völlig orangefarbenem Unterschnabel, kurzem, viereckigem Schwanz, sehr langen Flügeln mit langer Handschwingenprojektion. Flanken stark verwaschen graubraun, unscharf gestrichelt; schmale, rauchfarbene Bereiche auf der Brust, die auf dem Unterbauch weiter auseinanderliegen; Unterschwanzdecken mit feiner, zentraler Strichelung. Kein richtiges Flügelband (unscharfe, unauffällige, graue Ränder an den mittleren und großen Armdecken). Altvogel im Herbst mit stark abgetragenem Gefieder (Mauser im Winter). Ruf: ein variables *piep piep piep* oder *piep* oder ein einfaches *kuiep*.

ANDERE NEARKTISCHE FLIEGENSCHNÄPPER Drei andere Arten, die Irrgäste in Europa sind und größer, mit charakteristischer Gestalt und charakteristischem Gefieder. Bestimmung weniger problematisch als bei den Tyrannen der Gattung *Empidonax*.

Östlicher Waldschnäppertyrann *Contopus virens*

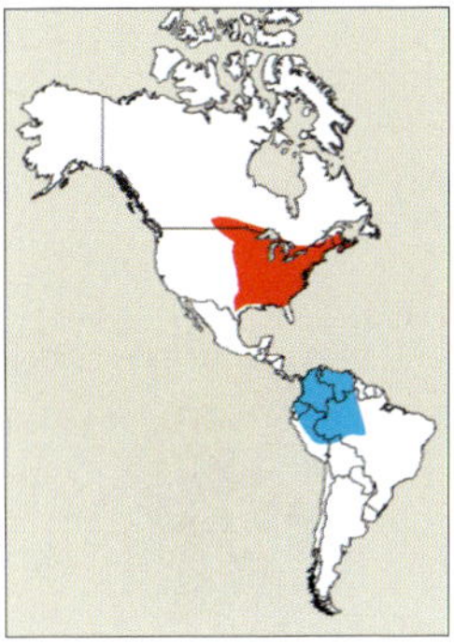

16 cm. Nearktischer Fliegenschnäpper; sehr seltener Irrgast auf den Azoren; zwei Individuen im Oktober 2015 beobachtet. Oberseits olivgrün-braun, unterseits weiß, verwaschen olivgrün auf der Brust. Aufgerichtete Nackenfedern verleihen dem Kopf eine dreieckige Form; Schwanz lang. Zwei weiße Flügelbänder; die deutlichen, weißen Ränder an den Schirmfedern reichen nicht bis zu deren Basis; die hellen Säume an den Armschwingen erstrecken sich fast bis zu den großen Armdecken. Die sehr langen Handschwingen (länger als bei Gattung *Empidonax*) geben der Flügelspitze eine schmale und langgestreckte Form. Oberschnabel schwarz, Unterschnabel gelb mit dunkler Spitze. Jagt von dürren Zweigen im Blätterdach aus. Ruf: ein melodisches *pi-u-wi* oder *pi-wi*.

Weißbauch-Phoebetyrann *Sayornis phoebe*

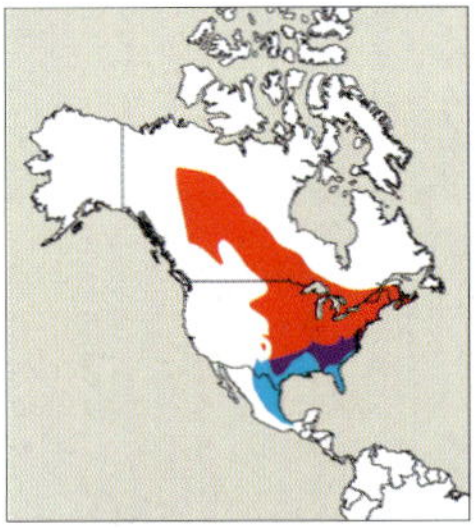

17 cm. Neaktischer Fliegenschnäpper; Irrgast in Großbritannien (April 1987). Kaum größer als ein Tyrann, aber Färbung anders. Großer, schwärzlicher Kopf mit farblichen Abstufungen auf Nacken und Wange; langer, schwarzer Schwanz. Schnabel völlig schwarz, Beine schwarz, kein Augenring. Unscharf abgegrenzte, graue Flügelbänder; unscharfe, helle Ränder an den Schirmfedern; helle Säume an den Armschwingen reichen bis zu deren Basis. Mantel dunkelgrau, unterseits cremeweiß, Flanken «dreckig». Ruf: ein helles, piepsendes *tschip.*

Gabelschwanz-Königstyrann *Tyrannus savana*

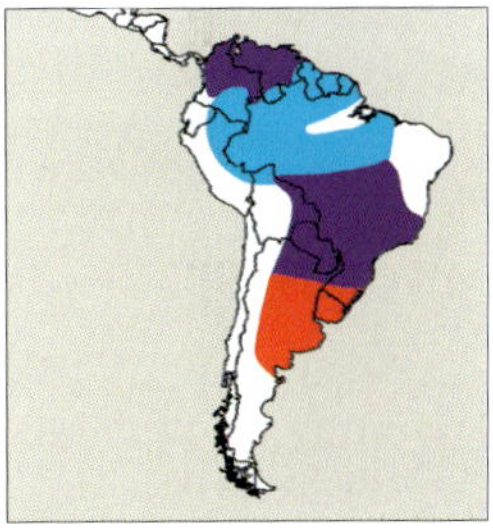

20–35 cm. Aus Mittel- und Südamerika; tropischer Zugvogel und jährlicher Irrgast in Nordamerika; eine Erwähnung in Spanien im Oktober 2002. Mit den langen, schwarzen Schmuckfedern am Schwanz unverwechselbar (manchmal das 1,5-Fache der Rumpflänge). Schmale, weiße Außenfahne auf den äußerst langen äußeren Steuerfedern. Flügel und Schwanz schwarz; schwarze «Baskenmütze» reicht bis unter das Auge und wird durch das Weiß der Wange betont; Mantel aschgrau, Unterseite völlig weiß. Schnabel und Beine schwarz. Unscharfe, helle Ränder an den mittleren Armdecken im frischen Gefieder; Flügeldecken und Schirmfedern im abgetragenen Gefieder braun. Jungvogel graubraun mit braunem Scheitel, hellrandigen Flügeldecken und kurzem, kaum gegabeltem Schwanz. Bevorzugt offene Gebiete und Wiesen. Ruf: ein trockenes *sik* oder *plik*.

Schieferrücken-Königstyrann *Tyrannus tyrannus*

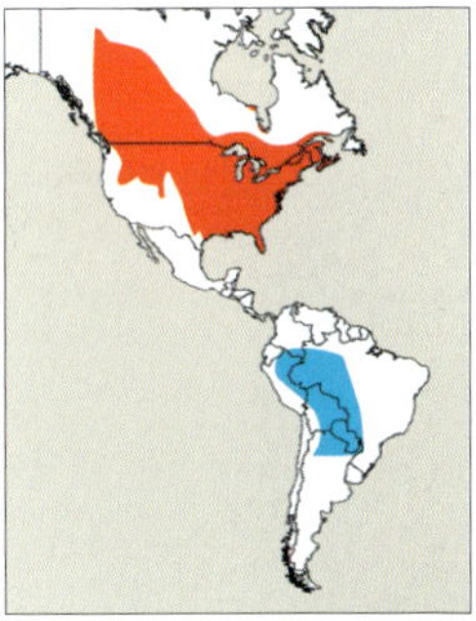

21 cm. Neaktischer Fliegenschnäpper; Irrgast in Irland im Oktober 2012. Großer Fliegenschnäpper mit großem, schwarzem Kopf, wobei das Schwarz auch Nacken und Wange bedeckt. Schnabel dick, Kehle weiß, Unterseite bis zu den Unterschwanzdecken weiß. Eckiger, schwarzer Schwanz mit weißer Spitze ober- und unterseits, kennzeichnend. Rücken dunkelgrau, Oberschwanzdecken schwarz; schmale, weiße Ränder an allen Flügeldecken, Armschwingen (undeutlich) und Schirmfedern (deutlich). Ruf: ein schrilles und brummendes *tschirp,* wie ein elektrisches Brummen.

Sandlerche *Ammomanes cinctura*

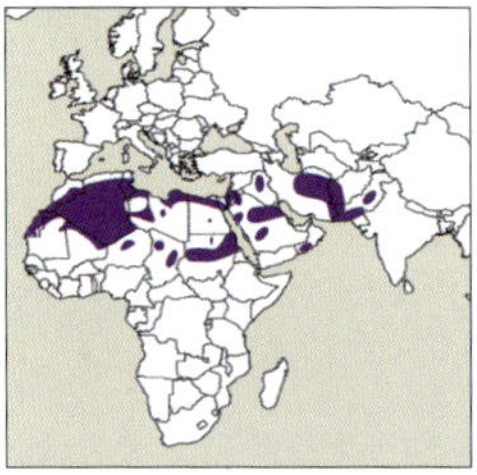

14 cm. Kleine Lerche mit großem, rundem Kopf, Lebensraum Sandwüsten, Irrgast auf Malta, in Italien, Frankreich, Spanien. Kurzer, rosafarbener und grauer Schnabel, Mantel einheitlich sandfarben, Flügel mit rötlichen Rändern, Brust verwaschen sandfarben; cremefarbene «Brille», unter dem Auge dunkel umrandet. Kennzeichnendes, rötliches Schwanzmuster mit deutlicher, schmaler, dunkler Endbinde (breit und weniger deutlich bei Steinlerche, die einen längeren, gelben Schnabel und eine Brust mit unscharfen Stricheln aufweist). Jungvogel: undeutliche, dunkle subterminale Abzeichen auf den Flügeldecken und Schirmfedern, aber postjuvenile Mauser beginnt sehr früh. Flug flatternd und abrupt, Flügel kurz und abgerundet, Schwanz unverkennbar kurz, Handschwingen rötlich mit undeutlicher, schwärzlicher Spitze. Ruf: ein kurzes *tscherr* oder ein trockenes, nasales Tschilpen.

Wüstenläuferlerche *Alaemon alaudipes*

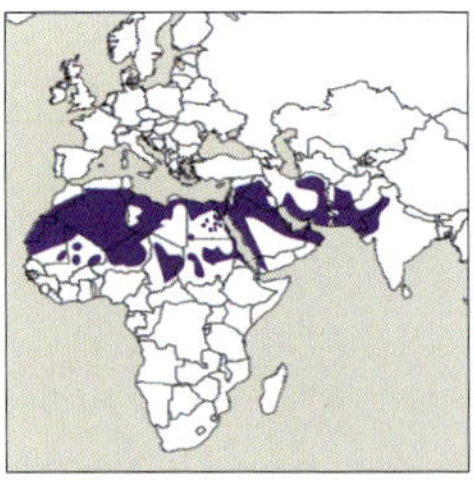

Große, schlanke Lerche; Lebensraum sandige Wüsten und Halbwüsten; Irrgast in Griechenland, Italien, auf Malta. Schlank und hochbeinig, graue Beine, sehr langer Schwanz; langer, leicht abwärtsgebogener Schnabel; weißer Überaugenstreif, Augen- und Bartstreif schwarz. Oberseits einheitlich sandfarben, unterseits weiß, Brust unscharf gestrichelt. Flügel im Flug auffallend schwarz und weiß: äußere Handschwingen schwarz, innere Handschwingen und Armschwingen weiß mit schwarzer Subterminalbinde. Rennt über den Boden und richtet sich wieder auf; fliegt flatternd. Flugruf: ein tiefes, rollendes *grü-it*.

Bergkalanderlerche *Melanocorypha bimaculata*

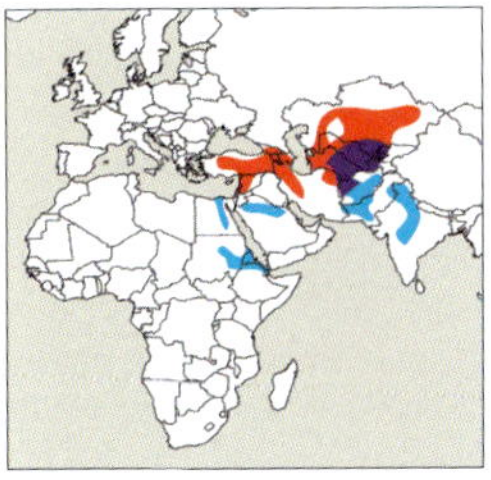

17 cm. Aus Zentralasien; seltener Irrgast in Nordeuropa, Italien, Frankreich. Sehr ähnlich Kalanderlerche, aber Schwanz kürzer und mit weißer Spitze (Flügel fast gleich lang wie Schwanz), Schnabel länger, Kopfzeichnung mit schwarzem Zügelstreif kontrastreicher (bei Kalanderlerche fehlend). Schwanz ohne weiße Ränder, Flügel ohne weißen Hinterrand, Flügelunterseite grau (bei Kalanderlerche schwarz mit weißem Hinterrand). Kann im Flug mit ihrem kurzen Schwanz mit weißer Spitze an Steinsperling erinnern. Ruf: ein kurzes *drip,* an Kalanderlerche erinnernd.

Weißflügellerche *Alauda leucoptera*

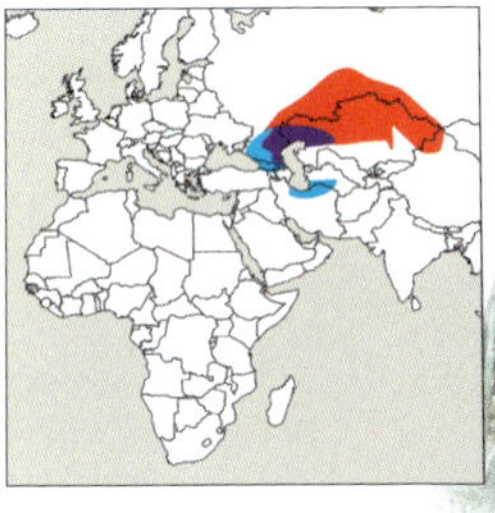

18 cm. Lerche aus den trockenen Steppengebieten Zentralasiens (bis in den Süden Russlands); sehr seltener Irrgast in Nordeuropa. Figur wie Feldlerche; Gefieder erinnert mit rotbraunem Scheitel und rotbraunen Wangen an Kalanderlerche (Scheitel beim Männchen einheitlich, beim Weibchen fein gestrichelt), Überaugenstreif und «Brille» cremefarben. Flügelmuster kennzeichnend: rotbraune kleine und mittlere Oberflügeldecken und weiße Armschwingen mit schwarzer Basis bilden zusammen ein kontrastreiches dreifarbiges Muster, das im Flug sehr gut sichtbar ist. Schnabel hell und Beine rosa. Gesang wie Feldlerche, aber rauer und abrupter. Ruf: ein trockenes, zweifaches *drit,* an Kalanderlerche erinnernd.

Mohrenlerche *Melanocorypha yeltoniensis*

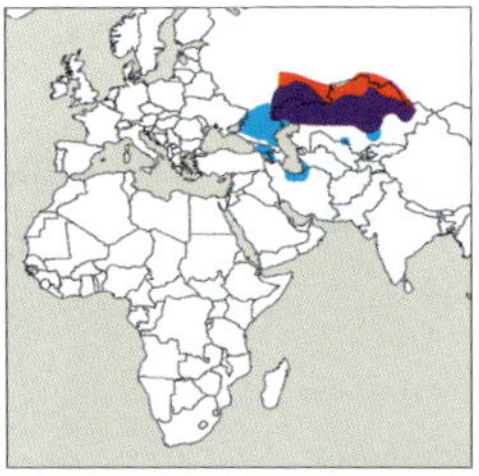

19 cm. Untersetzte Lerche aus den trockenen Steppengebieten Zentralasiens; sehr seltener Irrgast in Nordeuropa. Heller Schnabel, graue Beine, gedrungener Körper und großer Kopf, kurzer Schwanz; lange Flügel, kaum kürzer als Schwanz. Männchen: völlig schwarz mit cremefarbenen «Spitzklammern», besonders auf der Oberseite, den Schulterfedern und den Flanken, im Winter sehr breit, im Sommer nur noch schmal oder kaum noch vorhanden; Gefieder kann im Sommer völlig schwarz werden. Weibchen: Gefieder auf dem Mantel und der Brust beigefarben gepunktet, Gesicht einheitlich gefärbt, Schwungfedern schwarz. Jungvogel: Flügeldecken mit deutlichem, cremefarbenem Rand, unterlegt mit einem schmalen, schwarzen Strich. Im Flug: Flügelunterseite schwärzlich, wobei die Armdecken dunkler als die Schwungfedern sind; kein Weiß auf dem Schwanz. Gesang wie Feldlerche, aber schriller und schneller. Ruf: ein weniger rollendes *tiirü* als Feldlerche.

jung **Männchen, Winter** **Weibchen** **Männchen, Prachtkleid**

Braunkehl-Uferschwalbe *Riparia paludicola*

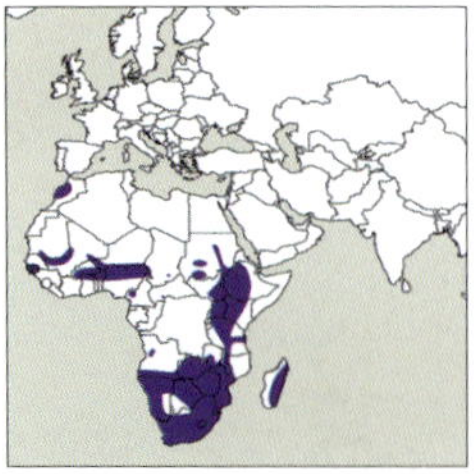

11 cm. In Marokko beheimatet; nistet bis ins südliche Afrika. Sehr seltener Irrgast im Mittelmeerraum (eine französische Erwähnung). Oberseite hellbraun, Bürzel kaum heller. Kehle und Brust graubraun, unscharf abgegrenzt; Brust und Bauch weiß, Unterschwanzdecken weiß. Unterscheidet sich von Uferschwalbe durch das fehlende braune Brustband, die braune Kehle, die helleren, hellbraunen Unterflügeldecken und den eckigeren Schwanz. Unterscheidet sich von Felsenschwalbe durch die fehlenden weißen, runden Flecke auf den Steuerfedern, die weißen Unterschwanzdecken und die helleren Unterflügeldecken.

Sumpfschwalbe *Tachycineta bicolor*

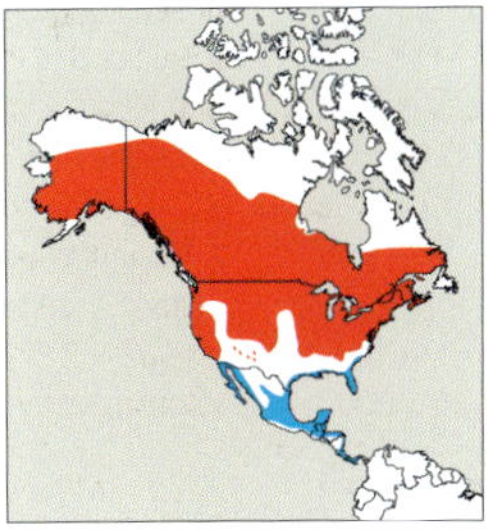

15 cm. Nearktische Schwalbe; Irrgast in Großbritannien, auf den Azoren. Sehr ähnlich Mehlschwalbe; oberseits schwarz-bläulich (Altvogel) oder schwärzlich braun (Jungvogel), unterseits, einschließlich Kehle, weiß (Brust beim Jungvogel rauchfarben), aber Bürzel dunkel; kleiner, weißer Halbmond auf der Seite erstreckt sich bis zur Basis des Bürzels. Unterflügeldecken dunkelgrau. Flug wie Mehlschwalbe. Während des Zuges schweigsam.

Purpurschwalbe *Progne subis*

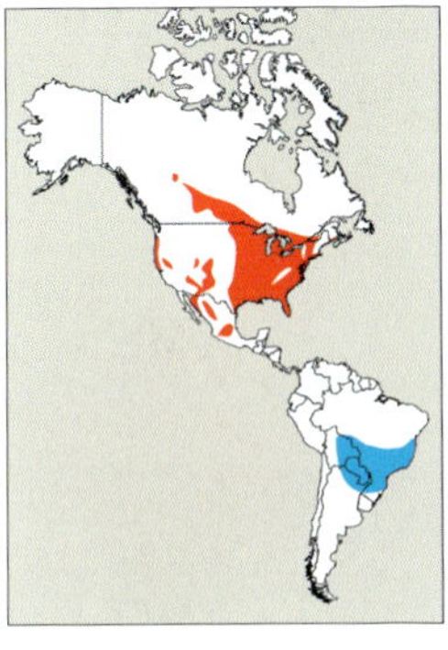

18 cm. Große, nearktische Schwalbe; Irrgast in Großbritannien, auf den Azoren. Massiver, großer, dunkler Kopf (auch Kehle dunkel), großer, schwarzer Schnabel, breite Flügel mit schwärzlichen Unterflügeldecken, Schwanz wenig gekerbt. Adultes Männchen: Rumpf einheitlich schwarz-bläulich, Flügel und Schwanz ohne Glanz. Weibchen unterseits grau; bläulich braune «Kopfhörer» auf den Wangen, Nacken hellbraun, oberseits braun mit bläulichem Glanz, Brust mit feinem Schuppenmuster. Jungvogel: oberseits mattbraun, Kopf dunkelbraun mit heller Stirn und heller Halskrause; Brust und Flanken unscharf gestrichelt, Unterflügeldecken schwärzlich. Ruf: ein rollendes *tscherr.*

jung

immatur

Fahlstirnschwalbe *Petrochelidon pyrrhonota*

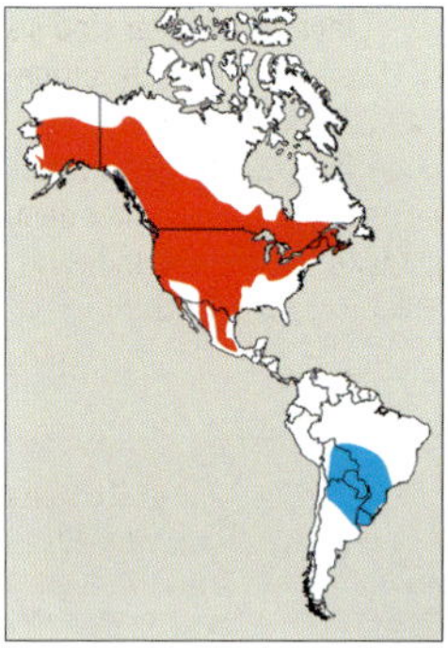

13 cm. Sehr seltener, nearktischer Irrgast in Großbritannien, Island, Frankreich und auf den Azoren. Erinnert mit dem kurzen Schwanz und dem roten Bürzel an Rötelschwalbe. Schwanz rund; Flügel an der Basis sehr breit und auf der Unterseite schwarz. Stirn weiß, Kehle und Wangen dunkelrot, bläulich schwarze Kappe, grauer Halsring; Flanken gelblich und Unterschwanzdecken schwarz mit weißem Rand. Altvogel mit weißer Stirn und dunkelrotem Bürzel. Jungvogel mit ockerfarbener Stirn, hellorangefarbenem Bürzel und weißem Saum an der Spitze der Schirmfedern.

Nordamerikanische Rauchschwalbe *Hirundo rustica erythrogaster*

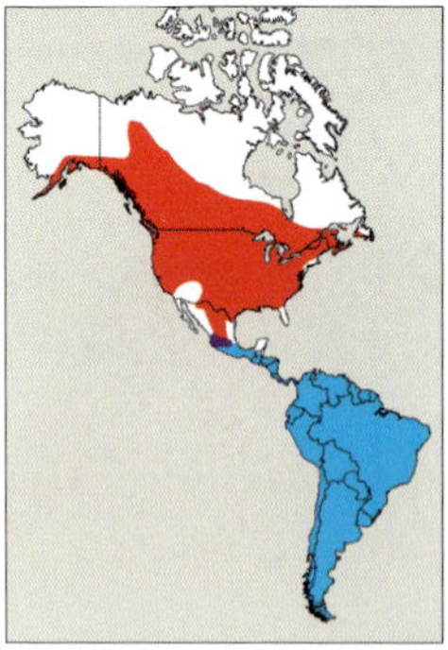

17–19 cm. Nordamerikanische Unterart der Rauchschwalbe; sehr seltener Irrgast auf den Azoren und in Island. Der europäischen Form bis auf die nachfolgenden Unterschiede sehr ähnlich. Jungvogel im Herbst: hellorangefarbene Kehle, nach unten nicht schwarz umgrenzt, lediglich zwei dunkle, mehr oder weniger verbundene, seitliche Bereiche; sehr deutliche helle Ränder an den großen Flügeldecken und den Schirmfedern. Altvogel: ziegelrote Kehle ohne schwarze Begrenzung unten in der Mitte, wie bei Jungvogel; untere Partien verwaschen orangefarben.

Rötelschwalbe (Nominatform) *Cecropis daurica daurica*

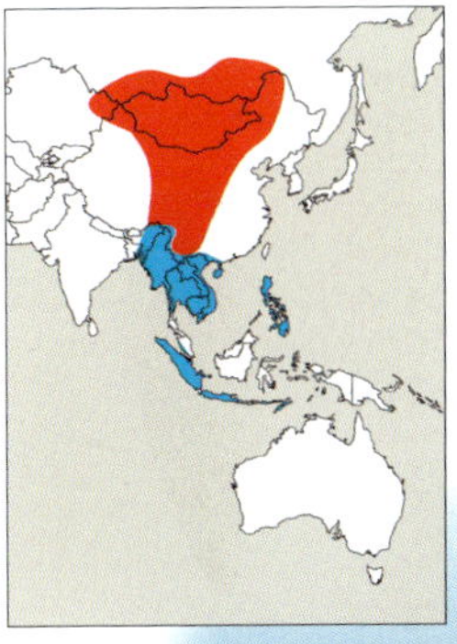

17 cm; davon entfallen 5-6 cm auf die Schwanzspieße, die beim Männchen länger sind als beim Weibchen. Schwalbe mit gämsfarbenem bis rotem Bürzel, Unter- und Oberschwanzdecken schwarz, Steuerfedern völlig schwarz, ohne runde Flecke. Asiatische Unterart *daurica,* seltener Irrgast in Europa, mit sehr dichter, feiner, schwarzer Strichelung auf der Kehle, der Brust und den Flanken, die Wangen unter dem Auge grau gestrichelt, roter Streif hinter dem Auge; der hier schwarze Nacken verbindet den Scheitel mit dem Mantel, während Individuen der europäischen Unterart *rufula* einen orangefarbenen Nackenring aufweisen.

Spornpieper *Anthus richardi*

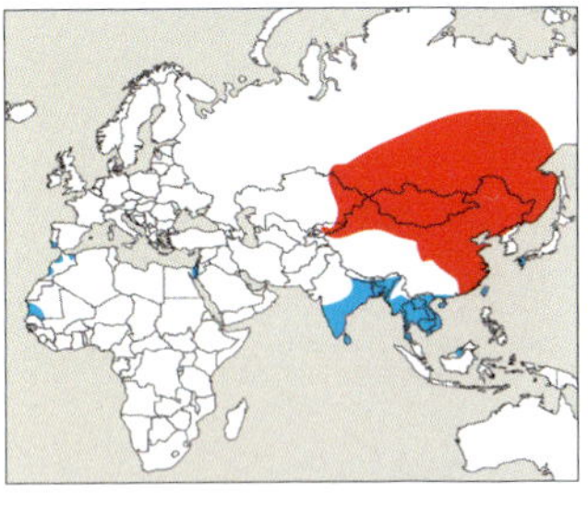

18 cm. Sibirischer Irrgast; seltener Zugvogel entlang der Küsten; seltener und lokaler Wintergast, manchmal in Scharen. Großer und kräftiger Pieper, hochbeinig, hält sich häufig aufrecht. Unterscheidet sich vom Brachpieper durch seine hellen Zügel und seine Größe. Hinterkralle länger als Hinterzehe. Kräftiger Schnabel, markantes Kopfmuster, schwarze Strichelung auf der Brust, Flanken verwaschen gämsfarben. Dunkle Zentren der mittleren Flügeldecken (nicht juvenil) spitz zulaufend (beim Steppenpieper ankerförmig). Juvenile Flügeldecken bei diesen beiden Arten identisch: schwarzbraun mit schmalem, cremefarbenem Saum. Weitere Unterschiede zum Steppenpieper: Scheitel und Mantel weniger gestrichelt, Hinterkralle länger; weiße Färbung auf der 2. äußeren Steuerfeder erstreckt sich spitzförmig nach oben; Ruf anders. Ruf: ein kräftiges, explosives *pscheoo,* beim Auffliegen und im Flug abgegeben.

Steppenpieper *Anthus godlewskii*

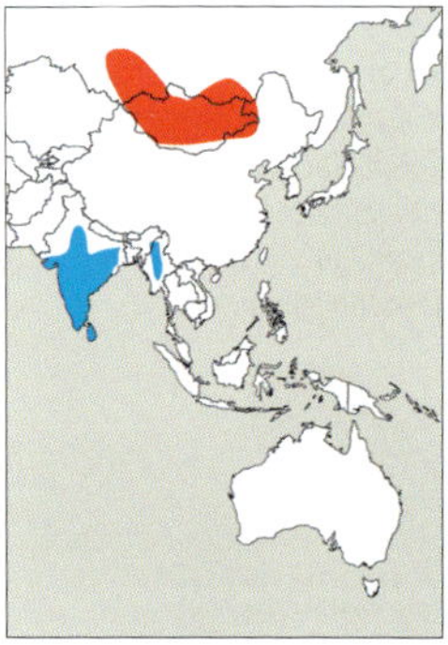

17 cm. Sibirischer Irrgast; manchmal in Gesellschaft des Spornpiepers. Sehr schwer von diesem zu unterscheiden: etwas kleiner und untersetzter, kurzer Schwanz, kürzerer Schnabel mit rosafarbener Basis (beim Spornpieper orangefarben), Hinterkralle kürzer (genauso lang wie Hinterzehe), intensivere weiße Färbung auf äußeren Steuerfedern (Außenfahne weiß, weiße Spitze breiter, an den Federschäften aber nicht so hochreichend), orangefarbene Brust mit markantem Brustlatz aus kurzen, feinen, schwarzen Stricheln (gröbere Strichel beim Spornpieper), Scheitel und Mantel deutlicher gestreift; Kopfmuster mit oft rötlicher Wange kontrastreicher. Im Herbst: gemauserte mittlere Flügeldecken (nicht juvenil) mit viereckiger Ankerform, weniger spitz zulaufend als bei Spornpieper. Zwei Rufe: *pscheo*, weniger explosiv als bei Spornpieper, und ein piepsendes *tschep*, an Brachpieper erinnernd, kennzeichnend; die beiden Rufe sind beim Auffliegen zu hören.

Waldpieper *Anthus hodgsoni*

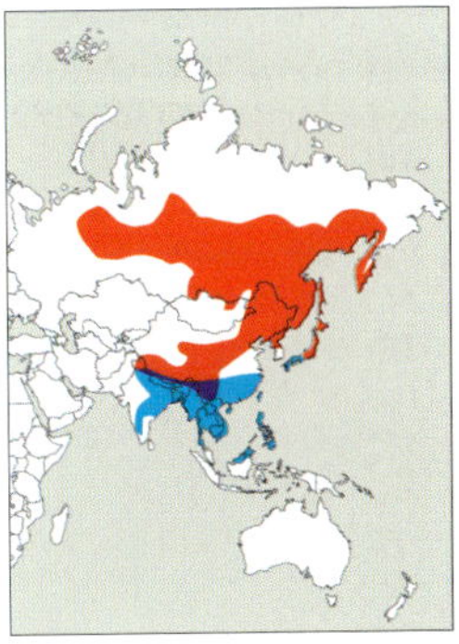

14,5 cm. Sibirischer Irrgast; selten im Herbst; außergewöhnlicher Wintergast. Erinnert an Baumpieper, aber Kopfmuster kontrastreicher: breiter, weißer Überaugenstreif, vor dem Auge gämsfarben, weißer und darunter ein schwarzer Fleck im hinteren Wangenbereich; olivgrün-brauner Mantel schwach gestreift. Brust und Flanken mit deutlichen schwarzen Stricheln, auf der Brust manchmal sehr dicht beieinanderliegend, im hinteren Flankenbereich schmaler. Ruf: *tsiii*, schwer von dem Ruf des Baumpiepers zu unterscheiden, aber etwas gedehnter.

Petschorapieper *Anthus gustavi*

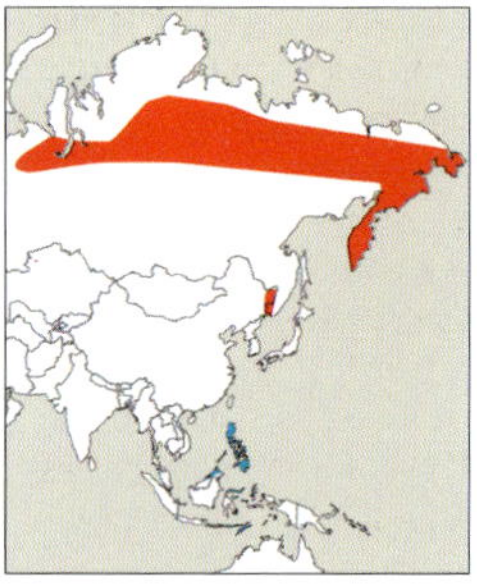

14 cm. Sehr seltener, sibirischer Irrgast; jährlich in Schottland, selten weiter im Süden. Erinnert an Wiesenpieper oder Rotkehlpieper, oberseits aber noch stärker gestreift, Mantel scheint fast schwarz mit zwei breiten, weißen, seitlichen Streifen; Schnabel mit rosafarbener Basis (nicht gelb), schwarzer Fleck vor dem Auge auf den Zügeln (helle Zügel bei den zwei anderen Arten), Überaugenstreif hinter dem Auge wenig ausgeprägt, Scheitel deutlich schwarz gestrichelt. Zwei weiße, sehr markante Flügelbinden; Handschwingenprojektion sichtbar, aber sehr kurz. Bewegt sich am Boden wie eine Maus fort. Ruf: *pwit* oder *pit,* an Flugruf des Zistensängers erinnernd.

Pazifikpieper *Anthus rubescens*

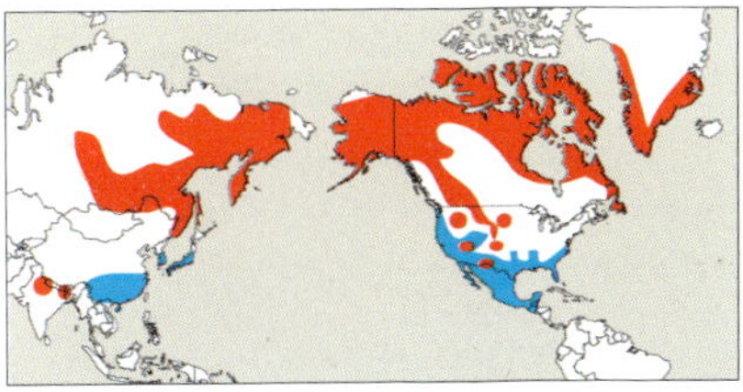

17 cm. Unterart *rubescens;* sehr seltener, nearktischer Irrgast; jährlich auf den Azoren. Im Winter sehr ähnlich Strandpieper und Bergpieper, aber Zügel hell wie Überaugenstreif, Gesamtfärbung brauner, weniger olivgrün/grau, Strichelung auf der Unterseite unschärfer, auf den verwaschen rehbraunen Flanken schmal; Mantel gestreift, aber deutlich weniger als bei Wiesenpieper; äußere Steuerfedern weiß. Sibirische Unterart *japonicus* mit hellen Zügeln ähnlich, letztere verleihen ihr einen offenen Gesichtsausdruck; oberseits aber intensivere olivgrünbraune Färbung, unterseits weiß, mit nicht verwaschen gämsfarbenen Flanken; Strichelung auf der Oberseite besser erkennbar, auf Brust und Flanken deutlicher und stärker gezeichnet; bereits in Nordeuropa beobachtet; überwintert in kleiner Zahl im Mittleren Osten. Ruf: ein scharfes, metallisches *psipp,* beim Auffliegen mehrmals wiederholt.

Wiesenschafstelze *Motacilla flava*

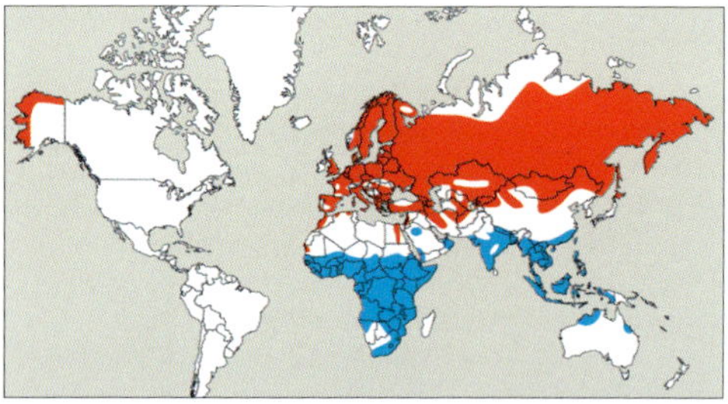

Männchen, Unterart *feldegg* Maskenschafstelze

17 cm. Mehrere orientalische Unterarten sind selten oder sogar außergewöhnlich in Europa. Die Männchen im Prachtkleid sind am leichtesten zu bestimmen, deshalb werden sie hier im Detail dargestellt. Die Weibchen und Jungvögel sind schwerer zu identifizieren. Unterart *beema* aus den Steppengebieten im Südosten Russlands und in Kasachstan; wie Unterart *flava,* aber weißer Halbmond auf der Wange unter dem Auge, Kopf hellgrauer und bläulicher, etwas Weiß auf der Kehle; Ruf schriller. Unterart *feldegg,* genannt Maskenschafstelze (vom Balkan bis zum Kaukasus), mit einheitlich tiefschwarzem Scheitel und Nacken, der gelben Kehle, stark gezeichneten Flügelbinden; Ruf: ein stark rollendes *prriieh.* Intermediäre Formen mit kurzen Überaugenstreifen, weißen Bartstreifen, grauem Nacken; Weibchen mit einheitlich anthrazitgrauem Scheitel und weißer Kehle; ähnliche/intermediäre schwarzköpfige Formen: *superciliaris* (weißer Überaugenstreif), *melanogrisea* (weißer Bartstreif), *xanthophrys* (gelber Überaugenstreif). Unterart *lutea* (Südwesten von Sibirien) mit zitronengelbem Kopf, gelben Flügelbinden, manchmal grünem Scheitel und grüner Wange (hybridisiert mit *beema*, an *flavissima* erinnernd); orientalischer Ruf rollend und rau; Kopf des Weibchens gämsfarben-gelb (Überaugenstreif und Umrandung der Wange) und olivgrün. Unterart *leucocephala* mit weißem Kopf (Scheitel und Wange häufig schattenhaft hellgrau). Andere asiatische Unterarten sind mögliche Irrgäste mit rauem Ruf, Jungvögel ohne jegliches Gelb im Herbst erinnern an Zitronenstelze; in Europa auf der Suche nach: Unterart *tschutschensis* (Männchen erinnern an *flava*, Brust dunkel gesprenkelt, Ruf sehr rau), *taivana* (schwärzlich grüne Wange dunkler als grüner Scheitel, Kehle und lange Überaugenstreifen gelb), *macronyx* (ähnlich *thunbergi*), *plexa* (ähnlich *cinereocapilla*).

Männchen, Unterart *feldegg*

Form *melanogrisea*

Form *superciliaris*

Form *xanthophrys*

Unterart *beema*

Männchen, *lutea* × *beema*

Unterart *lutea*

Unterart *taivana*

Unterart *leucocephala*

Jungvogel, Unterart *tschutschensis*

Unterart *tschutschensis*

Zitronenstelze *Motacilla citreola*

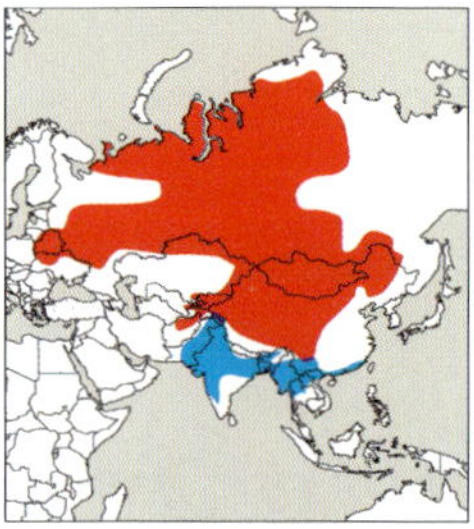

17 cm. Nistet in Osteuropa und in Asien. Zugvogel und seltener Irrgast im Herbst und im Frühling. Männchen der Unterart *citreola* (Norden von Russland): zitronengelber Kopf mit schwarzem Nacken (schwarzes Band reicht bis auf die Schulter), grauer Mantel, schwarze Flügel mit breiten, weißen Rändern (Armdecken und Schirmfedern); graue Kappe bei einigen einjährigen Männchen. Männchen der Unterart *werae* (Südosten von Russland, Südwesten von Sibirien): graue Kappe und wenig Schwarz im Nacken. Männchen der Unterart *calcarata* (vom Iran bis China): oberseits vom Nacken bis zum Schwanz schwarz; sehr breite, weiße Ränder an den Flügeln. Weibchen: Gesicht verwaschen gelb, Scheitel und Wangen grau mit gelber Mitte, Bauch und Unterschwanzdecken weiß, Wange hell umrandet. Jungvogel im Herbst: Überaugenstreif breit, weiß, nach unten schwarz begrenzt, Ohrdecken weiß umrandet; breite, weiße Ränder an den Armdecken. Ruf: ein rollendes und sehr raues *tzrri*.

Bachstelze *Motacilla alba*

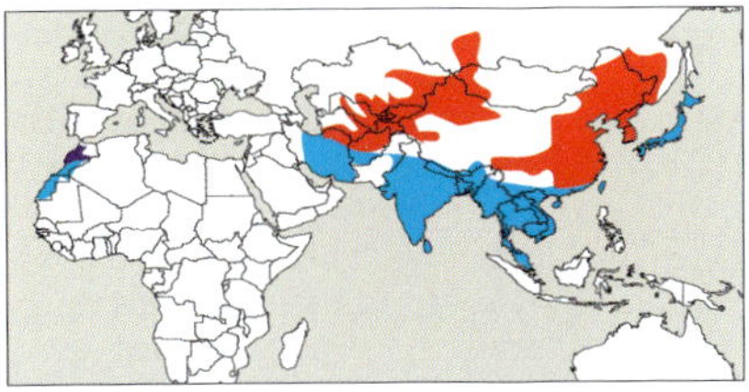

18 cm. Einige Unterarten; sehr seltene Irrgäste. Unterart *subpersonata* aus dem Maghreb (Spanien, Frankreich): schwarz-weißes Kopfmuster anders als bei *alba*, mit mehr Schwarz: schwarzer Kopf mit kurzen, weißen Bartstreifen und langen, weißen Überaugenstreifen, Stirn ebenfalls weiß; weißer Halbmond unter dem Auge, weißer Fleck auf der Seite des Halses; Mantel hellgrau. Drei asiatische Unterarten: Unterart *personata* (Zentralasien): Männchen mit schwarzem Kopf und kleiner, weißer Maske (Überaugenstreif und Stirn weiß), Mantel dunkelgrau; schwarzer, nach unten reichender Brustlatz; mittlere und große Flügeldecken weiß. Unterart *leucopsis* (China): Männchen mit viel Weiß am Kopf, Mantel schwarz (beim Weibchen grau), schwarzer Halbmond auf der Brust; weiße mittlere und große Armdecken kontrastieren mit den anderen schwarzen Armdecken. Unterart *baicalensis* (Transbaikalien): wie *alba*, aber Kehle im Prachtkleid weiß, Flügeldecken scheinen fast völlig weiß, sehr viel Weiß auf Schirmfedern, Mantel aschgrau.

Unterart *subpersonata*

Unterart *baicalensis*

Unterart *personata*

Männchen, Unterart *personata*

Weibchen, Unterart *leucopsis*

Männchen, Unterart *leucopsis*

Zedernseidenschwanz *Bombycilla cedrorum*

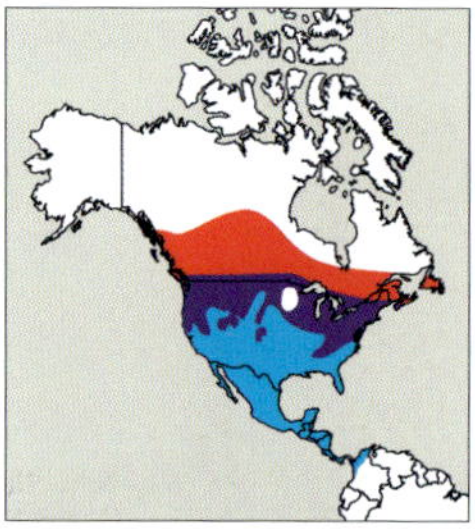

17 cm. Nearktisch; Irrgast in Island, Großbritannien, Irland, auf den Azoren. Etwas kleiner als Seidenschwanz; Kinnfleck unscharf begrenzt, weiße Unterschwanzdecken; gelbliche Färbung des Bauches wird auf der Brust hellbraun-rosa; ein schmaler, weißer Strich auf der Stirn oberhalb der schwarzen Maske und ein weiterer unterhalb. Einheitlicher Flügel; weiße Säume an den Handschwingen und weißer Innenrand auf den Schirmfedern bilden eine weiße Linie; Schwanz schwarz mit gelber Spitze. Jungvogel graubraun mit kurzer, schwarzer Maske auf hellem Gesicht (die Maske bildet sich im Laufe des Herbstes aus), Bürzel hellgrau. Ruf: ein schwingendes *sriii.*

Spottdrossel *Mimus polyglottos*

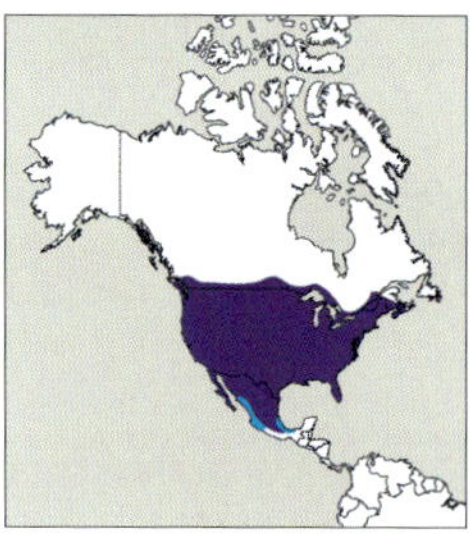

21 cm. Nearktisch; Irrgast in Großbritannien, in den Niederlanden, auf den Kanaren. Etwas kleiner als eine Amsel und schlanker; kleiner als Rote Spottdrossel. Sehr schlank, hochbeinig, sehr langer, gestufter Schwanz, kurze Handschwingenprojektion. Gefieder grau und weiß, Beine schwarz, Iris dunkel (Jungvogel) oder dunkelorange (Altvogel), Schnabel schwarz mit grauer Basis, kaum gebogen. Zwei schmale, weiße Flügelbänder (beim Altvogel breiter), dunkler Augenstreif, oberseits mausgrau, langer, schwarzer Schwanz mit weißen Rändern, manchmal aufgerichtet; weiße Basis an den Handschwingen im Flug, ein kleines Viereck auf dem geschlossenen Flügel bildend. Ruf: ein raues *tschuk* oder *tschur* oder ein schrilles *iu.*

Rote Spottdrossel *Toxostoma rufum*

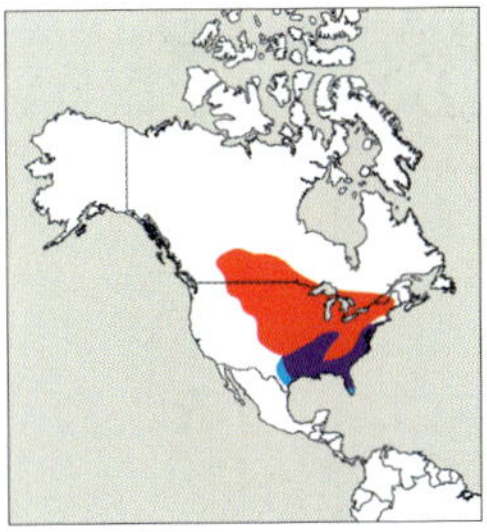

24 cm. Nearktischer Irrgast; ein Individuum hat 1966–1967 in Großbritannien überwintert; ein Irrgast in Deutschland im Jahr 1836. Groß, wie Amsel; sehr langer, rotbrauner Schwanz; kurze, runde Flügel, wobei die Handschwingen durch die Schirmfedern verdeckt sind. Langer, gebogener Schnabel mit grauer Basis, oberseits rot, zwei schwarze und weiße Flügelbänder auf den mittleren und großen Armdecken mit rotbrauner Basis, unterseits cremefarben mit Linien aus breiten, schwarzen Stricheln; pfeilförmige Flecke auf den Flanken, wie bei Singdrossel. Gelbe Iris, einheitlich helles Gesicht; Beine rosa oder rosagrau. Ruf: ein raues *tschäck*.

Katzenspottdrossel *Dumetella carolinensis*

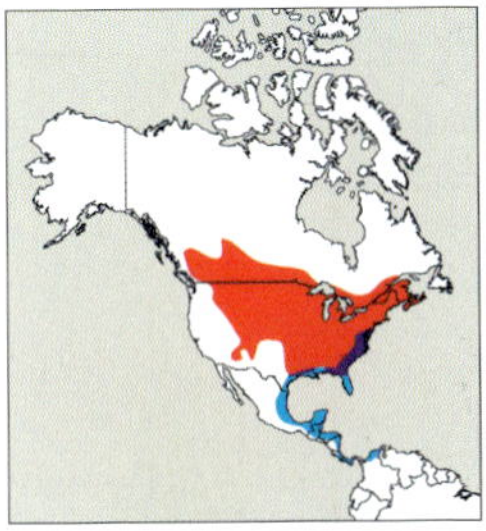

21 cm. Unauffälliger, nearktischer Sperlingsvogel; außergewöhnlicher Irrgast mit einigen Erwähnungen in Großbritannien, Irland, Deutschland, Belgien. Figur und Verhalten wie Nachtigall, Gefieder erinnert an Mönchsgrasmücke. Gefieder dunkelgrau mit schwarzer Kappe und rotbraunen Unterschwanzdecken. Gesicht einheitlich gefärbt, großes, schwarzes Auge. Schlank; langer Schwanz. Sehr unauffällig; bleibt in dichter Vegetation. Ruf: ein kurzes und wenig kraftvolles Rufen, wie der Warnruf eines Rohrsängers.

Bergbraunelle *Prunella montanella*

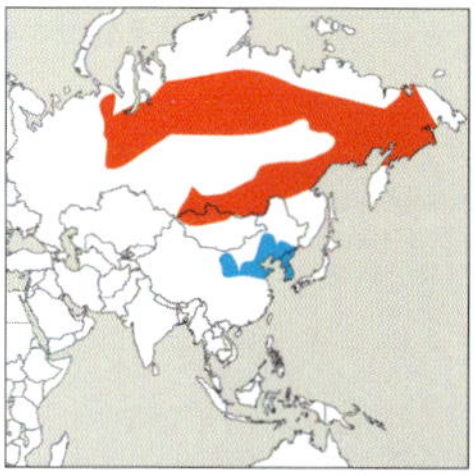

14 cm. Sibirisch; sehr seltener Irrgast im Winter. Figur und Verhalten wie Heckenbraunelle, aber Kopf schwärzlich mit langem, orangefarbenem Überaugenstreif. Sehr ähnlich Schwarzkehlbraunelle, aber Mantel mit wärmerer Braunfärbung, Wange aus dichterem Schwarz mit kleinem, gämsfarbenem Fleck auf Höhe der Ohren, deutlicher orangefarbener Überaugenstreif, Kehle einheitlich gämsfarben (kein Anflug von Schwarz). Brust und Bauch gämsfarben-orange, Flanken mit unauffälliger, feiner, rötlicher Strichelung. Ruf wie der der Heckenbraunelle.

Schwarzkehlbraunelle *Prunella atrogularis*

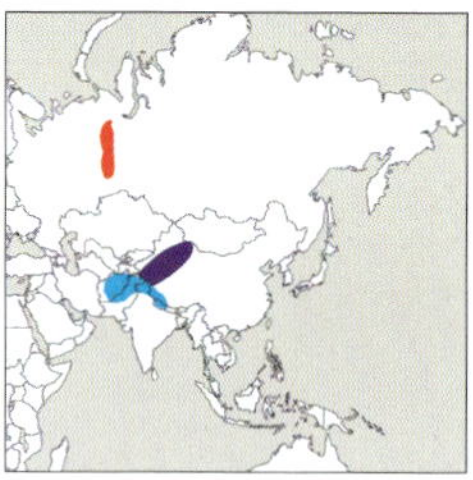

15 cm. Sehr seltener, sibirischer Irrgast im Winter. Erscheinung und Verhalten wie Heckenbraunelle. Sehr ähnlich Bergbraunelle, aber Überaugenstreif und Bartstreif mit heller Gämsfärbung, Scheitel und Wange schwärzlich (weniger dicht), dunkle, hell gestrichelte Kehle, Mantel warmbraun und schwarz gestreift (ohne rotbraune Nuance), Brust orangefarben und Flanken unscharf braun gestrichelt. Im Prachtkleid: Kehle, Scheitel und Wange schwarz, langer Überaugenstreif und schmaler, weißer Strich unter dem Bartstreif, Mantel mattbraun und schwarz gestreift. Stimme wie Heckenbraunelle.

adult

jung

jung

Heckensänger *Cercotrichas galactotes*

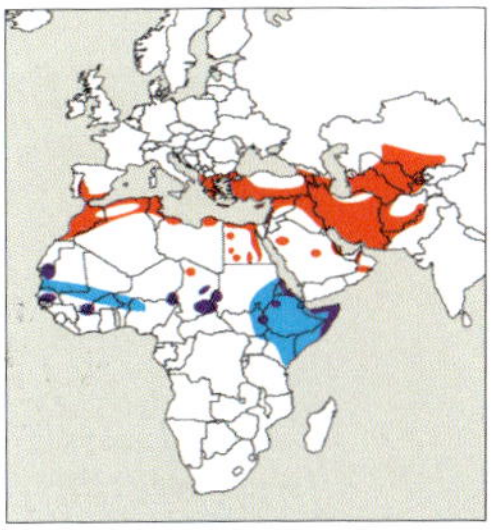

15 cm. Erinnert mit seinem langen, häufig aufgerichteten Schwanz und seiner Lebensweise an Nachtigall; langer, rotbrauner Schwanz, charakteristische Steuerfedern mit schwarzen, dann weißen Spitzen, Weißfärbung auf den äußeren Steuerfedern intensiver; markanter weißer Überaugenstreif, Zügelstreif und Augenstreif schwarz, kleiner, weißer Halbmond unter dem Auge, unscharfer, schmaler, dunkler Bartstreif; Unterschwanzdecken weiß. Westliche Unterart *galactotes* oberseits rötlich, wenig Schwarz auf der äußeren Steuerfeder, auf Außenfahne häufig ganz fehlend; östliche Unterarten *syriacus* und *familiaris* oberseits mehr graubraun mit rötlichem Bürzel und rötlichem Schwanz im Kontrast und mehr Schwarz auf den Steuerfedern; das Schwarz auf der äußeren Steuerfeder reicht bis auf die Außenfahne. Lange, rosafarbene Beine. Ruf: ein langatmiges *siiip*. Zugvogel; Irrgast, vorwiegend an der Mittelmeerküste und im Frühling.

Unterart *galactotes*

Unterart *familiaris*

Unterart *familiaris*

Unterart *syriacus*

Unterart *galactotes*

Nachtigall (sp. *golzii*) *Luscinia megarhynchos* sp. *golzii*

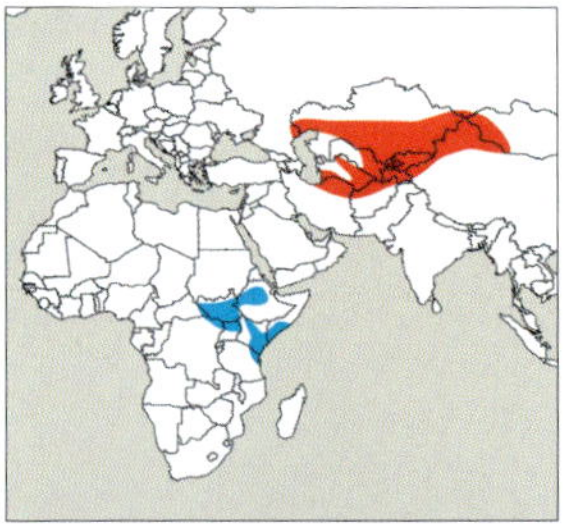

16,5 cm. Unterart der Nachtigall aus Zentralasien; einige Erwähnungen in Westeuropa (Frankreich, Großbritannien). Etwas schlanker, mit längerem und schmalerem Schwanz und längeren Flügeln. Schnabel mit rosafarbener Basis und rosabraune, graue Beine. Einheitlich gefärbtes Gesicht mit markantem, hellem Überaugenstreif und dunkleren Zügelstreifen; Überaugenstreifen häufig höher, vor dem Auge heller und oberhalb des Schnabels miteinander verbunden. Breite und undeutliche helle Ränder an den mittleren und großen Armdecken, an den Schirmfedern deutlicher und besser abgegrenzt. Gefieder oberseits hellbraun; Schwanz mit matter, orangefarbener Färbung. Kann mit ihrem Überaugenstreif, den hellen Rändern an den Flügeln und dem langen, orangefarbenen Schwanz mehr an Heckensänger als an Nachtigall erinnern. Brust manchmal verwaschen oder sogar hellbraun gesprenkelt und dunkler als Kehle; kann an Sprosser erinnern. Unterart *africana* (Kaukasus, Iran) heller als *megarhynchos,* mit dem Ansatz eines Überaugenstreifs, aber nicht so hell und markant wie bei *golzii.*

Schwirrnachtigall *Larvivora sibilans*

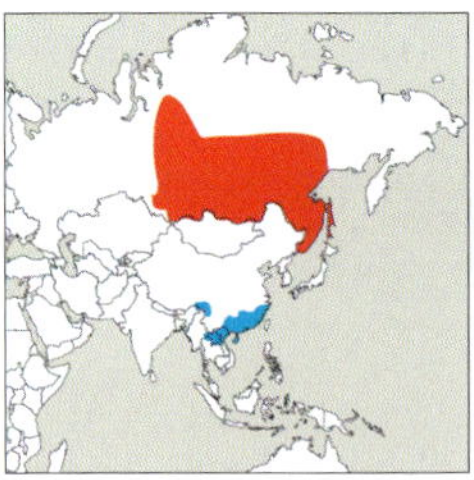

14 cm. Wie eine gedrungene Drossel in Miniaturausgabe mit dem Aussehen eines Rotkehlchens. Gedrungene Gestalt: runder Körper, großer Kopf, kurzer Schwanz, lange Unterschwanzdecken. Mantel warmbraun, Schwanz rotbraun, Brust mit braunem Schuppenmuster, Flanken verwaschen braun, Schwungfedern mit rotbraunen Rändern. Cremefarbener Augenring, creme- oder gämsfarbener Überaugenstreif vor dem Auge und braune Zügel; Beine rosa; Basis des Unterschnabels rosafarben. Im Herbst: Kehle häufig dunkel gepunktet und markanter Wangenstreif. Seit 2004 einige seltene Beobachtungen im Herbst in Schottland, Polen, Dänemark und England. Rufe: ein tiefes *töpp* oder *töck.* Gesang: schneller, flötender, langer Triller. Richtet den Schwanz am Boden wie eine Nachtigall auf.

Rubinkehlchen *Calliope calliope*

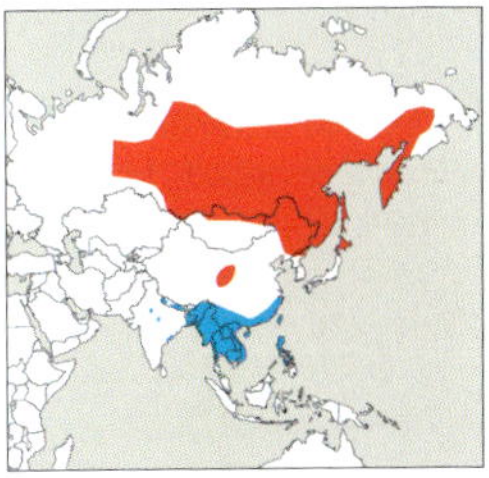

15 cm. Nachtigall mit mattgrau-braunem Gefieder, oberseits einheitlich; schmaler, weißer Überaugenstreif überragt das Auge und die schwarzen Zügel kaum; unterseits warmbraun mit weißem Bart. Schwarz umrandete, rote Kehle beim Männchen schmal schwarz nach unten begrenzt; rote Federn mit weißen Rändern im Herbst. Weibchen ähnlich, aber Kehle beigefarben und Brust verwaschen braun. Juvenile Schirmfedern und große Armdecken mit cremefarbener Spitze bleiben im ersten Winter manchmal erhalten. Beine rosabraun; Schnabel mit rosafarbener Basis kontrastiert mit dunklem Gesicht. Ruf: ein dumpfes *tschük* oder *tschöf.* Gesang: ein abwechslungsreiches und schnelles Schwatzen, bestehend aus langen, endlosen Phrasen. Nistet im Uralgebirge und weiter östlich; sehr seltener Irrgast in Europa im Herbst.

Blaunachtigall *Larvivora cyane*

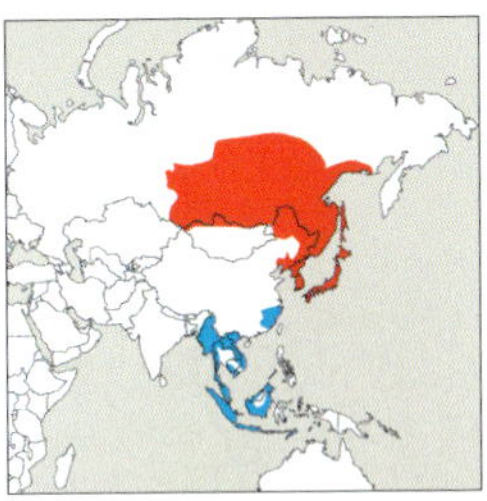

12,5 cm. Kleine Nachtigall mit sehr kurzem Schwanz, gedrungenem Körper und langen, hellrosafarbenen Beinen. Männchen oberseits nachtblau und unterseits weiß – unverwechselbar; schwarzes Band entlang der Flanken; schwarzes Gesicht. Weibchen braun, ohne charakteristische Zeichnung: schwarzes Auge, einheitlich gefärbtes Gesicht, schmaler, cremefarbener Augenring, einige «Schuppen» im oberen Bereich der verwaschen gämsfarbenen Brust und ein blau getönter Schwanz (bei Schwirrnachtigall rotbraun). Ruf: ein raues und sehr trockenes *deck,* manchmal zweifach oder in Serie abgegeben. Sehr unauffällig und scheu; hält sich die meiste Zeit am Boden auf. Einige Erwähnungen im Vereinigten Königreich, in Spanien.

Blauschwanz *Tarsiger cyanurus*

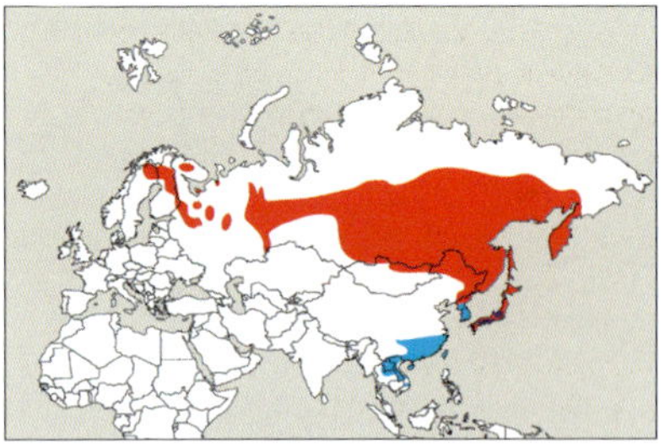

14 cm. Erinnert an kleines, untersetztes Rotkehlchen; Schwanz kurz und blau; oberseits erdbraun, aber unterer Bereich des Bürzels bläulich, Flanken orangefarben; weiße Kehle mit brauner Umrandung, die in einen braunen Brustlatz übergeht. Gesicht sehr einheitlich, bis zu den Wangenbereichen braun; schmaler, cremefarbener Augenring. Beine und Schnabel schwarz. Männchen oberseits dunkelblau; weißer Überaugenstreif. Kleine Flügeldecken bei den jungen Männchen im Herbst bläulich, bei den jungen Weibchen graubraun. Rufe: ein wenig raues *tack-tack*, ein zum Ende hin leicht abfallendes *hiip*. Nistet von Finnland bis Sibirien.

1. Winter

Männchen, Prachtkleid

Männchen, 1. Winter

Männchen

Weibchen

Weißkehlsänger *Irania gutturalis*

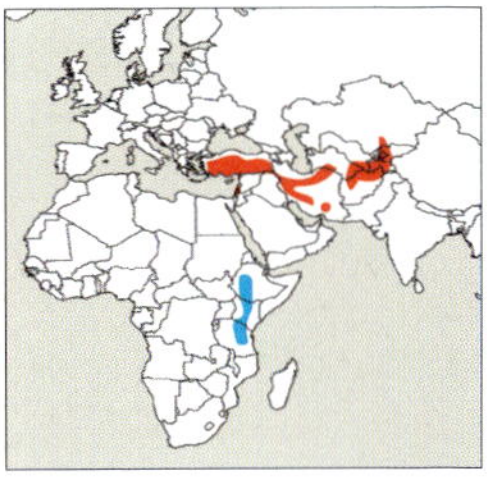

17 cm. Großer, schlanker Schmätzer; graues Gefieder mit schwärzlichem Schwanz, schwarze Beine und langer, schwarzer Schnabel. Männchen: langer, weißer Überaugenstreif; schwarze Kopfseiten rahmen ein schmales, weißes Kehlfeld ein; unterseits leuchtend orangefarben; einige Männchen mit gämsfarbener Unterseite und breiter, weißer, schwarz unterlegter Kehle. Weibchen völlig graubraun mit schwarzem Schwanz, orangefarbenem Band entlang der Flanken, heller Kehle und graubraunen Wangenstreifen, schmalem, weißem Augenring und völlig schwarzem, langem Schnabel. Herbst: Jungvogel mit einigen großen Armdecken und Schirmfedern, die am Ende einen deutlichen hellen, kleinen Fleck aufweisen. Nistet in der Türkei und im Kaukasus; bekannter Zugvogel auf der Arabischen Halbinsel; einige Meldungen aus Großbritannien und den Niederlanden.

Sprosserrotschwanz *Phoenicurus erythronotus*

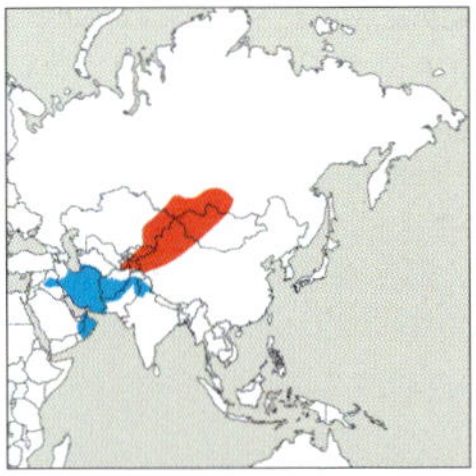

15 cm. Aus Zentralasien; möglicher Irrgast im Winter (zwei frühere Erwähnungen in Russland; Irrgast im Winter in Kuwait). Männchen: Scheitel bis zum unteren Nackenbereich grau; schwarze Maske erstreckt sich bis zur Schulter; orangefarbener Rücken, weißes Band auf der Schulter, weißer Fleck an der Basis der Handschwingen. Im Winter Mantel orangefarben und schwarze Schulterfedern weitgehend grau gerändert, Oberflügeldecken mit hellen Rändern. Kehle und Brust orange, Unterbauch und Unterschwanzdecken weiß. Weibchen: untere Partien beigefarben/verwaschen orange, weißer Augenring auf grauer Wange mit undeutlichem weißlichem Überaugenstreif; cremefarbene Ränder an allen Flügeldecken und an den Schirmfedern im ersten Winter; orangefarbener Schwanz mit brauner Mitte.

Hausrotschwanz (östliche Unterarten) *Phoenicurus ochruros*

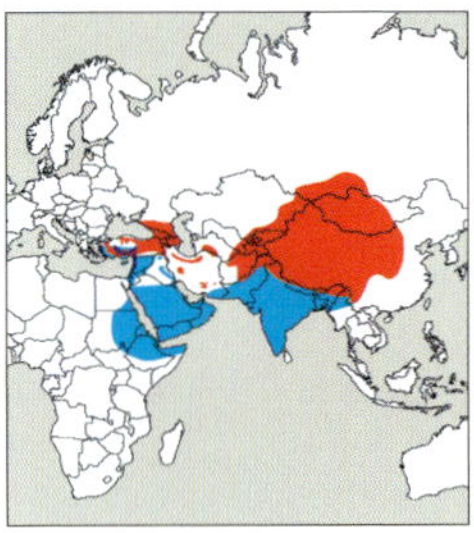

14,5 cm. Männchen der östlichen Unterarten werden manchmal in Westeuropa beobachtet. Östliche Unterart *phoenicuroides:* oberseits grau, Bauch orange, lange Flügel; erinnert an Gartenrotschwanz, aber Handschwingen liegen am Ende des Flügels ungleichmäßig weit auseinander, wie bei nistender Unterart *gibraltariensis.* Unterart *ochruros* (Türkei): Unterbauch und Unterschwanzdecken des Männchens orangefarben; Kehle und Brust schwarz; weißer Flügelbereich. Unterart *semirufus* (Mittlerer Osten): Männchen von Gesicht bis Oberbauch schwarz, Bauch leuchtend orangefarben, Mantel schwärzlich, kein weißer Flügelbereich. Nicht zu verwechseln mit Hybriden zwischen Gartenrotschwanz und Hausschwanz-Unterart *gibraltariensis;* zu überprüfen ist der Abstand der Handschwingen auf dem geschlossenen Flügel; Mischformen haben im Allgemeinen eine schwarz-orangefarben gestrichelte Abgrenzung auf der Brust.

Männchen, Unterart *ochruros*

Männchen, Unterart *semirufus*

Unterart *phoenicuroides*

Unterart *phoenicuroides*, Prachtkleid

Männchen, Unterart *phoenicuroides*

Spiegelrotschwanz *Phoenicurus auroreus*

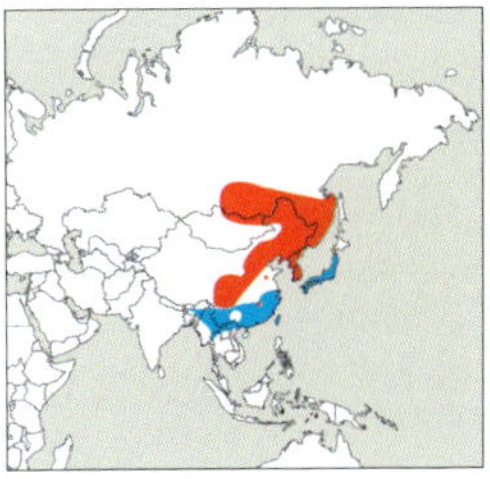

15 cm. Asiatischer Rotschwanz; kann mit den schwarzen Flügeln und der breiten, weißen Basis der Armschwingen an Diademrotschwanz erinnern; jedoch ist die Kehle schwarz, der Scheitel grau, wobei sich das Grau bis zum Auge ausdehnt, der Nacken ist ebenfalls grau. Untere Partien des Weibchens mit cremefarbener, verwaschen orangefarbener Tönung, die auf den Unterschwanzdecken noch dichter wird; Gesicht sehr einheitlich mit cremefarbenem Augenring; innere weiße große Armdecken formen ein kurzes Band auf dem Flügel. Ein Männchen, wahrscheinlich Gefangenschaftsflüchtling, in Schottland Ende April 1988. Eine Erwähnung in Russland im Oktober 2006.

Diademrotschwanz *Phoenicurus moussieri*

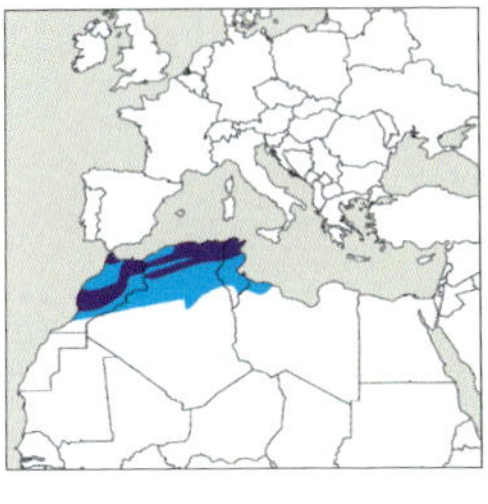

12 cm. Kleiner, nordafrikanischer Rotschwanz; sehr seltener Irrgast in Südeuropa, kürzlich vorwiegend im Winter oder im Frühling. Männchen: oberseits schwarz, unterseits bis zu den Unterschwanzdecken rot-orange; weißes Band, das sich von der Stirn über die Augen bis auf die Halsseiten zieht («Diadem»), schwarze Wange mit der schwarzen Schulter verbunden; breiter, weißer Fleck auf dem Flügel (von den inneren Handschwingen zu den inneren Armschwingen); Bürzel und äußere Steuerfedern orange. Männchen im ersten Winter: oberseits schwärzlich anthrazitgrau mit hellen Rändern; weißes Band am Kopf grau bepudert. Weibchen: wie Gartenrotschwanz, aber kleiner, Gesicht braun, Brust und Bauch leuchtend orangefarben, mit unscharfer Abgrenzung zum Gesicht; kein Weiß auf dem Flügel. Ruf: ein scharfes und dünnes *hiet* oder ein weiches *trrrr.*

Riesenrotschwanz *Phoenicurus erythrogastrus*

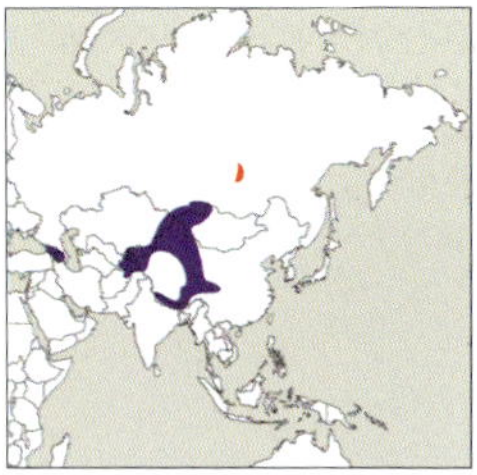

16 cm. Großer Rotschwanz aus dem Kaukasusgebirge; einige Erwähnungen (Gefangenschaftsflüchtlinge?) in Europa. Männchen dreifarbig: Scheitel und Nacken weiß, Schwungfedern (von den Handschwingen bis zu den Schirmfedern) mit breiter, weißer Basis, Brust, Wangen, Mantel und Flügeldecken schwarz, Schwanz einheitlich rot; im Flug: breites, weißes Band zieht sich über den gesamten Flügel. Weibchen wie Gartenrotschwanz, unterseits hell, aber größer, Figur massiver, großer Schnabel, rotbrauner Schwanz mit braunen mittleren Steuerfedern, oberseits hellbräunlich grau, unterseits cremefarben mit verwaschen gämsfarbenen, hellen Flanken; heller Augenring, manchmal eine helle Basis an den Schwungfedern. Ruf: ein kurzes und scharfes *tsi* oder *tsi-teck-teck*.

Mohrenschwarzkehlchen
Saxicola caprata

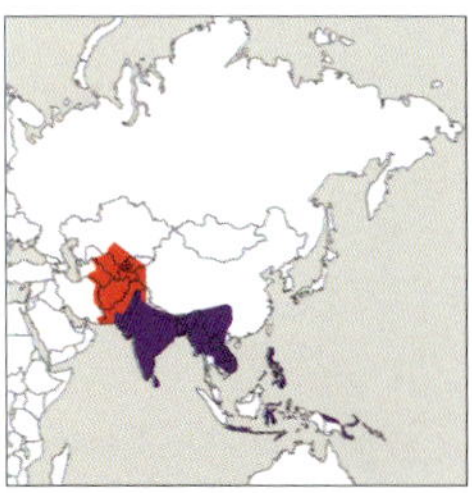

14 cm. Sehr seltener Irrgast aus Zentralasien auf Zypern, in Finnland. Etwas größer als Schwarzkehlchen, Männchen völlig schwarz mit weißem Bürzel und Steiß, weißes Band auf der Schulter. Männchen im 1. Winter: schwarz und braun gesprenkelte Brust. Weibchen unterseits heller graubraun (oft rötlich), Unterbauch weiß, Bürzel rotbraun.

Isabellsteinschmätzer *Oenanthe isabellina*

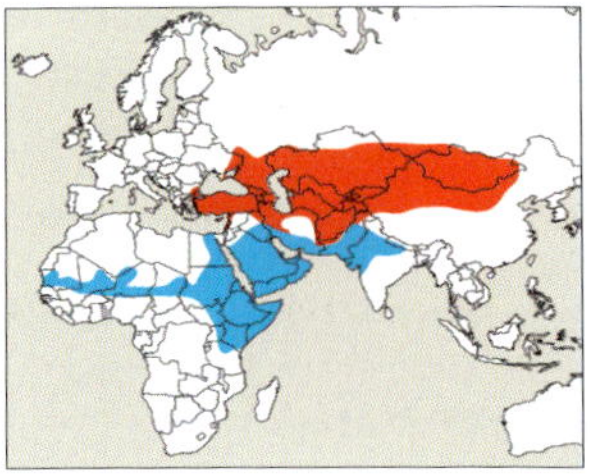

16,5 cm. Zugvogel und Irrgast aus Osteuropa und Zentralasien. Untersetzter Steinschmätzer mit kurzem Schwanz und langen Beinen; hält sich häufig aufrecht. Erinnert an Steinschmätzer-Weibchen, aber hochbeiniger, Schwanz kürzer mit gleichmäßiger und breiterer, schwarzer Endbinde; Überaugenstreif besonders vor dem Auge deutlich, dahinter undeutlich. Oberseits sandfarben ohne graue Nuance, unterseits verwaschen gämsfarben. Schwärzliche Alula kontrastiert mit den cremefarbenen Rändern an allen Flügeldecken. Schwarze, kontrastreiche Zügel beim Männchen, graue Zügel beim Weibchen.

Pallasschwarzkehlchen *Saxicola maurus*

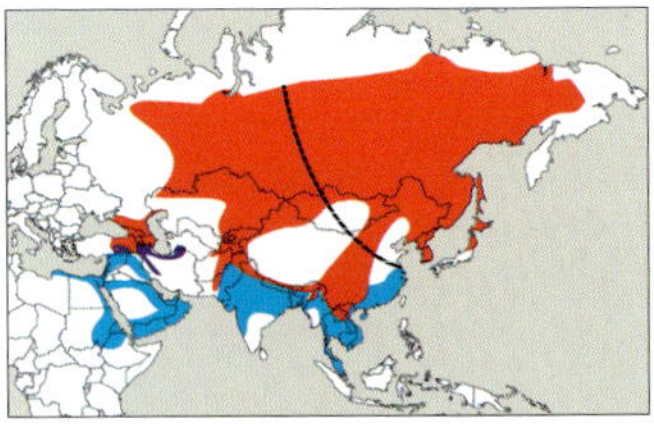

12,5 cm. Stellvertreter des Schwarzkehlchens in Sibirien und im Orient. Seltener Irrgast im Herbst. Männchen der sibirischen Unterart *maurus* im Prachtkleid mit sehr breitem, weißem Halsfleck, der bis zum Nacken reicht; Brust mit reduzierter orangefarbener Färbung, Bürzel ungestrichelt cremeweiß (im Sommer zu großem, weißen Fleck ausbleichend). Weibchen sehr hell, Oberschwanzdecken einheitlich hell, Kehle cremefarben. Im Herbst: heller Überaugenstreif, an Braunkehlchen erinnernd, helle Kehle (beim Weibchen cremefarben), Bürzel und Oberschwanzdecken einheitlich gämsfarben. Unterart *hemprichii* (früher: *variegatus*) aus Zentralasien mit weißer Färbung an der Basis der äußeren Steuerfedern, besonders auf der Innenfahne. Unterart *variegatus* (früher: *armenicus*) aus dem Kaukasus mit wenig Weiß an der Basis der äußeren Steuerfedern (weniger als bei *hemprichii,* unter den Oberschwanzdecken, fast nur in der Hand sichtbar). Unterart *stejnegeri* (Ferner Osten) mit völlig schwarzen Steuerfedern wie *maurus,* aber Bürzel im Herbst dunkelrot und Schnabel kräftiger und dicker, manchmal schwarzer Mittelstreifen auf einigen großen Oberschwanzdecken.

Männchen, Unterart *maurus*

Weibchen, Unterart *maurus*

Weibchen, Sommer Unterart *maurus*

Männchen, Unterart *maurus*

Männchen, 1. Winter Unterart *stejnegeri*

Männchen, 1. Winter Unterart *stejnegeri*

Unterart *stejnegeri*

Nonnensteinschmätzer *Oenanthe pleschanka*

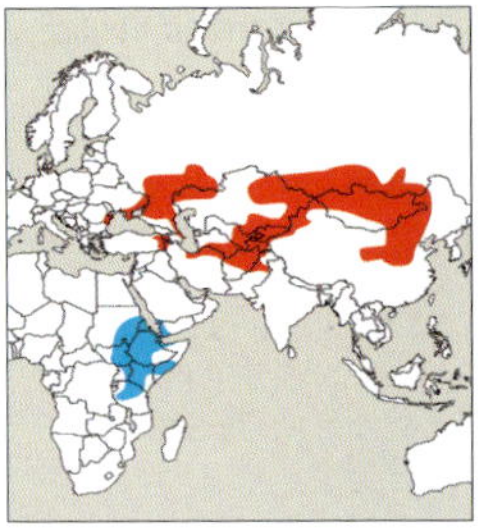

14,5 cm. Brutvogel in Zentralasien; sehr seltener Irrgast an den europäischen Küsten im Herbst. Im Herbst ähnlich Mittelmeer-Steinschmätzer, Schwanzmuster gleich (schwarze Endbinde von variabler Breite, am Rand breiter, in der Mitte schmaler), aber Mantel mit matter, graubrauner Färbung und im Herbst durch helle Ränder schuppig wirkend (einheitlicher als bei Mittelmeer-Steinschmätzer). Weibchen mit heller Kehle; Männchen mit schwarzer, hell bereifter Kehle. Männchen im Prachtkleid: Mantel schwarz, Kopf schwarz mit weißem Scheitel, Brust verwaschen hellorange, manchmal etwas Grau oben auf dem Scheitel (besonders bei einjährigem Männchen). Männchen, Morphe *vittata:* weiße Kehle. Weibchen im Prachtkleid: oberseits einheitlich graubraun, Brust ziemlich einheitlich graubraun, Kehle hell.

Morphe *vittata*

Männchen, Prachtkleid

Männchen, 1. Winter

Männchen, Winter

Weibchen

Wüstensteinschmätzer *Oenanthe deserti*

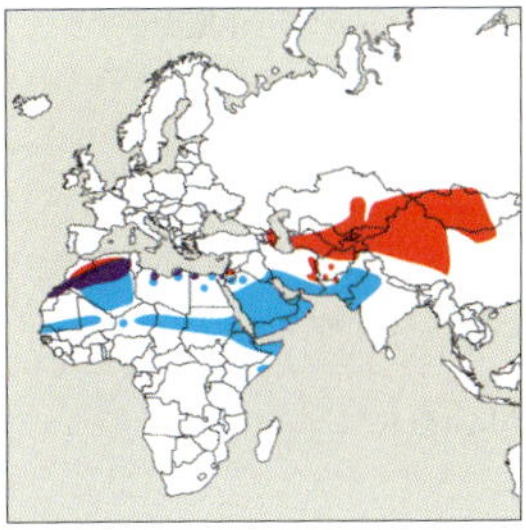

14,5 cm. Brutvogel in Nordafrika und Zentralasien; seltener, jährlicher Irrgast im Herbst und im Frühling an Küsten, in felsigen Gebieten, Dünen- oder Steppengebieten. Schlanker Steinschmätzer mit langem, schmalem, völlig schwarzem Schwanz (tatsächlich etwas Weiß an der Basis der äußeren Steuerfedern, unter den Schwanzdecken selten sichtbar). Oberseits ocker- bis gämsfarben, Wangen und Kehle beim Männchen schwarz, schwarze Verbindungslinie zwischen Kehle und Flügel; Brustlatz im Winter weitgehend beigefarben gerändert. Weibchen: undeutlicher breiter, heller Überaugenstreif; Wangen und Kehle im Herbst hell, im Sommer grau. Breiter, weißer Bürzel kontrastiert mit dem Schwanz. Weißes Schulterband am sonst schwarzen Flügel; im Winter weiße Säume an den Armdecken und Schwungfedern.

Weibchen

Weibchen

Männchen

Weibchen

Männchen, Winter

Rostbürzel-Steinschmätzer *Oenanthe xanthoprymna*

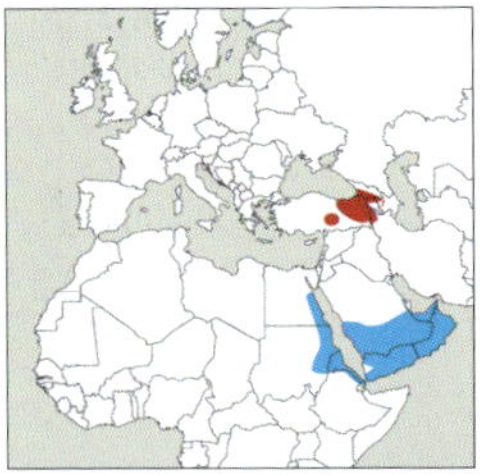

15 cm. Ursprünglich aus Kurdistan; überwintert in felsigen Lebensräumen um das Rote Meer herum. Eine europäische Erwähnung: auf der Spitze des Vulkans Puy-de-Dôme (Frankreich) im Mai 2015. Schwanzseiten bei adulten Weibchen und Männchen weiß, bei jungen Weibchen orange-rot. Männchen: Mantel grau; Kehle schwarz, in schwarze Schulter und schwarzen Flügel übergehend; Überaugenstreif weiß, Scheitel grau, Unterschwanzdecken rotbraun; Gefieder im Prachtkleid kontrastreicher. Weibchen ziemlich einheitlich graubraun, Zügel ziemlich hell (deutlich dunkler bei Kaukasussteinschmätzer, *O. chrysopygia)*, Wangen rötlich, Kehle manchmal dunkel, weißer Überaugenstreif.

Weibchen, adult

Weibchen, 1. Jahr

Männchen, Sommer

Männchen, Winter

Steinschmätzer ***(O. seebohmi)*** *Oenanthe (oenanthe) seebohmi*

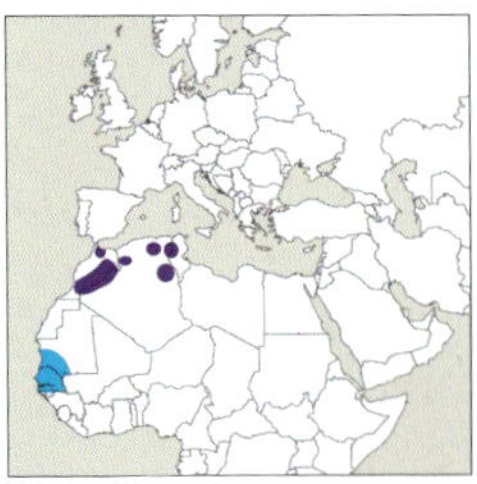

15 cm. Stellvertreter des Steinschmätzers im Maghreb; eine kürzliche Beobachtung auf der Iberischen Halbinsel. Männchen mit schwarzer Kehle, von dieser manchmal schwarze Verbindung zur Schulter, ausgedehnter Überaugenstreif; Unterflügeldecken schwarz, Unterschwanzdecken orangefarben; gleichmäßige, schwarze Schwanzbinde. Weibchen mit dunklen Zügeln, manchmal auch mit dunkler Kehle.

In einigen Fällen als eigene Art betrachtet.

Weibchen

Männchen

Saharasteinschmätzer *Oenanthe leucopyga*

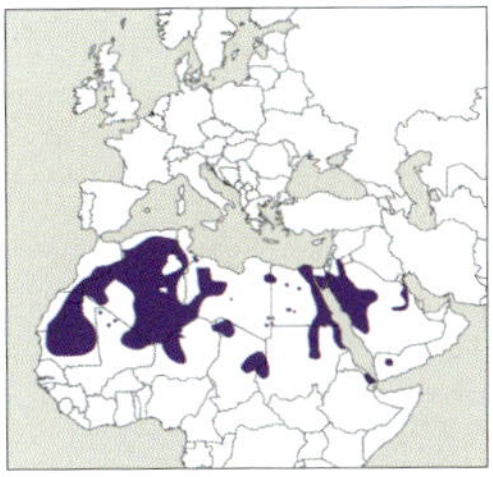

18 cm. Sehr seltener Irrgast; nistet in den Kieswüsten am Rand der Sahara und im Mittleren Osten. Einige Erwähnungen in Westeuropa. Groß, relativ schlank. Gefieder schwarz, Bürzel breit und weiß, Schwanz abgesehen von schwarzen mittleren Steuerfedern und einigen ungleichmäßigen, schwarzen Spitzen an anderen Steuerfedern weiß; Schwarz reicht manchmal bis auf die äußersten Steuerfedern. Schwarzer Scheitel beim Jungvogel wird nach einem Jahr weiß; einige einjährige Brutvögel mit nur einigen vereinzelten, weißen Federn auf dem schwarzen Scheitel; einige Altvögel behalten die schwarze Stirn.

Erddrossel *Zoothera dauma*

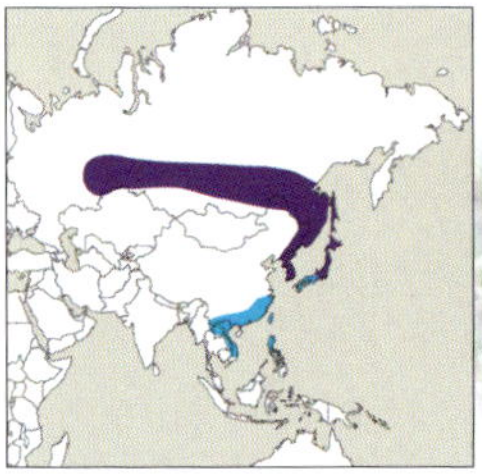

27 cm. Große, asiatische Drossel, Gefieder mit deutlichem Schuppenmuster. Unterseits weiße Federn mit breitem, schwarzem, terminalem Halbmond; oberseits hellbraun-goldene Federn mit breiter, schwarzer, terminaler «Schuppe». Helle Schwanzecken, Mitte des Schwanzes goldfarben, dazwischen dunkler Streifen. Unter dem Flügel bilden die schwarzen mittleren Unterflügeldecken und die weißen kleinen und großen Unterflügeldecken ein typisches Muster aus einem schwarzem Band, das durch zwei weiße Bänder eingerahmt ist – starker Kontrast im Flug; ganz anders als das einheitliche Muster der Misteldrossel. Am Boden flüchtiges Verhalten; hält sich immer verborgen. Nistet ausschließlich im Uralgebirge. Im Allgemeinen schweigsam, ruft selten ein *tsie,* das nur einige Meter weit zu hören ist.

Schieferdrossel *Geokichla sibirica*

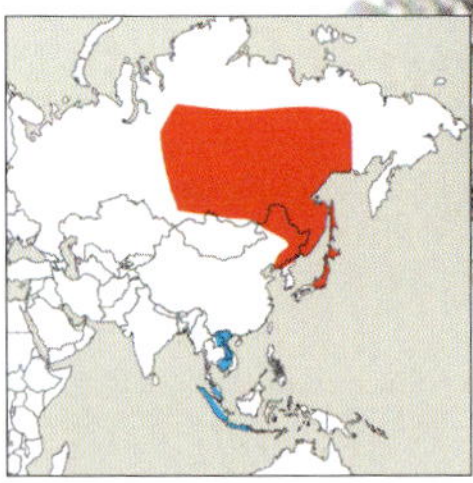

22 cm. Kleine, dunkle, sibirische Drossel mit markantem weißem Überaugenstreif, schmalem, schwarzem Schnabel und gelben Beinen. Männchen: oberseits und von der Kehle bis zum Bauch dunkelanthrazitgrau, schwarze «Spitzklammern» auf den Unterschwanzdecken. Männchen im 1. Winter: Schuppenmuster unterseits, Kehle verwaschen gämsfarben; gämsfarbene Spitze an den großen Flügeldecken, die brauner als die gemauserten anthrazitgrauen Federn sind. Weibchen: oberseits erdbraun, weiß-gämsfarbene Unterseite weitgehend braun «geschuppt», dunkelbraune «Spitzklammern» auf den weißen Unterschwanzdecken. Kleine, weiße Ecken am Schwanz; mittlere Unterflügeldecken dunkel, kleine und große Unterflügeldecken weiß. Typische Flügelunterseite: durch zwei weiße Bänder eingerahmtes, schwarzes Band, wie Erddrossel oder die kleinen nearktischen Drosseln. Rufe: ein dünnes und scharfes *sit* und ein raues, drosselähnliches *jak.*

Halsbanddrossel *Ixoreus naeviusa*

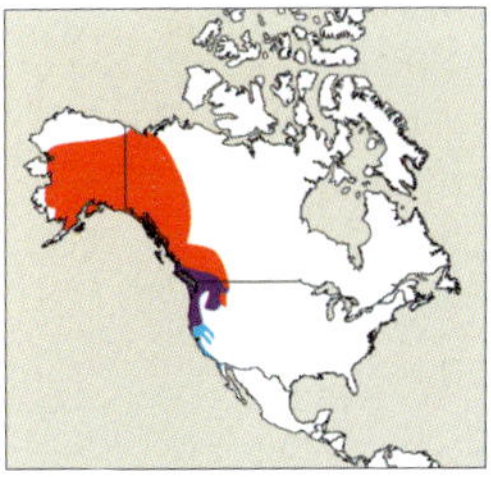

25 cm. Nearktisch (Westkanada); sehr seltener Irrgast in Großbritannien und Island. Körpergröße und Gestalt an Schieferdrossel erinnernd, Gefieder aber wesentlich kontrastreicher und variabler. Sehr farbenfroh, unterseits orangefarben mit breitem, schwarzem Brustband (dieses beim Jungvogel eher grau). Langer, orangefarbener Überaugenstreif, hinter dem Auge beginnend; scheckige Flügel mit zwei breiten, orangefarbenen Flügelbändern, Mantel und kleine Armdecken bläulich, schwarze «Spitzklammern» auf dem hinteren Flankenbereich und bis auf die Unterschwanzdecken. Männchen mit schwarzem Kopf, Weibchen mit anthrazitgrauem Kopf. Ruf: ein eher tiefes *tök.*

Walddrossel *Hylocichla mustelina*

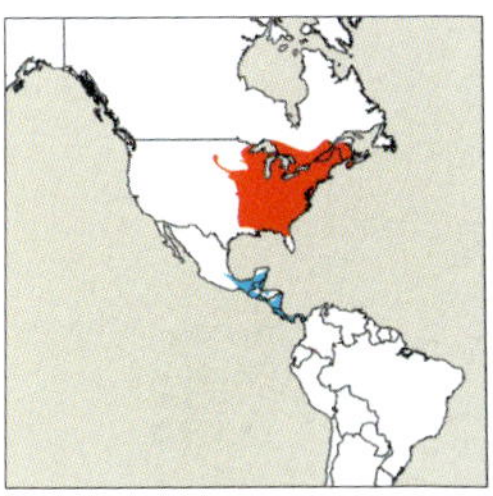

20 cm. Nearktische Drossel; Körpergröße wie Rotdrossel. Oberseits rot und unterseits mit großen, runden, schwarzen Flecken. Schwarz gestrichelte Wange, weißer Augenring, an Singdrossel erinnernd. Beine hellrosa. 1. Winter in der Regel mit einigen juvenilen großen Armdecken mit heller Spitze am Ende, wie bei allen Drosseln. Ruf: ein dünnes und wiederholtes *pit.* Einige Erwähnungen in Island, Großbritannien und auf den Azoren.

Einsiedlerdrossel *Catharus guttatus*

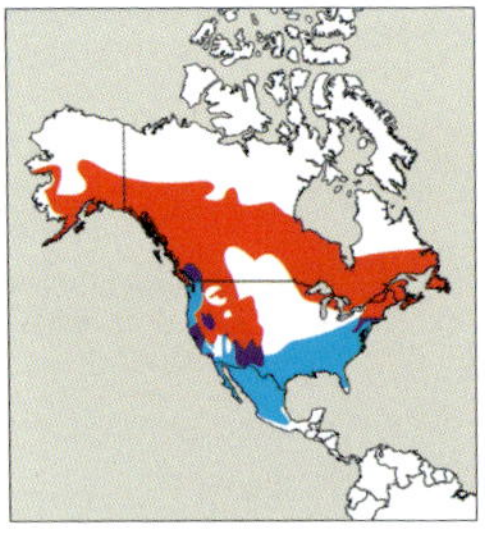

17 cm. Kleine, nearktische Drossel; sehr ähnlich Zwergdrossel und Grauwangendrossel, rötlicher Schwanz kontrastiert aber mit Mantel. Schwanz, Oberschwanzdecken und Bürzel rötlich, Oberseite mit ziemlich warmer, hellbrauner Färbung. Weiße Brust mit ziemlich dichten, runden, braunen Flecken, die auf den Flanken und im unteren Brustbereich schnell verblassen. Einheitliches Gesicht mit schmalem, aber deutlichem weißem Augenring. Ruf: ein dumpfes *tschuk*.

Zwergdrossel *Catharus ustulatus*

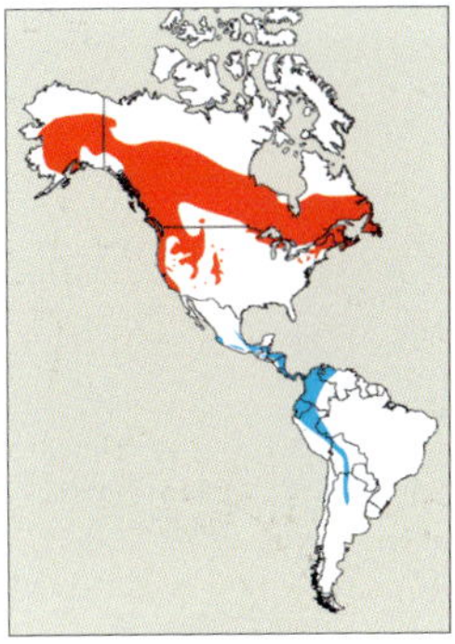

18 cm. Kleine, nearktische Drossel mit olivgrün-brauner Färbung, ohne Kontrast zwischen Mantel und Schwanz, mit kennzeichnendem Gesicht. Die gämsfarbenen Zügel gehen in einen dicken, cremefarbenen Augenring über, wodurch ein charakteristisches Muster entsteht; Zügel, Gesicht und Kehle verwaschen gämsfarben. Oberseite mit warmer, olivgrün-brauner Färbung; Brust mit dunkelbraunen, runden Flecken, die auf dem Bauch und den Flanken unschärfer werden; hinterer Flankenbereich stark verwaschen graubraun. Ruf: ein eher einsilbiges, betontes *wit.*

1. Winter

1. Winter

adult

Grauwangendrossel *Catharus minimus*

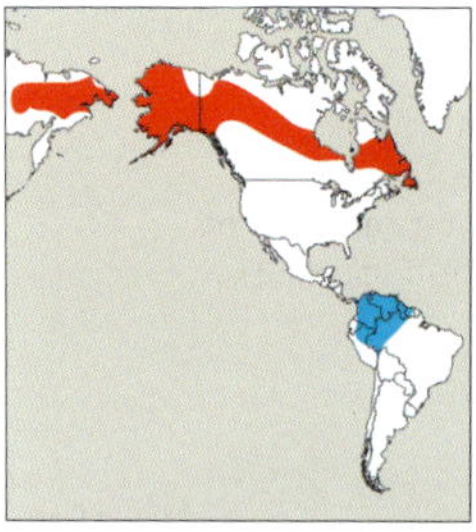

Grauwangendrossel

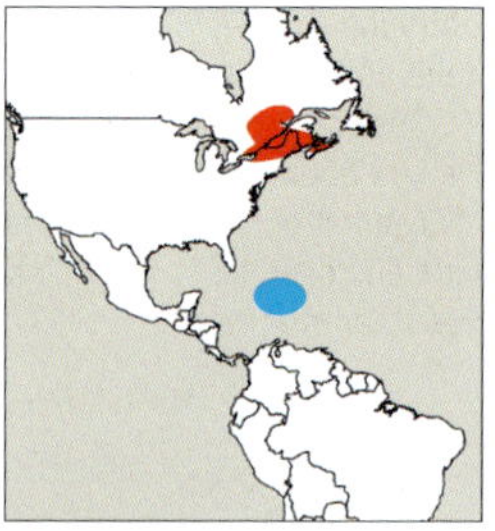

Bicknelldrossel

18 cm. Kleine, nearktische Drossel mit mattbrauner Färbung, ohne Kontrast zwischen Mantel und Schwanz. Undeutlicher Augenring, besonders hinter dem Auge sichtbar; Zügel und Wange gleich gefärbt, Gesicht und Kehle grau (ohne die gämsfarbene Nuance der Zwergdrossel), Flanken verwaschen graubraun; Oberseite matter als bei Zwergdrossel. Ruf: *wie-ah,* anders als der einsilbige Ruf der Zwergdrossel. Bicknelldrossel (*C. bicknelli*) derzeit als eigene Art betrachtet; lokaler Brutvogel entlang der Atlantikküste; der Grauwangendrossel sehr ähnlich, aber etwa 10 % kleiner; mit rötlichen Rändern an den Steuer- und Schwungfedern, an Einsiedlerdrossel erinnernd (weniger starker Kontrast), aber kein deutlicher Augenring und Flanken verwaschen grau, kürzere Handschwingenprojektion.

1. Winter

adult

1. Winter

Bicknelldrossel, jung

Wilsondrossel *Catharus fuscescens*

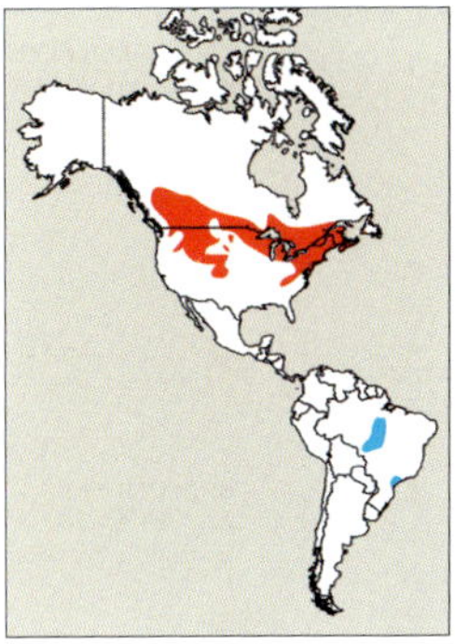

17 cm. Kleine, nearktische, rotbraune Drossel, unterseits fast zeichnungslos. Schwanz ziemlich lang, Oberseite und Schwanz bräunlich rot, ohne Kontrast zwischen Mantel und Schwanz. Gesicht und Brust verwaschen gämsfarben, mit unscharfen, dunklen Flecken im oberen Brustbereich. Bauch und Flanken weiß. Unterseite der braunen Flügel mit ockerfarbenem, mittigem Band auf den großen Armdecken, wie die anderen Vögel der Gattung *Catharus*. Ruf: ein abfallendes, manchmal zweisilbiges *viär* oder *viiu*.

1. Winter

1. Winter

1. Winter

adult

adult

Wanderdrossel *Turdus migratorius*

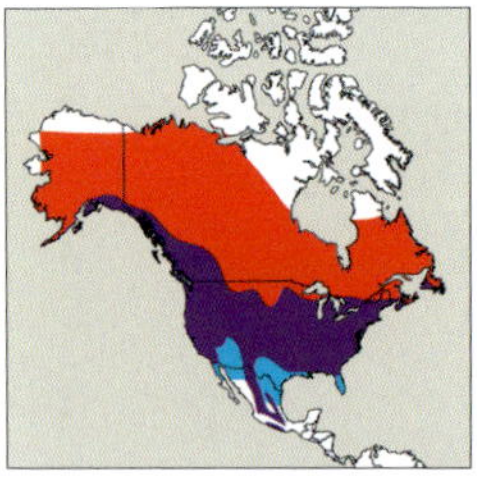

24 cm. Nearktisches Gegenstück zu unserer weit verbreiteten Amsel. Körpergröße, Figur und Verhalten ähnlich, aber schwarzer Kopf mit weißer «Halbbrille», schiefergrauer Rücken und ziegelrot-orangefarbene Brust, leuchtend gelber Schnabel mit schwarzer Spitze. Adultes Männchen: Kopf schwarz, Unterseite mit ausgedehnter, leuchtend rot-orangefarbener Färbung; wenig Weiß auf der Kehle, wenig Weiß oberhalb der Zügel. Weibchen und Jungvogel unterseits weniger orangefarben, manchmal lachsfarben, mit großer, gestrichelter Kehle, weißem Band oberhalb der schwärzlichen Zügel, kleinerem, schwärzlichem Gesicht, grauem Nacken. Im 1. Winter mit hellen Spitzen an den großen Flügeldecken und Schirmfedern, wenn diese noch nicht gemausert sind. Im Flug: kleine, weiße Ecken an den schwarzen Steuerfedern, Flügel einheitlich schwärzlich grau. Stimme: Rufe wie Amsel; ein langes *siek* wie Rotdrossel.

1. Winter

Männchen, adult

1. Winter

Einfarbdrossel *Turdus unicolor*

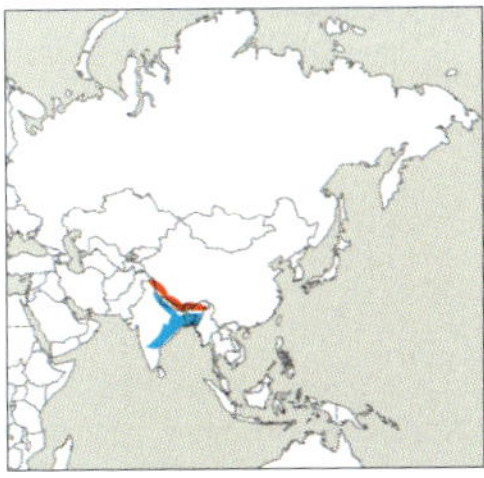

21 cm. Kleine, asiatische, dunkle Drossel mit gedrungener Figur; kurzer Schwanz, Schnabel und Beine gelb, schmaler, gelber Augenring. Männchen: einheitlich anthrazitgraue Färbung des gesamten Körpers, aber Bauch und Unterschwanzdecken weiß. Weibchen: oberseits dunkelbraun; der schwärzliche Wangenstreif stellt die dunkelste Partie des Gefieders dar und kontrastiert mit der weißen Kehle. Bauch weiß, Flanken verwaschen gämsfarben; Schnabelbasis braun. Ruf: *tschük,* ähnlich dem Ruf der Amsel. Eine Erwähnung in Deutschland im Oktober 1932.

Weißbrauendrossel *Turdus obscurus*

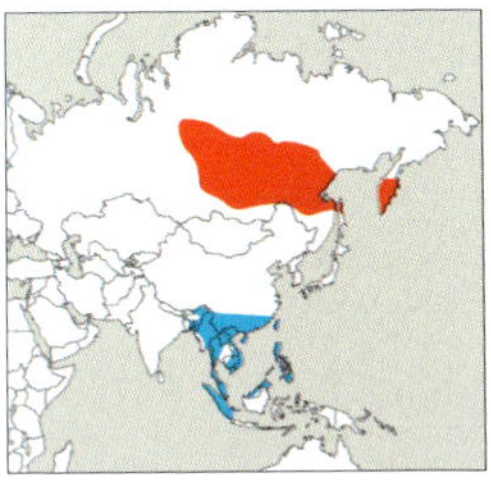

23 cm. Kleine, sibirische Drossel; erinnert mit den langen, weißen Überaugenstreifen, den schwarzen Zügeln und den orangefarbenen Flanken an eine sehr helle Rotdrossel ohne Strichelung auf der Unterseite; Kopf allerdings aschgrau, kurzer, weißer Streif unter dem Auge, Brust und Flanken weitgehend lachsfarben mit weißer Färbung nur in der Bauchmitte, keine Strichelung unterseits, Mantel mit hellerer, graubrauner Färbung, weniger erdfarben. Beine gelblich, Schnabel schwarz mit orangefarbener Basis. Altvogel: stark reduzierter weißer Bereich am Kinn, Kopf bläulich grau, Flügeldecken einheitlich. 1. Winter: weiße Flecke an der Spitze der nicht gemauserten Schirmfedern und großen Armdecken, Kehle und Bereich unter dem Bart weiß, grauer Wangenstreif. Rufe: ein langes *tsiii* wie Rotdrossel oder ein kurzes *tsi* wie Singdrossel.

Rostflügeldrossel *Turdus eunomus*

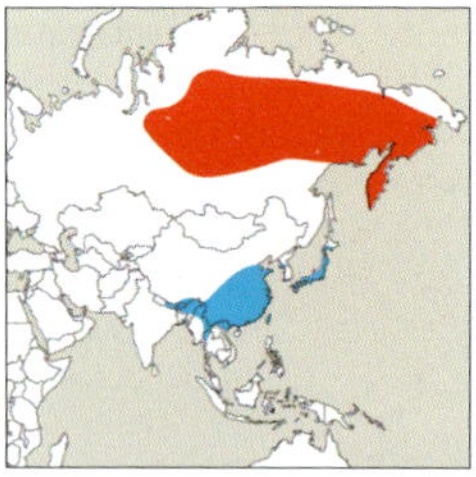

23 cm. Kleine, sibirische Drossel; Körpergröße und Figur erinnern an Rotdrossel, aber schwarzer Kopf mit sehr breitem, weißem Überaugenstreif hinter dem Auge; Körper unterseits mit schwarzen «Spitzklammern», Mantel schwarz, ausgedehnte, rotbraune Ränder an den Flügeln, Bürzel rot. Schnabel gelb mit schwarzer Spitze, Beine schwarz, Kehle und Überaugenstreif weiß. 1. Winter: reduzierte rotbraune Flügelränder, häufig auf Armschwingen und große Armdecken beschränkt (juvenile Federn mit weißer Spitze); schwarze «Spitzklammern» auf der Brust, auf Flanken und Unterschwanzdecken unauffälliger; Gesicht manchmal verwaschen gämsfarben. Adultes Männchen: Armschwingen, Schirmfedern und Flügeldecken scheinen vollständig rotbraun, Kopf kontrastreich, Mantel schwarz gefleckt. Rufe: ähnlich wie die der Wacholderdrossel.

Männchen, adult

1. Winter

1. Winter

Männchen, adult

Weibchen, 1. Winter

Rostschwanzdrossel *Turdus naumanni*

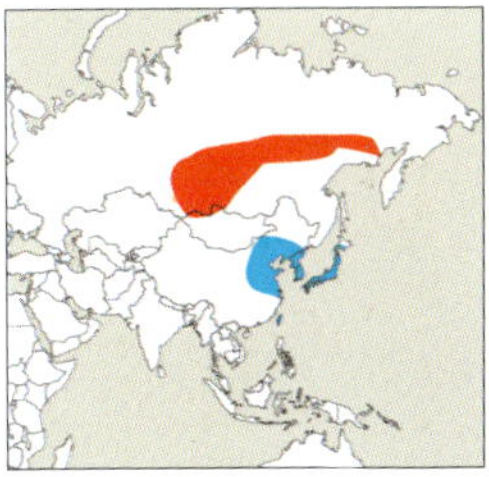

23 cm. Asiatische Drossel; sehr ähnlich Rostflügeldrossel, aber unterseits mattgraubraun gefärbt mit roten (nicht schwarzen) «Spitzklammern»; Bürzel und Schwanz rotbraun-orange; helles Gesicht mit schmalem, schwarzem Wangenstreif und graubraunen Wangen. Wenig ausgedehnte, schmale Ränder an den Flügeln: weiß oder cremefarben beim Jungvogel, orangefarben beim Altvogel. Männchen: Überaugenstreif, Gesicht, Kehle und Brust mit einheitlicher, orangefarbener Färbung, die auf den Flanken in ein «Spitzklammer»-Muster übergeht, nur der Bauch ist weiß; graubrauner Mantel mit breiten, orangefarbenen Stricheln; originelles Kopfmuster mit orangefarbenem Gesicht und grauer Wange, die isoliert scheint. Weibchen und Jungvogel: schwarzer Wangenstrich, Überaugenstreif und Gesicht cremefarben, rostbraune bis orangefarbene «Spitzklammern» auf der Brust und an den Flanken; Alter kann anhand der Säume an den nicht gemauserten großen Flügeldecken bestimmt werden. Hybride mit Rostflügeldrossel möglich; intermediäre Merkmale mit schwarzen und roten «Spitzklammern». Rufe: wie Rostflügeldrossel.

Hybride
eunomus × naumanni

Weibchen, 1. Winter

Männchen, 1. Winter

Weibchen, 1. Winter

Männchen, adult

Schwarzkehldrossel *Turdus atrogularis*

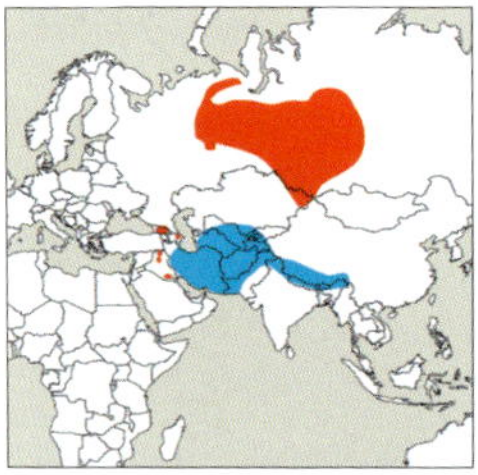

25 cm. Sibirische Drossel; jährlicher Irrgast, vorwiegend im Winter und im Norden Europas. Gefieder oberseits ohne braune Nuance, unterseits cremeweiß. Schnabelbasis gelb. Schwarze Steuerfedern ohne rote Säume, schwarze Flügel mit grauen Rändern, juvenile Flügeldecken mit weißem Saum, Unterflügel orangefarben. Männchen im ersten Winter: Kehle und Brust dicht schwarz gestrichelt. Männchen im Prachtkleid: Kehle und Brust einheitlich schwarz; Federn im Winter schmal hell gerändert. Weibchen: Brust grau gestrichelt; kurzer, weißer Überaugenstreif und schwarze Zügel. Ruf am Platz: weicher als der Ruf der Amsel; Flugruf: an Rotdrossel erinnernd.

Männchen, Winter

Weibchen

Männchen, Winter

Männchen, 1. Winter

Weibchen

Rotkehldrossel *Turdus eunomus*

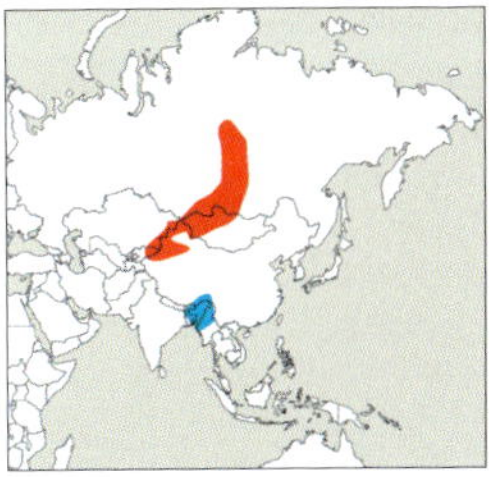

25 cm. In allen Kleidern Schwarzkehldrossel sehr ähnlich, manchmal sehr schwer von dieser zu unterscheiden, aber immer rote Säume an den Steuer- und Schwungfedern. Schwarzer Schnabel mit breiter, gelber Basis am Unterschnabel. Männchen im ersten Winter: schwarzer Wangenstreif, Brust dicht rotbraun gestrichelt, Überaugenstreif und Bartstreif verwaschen rot. Weibchen im ersten Winter: wie Schwarzkehldrossel-Weibchen, aber Überaugenstreif oder Halsseiten gämsfarben; äußere Steuerfedern mit rotem Saum an der Basis. Männchen im Prachtkleid: Überaugenstreif, Kehle und Brust rostbraun; unscharfe, graue Strichelung auf den Flanken, äußere Steuerfedern weitgehend rotbraun. Weibchen im Prachtkleid: wie Männchen im 1. Winter.

Männchen, 1. Winter

Männchen, 1. Winter

Männchen, 1. Winter

Männchen, 1. Winter

Weibchen, 1. Winter

Weibchen

Strichelschwirl *Locustella lanceolata*

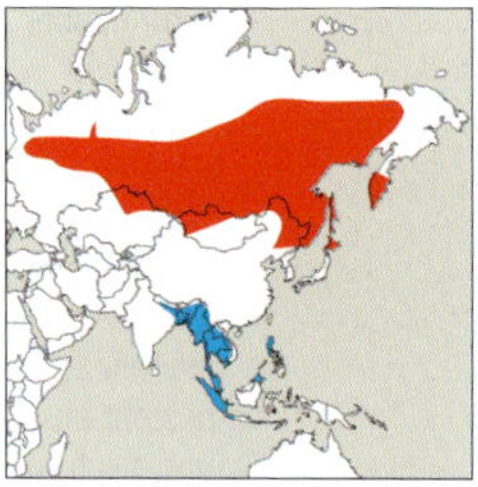

12 cm. Seltener, sibirischer Zugvogel; Irrgast im Herbst. Klein wie ein Laubsänger, gedrungen, kurzer Schwanz, Kopf wirkt wie «an den Rumpf geklebt»; bewegt sich am Boden wie eine Maus fort, schlängelt sich zwischen Gräsern hindurch. Brust und Flanken gestrichelt. Unterschwanzdecken mit breiten, schwarzen Zentren. Schirmfedern mit deutlich abgegrenzten, schmalen, braunen Rändern gleichbleibender Breite - anders als beim Feldschwirl. Oberseite wirkt braun-schwarz gestreift. Gesicht ziemlich einheitlich gefärbt, mit wenig markantem Überaugenstreif. Unterschnabel rosa. Zugruf: *tschirr tschirr...*; auch ein kurzes *tschöck* oder *tschäck*. Gesang des Schwirls mit weiter auseinanderliegenden Noten als bei Feldschwirl.

Streifenschwirl *Locustella certhiola*

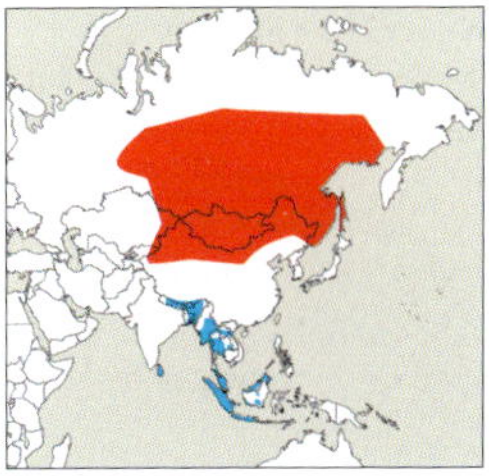

13 cm. Seltener, sibirischer Zugvogel; Irrgast im Herbst. Erinnert stark an Feldschwirl, aber schwarze Steuerfedern mit unscharfer, weißer Spitze, Schirmfedern mit cremefarbenem «Tropfen» an der Spitze der Innenfahne (manchmal abgenutzt), Scheitel stärker gestrichelt und in deutlicherem Kontrast zum cremefarbenen Überaugenstreif. Rötlicher Mantel deutlich schwarz gestrichelt, roter Bürzel wenig gestrichelt, Oberschwanzdecken mit dunklen Zentren. Flanken und Brust verwaschen rot. Kombination aus dunklem Scheitel und cremefarbenem Überaugenstreif markant, ebenso der Kontrast zwischen dunklem Schwanz und rotem Bürzel; typische rotbraune Gefiederfärbung. Kontaktruf: *tschirr-tschirr* oder ein scharfes und trockenes *pit*, manchmal als schneller Triller abgegeben. Der Gesang besteht aus schnellen, variantenreichen Folgen wiederholter Noten, was für einen Schwirl untypisch ist.

Riesenschwirl *Locustella fasciolata*

15 cm. Asiatischer Zugvogel; außergewöhnlicher Irrgast in Europa. Großer Schwirl mit einheitlichem Gefieder, oberseits dunkelbraun; langer und dicker Schnabel. Weißlicher oder gräulicher Überaugenstreif, dunkler Augenstreif; unterseits verwaschen gelb mit gesprenkelten Wangen. Unterschwanzdecken kürzer als bei den anderen Schwirlen. Flügel rund und Handschwingenprojektion kürzer als bei Drosselrohrsänger. Einige Individuen sind dunkel, d. h. rußschwarz-braun gefärbt und weisen einen schattenhaften Überaugenstreif sowie verwaschen braune untere Partien mit einer Sprenkelung auf der Brust auf. Kontaktruf: *tscherr tscherr...*

Seggenrohrsänger *Acrocephalus paludicola*

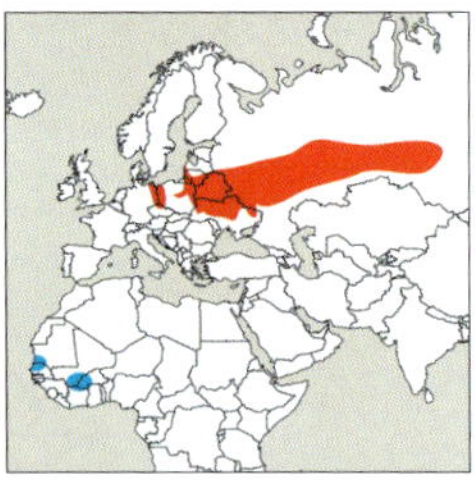

13 cm. Seltener Zugvogel; im August entlang der Küsten des Ärmelkanals und Atlantiks, im April an den westlichen Mittelmeerküsten. Zwischenlandungen in Feuchtwiesen, dichtem Gebüsch, manchmal im von Wiesen umgebenen Röhricht. Sehr ähnlich Schilfrohrsänger, aber heller und kontrastreicher, besonders auf Kopf und Mantel. Helle Zügel, breiter, cremefarbener Überaugenstreif, cremefarbener Scheitelstreif. Mantel schwarzbraun gestreift mit zwei deutlichen beigefarbenen Streifen auf den Seiten. Bürzel fein rötlich gestreift. Brust verwaschen gämsfarben, beim Jungvogel oft einheitlich; beim Altvogel Flanken dunkel dünn gestrichelt. Während des Herbstzugs: Altvögel in abgetragenem, mattem Gefieder, Jungvögel in neuem, häufig verwaschen rötlichem Gefieder. Rufe: *tack*, ein weiches *tük-tük*, ein raues *tschurr*. Der Gesang beginnt mit einem Schnarren, gefolgt von einer oder mehreren kurzen Phrasen mit flötenden Trillern.

Basrarohrsänger *Acrocephalus griseldis*

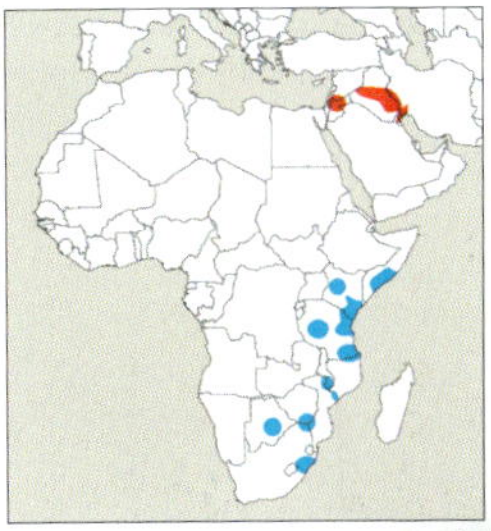

17 cm. Mittelgroßer, schlanker Rohrsänger mit langem Schwanz; in Europa noch nicht beobachtet. Matte, graubraune Färbung ohne rötliche Tönung; sehr lange Handschwingenprojektion. Der für einen kleinen Kopf sehr lange Schnabel lässt den Basrarohrsänger anders aussehen als den Drosselrohrsänger; markante dunkle Spitze an rosafarbenem Unterschnabel, Beine grau; markanter, heller Überaugenstreif, dunkler Zügelstreif. Untere Partien cremefarben, Flanken kaum verwaschen gämsfarben. Ruf: ein tiefes, dumpfes *tschaar.*

Dickschnabel-Rohrsänger *Iduna aedon*

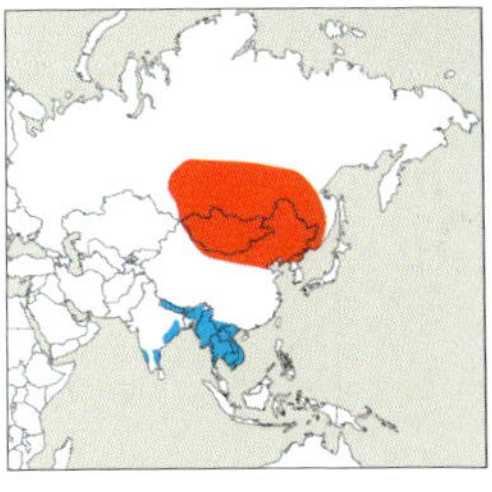

18 cm. Großer, sibirischer Rohrsänger; einige Erwähnungen in Schottland. Schlank mit großem Kopf, sehr dickem Schnabel und langem Schwanz. Unterschnabel rosa, Oberschnabel schwarz mit rosafarbenen Kanten. Charakteristisches, einheitlich helles Gesicht mit hellen Zügeln und schwarzem, rundem, groß wirkendem Auge. Kein deutlicher Überaugenstreif, Scheitel manchmal etwas struppig. Im Flug: abgestufter Schwanz mit kürzeren äußeren Steuerfedern, sehr kurze Handschwingenprojektion. Einige Vögel weisen eine rötlichere Färbung auf Scheitel, Bürzel und Flanken auf. Ruf: *tschack,* kurz, etwas unterdrückt, manchmal zweifach, oft lose aneinandergereiht.

Feldrohrsänger *Acrocephalus agricola*

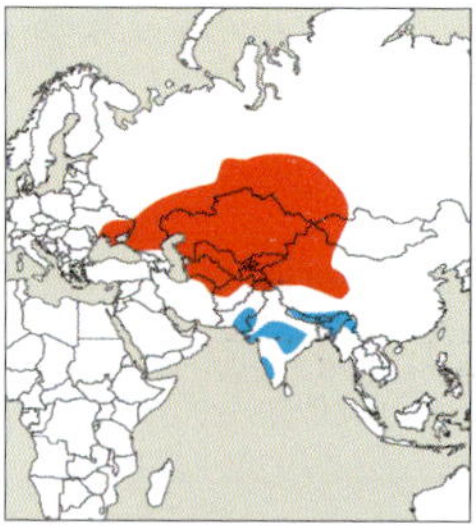

13 cm. Zugvogel und seltener Irrgast im Sommer und im Herbst in Osteuropa; jedes Jahr von den Vogel-Beringern gefangen. Gefieder mit warmer, rehbrauner Färbung, Bürzel farbenfroher als Rücken und Mantel. Sehr markanter weißer oder cremefarbener, breiter Überaugenstreif, hinter dem Auge verbreitert, darunter dunkle Zügel und darüber dunkle Färbung auf den Seiten des Scheitels. Unterschnabel mit breiter, schwarzer Spitze, wie Drosselrohrsänger; Beine orange. Kurze Flügel; Länge der Handschwingenprojektion entspricht 1/3 der Schirmfedern. Markante rotbraune Ränder an den Schirmfedern. Mit den kürzeren Überaugenstreifen, dem viereckigem Schwanz und den nicht abgerundeten Flügeln ist eine Verwechselung mit dem Buschspötter möglich. Ruf: ein kurzes und raues *tschack.* Gesang des Rohrsängers sehr abwechslungsreich und melodisch, keine oder wenige raue Töne, mit sowohl langsamen Phasen als auch anderen Phasen mit schneller werdenden Trillern, flötenden Tönen.

abgetragenes Gefieder

Buschrohrsänger *Acrocephalus dumetorum*

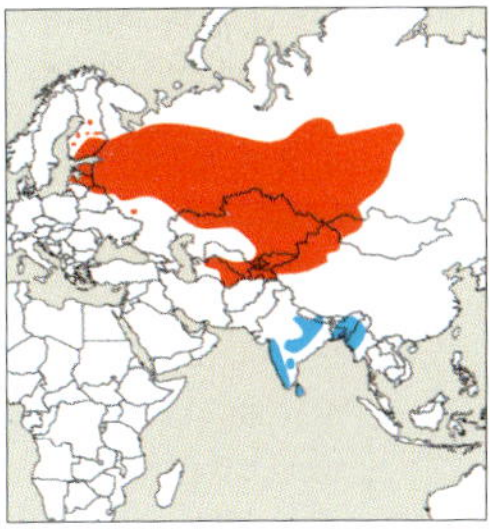

13 cm. Nistet von Fennoskandinavien bis Zentralasien; Irrgast im Spätsommer und Herbst; seit Kurzem jährlich einige Exemplare in Westeuropa. Bevorzugt zur Brutzeit Gebüsch und Waldränder. Sehr ähnlich Teichrohrsänger und Sumpfrohrsänger, aber Gefieder matt; cremefarbener Überaugenstreif vor dem Auge sehr breit, das Auge etwas überragend; Flügel einheitlich, keine oder wenige helle Ränder an den Armschwingen und Schirmfedern. Kurze Flügel, verkürzte Handschwingenprojektion. Beine eher grau, Unterschnabel mit dunklem Fleck, wie beim Marokkanischen Rohrsänger *(Acrocephalus baeticatus ambiguus)*, weniger markant als beim Feldrohrsänger. Ruf: ein kurzes, wenig klangvolles *tsäk*. Gesang typisch, langsam und ruhig, mit wiederholten Imitationen.

Blassspötter *Iduna pallida*

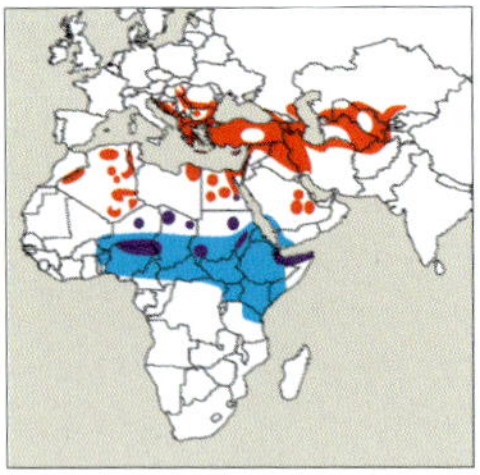

13 cm. Irrgast an der Mittelmeerküste, vorwiegend im Frühling, im Herbst anderswo. Gefieder matt, graubraun, beige und weißlich, ohne jegliche gelbe Färbung. Einheitlicher, heller Bereich vor dem Auge und kurzer Überaugenstreif, der knapp hinter dem Auge endet. Langer, viereckiger Schwanz, der regelmäßig nervös abwärts geschlagen wird: ein typisches Verhalten. Cremefarbene Ränder an den Armschwingen und Schirmfedern, im abgetragenen Gefieder möglicherweise kaum sichtbar. Rufe: ein trockenes *tek* oder *tschek* oder eine Folge nasaler *tetetete*-Laute. Spöttertypischer Gesang mit wiederholten, kurzen, schnellen Phrasen. Nistet von Osteuropa bis Zentralasien (Unterart *elaeica*, bei uns Irrgast), im Niltal (Unterart *pallida*), in den Mangrovenwäldern am Roten Meer (Unterart *alulensis*, mit kürzeren Flügeln), am Rand der Sahara im Maghreb (Unterart *reiseri*, kleine Gestalt, kurzer Flügel, sandfarbene Färbung).

Isabellspötter *Iduna opaca*

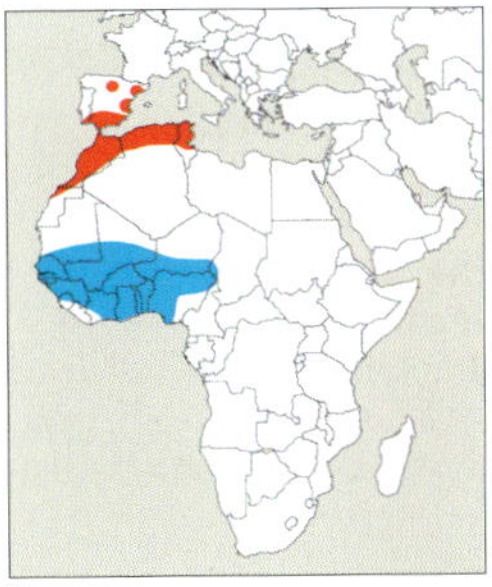

13 cm. Nistet im Maghreb und in Spanien; Irrgast an der Mittelmeerküste im Frühling. Sehr ähnlich Blassspötter, aber Schnabel länger und an der Basis breiter, mit konkaven Rändern. Kein Wippen des Schwanzes - ein kennzeichnender Verhaltensunterschied bei längerer Beobachtung. Im Allgemeinen länger und massiver wirkend, mit großem Kopf, langem Schnabel und schwarzem Auge, das aufgrund der hellen Zügel groß erscheint. Kurze Handschwingenprojektion, helle Ränder an den Schwungfedern fehlen. Gesang weniger oft wiederholt und etwas langsamer als bei Blassspötter. Ruf: ein kurzes, bewegtes *täk* oder *tak*.

Buschspötter *Iduna caligata*

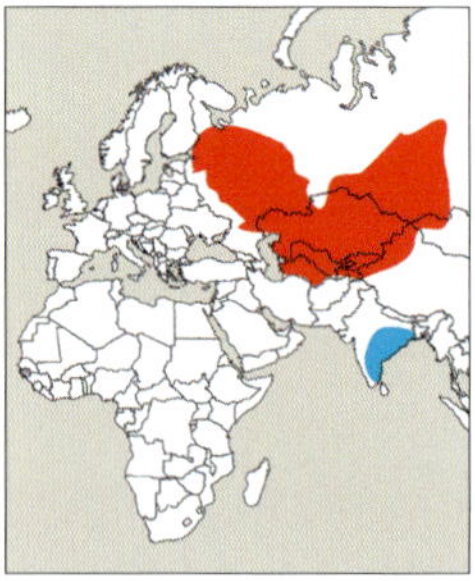

11,5 cm. Irrgast im Herbst; nistet von Karelien in Finnland bis Zentralasien. Klein, Gefieder milchkaffeefarben. Relativ kurzer, viereckiger Schwanz; breiter, hinter dem Auge verlängerter Überaugenstreif, undeutlicher dunkler Zügelstreif. Die sehr markanten hellen Ränder an den Schwungfedern und großen Armdecken kontrastieren mit den dunklen Zentren der Schirmfedern. Flanken verwaschen rehbraun. Beine orangebraun, Unterschnabel orangefarben mit dunkler Spitze - anders als bei Steppenspötter. Bewegt Flügel und Schwanz oft nervös hin und her. Ruf: ein bewegtes *träk*. Gesang: kurze, zwitschernde Phrasen mit melodischen Tönen.

Winter

adult

juvenil

adult, Herbst

adult, Herbst

Steppenspötter *Iduna rama*

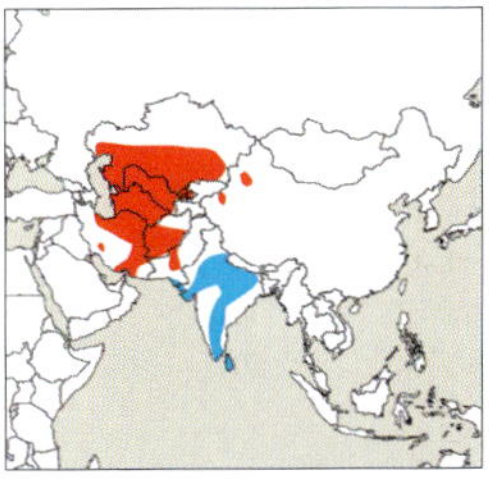

11,5 cm. Sehr seltener Irrgast im Herbst; ursprünglich aus den Steppengebieten Zentralasiens mit vereinzelten Sträuchern (Tamarisken, Saxaule). Sehr ähnlich Buschspötter, aber helle Flügelränder fast zeichnungslos oder sogar fehlend, Schirmfedern fast einheitlich, kürzere Handschwingenprojektion, Überaugenstreif ohne dunklen Unterstrich, Flanken weiß, Schnabel länger und Unterschnabel mit orangefarbener Spitze. Erinnert an Blassspötter, aber kleiner, Überaugenstreif deutlicher, Handschwingenprojektion kürzer, Flügel einheitlich. Zugruf: ein meistens zweifaches *täk*. Gesang schriller als bei Buschspötter, ohne Pfeiftöne. Bewegt den Schwanz in alle Richtungen, auch nach oben.

Dornspötter *Hippolais languida*

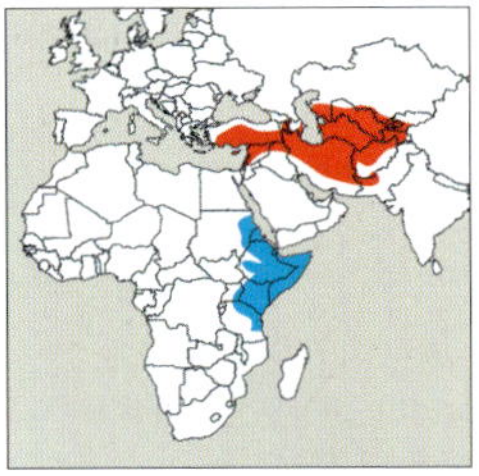

14,5 cm. Sehr ähnlich Blassspötter, aber Figur langgestreckter, Schnabel kräftiger; Schwanz länger und dunkler als Rumpf, wird häufig nach unten oder zu den Seiten bewegt. Flügel länger; lange Handschwingenprojektion (2/3 der Schirmfedern); markante helle Säume an den Armschwingen, helle Ränder an den großen und mittleren Armdecken im frischen Gefieder. Ruf: ein tiefes, trockenes und deutliches *zak* oder *tak*.

Olivenspötter *Hippolais olivetorum*

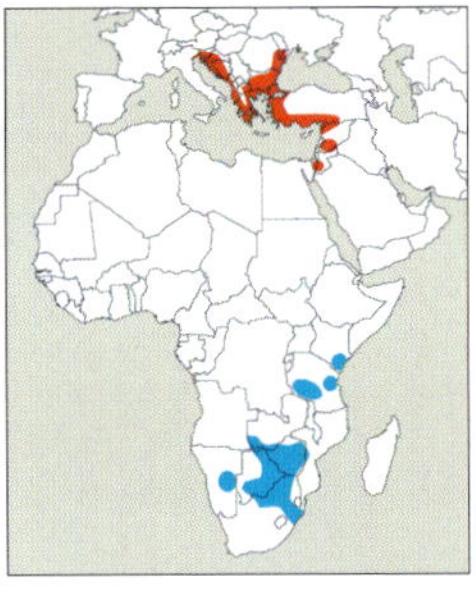

17 cm. Eine Erwähnung am 16. August 2006 auf den Shetlandinseln, Schottland. Großer, grauer Spötter von ziemlich massiver Gestalt mit großem Kopf, kurzem und viereckigem Schwanz, langem und dickem Schnabel. Oberseits mausgrau, unterseits weiß, ohne braune oder gämsfarbene Färbung. Heller Fleck auf den Zügeln und ganz kurzer, weißer Überaugenstreif. Weißes Flügelfeld und helle Säume an den großen Armdecken; lange Handschwingenprojektion. Manchmal Brust verwaschen grau und Unterschwanzdecken mit dunklen Zentren. Ruf: ein tiefes *tschak*. Befindet sich im August auf dem Zug.

Sardengrasmücke *Sylvia sarda*

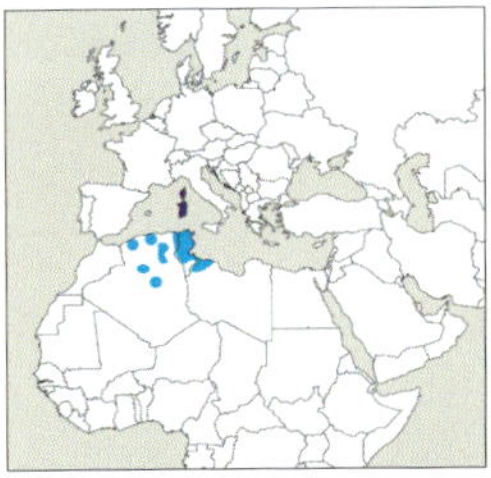

12 cm. Erinnert an Provencegrasmücke. Seltener Durchzügler auf dem europäischen Kontinent im Frühling. Überwintert im Maghreb, kehrt im April zurück. Männchen: vollständig anthrazitgrau, Kehle kaum heller, roter Lidring, Unterschnabel mit rosafarbener Basis. Weibchen: matter, Kehle hell und Unterseite hellgrau. Jungvogel: unterseits heller, grau-gämsfarben, und oberseits verwaschen braun; einigen jungen Provencegrasmücken sehr ähnlich, von denen er aber durch seinen Ruf leicht zu unterscheiden ist. Ruf: ein kurzes, trockenes *träk* oder *tzäk*, ganz anders als der längere und klagende Ruf der Provencegrasmücke. Melodischer Gesang aus kurzen Strophen, die in einem schnellen Triller enden: *tiätiätiätiätiätiä*. Sehr ähnlich ist die Balearengrasmücke (*Sylvia sarda balearica*), endemisch auf den Balearen; Männchen aber mit hellerer Kehle, grau-weinrotem Bauch, gelb-orangefarbener Schnabelbasis, Ruf: ein raues *tschärr*.

Maskengrasmücke *Sylvia rueppelli*

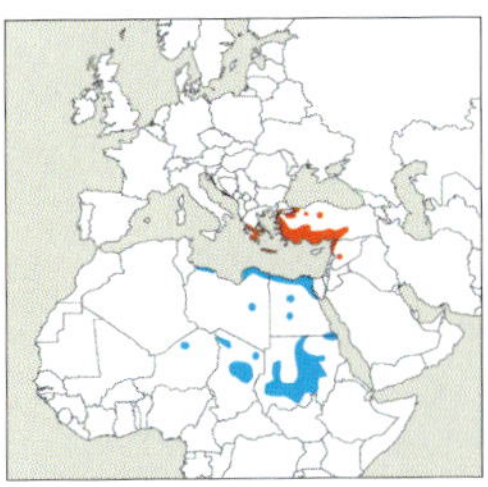

13,5 cm. Gestalt wie Samtkopf-Grasmücke, aber schlanker, Schnabel kräftiger und abwärtsgebogen wirkend; weißliche Ränder an den Schwungfedern. Männchen: schwarze Kehle, deutlicher weißer Bartstreif, Gesicht schwarz, aber Nacken grau, Unterschwanzdecken mit schwarzen «Spitzklammern», Mantel mausgrau, weiße Ränder an den Schirmfedern. Weibchen: abwärtsgebogener Schnabel, Unterschwanzdecken mit dunklen «Spitzklammern», Mantel bräunlich grau; Kehle häufig mit dunklen Flecken, die die weißen Bartstreifen abgrenzen – das Muster des Männchens nachahmend. Ruf: *zak*. Gesang ruhiger als bei Samtkopf-Grasmücke.

Weißbart-Grasmücke (Balkan-Bartgrasmücke) *Sylvia cantillans*

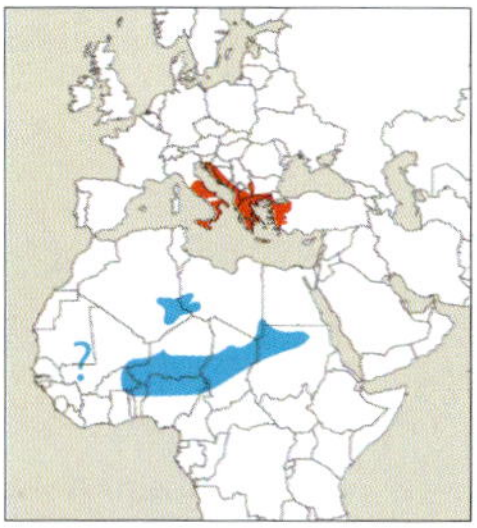

12 cm. Von Italien und vom Balkan bis zur Türkei nistend; seltener Irrgast weiter westlich im Frühling. Unterart *cantillans*: nistet in Italien. Östliche Unterart *albistriata*: wie Iberien-Bartgrasmücke, aber Männchen mit ziegelroter Färbung auf der Kehle und im oberen Brustbereich, die sich verwaschen rosa auf den Flanken fortsetzt; Bauchmitte bis zum unteren Bauchbereich weiß; breite, weiße Bartstreifen. Weiße Ränder an den Schirmfedern und großen Armdecken; Flügel ohne braune Nuance. Das Weiß auf der zweiten äußeren Steuerfeder reicht entlang des Federschaftes die Innenfahne hinauf, an der Spitze ohne scharfe Abgrenzung; das Schwarz ist manchmal auf den Federschaft begrenzt. Ruf: ein kurzes und bewegtes *trek*, oft doppelt oder dreifach, weniger trocken als das *tek* der Iberien-Bartgrasmücke. Weibchen anhand des Rufes und des Musters der Steuerfedern bestimmbar.

Tamariskengrasmücke *Sylvia mystacea*

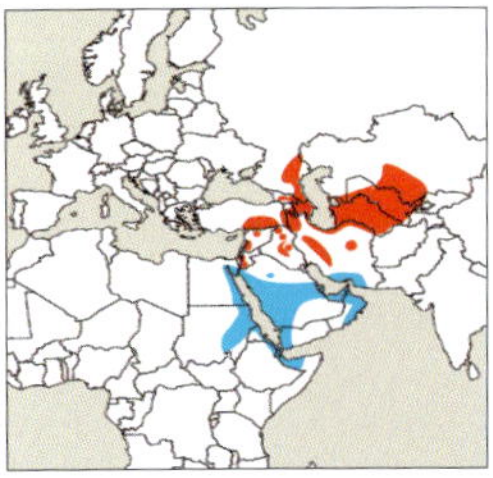

Weibchen

Männchen, Unterart ***rubescens***

12,5 cm. Sehr seltener Irrgast aus dem Mittleren Osten; ein Fang in Portugal im September 1967. Schmaler, langer, schwarzer Schwanz; Mantel grau-sandfarben; unscharf abgegrenzte Säume an den Schirmfedern, gelbliche Schnabelbasis, weißer Augenring. Weibchen: Kopf und Mantel gleichfarbig, Unterseite hell gämsfarben – bis auf den schwarzen Schwanz wenig Kontraste. Männchen: schwarzer Kopf wird zum Nacken hin zunehmend grau; graue Ränder an den Schwungfedern, angedeuteter weißer Bartstreif; Kehle und Brust weiß-gräulich (Unterart *rubescens*, Mittlerer Osten) oder hellrosa (Unterart *mystacea*, Kaukasus). Ruf: ein explosives *tzäck,* wie Samtkopf-Grasmücke.

Männchen, Unterart ***rubescens***

Männchen, Unterart ***mystacea***

Atlasgrasmücke *Sylvia deserticola*

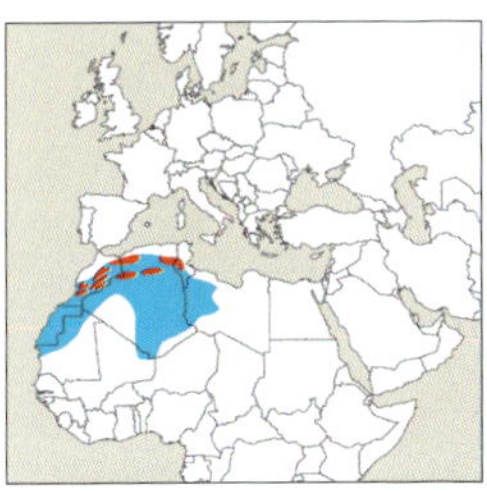

12 cm. Ursprünglich aus dem Maghreb; eine Beobachtung an der französischen Mittelmeerküste (Hérault) am 7. Mai 2016. Erinnert an Iberien-Bartgrasmücke, aber Schwanz lang, Augenring weiß, sehr breite, rotbraune Flügelränder. Prachtkleid: unterseits vom Kinn bis zu den Unterschwanzdecken ziegelrot mit weißer Bauchmitte, oberseits grau-dunkelblau. Im Winter: Mantel brauner und Unterseite heller, erinnert nun an Brillengrasmücke *S. conspicillata*, aber Schwanz lang und Kehle rosa. Jungvogel: Kopf und Oberseite braun-gämsfarben, rotbraune Flügelränder wie Altvogel, langer Schwanz, weißer Augenring. Kurze Handschwingenprojektion, Beine orangefarben, Schnabel mit orangefarbener Basis. Ruf: ein wiederholtes *tschäk* oder ein näselnder Triller, wie der Warnruf eines Sperlings.

Wüstengrasmücke *Sylvia nana*

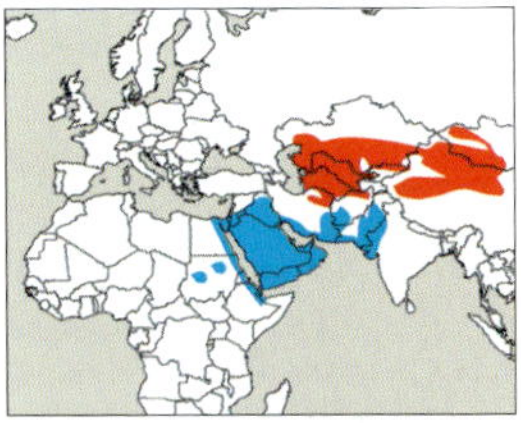

11 cm. Irrgast aus Zentralasien; überwintert auf der Arabischen Halbinsel. Klein; Gefieder oberseits mit matter, grau-sandfarbener Färbung und rötlichem Bürzel, Steuer- und Schirmfedern schwärzlich mit rotbraunem Rand, Schwanz mit weißen Kanten, Iris leuchtend gelb. Bürzel und Kontraste auf Schwung- und Steuerfedern typisch, bei Saharagrasmücke fehlend. Helles Gesicht mit weißem Lidring. Bewegt sich am Boden in niedrigem Gestrüpp oder über die niedrigsten Zweige fort; kommt selten aus der Deckung, in der sie sich flink und flüchtig fortbewegt. Ruf: ein schnelles Schnarren mit meisenartigem Klang. Gesang: kurze Phrase mit klaren Pfeiftönen, an Haubenlerche erinnernd.

Saharagrasmücke *Sylvia deserti*

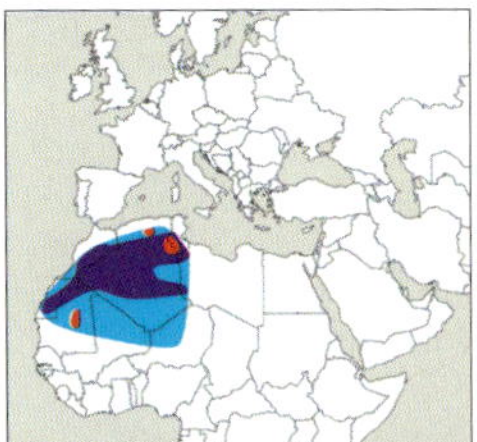

11 cm. Ursprünglich vom Rand der Sahara im Maghreb. Irrgast auf den Kanaren, in den Niederlanden. Gesamtfärbung mehr ockerfarben, weniger grau als bei voriger Art. Mantel ockerfarben-orange, kein Kontrast zum Bürzel. Schirmfedern mit hellen Zentren und beigefarbenen Rändern ohne Kontrast; Schwanz orangefarben mit weißen Kanten. Gesicht cremefarben; Iris, Beine und Schnabelbasis leuchtend gelb. Bewegt sich wie Wüstengrasmücke am Boden in niedrigem Gestrüpp fort; im Flug sichtbar, wenn sie von einem Strauch zum nächsten fliegt; selten außerhalb der Deckung. Ruf: ein weniger kehliges Schnarren als das der Wüstengrasmücke. Gesang: kurze Phrase mit Pfeiftönen, grasmückenartig.

Östliche Orpheusgrasmücke/Nachtigallengrasmücke *Sylvia crassirostris*

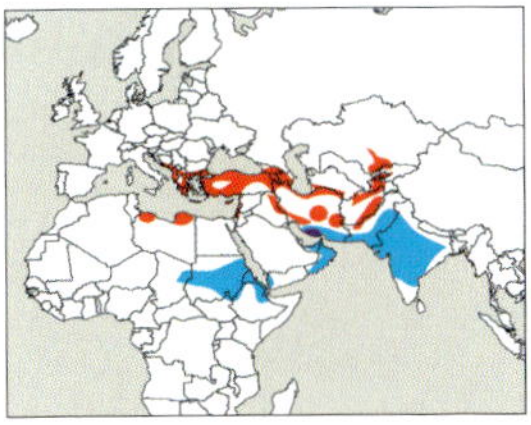

15 cm. Stellvertreter der Orpheusgrasmücke in Osteuropa; Irrgast in Westeuropa. Identisch, aber Schnabel kräftiger, bläulich gefärbt, mit schwarzer Spitze, länger und abfallend wirkend; dunkle Zentren der Unterschwanzdecken formen eine weiß umrandete «Spitzklammer» auf jeder Feder, wie bei junger Sperbergrasmücke. Iris beim Weibchen und bei den jungen, einjährigen Männchen dunkel. Ruf: ein kurzes und ziemlich trockenes *täk* oder *tschäk*.

Sperbergrasmücke *Sylvia nisoria*

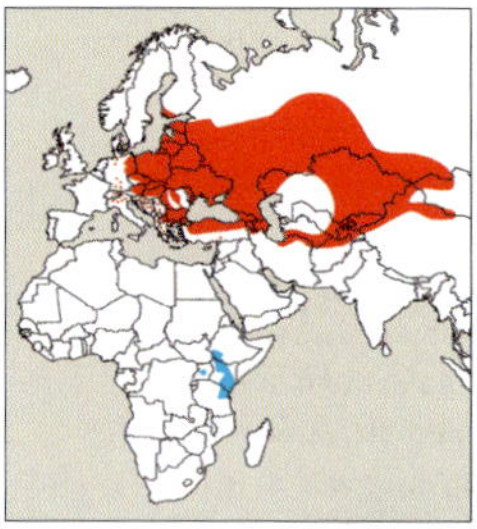

15 cm. Brutvogel in Skandinavien und weiter östlich; einige Paare im Norden von Italien. Seltener Irrgast; bevorzugt Gestrüpp und offenes Gelände mit Buscharealen. Große Grasmücke mit mausgrauem Gefieder, oberseits einheitlich; helle Ränder am Scheitel, Bürzel und an den Schulterfedern verleihen dem Vogel ein geschupptes Aussehen; unterseits weiß mit grauer Bänderung bis zur Kehle. Helle Ränder an den Schirmfedern und Flügeldecken. Schnabel schwarz, aber Unterschnabelbasis rosa. Iris bei den adulten Männchen orangefarben, bei den Jungvögeln dunkel. Weibchen mehr graubraun mit orange-brauner Iris. Juveniles Gefieder einheitlich mit markanten hellen Flügelrändern, manchmal dunklen Abzeichen auf den Flanken, immer mit dunkelgrauen «Spitzklammern» auf den Unterschwanzdecken. Rufe: ein raues, langgezogenes *tsssrt*, aber auch ein trockenes *tak*. Gesang: kurze Phrasen mit Flötentönen, grasmückenartig, etwas rollend.

Männchen, adult

jung

Männchen, adult

Weibchen

jung

Klappergrasmücke (östliche Unterarten) *Sylvia curruca* ssp.

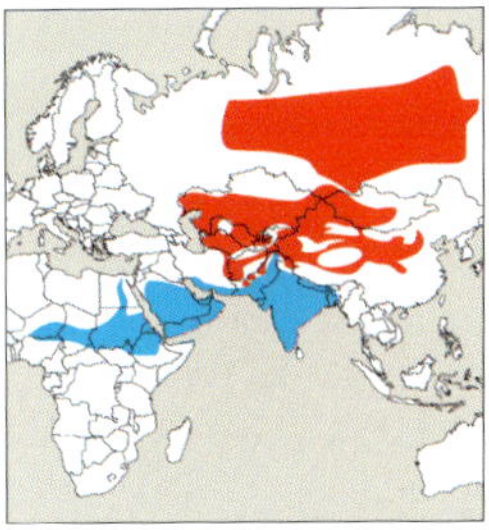

13 cm. Dunkelgraue «Kapuze», weiße Kehle, manchmal dunklere Wangen. Mantel matt graubraun, Flügel ähnlich, Schwanz schwarz mit weißen Kanten. Unterseite weißlich, Flanken und Brust verwaschen gämsfarben. Schwarzer Schnabel mit grauer Basis, Beine dunkelgrau. Unterart *curruca* (Europa) mit manchmal diffusem weißem Überaugenstreif im Herbst, unscharfem braunem Tropfen um den Federschaft von der weißen Spitze der äußeren Steuerfeder. Unterart *blythi* (Sibirien) mit stärker gämsfarben getönter Brust, Ohrdecken und Nacken verwaschen braun im Herbst, Flügel runder, Spitze der äußeren Steuerfeder völlig weiß. Unterart *minula/halimodendri* (Zentralasien) mit hellerem, sandfarbenem Mantel; Schnabel oft kurz, äußere Steuerfeder mit völlig weißer Spitze (kein Braun rund um den Federschaft); weiße, eckige Spitze an der Spitze der zweitletzten äußeren Steuerfeder. Unterart *althaea* (Iran) mit dunkelgrauem Kopf, Mantel dunkelbraun-gräulich, ohne Kontrast zum Scheitel, Flügel kürzer, viel Weiß an der Spitze der drei äußeren Steuerfedern. Ruf: ein trockenes *tak*, bei den östlichen Formen wiederholt abgegeben.

Unterarten *curruca/blythi*

Unterart *blythi*

Unterarten *minula/halimodendri*

Unterarten *minula/halimodendri*

Unterart *althaea*

Unterarten *minula/halimodendri*

Kronenlaubsänger *Phylloscopus coronatus*

11 cm. Nistet in Ostsibirien; kürzliche Beobachtungen in Europa (Großbritannien, Niederlande, Deutschland, Finnland, Norwegen); erinnert an Wanderlaubsänger, aber Scheitel dunkler und weniger olivfarben als der Rücken; deutlicher Scheitelstreif, aber weniger stark gezeichnet als die Überaugenstreifen; Unterschwanzdecken deutlich hellgelb; Unterschnabel völlig orange, ohne dunkle Spitze. Ein schmales, weißes Flügelband mit unscharfem Rand, ein zweites schattenhaft. Überaugenstreif endet wie bei Wanderlaubsänger vor dem Auge und ist hinter dem Auge breiter; schmaler, schwarzer Zügelstrich. Beine orangefarben. Ruf: ein klagendes *tiü* oder *iü*, aber auch ein kurzes, nasales *züiie*.

Ussurilaubsänger *Phylloscopus tenellipes*

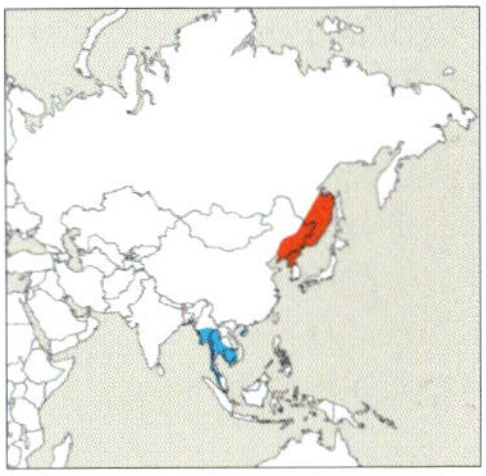

10,5 cm. Ursprünglich aus Ostasien; sehr seltener Irrgast; wahrscheinlich eine Beobachtung in England im Oktober 2012, aber Unterscheidung von der Zwillingsart *P. borealoides* aus Japan und Sachalin (genannt Portenkolaubsänger) im Feld unmöglich, außer anhand der Stimme. Gefieder braun, aber weniger olivgrün gefärbt als bei den beiden zuletzt genannten Arten. Scheitel braun-gräulich, dunkler als der braun-olivfarbene Mantel; olivgrüne Ränder an den Schwungfedern, ein oder zwei weißliche Flügelbänder, rosafarbene Beine. Langer, weißer Überaugenstreif; die distale Hälfte des Unterschnabels ist dunkel, die äußerste Spitze aber hell. Ruf: ein sehr kurzes, scharfes *ti* oder *tit*. Der Ruf des Portenkolaubsängers ist mit einem kurzen, klagenden *iü* oder üü anders, etwas weniger scharf und etwas länger.

Wacholderlaubsänger *Phylloscopus nitidus*

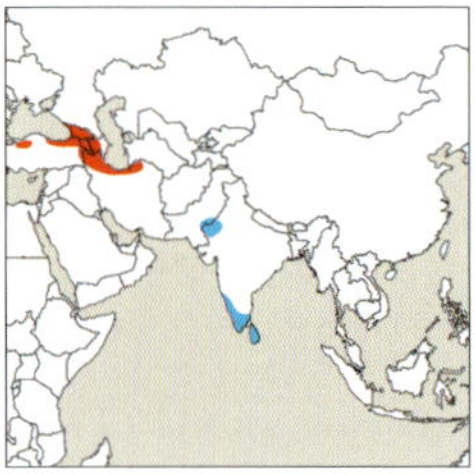

10 cm. Sehr ähnlich Grünlaubsänger, aber die oberhalb des Schnabels aneinanderstoßenden Überaugenstreifen sind gelb, die Unterseite ist verwaschen gelb, der Unterschnabel kann eine dunkle Spitze aufweisen. Ein deutliches weißes oder gelbliches Flügelband auf den großen Armdecken mit deutlicher, nicht unscharfer oberer Abgrenzung, wird auf seiner inneren Hälfte schmaler; ein zweites gelbes Flügelband ist unscharf abgegrenzt und unauffällig. Ruf: ein tschilpendes *tsilie*; der kurze Gesang erinnert an den des Grünlaubsängers. Nistet im Kaukasus; sehr seltener Irrgast in Europa im Herbst oder im Frühling; überwintert im Süden von Indien.

Grünlaubsänger *Phylloscopus trochiloides*

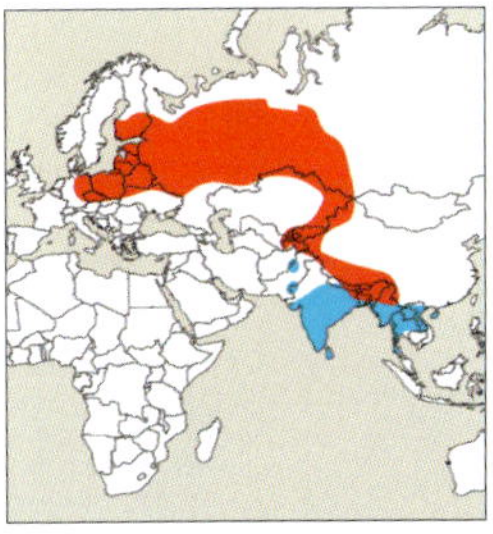

10 cm. Kleiner Laubsänger mit olivgrünem Mantel und weißem Bauch, ohne gämsfarbene Färbung; einige Individuen sind auf Überaugenstreif und Brust gelber. Die deutlichen weißen Überaugenstreifen gehen oberhalb des Schnabels ineinander über (bei den Wanderlaubsängern und den Middendorff-Laubsängern enden die Überaugenstreifen vor dem Schnabel). Ein einziges cremefarbenes Flügelband auf den großen Armdecken, wird nach innen schmaler. Beine dunkelbraun, manchmal orange. Unterschnabel orangefarben, ohne dunkle Spitze (der Wanderlaubsänger hat einen kräftigeren Schnabel und eine dunkle Spitze am Unterschnabel). Ruf: ein zweisilbiges, tschilpendes *tleli*, etwas an Bachstelze erinnernd. Gesang: abfallende Folge von wiederholten Tönen, an Waldbaumläufer erinnernd. Nistet von Skandinavien bis Sibirien, eine kleine Anzahl aber auch bis Norddeutschland; überwintert im Südosten Asiens.

Middendorff-Laubsänger *Phylloscopus (trochiloides) plumbeitarsus*

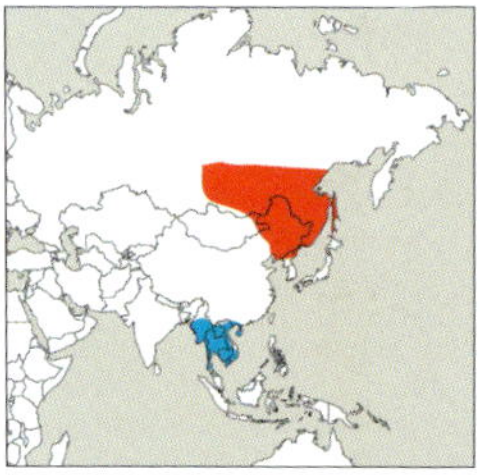

10 cm. Sehr seltener Irrgast im Herbst; eine Aufzeichnung eines Wintergastes in den Niederlanden im November-Dezember 2013. Asiatischer Verwandter des Grünlaubsängers, aber oberseits weniger olivfarben, mehr braun gefärbt, unterseits heller, Beine kaum dunkler; Überaugenstreifen enden vor dem Auge, gehen also oberhalb des Schnabels nicht ineinander über (an Wanderlaubsänger erinnernd). Unterscheidet sich von letzterem durch seine kürzeren Flügel, seinen Ruf, seine grünlaubsängerartige Gestalt, ein sehr markantes Flügelband von konstanter Breite auf den großen Armdecken, ein zweites, manchmal eher undeutliches Flügelband auf den mittleren Armdecken und den Unterschnabel ohne dunkle Spitze. Ruf: ein tschilpendes *tslie*, wie ein Sperling. Gesang: sehr ähnlich dem des Grünlaubsängers, manchmal etwas schneller und schärfer.

Wanderlaubsänger *Phylloscopus borealis*

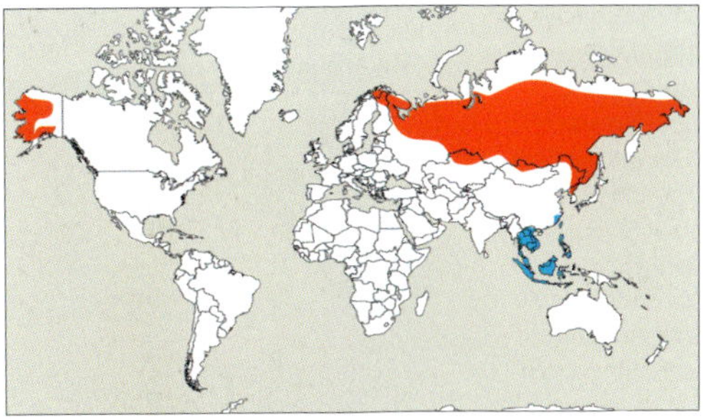

11 cm. Laubsänger mit Flügelband und großem Kopf, ohne hellen Scheitelstreif. Oberseits braun-olivfarben, unterseits cremefarben, Unterschwanzdecken weiß; lange, weiße, sehr gut abgegrenzte Überaugenstreifen enden vor der Stirn und gehen oberhalb des Schnabels nicht ineinander über. Lange Handschwingenprojektion, schmales Flügelband auf den großen Armdecken, das sich nach innen verjüngt, selten eine zweite helle Linie auf den mittleren Armdecken. Beine braun-orangefarben, Schnabel dicker als bei Grünlaubsänger; Unterschnabel mit dunklem Fleck vor der Spitze. Ruf: ein hartes und trockenes *dziek*. Gesang aus monotonen Trillern, an Waldlaubsänger oder Berglaubsänger erinnernd. Nistet selten im Norden Fennoskandinaviens; überwintert in Asien; seltener Irrgast eher im September oder Anfang Oktober.

Gelbbrauen-Laubsänger *Phylloscopus inornatus*

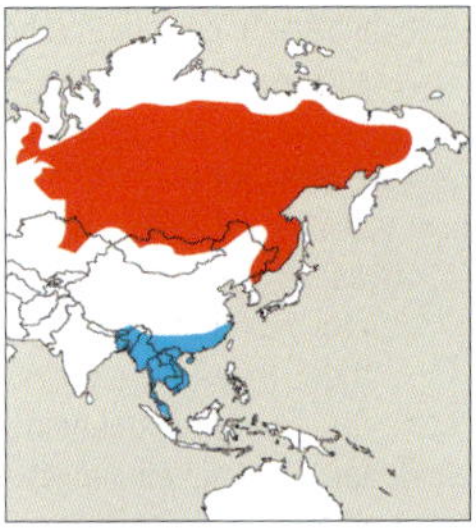

10 cm. Häufiger gewordener Durchzügler, einige Hundert jedes Jahr, kommen vorwiegend im Oktober an, überwintern manchmal. Kleiner sibirischer Laubsänger mit olivfarbenem Rücken und weißer Unterseite; langer, weißer bzw. verwaschen gelber Überaugenstreif, der weit nach hinten reicht, schwarzer Augenstreif. Manchmal hellerer Scheitelstreif. Zwei weiße Flügelbänder, das untere von konstanter Breite und schwarz begrenzt. Unterschnabel weitgehend hell mit dunkler Spitze. Flink und auf Buschspitzen schwer zu beobachten. Vom Winter an Gefieder abgenutzter: weniger grün und weniger gelb. Ruf deutlich zweisilbig: ein scharfes *psi-wiet*. Gesang: langatmige Folge von drei langen, schrillen Tönen, der erste und letzte ansteigend.

Frühling

Frühling

Tienschan-Laubsänger *Phylloscopus humei*

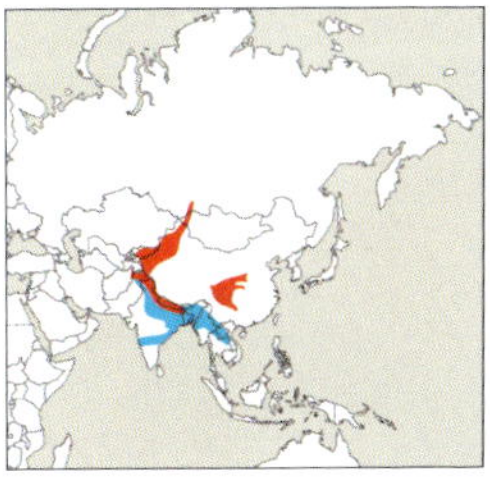

10 cm. Seltener Durchzügler, der häufig im November ankommt, manchmal überwintert. Sehr ähnlich Gelbbrauen-Laubsänger, Färbung aber matt graubraun, Überaugenstreif beige; ein einziges deutliches weißes Flügelband, durch ein graues Band etwas hervorgehoben und an der Basis der Schwungfedern nicht schwarz; ein zweites undeutliches cremefarbenes Band auf den mittleren Armdecken. Dunkler Unterschnabel mit häufig reduzierter heller Basis. Einige Individuen farbenfroher, z. B. Unterart *mandelli* (Bergregion Zentralasiens) mit gelben Rändern auf den Schwungfedern, einer olivfarbenen Tönung auf dem Mantel und einem zweiten weißen Flügelband, aber ohne leuchtendes Gelb; bestimmbar anhand des Rufes. Rufe verschiedenartig: *wiet*, *wie* oder ein tschilpendes *tlie*, ein schnelles und flötendes *tü-üi* oder ein an Gelbbrauen-Laubsänger erinnerndes *tsi-wiet*, aber mit anderer Tonart. Gesang: ein langes, abfallendes und schrilles Pfeifen, ganz anders als der Gesang des Gelbbrauen-Laubsängers.

Unterart *mandelli*

Bartlaubsänger *Phylloscopus schwarzi*

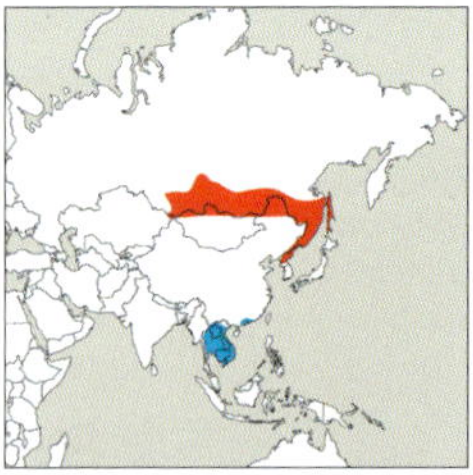

12 cm. Sehr seltener Irrgast, vorwiegend im Oktober. Hält sich oft versteckt in Bodennähe auf, kommt selten aus der Deckung heraus, kann sich im Gebüsch aber nach oben bewegen. Sehr ähnlich Dunkellaubsänger, Gestalt aber massiver; großer, abgerundeter Kopf mit großem, rundem Auge; Schnabel dicker, aber variabel, einige Individuen mit schmalem Schnabel und dickem Unterschnabel mit deutlicher verwaschen dunkler Spitze; Färbung wärmer und rehbraun, besonders unterseits, einige Individuen sehr farbenfroh, andere mehr erdfarben; Überaugenstreif anders als bei Dunkellaubsänger: gämsfarben, weniger stark gezeichnet und vor dem Auge unschärfer abgegrenzt, hinter dem Auge heller; langer Überaugenstreif verläuft häufig in Kommaform zum Nacken hin. Beine hellorange, auf der Vorderseite manchmal verwaschen braun. Rufe: *tschek*, weniger trocken und bewegter als der Ruf des Dunkellaubsängers, oder ein kurzes und bewegtes *zui*. Gesang: erinnert an Gesang des Dunkellaubsängers, weist aber schnellere Triller auf (einige sehr schnell); Tonart erinnert eher an Nachtigall; nicht tschilpend.

Dunkellaubsänger *Phylloscopus fuscatus*

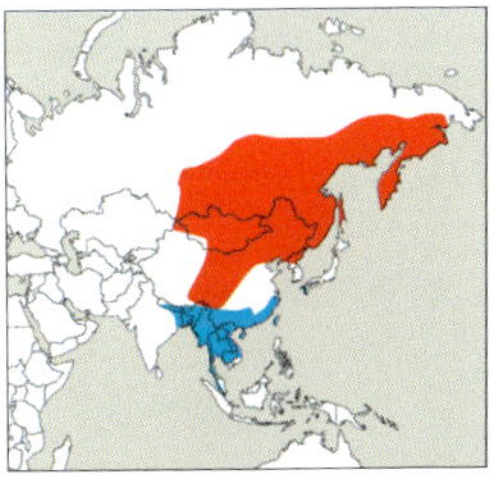

11 cm. Eher in Bodennähe; Gefieder oberseits dunkel, erdbraun und matt; selten sehr farbenfrohe Flanken. Beine hellorange oder rosa; Überaugenstreif stark gezeichnet, vor dem Auge weiß, scharf abgegrenzt, hinter dem Auge gämsfarben. Schnabel schmaler als der des Bartlaubsängers, aber variabel. Flügel ziemlich abgerundet, Einbuchtungen bis zur 7. Handschwinge. Ruf: ein trockenes, schnalzendes *täk*, manchmal wiederholt abgegeben; oftmals das beste Mittel, den sich im dichten Gestrüpp, in Dornenbüschen und im trockenen Röhricht versteckenden Vogel ausfindig zu machen. Steigt manchmal innerhalb eines Busches nach oben, zeigt sich aber wenig ungeschützt. Gesang: langsame Folge von 4 oder 5 Tönen, häufig tschilpend, mit Variationen in den Strophen. Breitet seine Flügel manchmal schnell aus, wie Mauerläufer. Irrgast im Oktober/November, manchmal Wintergast, sogar im Landesinneren. Kommt viel häufiger vor als Bartlaubsänger.

Pamirlaubsänger *Phylloscopus griseolus*

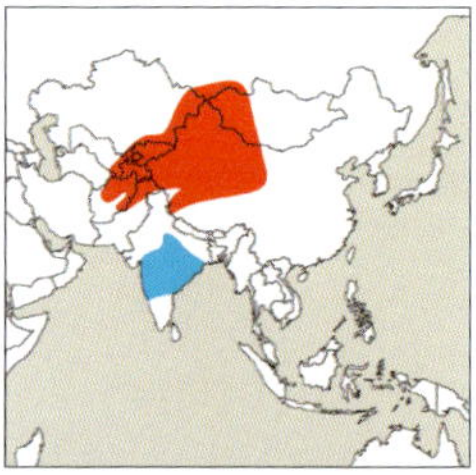

11 cm. An Fitis erinnernder Laubsänger, aber oberseits erdbraun, unterseits beige-gelblich; sehr markanter und sehr langer gelber Überaugenstreif, vor dem Auge leuchtend gelb, bis zum Schnabel reichend. Wange einheitlich braun, Zügelstrich und Scheitel sehr dunkel. Kurze Handschwingenprojektion, cremefarbene Säume an den Schwungfedern (keine olivfarbene oder gelbe Färbung). Beine braun-orange bis orange, langer Schnabel mit dunkler Unterschnabelspitze. Ruf: ein kurzes, etwas rollendes *tschip*, an Seidensänger erinnernd; Gesang: kurze Folge von 4-5 *ti*- oder *tie*-Lauten mit Variationen in den Phrasen. Nistet an felsigen und buschwüchsigen Hängen in den Bergen, im Vorgebirge des Himalaya- und Altai-Gebirges, den Bergen der Kaschmir-Region, bis in 3.600 m Höhe; überwintert in Indien. Ein singendes Männchen in Dänemark Ende Mai 2016.

Berglaubsänger *Phylloscopus bonelli*

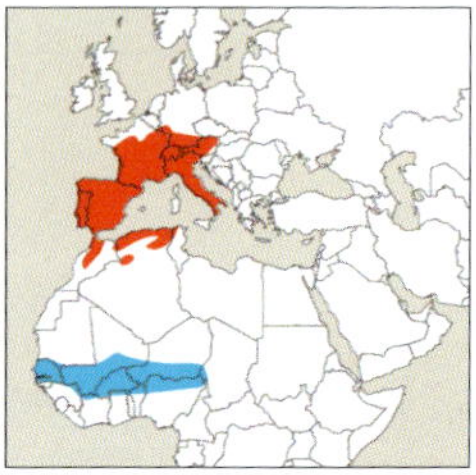

11,5 cm. Gesicht sehr einheitlich mit hellen Zügeln, undeutlichem cremefarbenem Überaugenstreif, weißem Lidring; Scheitel und Mantel graubraun, Flügel und Steuerfedern mit stark gezeichneten gelb-grünen Rändern, Bürzel und Oberschwanzdecken olivfarben-gelblich. Ruf: ein eindeutig zweisilbiges, ansteigendes *dü-iie*. Gesang aus monotonem Triller von einer Sekunde Dauer, wobei die Tonart manchmal zwischen den Phrasen wechselt: *tieietietietietietie…*, *tiütiütiütiütiütiü…* Zwilling des Balkanlaubsängers, häufig farbenfroher, aber mit Gewissheit anhand der Stimme zu unterscheiden, die nur außerhalb der Brutgebiete zu hören ist.

Balkanlaubsänger *Phylloscopus orientalis*

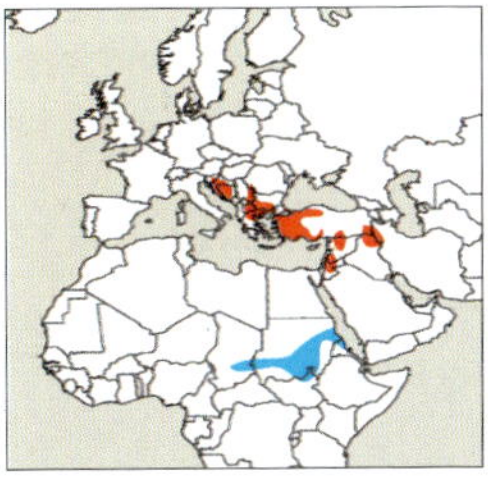

11,5 cm. Stellvertreter des Berglaubsängers vom Balkan bis zum Mittleren Osten. Sehr ähnlich, aber Mantel und Kopf grauer und ohne olivfarbene Tönung, gelber Bürzel in starkem Kontrast; beigefarbene Ränder an den Flügeldecken, olivfarbene bis gelbliche Ränder an den Schwung- und Steuerfedern. Unterschiede in Gestalt und Kopfmuster sind schwer zu verallgemeinern. Das beste Unterscheidungsmerkmal ist der charakteristische Ruf: ein schroffes und einsilbiges *tschip*, an einen Kreuzschnabel erinnernd. Gesang dem des Berglaubsängers sehr ähnlich, aber etwas tiefer und an Grünfink erinnernd.

Goldhähnchen-Laubsänger *Phylloscopus proregulus*

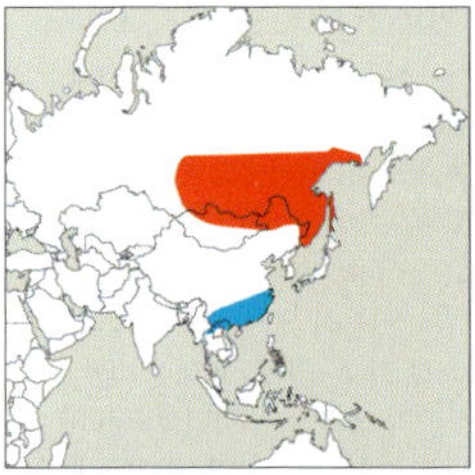

9 cm. Ziemlich kleiner, rundlicher Laubsänger mit großem, «an den Rumpf geklebten» Kopf und kurzem Schwanz. Breiter, gelber Überaugenstreif, deutlicher gelber Scheitelstreif, oberseits olivgrün mit zitronengelbem Band auf dem Bürzel (im Flug sichtbar). Zwei Flügelbänder mit gelber (Herbst) bis weißer (Frühling) Färbung. Unterseite weiß, Flanken verwaschen gelb. Bewegt sich sehr flink durch das Laubwerk fort, flattert manchmal außerhalb der Deckung auf der Stelle. Ruf: *düi*, manchmal näselnd, an einen Ruf des Fitis mit finkenartigem Klang erinnernd. Gesang: Aneinanderreihung von 2 bis 4 Strophen aus wiederholten Tönen; kann an Fitis erinnern, ist aber weniger stereotypisch. Jährlicher Irrgast im Herbst; einige Aufzeichnungen im Winter und im Frühling.

Sibirischer Zilpzalp/Taigazilpzalp *Phylloscopus collybita tristis*

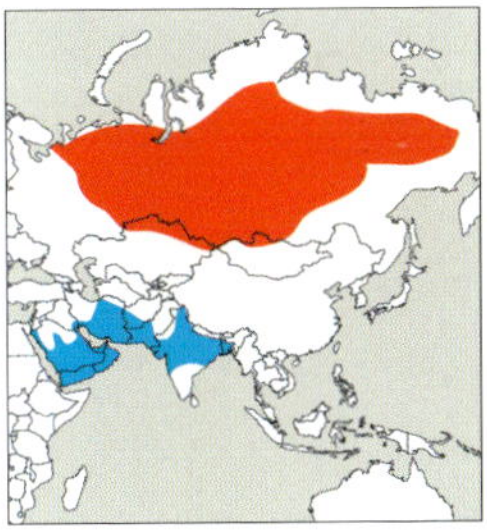

11,5 cm. Sibirischer Irrgast, seltener, verspäteter Durchzügler, zunehmend häufiger ein Wintergast. Wie europäischer Zilpzalp, Gefieder aber grau-beige; gelbe oder olivfarbene Säume nur an den Schwung- und Steuerfedern. Cremefarbene Spitzen der großen Armdecken bilden ein unscharfes Flügelband. Keine gelbe Färbung auf dem Kopf, im Überaugenstreif oder auf den unteren Partien, lediglich auf dem Handgelenk unter dem Flügel. Schwarzer Schnabel mit hellen Ober- und Unterschnabelkanten charakteristisch. Beine einschließlich Zehen dunkel, oft schwärzlich. Ruf des Jungvogels: ein abfallendes, trauriges *hii*. Der Gesang im Frühling erinnert an europäischen Zilpzalp, ist aber variabler. Einige Individuen scheinen mit der nordischen Unterart *abietinus* intermediär zu sein (genannt *fulvescens)*, sie zeigen mehr Gelb- und Olivfärbung als gewöhnlich, besonders Überaugenstreif, rufen aber wie *tristis*.

Eichenlaubsänger *Phylloscopus neglectus*

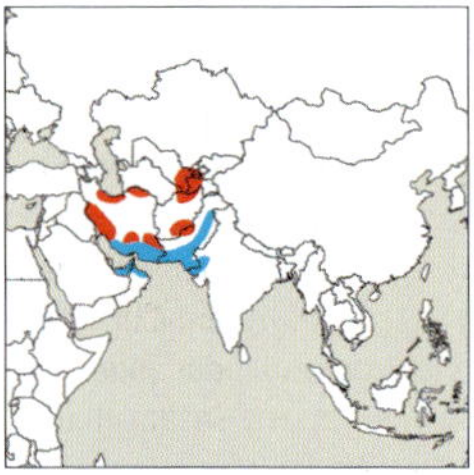

9,5 cm. Sehr kleiner Laubsänger aus Zentralasien; überwintert an den Küsten des Persischen Golfs. Ein dokumentierter Fang in Schweden im Oktober 1991. Oberseits sandfarben und unterseits cremefarben, keine gelbe oder olivfarbene Färbung, Flanken verwaschen gämsfarben. Langer, cremefarbener Überaugenstreif beginnt oberhalb des Schnabels, dunkler Augenstreif; unter dem Auge ein markanter heller Augenring. Schnabel schwarz mit hellen Kanten, Beine schwarz (einschließlich Zehen). Flügel sehr kurz und abgerundet. Kleiner, Färbung sandfarbener und Überaugenstreif weniger markant als bei Kaukasischem Zilpzalp. Ruf: ein kurzes, tschilpendes und raues *djie*, weder pfeifend noch melodisch, für einen Laubsänger ungewöhnlich. Gesang: ein kurzes und scharfes Schwatzen, an das Zwitschern der Meise erinnernd.

Kaukasischer Zilpzalp/Kaukasuszilpzalp *Phylloscopus lorenzii*

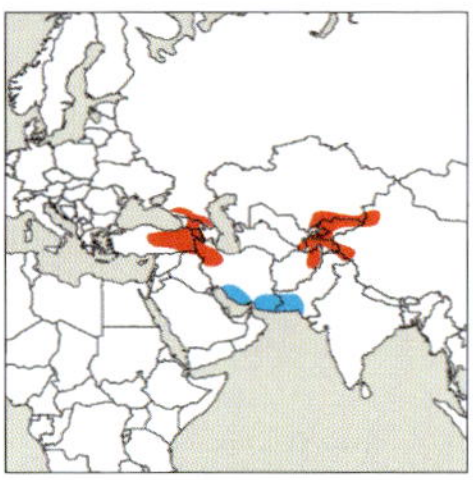

11 cm. Nistet in den Höhen des Kaukasus; könnte sich nach Europa verirren. Ähnlich europäischem Zilpzalp, weißer Überaugenstreif aber sehr markant, da Zügel und Augenstreif dunkelbraun; oberseits erdbraun, Flanken verwaschen braun-gämsfarben. Keine grünen oder gelben Säume an den Flügeln oder am Schwanz, anders als bei Sibirischem Zilpzalp. Keine olivfarbene Tönung, Beine schwärzlich, Schnabel schwarz mit verkürzter, gelber Basis am Unterschnabel. Ruf: ein kurzes, klagendes *tüü* oder *iü*, wie bei Sibirischem Zilpzalp. Gesang: kurze, zilpzalpartige Phrase, bestehend aus weniger als zehn getanzten Tönen, kürzer als bei Sibirischem Zilpzalp.

Spanischer Zilpzalp/Iberienzilpzalp *Phylloscopus ibericus*

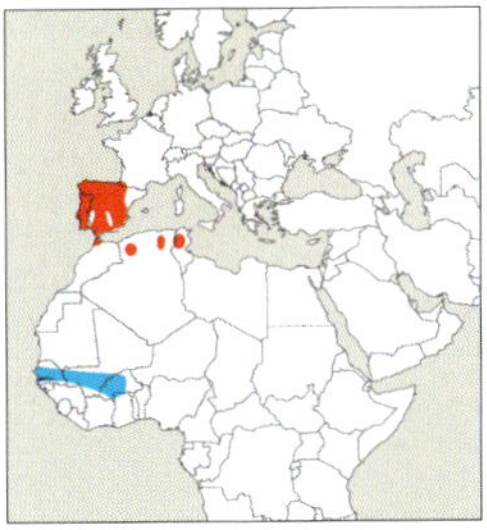

10,5 cm. Stellvertreter des europäischen Zilpzalps auf der Iberischen Halbinsel und im Maghreb. Sehr ähnlich, aber unterseits weiß, Gesicht und Brust verwaschen leuchtend gelb, besonders im vorderen Bereich des Überaugenstreifs; Mantel manchmal gräulich; fast zeichnungsloser weißer «Halbmond» unter dem Auge. Flügel länger mit längerer Handschwingenprojektion und anderer Flügelformel (10. Handschwinge länger). Ruf: *huit*, mehr an Fitis erinnernd. Gesang variabel: zuerst eine oder zwei kurze Phrasen aus dem gleichen wiederholten Ton *chif chif chif üit üit üit* oder aber ein *üi üi üi üi tü tü*, oft, aber nicht immer, gefolgt von einem charakteristischen, zum Ende hin schneller werdenden Triller *tietietietietietie*. Hybriden mit einem Gesang, der intermediär zwischen den Gesängen der beiden Arten ist, wie europäischer Zilpzalp mit einem kurzen Triller am Ende.

Rubingoldhähnchen *Regulus calendula*

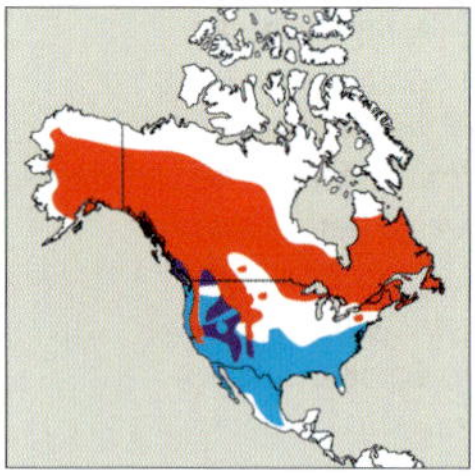

10 cm. Nearktisches Goldhähnchen; zufälliger Irrgast; beobachtet in Island (November 1987, Oktober 1998), auf den Azoren und in Irland (Oktober 2013). Grau-olivfarbenes Gefieder; dicker, weißer, zweigeteilter Augenring (weißer «Halbmond» vor und hinter dem Auge). Olivfarbene Säume an den Schwungfedern, breiter, olivfarbener Bürzel, Flügelzeichnung wie europäische Goldhähnchen mit zwei weißen Flügelbändern, von denen das auf den großen Armdecken mit einem schwarzen Rechteck unterlegt ist. Leuchtend rote Haube ohne schwarzen Rand beim Männchen; die roten Federn bleiben im Scheitel versteckt, wenn sich der Vogel in Ruhestellung befindet.

Braunschnäpper *Muscicapa dauurica*

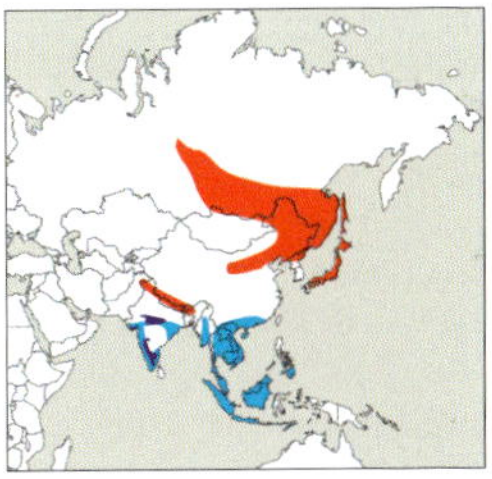

12 cm. Kleiner asiatischer Fliegenschnäpper; außergewöhnlicher Irrgast, einige wenige Erwähnungen (England, Dänemark, Schweden). Gedrungen, großer Kopf und kurzer Schwanz, Gefieder sehr einheitlich. Großes Auge mit weißem Augenring und hellen Zügeln, die eine deutliche «Brille» bilden; großer Kopf mit dunklem Wangenstrich; rauchfarbene Brust grenzt die weiße Kehle ab. Obere Partien einheitlich braun-gräulich. Sehr breiter Schnabel mit orangefarbener Basis. Kein Weiß am Schwanz. Handschwingenprojektion kürzer als Schirmfedern. Erster Winter: gut abgegrenzte, helle Ränder an den Schirmfedern und großen Armdecken. Ruf: ein dünnes, sehr scharfes *tzi*, wie Grauschnäpper.

Rußschnäpper *Muscicapa sibirica*

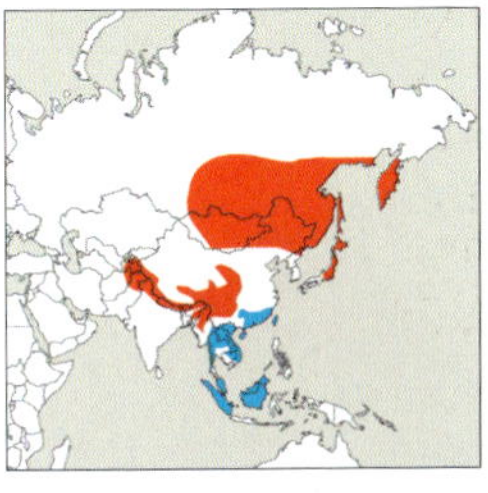

12 cm. Kleiner asiatischer Fliegenschnäpper; ein Jungvogel im Oktober 2012 in Island fotografiert. Wie Braunschnäpper, aber oberseits einheitlich dunkler braun gefärbt, unterseits sehr dunkel; markanter Augenring besonders hinter dem großen Auge ausgebildet, Zügel dunkler und Flanken stärker verwaschen grau-rußschwarz. Mit den Wangen verbundene, breite, rauchfarbene Wangenstreifen; Brust und Flanken mit aneinandergereihten, breiten, unscharfen Stricheln. Schnabel mit orangefarbener Unterschnabelbasis; kein Weiß am Schwanz. Unterschwanzdecken mit braunem Mittelstreifen, Handschwingenprojektion länger als bei Braunschnäpper (genauso lang wie Schirmfedern). Jungvogel: gleichmäßiger weißer Saum an den Schirmfedern und großen Armdecken.

Zwergschnäpper *Ficedula parva*

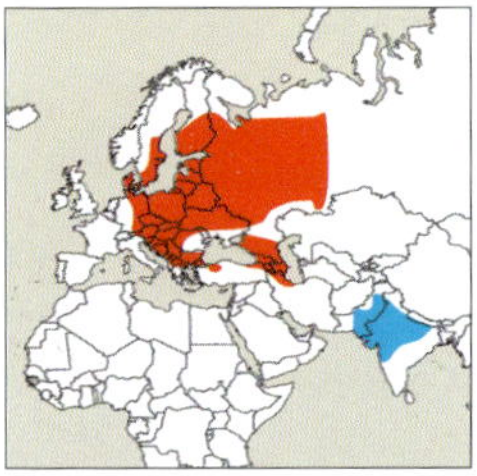

11 cm. Brutvogel in Skandinavien und im Osten Europas; ziemlich seltener Durchzügler im Westen im Herbst. Klein und braun; Schwanz mit weißer Basis, mit umgekehrtem schwarzem T wie bei Steinschmätzer. Oberseits mattbraun, unterseits weißlich, Brust verwaschen rehbraun. Schmaler, heller Ring um das Auge auf einheitlich gefärbtem Gesicht. Oberschwanzdecken braun-schwärzlich, ein Ton heller als Steuerfedern. Juvenile Schirmfedern mit deutlichem, cremefarbenem Rand, der zum Ende hin breiter wird und am Federschaft in Form eines Tropfens endet wie bei Trauerschnäpper. Wirkt nervös; lässt sich für die Jagd ungeschützt nieder; wippt mit dem Schwanz auf und ab, ruft dabei ein betontes *it*, ein raues *tzrrz* oder ein trockenes *tzit*. Im Frühling: Männchen mit dunkelorangefarbener Kehle, aschgrauem Kopf und einem Gesang, der an Fitis erinnert.

jung

Männchen, Prachtkleid

Taiga(zwerg)schnäpper *Ficedula albicilla*

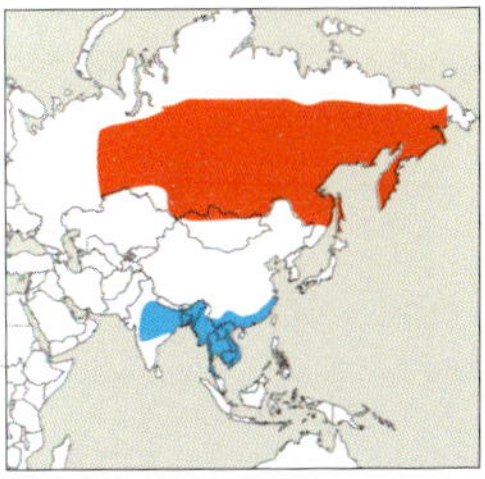

11 cm. Asiatischer Zwilling des Zwergschnäppers; sehr seltener Irrgast in Europa im Herbst. Unterscheidet sich im Herbst wie folgt: schwärzliche Oberschwanzdecken, dunkler als Steuerfedern; Ränder der Schirmfedern schmaler und deutlicher; Unterschnabel sehr dunkel, mit verkürzter rötlicher Basis, sofern vorhanden; untere Partien extrem weiß, keine markante gämsfarbene Färbung auf der Brust oder den Flanken; helles Gesicht (besonders die Wange) und undeutlicher Augenring (Zwergschnäpper unterseits verwaschen rehbraun und mit deutlichem Augenring). Männchen im Prachtkleid mit kleinem, orangefarbenem Kehlfleck, der unten scharf durch graues Brustband begrenzt ist. Ruf: ein schnarrendes *trrrrr*, an Ligurien-Bartgrasmücke oder Misteldrossel im Flug erinnernd; gut von den Rufen des Zwergschnäppers unterscheidbar.

Männchen, adult

Halbringschnäpper *Ficedula semitorquata*

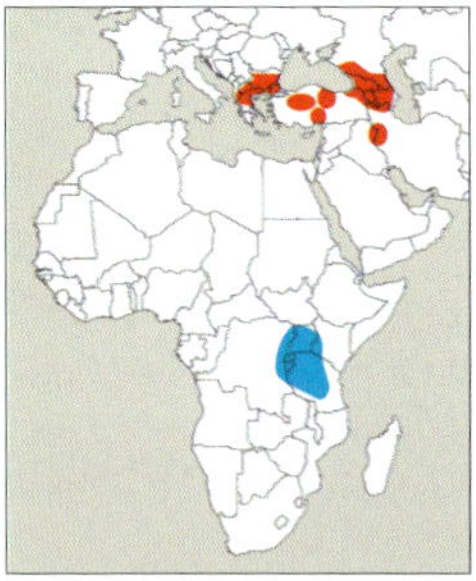

13 cm. Nistet in Osteuropa. Gescheckter Fliegenschnäpper; Größe und Gestalt wie Trauerschnäpper. Männchen: geschecktes Gefieder mit weißen Halsseiten, die einen deutlichen halben Halsring bilden; sehr ausgedehnte weiße Färbung an der Basis der Handschwingen, auf den großen Flügeldecken und den mittleren Armdecken mit breiter, weißer Spitze; viel Weiß am Schwanz auf den 2–3 äußeren Steuerfedern: äußere Steuerfeder bis zur Außenfahne völlig weiß, die sich anschließende Steuerfeder mit weißer Spitze an der Außenfahne und schwarzem Rechteck auf der Innenfahne mit langer, weißer Basis. Schlichtkleid: Schirmfedern mit schmalem, weißem Rand von konstanter Breite entlang der Außenfahne. Weibchen mit zwei gleichmäßigen Flügelbändern auf den großen und mittleren Armdecken und einem schmalen, weißen Rand von konstanter Breite auf den Schirmfedern. Nicht zu verwechseln mit Hybriden zwischen Trauerschnäpper und Halsbandschnäpper, die sehr ähnlich sein können, aber viel weniger Weiß auf den Steuerfedern aufweisen.

Männchen

Männchen

Männchen

Weibchen

Weibchen

Atlasschnäpper *Ficedula speculigera*

13 cm. Sehr ähnlich Trauerschnäpper; nistet im Atlasgebirge im Maghreb; potenzieller Irrgast in Südeuropa. Eine unbestätigte Erwähnung in Italien (Lampedusa) im Mai 2016. Männchen mit sehr großem, weißem Stirnfleck, der manchmal auf Augenhöhe endet; breiter, weißer Fleck an der Basis der Handschwingen; große Flügeldecken völlig weiß, manchmal eine weiße Außenfahne an der äußeren Steuerfeder, ansonsten Schwanz völlig schwarz. Einjährige Männchen sind mit verkürztem, weißem Stirnfleck, weniger Weiß an der Basis der Handschwingen und völlig schwarzer äußerer Steuerfeder fast unmöglich von gleichaltrigen Vögeln der Unterart *iberiae* des Trauerschnäppers zu unterscheiden. Weniger Weiß am Hals als einige Halsbandschnäpper-Männchen mit schwarzem Nacken im 1. Frühling.

Mugimakischnäpper *Ficedula mugimaki*

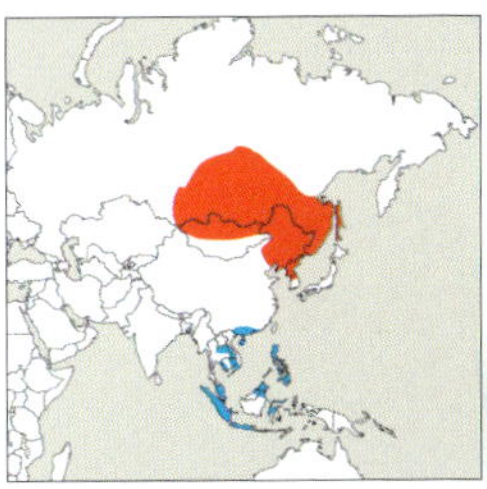

14 cm. Asiatischer Zugvogel; sehr seltener Irrgast in Italien und in Großbritannien im Herbst. Kann an Trauerschnäpper erinnern, aber größer. Junges Männchen oberseits graubraun, von der Kehle bis zum Oberbauch orange; schmaler, cremefarbener Augenring, schwarzer Schwanz, weiße Säume an den großen Armdecken; schmaler und gleichmäßiger, weißer Rand an den Schirmfedern; manchmal ein angedeuteter heller Überaugenstreif, der sich hinter dem Auge verbreitert und somit an den Überaugenstreif des Altvogels erinnert. Adultes Männchen: oberseits schwarz; breiter, weißer Überaugenstreif hinter dem Auge, weißes Band auf der Schulter; unterseits orangefarben, aber Bauch weiß; markanter weißer Saum an den Schirmfedern. Weibchen: wie junges Männchen, orangefarbener Brustlatz aber verkürzt, Kopf gräulich. Ruf: ein kurzes, sehr mechanisches Schnarren, manchmal leicht klopfend.

Lasurmeise *Cyanistes cyanus*

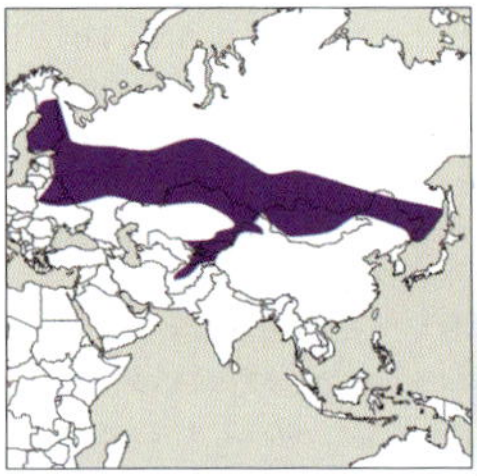

12 cm. Sibirische Meise; überwintert sehr selten in Europa. Ähnlich Blaumeise, aber keine gelbe oder grüne Färbung; Schwanz sehr lang, Scheitel und Bauch weiß, Rücken azurblau, viel Weiß am Schwanz und an den Flügeln. Breite, weiße Spitzen an den Armschwingen und Schirmfedern; weiße Schwanzecken verdecken die Hälfte des ausgebreiteten Schwanzes; weiße Basis der Handschwingen und großen Oberflügeldecken fast völlig weiß. Schmaler, schwarzer Augenstreif; schmaler, schwarzer, senkrechter Strich in der Mitte des weißen Bauches. Bevorzugt Sumpfgebiete, Röhricht, Gestrüpp in der Nähe von Flüssen. Rufe wie Blaumeise. Hybriden mit der Blaumeise, als Pleskemeisen bezeichnet: an Lasurmeise erinnernd, aber weniger Weiß auf den Flügeln, Schwanz kürzer, etwas Blau auf dem Scheitel und etwas Hellgelb auf der Brust; variabel, mehr oder weniger gelb gefärbt.

Kanadakleiber *Sitta canadensis*

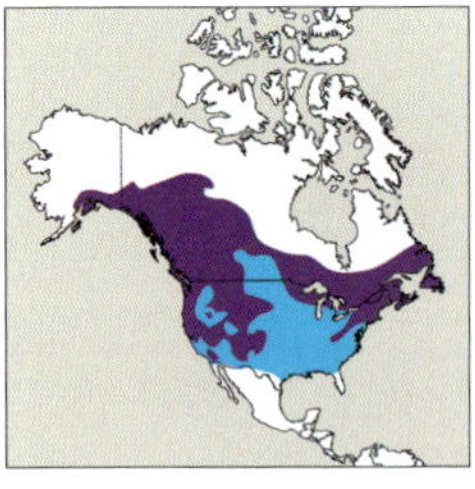

10,5 cm. Nearktischer Kleiber; bevorzugt Nadelwälder; sehr seltener Irrgast in Island (Mai 1970) und in England (Mai 1990). Klein mit großem Kopf; erinnert mit seinem schwarzen Kopf mit dem langen, weißen Überaugenstreif, der weißen Kehle und den weißen Wangen an Korsenkleiber, Brust und Bauch aber bis zu den Unterschwanzdecken orange. Sehr kurzer Schwanz mit erst weißen, dann grauen Ecken. Männchen: unterseits dicht orange, Scheitel bis zum Nacken schwarz. Weibchen: unterseits ausgewaschen orange, Scheitel dunkelgrau, schwarzer Augenstreif. Ruf: eine Folge von langsamen und nasalen *njak njak*-Lauten.

Weibchen

Männchen

Männchen

Braunwürger *Lanius cristatus*

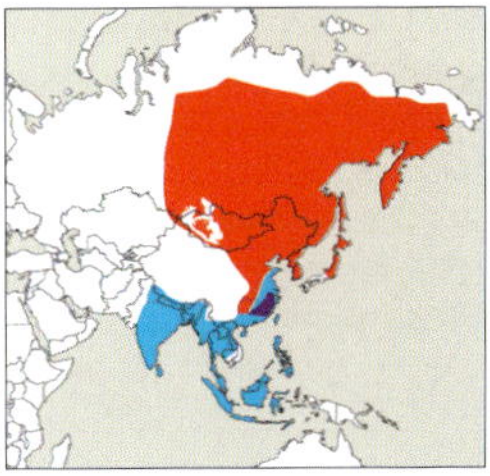

18 cm. Sehr seltener, asiatischer Irrgast im Herbst; kommt verspätet an, manchmal im November. Erinnert an Neuntöter, hat aber einen stufenförmigen, rötlichen Schwanz; oberseits ungebändert, Flanken kaum gebändert und verwaschen rehbraun, Schnabel dicker. Erinnert an Isabellwürger, aber kein weißer Fleck an der Basis der Handschwingen und unterseits dunkler. Schwanz abgestuft (äußere Steuerfedern deutlich kürzer), rotbraun gefärbt. Dunkle Maske, weißer Überaugenstreif, dunkle Zügel. Männchen: schwarze Maske, Flanken einheitlich orange, Kehle weiß. Weibchen: braune Maske, Brust oder sogar Kehle gebändert, oberseits einheitlich braun. Scheitel rötlich (bei einigen asiatischen Unterarten grau). Erster Winter: Flanken fein gämsfarben gebändert, Schirmfedern und große Armdecken mit geschupptem Muster, Nacken braun (bei Neuntöter grau).

Weibchen

Männchen

Weibchen

1. Winter

Männchen

Isabellwürger *Lanius isabellinus*

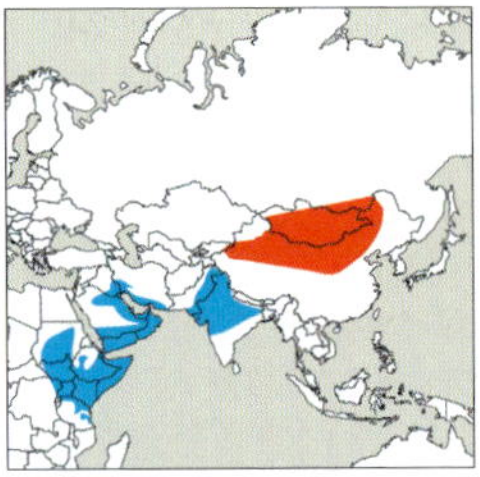

17 cm. Seltener Irrgast aus Ostasien (Mongolei, China) im Herbst, ausnahmsweise im Frühling. Oberseits einheitlich braun-sandfarben (auch die Jungvögel), Flanken verwaschen rehbraun, im Herbst mit braunem Schuppenmuster; braune Maske, aber helle Zügel; weiße Basis an den Handschwingen, manchmal kaum sichtbar. Schwanz rotbraun bis braun-orange ohne weiße Kanten; Steuerfedern manchmal mit einer etwas dunkleren Spitze. Altvogel: schwarze Maske, beim Männchen die Zügel bedeckend, beim Weibchen nicht; unscharf abgegrenzter, creme- oder orangefarbener Überaugenstreif; untere Partien verwaschen rehbraun, manchmal bis zur Kehle, manchmal nur auf den Flanken. Scheitel wie Nacken und Mantel braun-sandfarben.

Rotschwanzwürger/Turkestanwürger *Lanius (isabellinus) phoenicuroides*

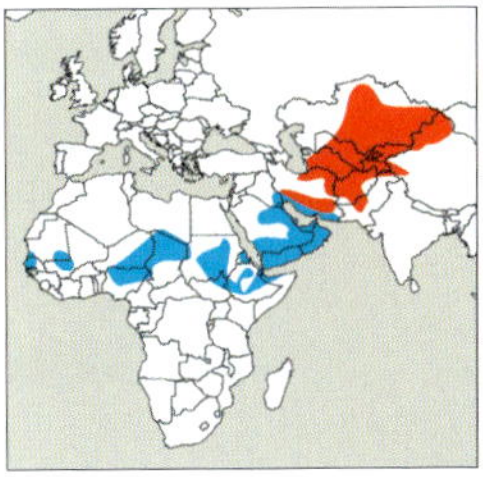

17 cm. Seltener, asiatischer Irrgast im Herbst, ausnahmsweise im Frühling. Sehr ähnlich Isabellwürger, manchmal unmöglich zu unterscheiden. Im Allgemeinen ist das Gefieder weißer. Männchen: unterseits weiß, Mantel mehr erdbraun gefärbt, Scheitel rotbrauner als Mantel; markanter schwarzer Augenstreif mit weißem Überaugenstreif; Form *karelini* mit grauem Scheitel, manchmal auch mit grauem Mantel. Weibchen mit weißen, schwarz schuppig gemusterten Flanken. Jungvögel mit weißlicher Unterseite, dunkles Schuppenmuster nur auf den Flanken. Flanken selten verwaschen orange, Brust, Bauch und Kehle aber immer extrem weiß.

Hybriden der Gattung «Echte Würger»

Lanius collurio x *phoenicuroides/isabellinus*

Einige Individuen zeigen intermediäre Merkmale mit dem Neuntöter, die daran erinnern, dass die verschiedenen Arten in den Kontaktzonen ihrer Verbreitungsgebiete Mischformen bilden können. Es ist insbesondere die schwarze Färbung auf dem Schwanz zu beachten, die eine Zeichnung in umgekehrter T-Form bildet, sowie die graue Tönung des Scheitels oder des Rückens - diese intermediären Merkmale sind je nach Grad der Verwandtschaft mit den betreffenden Arten mehr oder weniger stark ausgeprägt.

Schachwürger *Lanius schach*

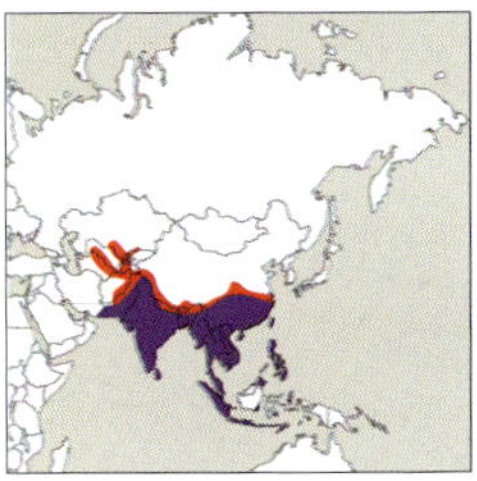

23 cm. Asiatisch; sehr seltener Irrgast im Herbst und im Winter (Nordeuropa und Mittlerer Osten). Großer Würger mit sehr langem, abgestuftem Schwanz mit cremefarbenen Kanten. Bürzel, Rücken, Flanken und Schulterband orangefarben; oberer Mantelbereich und Scheitel aschgrau; Maske und Stirn schwarz. Altvogel: Schwarz der Stirn reicht hinauf auf den Scheitel und über die Augen. Jungvogel: schwarze Färbung auf der Stirn weniger ausgedehnt, reicht gerade bis über die Augen; schwarzes Schuppenmuster auf Schulterfedern, Brust und Flanken; cremefarbene Ränder an den nicht gemauserten Flügeldecken. Einige asiatische Unterarten, weitgehend Standvögel, mit völlig schwarzem Scheitel.

Steppenraubwürger *Lanius excubitor pallidirostris*

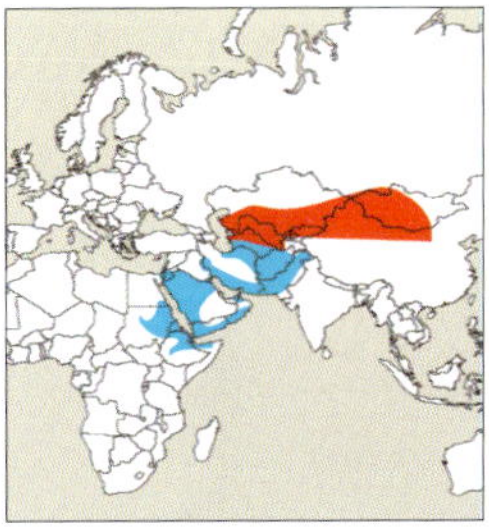

24 cm. Brutvogel aus den Steppengebieten Zentralasiens; überwintert im Iran und auf der Arabischen Halbinsel; seltener Irrgast in Westeuropa, vorwiegend im Herbst. Sehr kräftiger Schnabel mit dicker Basis, in der Mitte des Unterschnabels wie aufgetrieben, was den Schnabel wulstig wirken lässt. Das Grau des Mantels ist sehr hell – heller als beim Raubwürger und viel heller als beim Mittelmeer-Raubwürger. Jungvogel im Herbst: dunkle Wangen, weiße Zügel, rosafarbene Schnabelbasis, weiße Ränder an den Flügeldecken. Altvogel: schwarze Zügel, völlig schwarzer Schnabel. Gegenüber Raubwürger mehr Weiß am Schwanz, auf den Schirmfedern und an der Basis der Handschwingen, Basis der Armschwingen aber schwarz; dagegen ist die Spitze der Armschwingen häufig weitgehend weiß, was im Flug wie ein fortlaufendes breites Flügelband wirken kann, das Weiß ist zwischen der Basis der Handschwingen und der Spitze der Armschwingen aber verschoben. Einige Individuen mit weniger Weiß am Ende der Armschwingen.

jung

jung

jung

adult

Taigaraubwürger *Lanius (excubitor) borealis*

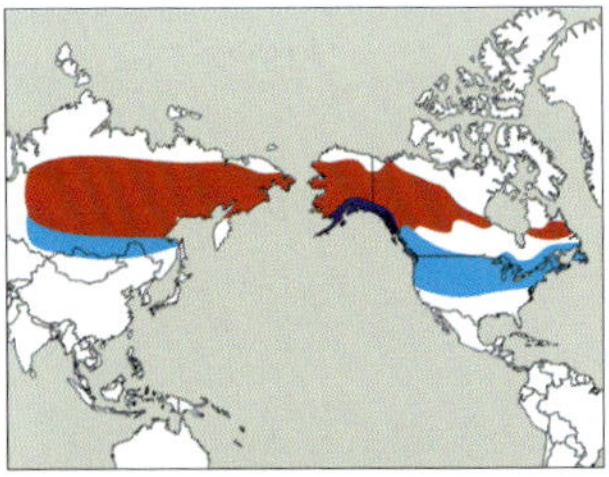

24 cm. Nearktischer (Unterart *borealis*) und sibirischer (Unterart *sibiricus*) «grauer» Würger; sehr seltener Irrgast in Norwegen, Finnland, auf den Azoren; Unterart *sibiricus* überwintert selten in der Ukraine. Früher als Unterarten des Raubwürgers betrachtet, genetisch aber abweichend und einander nahestehend. Unterseits mit zahlreichen schmalen, schwarzen Schuppen gezeichnet, wenig Weiß an der Basis der Handschwingen, kein Weiß an der Basis der Armschwingen, oberseits sehr hell grau gefärbt. Schmaler, schwarzer Streifen endet vor dem Auge und reicht nicht bis über den Schnabel; weißer Überaugenstreif. Jungvogel unterseits stark geschuppt, Schnabelbasis hell; Scheitel, Mantel und Flanken verwaschen warmbraun; artentypisches Flügelmuster (weiße Fläche auf den Schwungfedern).

1. Winter, Unterart *borealis*

adult, Unterart *sibiricus*

adult, *borealis*

adult, Unterart *borealis*

1. Winter, Unterart *borealis*

Maskenwürger *Lanius nubicus*

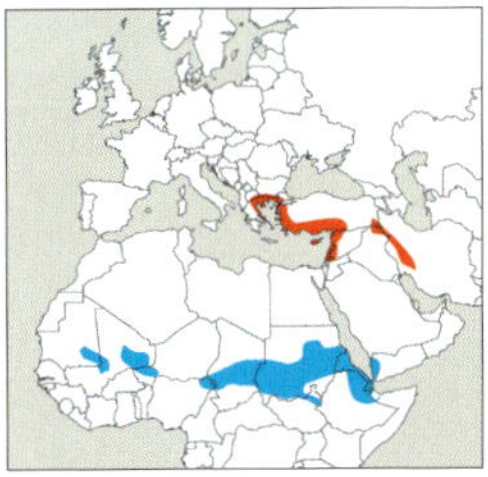

17 cm. Brutvogel im östlichen Mittelmeerraum. Schlank, mit langem Schwanz und schwarzer Oberseite. Erinnert mit seiner weißen Stirn und seinen weißen Schultern an Rotkopfwürger, Gestalt aber schmaler, Scheitel schwarz und nicht weiß, Brust und Flanken orange. Typisches Kopfmuster mit weißen Zügeln, weißer Stirn und breiten, weißen Überaugenstreifen; Scheitel schwarz, schwarzer Streif hinter dem Auge. Männchen: farbenfroher und kontrastreicher als Weibchen: oberseits vom Scheitel bis zum Schwanz schwarz, mehr Weiß auf den Schultern, mehr Orange auf den Flanken. Weibchen: Mantel gräulich bis grau-schwärzlich, Flanken weniger orange. Jungvogel: erinnert an Rotkopfwürger, aber schlanker; schwarzer Schwanz länger und schmaler, mit weißen Kanten; Schnabel schmal, Bürzel dunkel; Gefieder extrem gräulich, ohne braune Nuancen.

Elsterdohle *Corvus dauuricus*

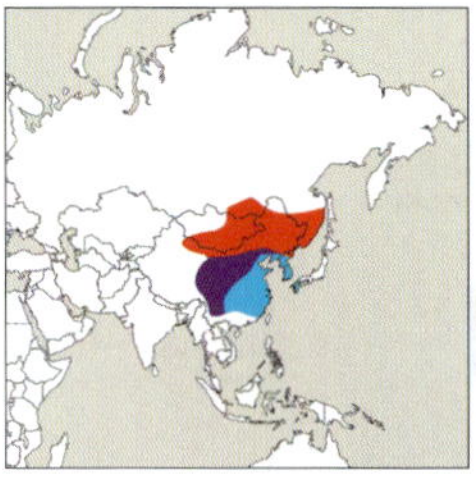

33 cm. Kleiner asiatischer Rabenvogel (Sibirien, China); sehr seltener Irrgast in Europa (Finnland, Frankreich, Schweden, Dänemark, Deutschland und Niederlande). Erinnert an Dohle, aber Iris immer dunkel, Gefieder manchmal zweifarbig; feine, weiße Strichelung auf den Wangen. Einige zweifarbige Altvögel mit weißlichem Bauch, weißlicher Brust und weißlichem Halsring; intermediäre Kleider möglich. Jungvögel und andere Altvögel völlig schwarz; schwarze Altvögel haben weiß gestrichelte Wangen. Die drei europäischen Beobachtungen betreffen zweifarbige, adulte Individuen.

Schildrabe *Corvus albus*

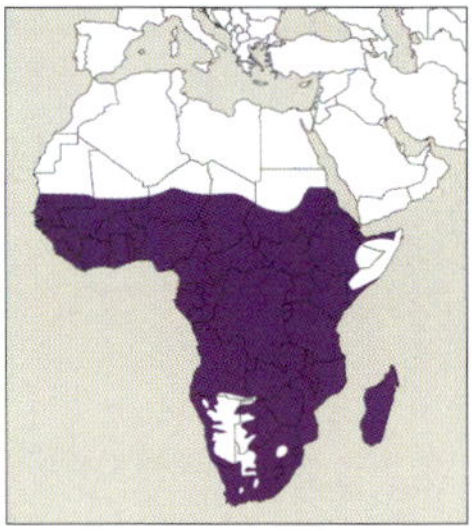

48 cm. Ursprünglich südlich der Sahara; Irrgast im Norden der Sahara bis nach Spanien, auf den Kanaren (möglicherweise per Schiff erreicht) und in Ägypten. Hat kürzlich im Westen der Sahara genistet. Kleiner, schwarz-weißer Rabe, Größe wie Krähe, aber Schnabel sehr dick, wie Kolkrabe; Schwanz abgestuft und Flügel in Ruhestellung länger als Schwanz. Brust und Oberbauch weiß, zu einem breiten, weißen Halsring auf dem Hinterhals verlängert. Rest des Gefieders schwarz, Flügel unterseits völlig schwarz. Rabenartiges Krächzen.

Wüstenrabe *Corvus ruficollis*

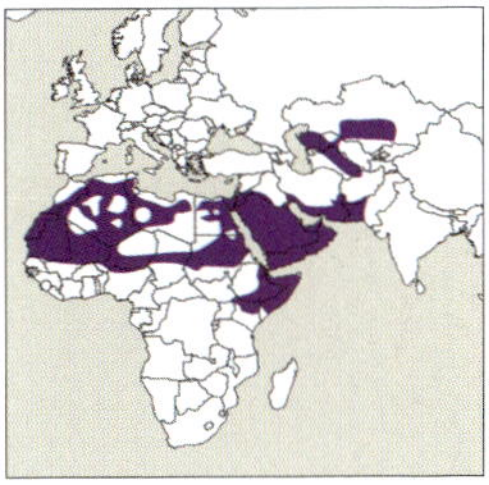

52 cm. Kleiner Rabe aus trockenen Steppengebieten, den Wüsten der Sahara; sehr seltener Irrgast in Spanien (April 2013), möglicherweise per Schiff dorthin gelangt. Erinnert an Kolkrabe, aber Schnabel weniger dick, Gestalt langgestreckt, brauner Glanz auf Nacken und Scheitel, Schwanz kürzer, in Ruhestellung von der Spitze der Flügel überragt. Krähenartiges Krächzen.

Einfarbstar *Sturnus unicolor*

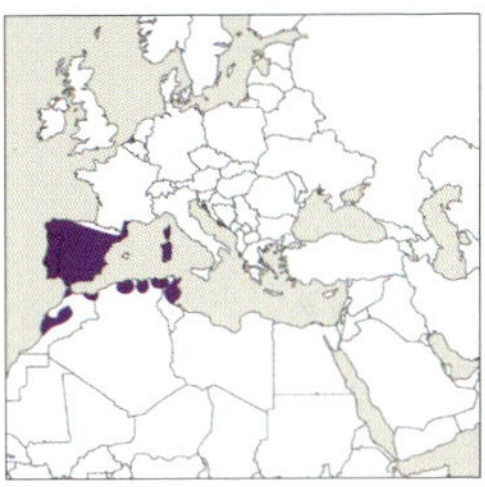

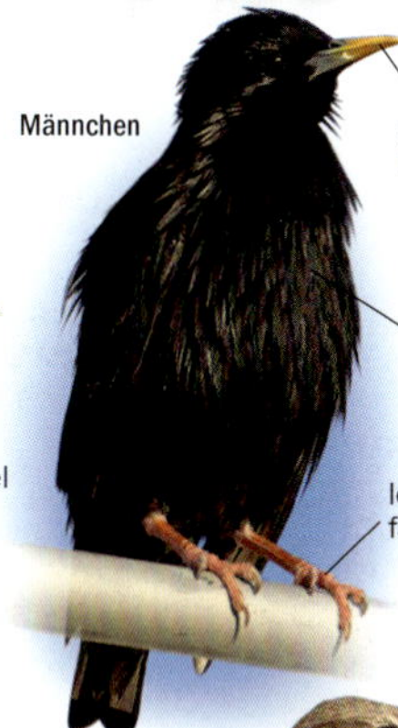

22 cm. Wie Star, aber Gefieder im Sommer vollständig einheitlich; violetter Glanz auf dem Hals, Federn sehen ölig aus. Schnabel des Männchens gelb mit blauer Basis, Schnabel des Weibchens völlig gelb; Beine hellrosa. Im Winter: weniger zahlreiche und weniger dichte helle Abzeichen als beim Star: kleine, helle Abzeichen von der Brust bis zum Bauch, Unterschwanzdecken unauffällig gerändert; Mantel und Flügel einheitlich, ohne Abzeichen. Prachtkleid: Glanz des Gefieders vorwiegend violett, selten grün. Jungvogel: wie Star, aber etwas dunkler. Kürzere, raue Rufe, an eine Seeschwalbe erinnernd. Gesang weniger stereotypisch und melodischer als der des Stars.

Rosenstar *Pastor roseus*

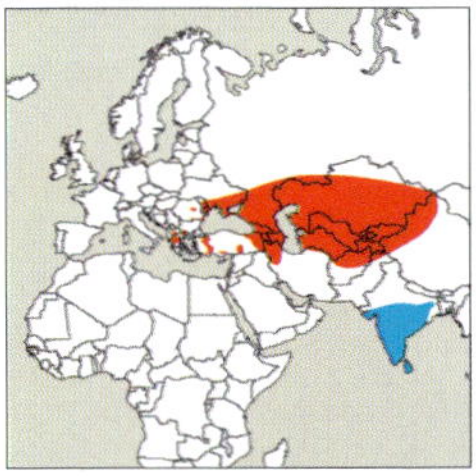

22 cm. Irrgast aus Osteuropa und Zentralasien bereits im Sommer und im Herbst; einige seltene Wintergäste. Wie Star, aber zweifarbig: Kopf, Hals, Flügel, Schwanz und Unterschwanzdecken schwarz, Körper rosafarben. Schnabel rosa, Beine hellrosa, kurze Haube. Männchen mit längerem Schopf und schwarzer Schnabelbasis. Weibchen mit kurzem Schopf und brauneren Flügeln. Im Winter sind schwarze Partien cremefarben bereift. Jungvogel: beigefarbenes Gefieder mit hellerem Bürzel, Schnabel gelb und Beine hellrosa, helle Ränder an den Flügeln; juveniles Gefieder bis zum Herbstende, dann erfolgt die Mauser, die ihn wie ein Altvogel aussehen lässt, Rücken aber braun und Federn am Kopf braunrandig.

Weibchen

1. Winter

adult, Winter

Männchen, adult

jung

Mongolenstar *Agropsar sturninus*

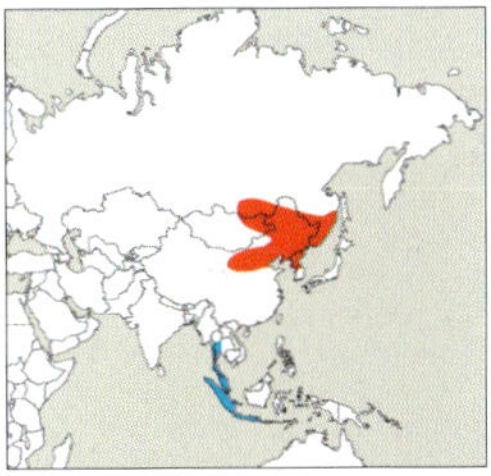

18 cm. Kleiner asiatischer Star; sehr seltener Irrgast in Schottland und Norwegen. Untersetzt, mit kurzem Schwanz und kurzem, dickem Schnabel; Kopf und Unterseite extrem hellgrau, Scheitel schwärzlich, Unterschwanzdecken zimtfarben. Herausstechendes, schwarzes, rundes Auge, Beine und Schnabel schwarz; weißes Flügelband auf mittleren Armdecken hebt sich vom schwarzen Flügel ab; Bürzel hellgrau. Männchen: hinterer Bereich des Scheitels schwarz, Mantel schwarz mit violettem Glanz, Gesicht hellgrau. Weibchen: Mantel einheitlich braun, Scheitel und Wangen bräunlich. Jungvogel: Gesicht bräunlich, Armschwingen braun, matter als Weibchen.

Männchen

jung

Männchen

Moabsperling *Passer moabiticus*

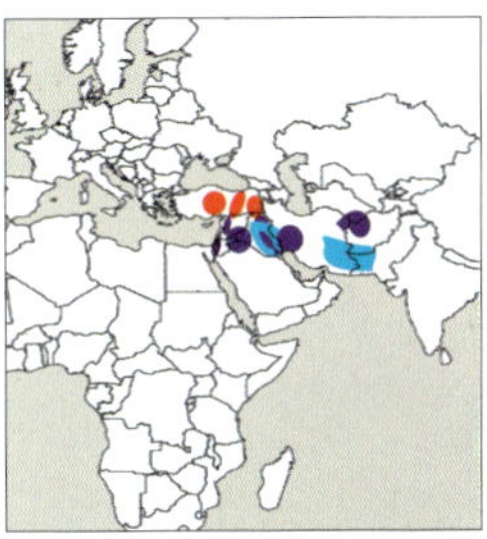

12,5 cm. Kleiner Sperling mit origineller Kopfzeichnung und rotbraunen Flügeldecken (Männchen). Männchen: schmaler, schwarzer Kehlfleck, Bartstreif und Überaugenstreif cremefarben, Wangen und Scheitel grau, gelber Fleck auf der Seite des Halses, Mantel braun mit schwarzen Streifen, Bürzel grau. Weibchen: klein, mit großem Kopf, unterseits cremefarben; kleiner, heller Schnabel. Bevorzugt Trockengebiete mit Sträuchern und Tamarisken, in Wassernähe. Nistet in Europa nur auf Zypern; ein verirrter Trupp in Griechenland (Rhodos) im Oktober 1972.

Männchen

Männchen

Weibchen

Weidensperling *Passer hispaniolensis*

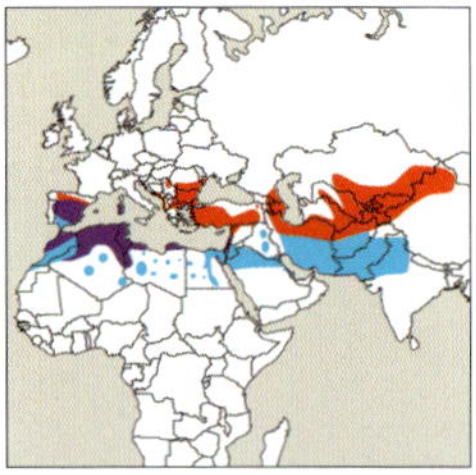

15 cm. Wie Haussperling, Männchen aber mit einheitlichem, kastanienbraunem Scheitel und großem, schwarzem Latz, der sich in Form von schwarzen «Spitzklammern» auf der Brust, dann auf den Flanken fortsetzt; Mantel mit schwarzen und beigefarbenen Linien; schmaler, weißer Überaugenstreif, manchmal über dem Auge unterbrochen (hinter dem Auge dann nur ein weißer Fleck); Bürzel fein graubraun gestreift. Im Winter: unterseits breite, weiße Ränder und Scheitel grau bereift. Einige Männchen mit einem großen, schwarzen Latz, der auf der Brust in Form von «Spitzklammern» und im oberen Flankenbereich in einer Strichelung endet; Rücken aber typisch schwarz mit weißen «Hosenträgern». Weibchen wie Haussperling-Weibchen, aber häufig mit kontrastreichen «Hosenträgern» auf dem Mantel und kaum gestrichelter Brust; markante «Spitzklammern» auf den Unterschwanzdecken; Schnabel kräftiger. Rufe: sperlingsartiges Tschilpen; Gesang schriller als der des Haussperlings. Irrgast besonders in der Nähe großer Häfen (per Schiff erreicht).

Männchen, Winter

Männchen, Prachtkleid

Männchen, Prachtkleid

Weibchen

Weibchen

Männchen, Prachtkleid

Fahlsperling *Petronia brachydactyla*

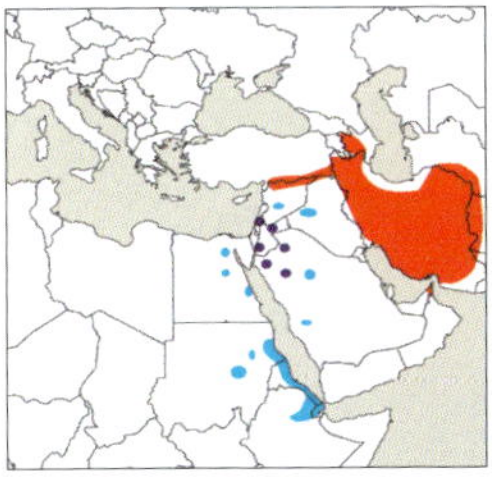

15 cm. Lebensraum Trockengebiete mit vereinzelten Sträuchern; Durchzügler und Brutvogel in der Türkei; potenzieller Irrgast. Wie Steinsperling mit einheitlich sandfarbenem Kopf und Mantel; unterseits ohne Strichelung; Schnabel hell, etwas weniger kräftig und mit gebogenem First; angedeuteter, hellerer Überaugenstreif und weiße Spitze an den Steuerfedern; kein deutliches weißes Flügelband, aber diffuse helle Ränder an den Armdecken und Schwungfedern. Ruf: ein grünfinkartiges *twie*.

Gelbkehlsperling *Petronia xanthocollis*

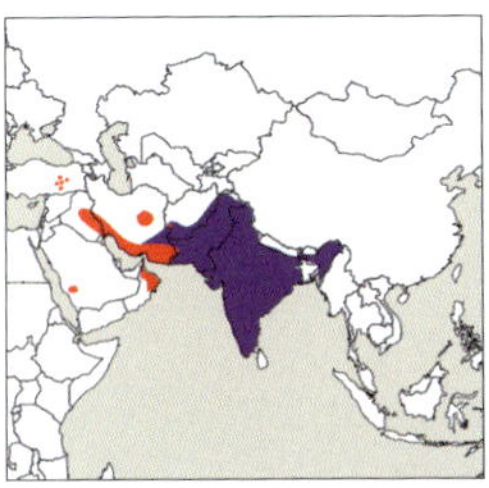

14 cm. Nistet in der Türkei; überwintert in Indien; potentieller Irrgast. Ziemlich ähnlich Fahlsperling, Schnabel aber schmaler und spitzer, kleine Flügeldecken rotbraun, mittlere Flügeldecken mit breiter, weißer Spitze, auf den großen Armdecken ein zusätzliches, aber undeutliches Flügelband; Kinn weiß und Kehle gelb (Männchen mit schwarzem Schnabel); Schwanz länger und völlig braun. Jungvogel sehr matt gefärbt, mit markantem weißem Flügelband auf den mittleren Armdecken, auf den großen Armdecken undeutlicher; Schnabel spitz und rosafarben. Ruf: ein kräftiges und durchdringendes *tschiaa*.

Gelbkehlvireo *Vireo flavifrons*

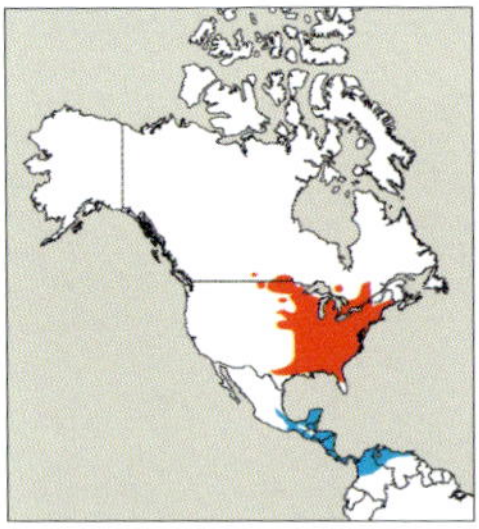

14 cm. Vireo mit großem Kopf und leuchtenden Farben; Schnabel dick und bläulich grau. Brust und Gesicht leuchtend gelb, Zügel dunkel und breite, gelbe «Brille». Oberseits olivfarben, Flügel mit zwei weißen Flügelbändern; mittlere Armdecken, innere große Armdecken und Schulterband aschgrau – charakteristisch. Ruf: ein abfallender, harter Triller.

Graukopfvireo *Vireo solitarius*

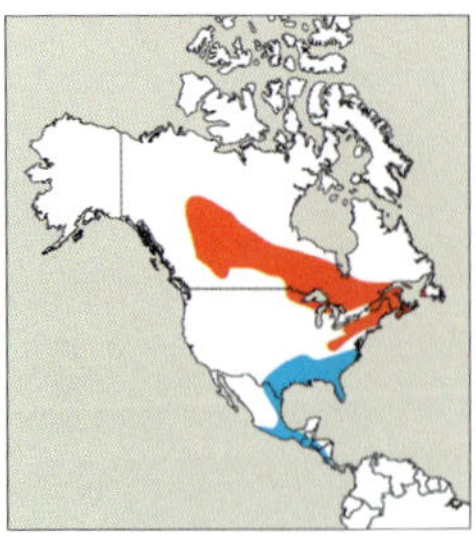

14 cm. In Europa noch nicht beobachtet. Wie Gelbkehlvireo, aber Kopf dunkelgrau, weiße «Brille», Rücken olivgrün, olivfarbenes Schulterband, Flanken gelblich, doppeltes weißes Flügelband; Rufe ähnlich.

Weißaugenvireo *Vireo griseus*

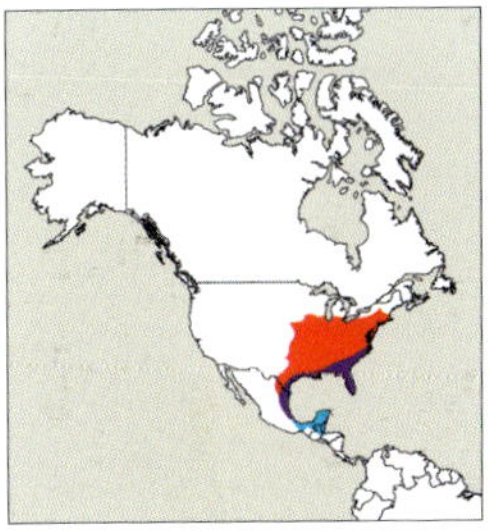

13 cm. Mehrere kürzliche Erwähnungen auf den Azoren im Herbst. Vireo mit dickem Schnabel; Zügel olivfarben mit gelbem Streif oberhalb, gelbe «Brille» um das Auge herum; graues Gesicht mit olivfarbener Stirn und Augenkontur, beim Altvogel gelber. Jungvogel mit grauer Iris (beim Altvogel weiß), grauem Hals und olivfarbenem Scheitel. Rücken olivfarben, Flanken gelb, zwei deutliche schmale, weiße Flügelbänder, gelbe Säume an den Schwungfedern, weißer Rand an den Schirmfedern. Ruf: ein monotoner Triller *rik rik rik*, manchmal ein einfaches *rik*.

Schlichtvireo/Philadelphiavireo *Vireo philadelphicus*

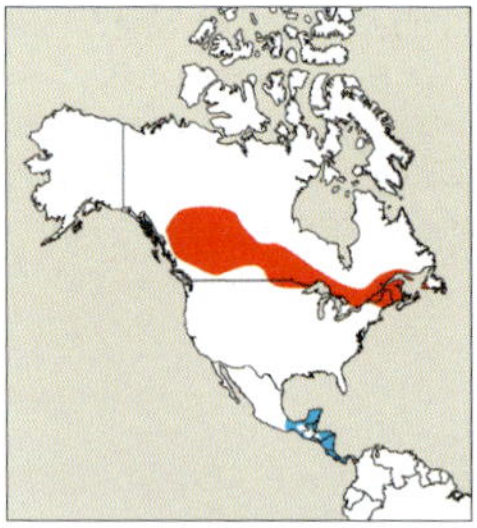

13,5 cm. Kleiner Vireo mit grauem Kopf, olivfarbenem Mantel und hellgelber Unterseite. Charakteristische Kopfzeichnung: Scheitel und Wangen grau, schwarzes Auge mit schmalem, dunklem Augenstreif und weißem Überaugenstreif, weißer «Halbmond» unter dem Auge; kurzer, bläulich grauer Schnabel. Mantel olivfarben, Unterseite einschließlich Kehle mehr oder weniger verwaschen hellgelb, Bauchmitte und Unterschwanzdecken weißer. Ruf: weich und nasal wie Rotaugenvireo, aber als Folge von 3 bis 5 etwas abfallenden Tönen abgegeben. Einige Erwähnungen auf den Azoren und im Vereinigten Königreich.

Rotaugenvireo *Vireo olivaceus*

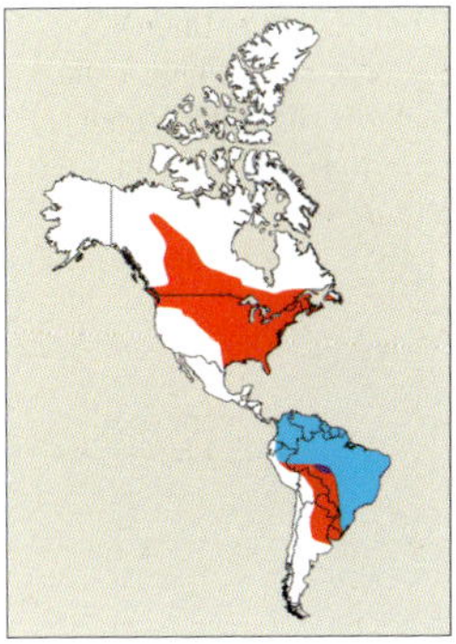

15 cm. Der häufigste der sich verirrenden Vireos; jährlich in Europa. Erinnert an eine große Grasmücke mit ruhigen Bewegungen. Scheitel aschgrau; schwarzer Augenstreif, weißer Überaugenstreif. Oberseits braun-olivfarben, unterseits weiß; gelbe Säume an den Schwungfedern und an den olivfarbenen großen Armdecken. Grauer Schnabel dicker als der einer Grasmücke, am Ende aber kaum hakenförmig. Iris beim Jungvogel braun, beim Altvogel dunkelrot. Unauffällig; verlässt selten die Deckung; langsame Bewegungen. Ruf: ein langatmiges, nasales *kwee* oder ein miauendes *mirf*.

Abendkernbeißer *Hesperiphona vespertina*

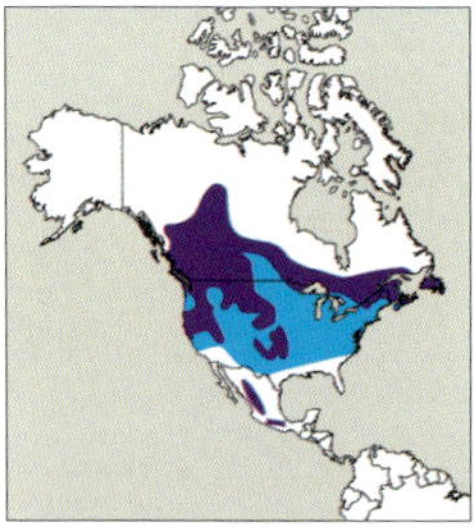

17 cm. Nearktischer Kernbeißer; sehr seltener Irrgast in Schottland und in Norwegen im Frühling. Großer, hellgelber Schnabel. Männchen: Kopf und Mantel braun, Stirn und Scheitelseiten gelb, Flügel schwarz-weiß mit gelbem Schulterband, Schwanz völlig schwarz. Weibchen: grau-sandfarbener Kopf mit schmalem, schwarzem Saum um den Schnabel und die Augen herum; weniger Weiß auf dem Flügel, etwas Weiß auf den Steuerfedern. Rufe verschiedenartig; ein kräftiges und schrilles *tiü*.

Buchfink (ssp. *spodiogenys/africana*) *Fringilla coelebs* ssp. *spodiogenys/africana*

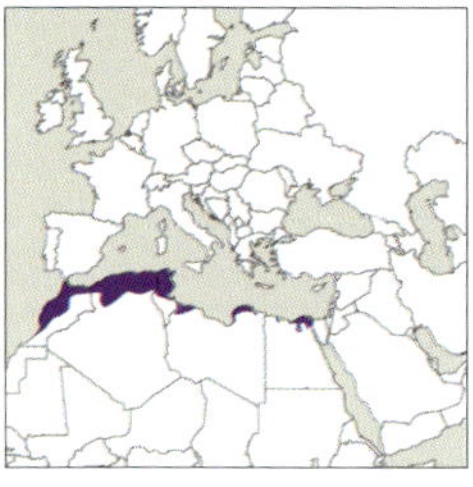

15 cm. Individuen der afrikanischen Unterarten (Maghreb) verirren sich manchmal nach Europa, vorwiegend im Frühling. Männchen: Mantel mit olivgrüner Färbung, Kopf bläulich mit rosafarbener Kehle (ausschließlich), unterseits hellrosa mit weißem Bauch. Auf dem Kopf: breite, weiße «Halbmonde» schräg über und unter dem Auge, Zügel und Stirn schwarz. Unterart *africana* (von Marokko bis in den Norden von Tunesien): ausgedehnteres Schwarz im Gesicht; größere, stark gezeichnete, weiße «Halbmonde» mit unscharfem Oberrand oberhalb des Auges. Unterart *spodiogenys* (Süden von Tunesien und weiter östlich): unterseits matter; reduzierte weiße «Halbmonde» um das Auge herum, kleinerer, grüner Mantel mit ausgedehnteren grauen Schulterbändern. Drei äußere Steuerfedern mit völlig weißer Innenfahne. Üblicher Ruf anders als der unseres Buchfinken: ein etwas nasales Tschilpen, d. h. ein kurzes *djüp* mit sperlingsartigem Klang, manchmal zweifach oder sogar dreifach abgegeben.

Polarbirkenzeisig *Acanthis hornemanni*

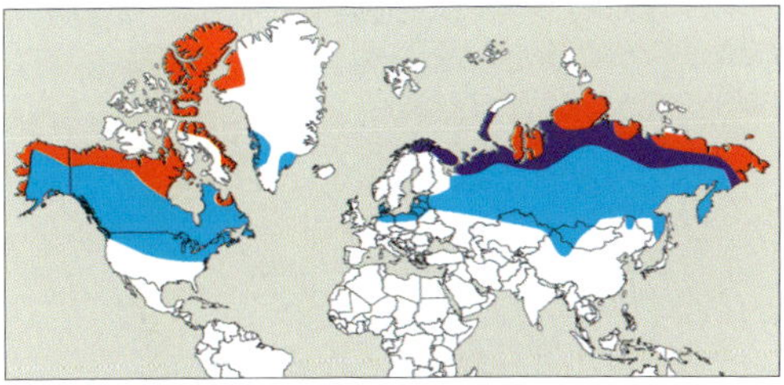

14 cm. Sehr seltener Irrgast in Mittel- und Südeuropa; ursprünglich aus Fennoskandinavien und Grönland. Heller als Taigabirkenzeisig, kaum gestrichelte Flanken (variabel), einheitlich weißer Bürzel, völlig weiße Unterschwanzdecken oder allerhöchstens 1 schmaler, schwarzer Mittelstrich. Bauch weiß, Brust weiß und kaum gestrichelt. Jungvogel mit stärker gämsfarbenem Gesicht als Altvogel. Adultes Männchen mit rosafarbener Brust und breitem, rotem Fleck auf der Stirn. Unterart *hornemanni* (Grönland) größer und weißer. Unterart *exilipes* (Skandinavien) oberseits dunkler, stärker gestrichelt, manchmal auch auf dem Bürzel; auf den Flanken stärker gestrichelt; einige Individuen erinnern an Taigabirkenzeisig. Rufe ähneln sehr denen des Taigabirkenzeisigs. Einige isländische Taigabirkenzeisige sind intermediär.

Unterart *exilipes*

Unterart *exilipes*

Unterart *hornemanni*

Unterart *hornemanni*

Bindenkreuzschnabel *Loxia leucoptera*

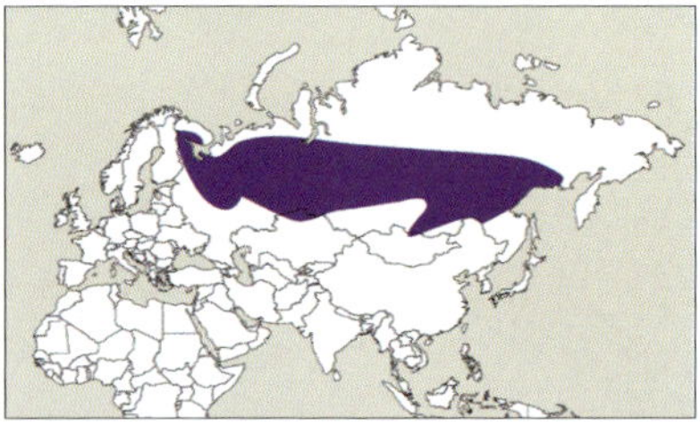

15 cm. Seltener Irrgast aus den skandinavischen und russischen Taigagebieten; bevorzugt besonders die Früchte der Lärche. Wie Fichtenkreuzschnabel, aber kleiner und etwas schlanker, mit schmalerem Schnabel, zwei sehr deutlichen weißen Flügelbändern und weißen Spitzen an den Schirmfedern. Rotfärbung des Männchens eher karminrot als orangerot. Breite Flügelbänder mit weniger Weiß auf den äußeren großen Armdecken als auf den inneren, und weniger Weiß bei den Jungvögeln als bei den Altvögeln. Spitze der Schirmfedern weiß mit schwarzem, nadelförmigem Abzeichen auf dem Federschaft. Rufe: ein einfaches oder wiederholtes kreuzschnabeltypisches *täp*, aber auch ein kennzeichnendes näselndes *eeet*, an Gimpel (Nominatform) erinnernd, dessen Ruf seine Anwesenheit in einer Gruppe von Kreuzschnäbeln erkennen lässt. Die seltenen Fichtenkreuzschnäbel mit Flügelband weisen schmalere, weiße Spitzen auf, wodurch ein gleichmäßiges Band auf den großen Armdecken entsteht, sowie einen weißen Rand an den Schirmfedern; der Ruf ist untypisch.

Kiefernkreuzschnabel *Loxia pytyopsittacus*

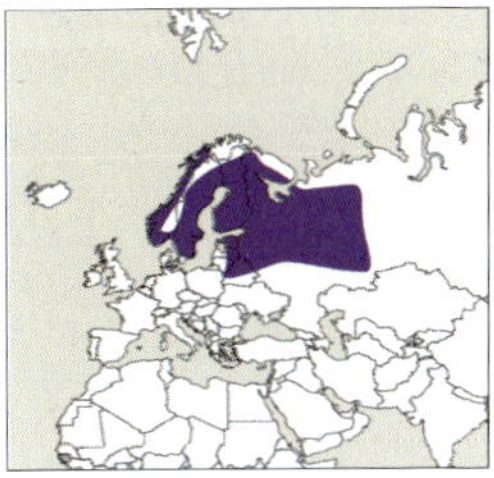

Männchen

17 cm. Seltener Irrgast; Brutvogel in Skandinavien und in Schottland. Wie Fichtenkreuzschnabel, aber Kopf und Hals kräftiger, Schnabel größer, mit parallelen Kanten, gleich hoch und lang; die Kanten von Ober- und Unterschnabel sind oft hell und bilden so einen starken Kontrast zu dem dunklen First. Ansonsten sind Kleider und Färbungen in allen Punkten ähnlich Fichtenkreuzschnabel. Einige Populationen von Fichtenkreuzschnäbeln haben einen großen, kräftigen Schnabel, einen großen Kopf und einen ziemlich tiefen Ruf; alle diese Merkmale hat auch der Kiefernkreuzschnabel, aber er bevorzugt Kiefern. Ruf: ein tieferes *töpp*.

Weibchen

Männchen

junges Weibchen

Weibchen,
adult

Weißflügelgimpel *Rhodospiza obsoleta*

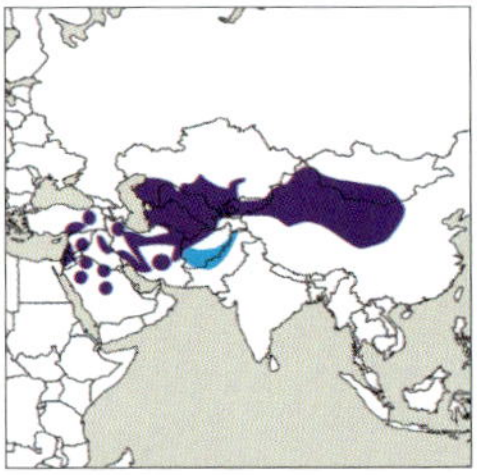

13,5 cm. Ursprünglich aus Zentralasien; einige Beobachtungen in Europa (mögliche Flüchtlinge). Erinnert an Wüstengimpel, Rumpf aber einheitlich sandfarben mit rosafarbener und schwarz-weißer Zeichnung auf dem Flügel; Schwanz schwarz mit weißen Rändern, Zügel schwarz (Männchen) oder hell (Weibchen und Jungvogel). Schnabel im Sommer schwarz, im Winter gelb mit schwarzer Spitze. Männchen: kleine, schwarze Maske vor dem Auge, kaum bis auf die Stirn reichend; markante weiße Ränder an den Schirmfedern, markante weiße Säume an den anderen Schwungfedern, an der Basis der Armschwingen aber rosa; Handdecken und große Armdecken rosafarben gerändert. Weibchen mit einheitlich gefärbtem Gesicht und kleinem, schwarzem Auge; Flügel etwas weniger farbenfroh und kontrastreich. Im Flug: Schwanz extrem weiß mit schwarzen mittleren Steuerfedern. Ruf: ein trillerndes *twuii* oder *drrrr*.

Meisengimpel *Carpodacus sibiricus*

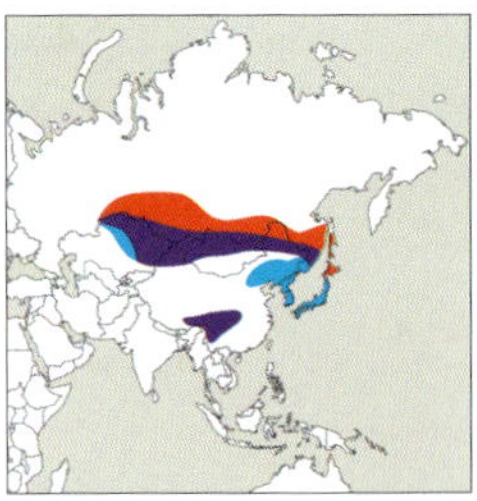

14 cm. Nistet vom Uralgebirge bis nach Japan; anderswo (Finnland, Dänemark) sehr seltener Irrgast oder Flüchtling. Klein, aber sehr langer Schwanz mit weißen Kanten; großer, runder Kopf mit kurzem, dickem, grauem Schnabel. Zwei sehr breite, weiße Flügelbänder; sehr breiter, weißer Rand an den Schirmfedern, der sich bis auf die Spitze der Innenfahne erstreckt; weiße Säume an den Armschwingen. Männchen: Wangen, Kehle und Scheitel weiß gepunktet, Brust und Bürzel (einheitlich) rosarot, Mantel himbeer- und rosafarben mit schwarzer Strichelung; Stirn, Kinn, Zügel und Augenumgebung rot. Weibchen: Gesicht einheitlich gefärbt, Bürzel rosa, Brust und Mantel gestrichelt. Ruf: ein klangvolles, metallisches, oft wiederholtes üi oder *wüi*.

Wüstengimpel *Bucanetes githagineus*

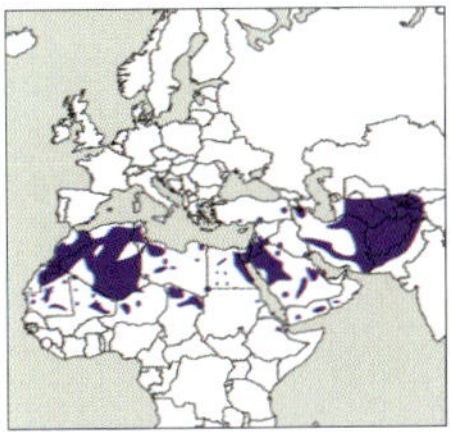

13 cm. Sehr seltener Irrgast aus Nordafrika und dem Mittleren Osten; nistet auch im Süden von Spanien. Gimpelartige Gestalt mit kurzem Schwanz und großem, rotem Schnabel (Männchen) oder rosafarbenem Schnabel (Weibchen, junges Männchen); Gefieder einheitlich hellgrau und beige, Gesicht verwaschen rosa; Ränder an den Schirmfedern und großen Armdecken rosa (Männchen) oder beige (Jungvogel). Männchen: Kopf grau, Schnabel im Prachtkleid leuchtend rot, markante rosafarbene Säume am Flügel, Bauch rosa, Unterschwanzdecken weiß. Weibchen mit beige-gräulichem Kopf, weniger markanten hellen Säumen an den Flügeln, rötlichem Schnabel. Im Flug: Schwanz rosafarben mit schwarzem T; rosafarbener Bürzel sehr gut sichtbar. Ruf: ein brummendes, kurzes und sehr nasales, wiederholtes *tschik* oder *tsät*.

Karmingimpel *Erythrina erythrina*

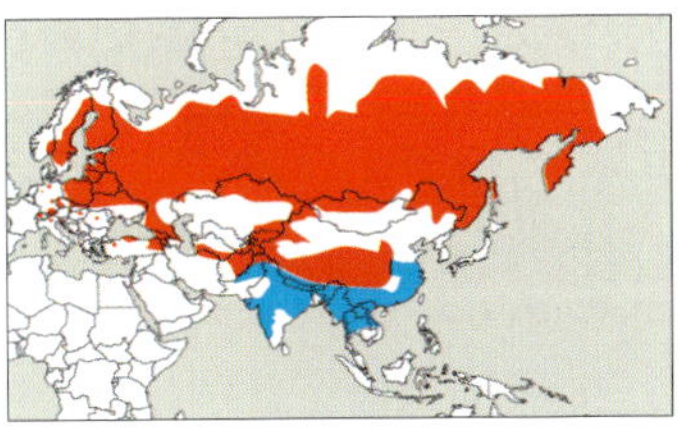

15 cm. Großer, kräftiger, kegelförmiger, grauer Schnabel. Männchen: Kopf, Brust und Bürzel rot. Weibchen: graubraun, Brust mit unscharfer Strichelung, helle Flügelbänder, Bauch und Unterschwanzdecken einheitlich weiß. Mantel unscharf gestrichelt. Einige zweijährige männliche Sänger können grau gefärbt sein und den Weibchen ähneln. Jungvogel im Herbst auf Mantel und Flanken stärker gestrichelt, Flügelbänder deutlicher. Ruf: ein leicht ansteigendes *wüit*, an Zilpzalp oder Grünfink erinnernd. Gesang charakteristisch: *ste-tü-wiet-tjü* (manchmal umschrieben mit der englischen Übersetzung «pleased-to-meet-you»).

Hausgimpel *Carpodacus mexicanus*

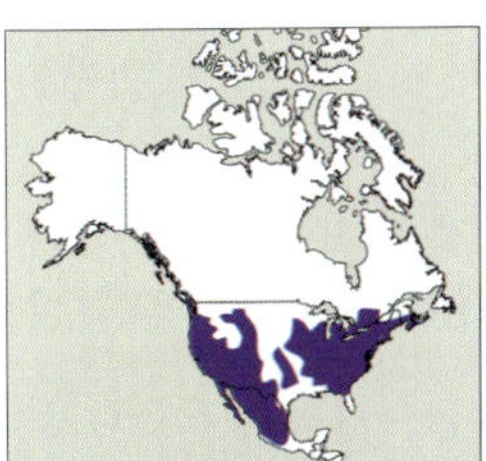

14 cm. Nearktisch; häufig Käfighaltung; Gefangenschaftsflüchtling, möglicher Irrgast. Wie Karmingimpel, Flanken aber mit breiteren, schwarzen Stricheln, oberseits kräftiger gestreift, Unterschwanzdecken mit schwarzem Zentrum, häufig dunkle Wangen und dunkler Augenstreif; Männchen auf Scheitel, Kehle, Brust und Bürzel rot oder gelb-orange gefärbt. Einige Beobachtungen von Individuen am Vogelhäuschen im Winter, deren Herkunft fraglich ist.

Rosengimpel *Carpodacus roseus*

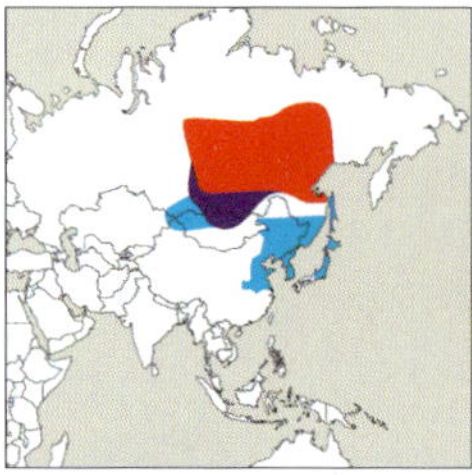

16 cm. Sibirische Herkunft; zwei frühere Aufzeichnungen in Russland, anderswo mögliche Flüchtlinge. Männchen: Kopf, Brust und Bürzel himbeerrot, Kehle und Scheitel weiß gepunktet; schmale, weiße Flügelbänder. Weibchen: wie Karmingimpel, Gesicht aber himbeerrot, Bürzel himbeerfarben, markante Strichelung bis in den hinteren Flankenbereich; könnte an Hausgimpel-Männchen erinnern, aber Mantel stark schwarz gestreift und Bürzel bis zu den Oberschwanzdecken himbeerrot, Wange gestrichelt. Ruf: ein schrilles *tsi* oder *tsii,* aber weniger kräftig und weniger schrill als der Ruf der Heckenbraunelle.

Hakengimpel *Pinicola enucleator*

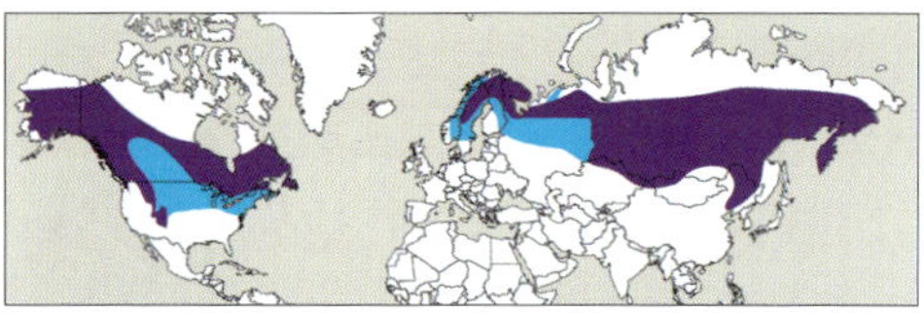

19 cm. Sehr groß, großer Kopf, langer Schwanz. Ähnlich Kreuzschnäbeln, aber Schnabel grau und kaum hakenförmig und weiße Flügelbänder. Erinnert mit den weißen Rändern an den großen Armdecken und Schirmfedern an einen Gimpel, ist aber größer und untersetzter und hat einen großen Kopf. Kopf, Brust und Bürzel pfingstrosenrot (Männchen), orange (junges Männchen) oder olivgrün mit schwarzer Sprenkelung (Weibchen). Mantel mit geschupptem Aussehen: graue Federn mit dunklen Zentren beim Weibchen, mit orangefarbenen Rändern beim jungen Männchen oder weitgehend roten Rändern beim adulten Männchen. Ruf: ein sehr deutliches *tüie* oder *plüie*, schnell zweifach oder dreifach abgegeben.

Kletterwaldsänger *Mniotilta varia*

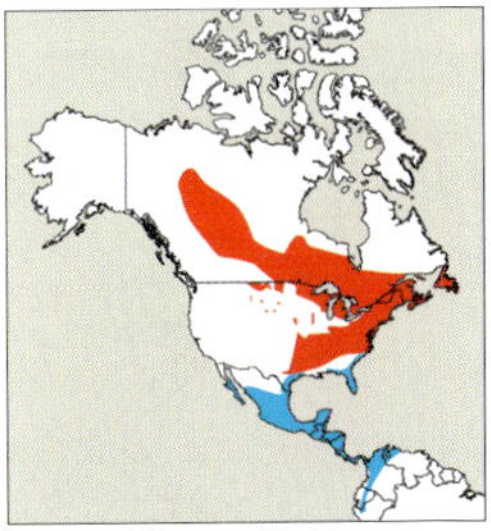

13 cm. Nearktisch. Beobachtet in Großbritannien und Island; möglicherweise jährlich auf den Azoren. Durch schwarze und weiße Streifung unverwechselbar. Bewegt sich an Stämmen und Zweigen entlang, an einen Kleiber erinnernd. Langer Schnabel wirkt leicht abwärtsgebogen; schwarzer Mantel mit zwei weißen «Hosenträgern»; sehr breiter und langer, weißer Überaugenstreif. Gesicht und Flanken beim Männchen stärker gezeichnet als beim Weibchen. Erster Winter: Wange verwaschen gämsfarben mit schmalem, schwarzem Augenstreif; Flanken verwaschen gämsfarben mit wenig dichter, unscharfer Strichelung. Adultes Männchen: Wange schwarz, dichte und deutliche schwarze Strichelung auf den Flanken. Ruf: ein trockenes *tik*.

Männchen, adult, Winter

Männchen, Prachtkleid

Männchen, 1. Winter

Weibchen, 1. Winter

Weibchen, 1. Winter

Blauflügel-Waldsänger *Vermivora pinus*

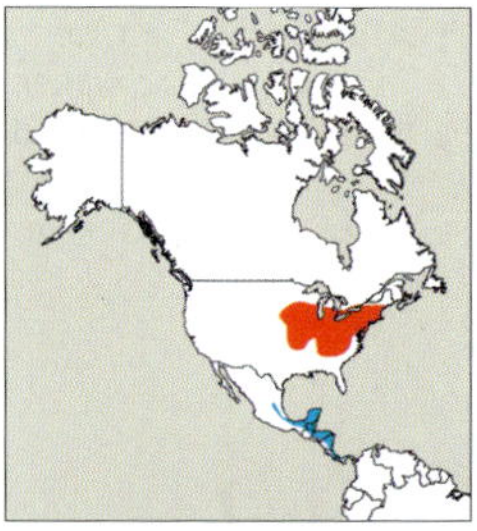

12 cm. Beobachtet in Irland und auf den Azoren. Kleiner Waldsänger mit spitzem Schnabel; oberseits olivgrün mit breitem, leuchtend gelbem Bürzel, unterseits leuchtend gelb, aber unter dem Schwanz weiß; Flügeldecken blaugrau mit zwei sehr breiten, weißen Flügelbändern auf den mittleren und großen Armdecken; kein weißer Rand an den Schirmfedern. Schwanz grau mit weißen Ecken. Schmaler, schwarzer Zügelstrich endet spitz kurz hinter dem Auge. Junges Weibchen weniger kontrastreich, schwarzer Zügelstrich weniger deutlich und Flügelbänder manchmal schmaler und verwaschen gelblich. Ruf: ein trockenes *tschik*. Hybriden zwischen Blauflügel-Waldsänger und Goldflügel-Waldsänger kommen nicht selten vor. Die intermediären Kleider sind variabel – um mögliche Zeichen einer Hybridisierung zu erkennen, sollte die Färbung von Kopf, Mantel und Flügelbändern überprüft werden. Formen mit schwarzem Zügelstrich werden Brewster-Waldsänger, Formen mit dunkler Maske Lawrence-Waldsänger genannt.

Lawrence-Waldsänger (Hybride)

Goldflügel-Waldsänger *Vermivora chrysoptera*

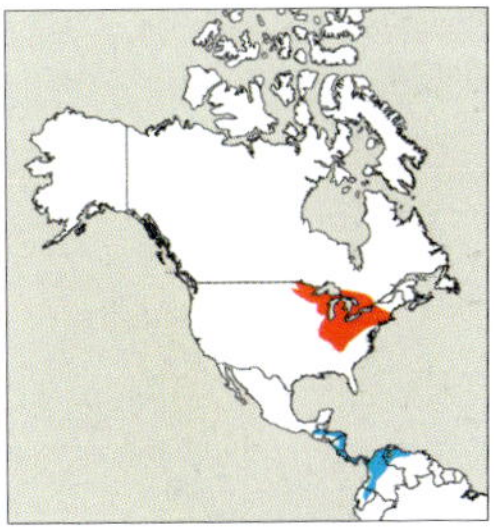

12 cm. Beobachtet in Großbritannien und auf den Azoren. In Bezug auf Größe, Figur, Verhalten und Rufe identisch mit zuletzt genannter Art, oberseits aber aschgrau mit schwarzer, weiß umrandeter Wange, großem, schwarzem Latz, leuchtend gelbem Scheitel; mittlere und große Flügeldecken gleichermaßen leuchtend gelb. Schwanz grau mit weißen Ecken. Weibchen mit grauerer Maske und grauerem Latz, manchmal mit olivfarbener Färbung auf dem Mantel. Häufige Hybriden mit Blauflügel-Waldsänger (siehe dort).

Brauenwaldsänger *Oreothlypis peregrina*

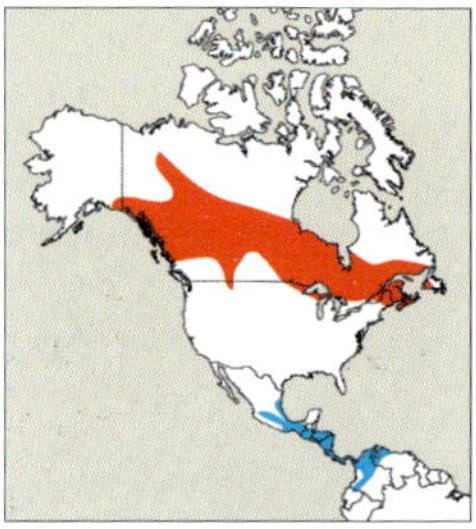

12 cm. Größe und Gestalt sehr ähnlich den beiden zuletzt genannten Arten; langer, kegelförmiger und sehr spitzer Schnabel. Dieser kleine Waldsänger wirkt mit seinem mattgrauen Gefieder und dem olivfarbenen Mantel ziemlich unscheinbar; unterseits weiß, im Herbst bis zu den Unterschwanzdecken gelblich. Dunkler Zügelstrich und kurzer, gelber Überaugenstreif, der kurz hinter dem Auge endet. Unauffällige, schmale und unscharfe helle Flügelbänder. Kein Weiß, weder am Schwanz noch an den Flügeln. Ruf: ein scharfes und deutliches *tschip*.

Männchen, Prachtkleid

Weibchen, 1. Winter

Männchen, 1. Winter

Männchen, 1. Winter

Meisenwaldsänger *Setophaga americana*

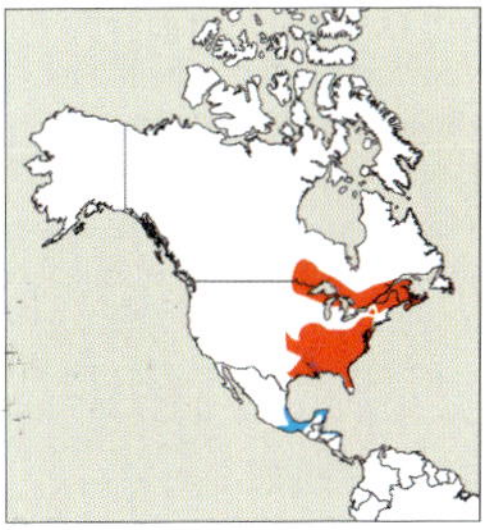

11 cm. Kleiner, gedrungener Waldsänger, an einen Laubsänger erinnernd, mit einem «an den Rumpf geklebten» Kopf. Kopf blaugrau, Mantel grün, Flügel grau mit zwei weißen Flügelbändern (kein Weiß auf den Schirmfedern), Kehle und Brust gelb. Zügel schwarz, deutlicher weißer Augenring, vorne und hinten unterbrochen. Bauch weiß, Schwanz mit weißen Ecken. Jungvogel: Nacken und manchmal Scheitel grün-mandelfarben, Hellgelb auf Kinn und Brustlatz reduziert. Schnabel schmal, wobei der gelbe Unterschnabel mit dem gelben Kinn verschmilzt. Beine schwarz mit gelben Zehen. Männchen im Prachtkleid sehr farbenfroh, mit schmalem, schwarzem Brustband, das unterhalb durch rotbraune Sprenkel begrenzt wird; Kopf sehr bläulich, Gesicht klein und schwarz mit deutlichen weißen «Halbmonden» über und unter dem Auge (unterbrochener Augenring). Rufe: *tschip* und ein scharfes und abfallendes *zip* im Flug.

Männchen, 1. Winter

Weibchen, 1. Winter

Männchen, Prachtkleid

Weibchen, 1. Winter

Männchen, Prachtkleid

Goldwaldsänger *Setophaga petechia*

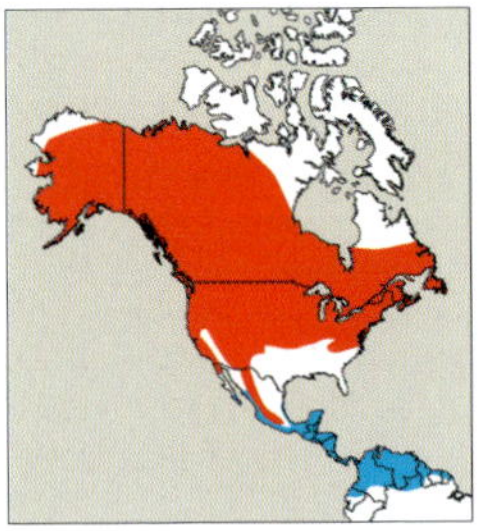

12 cm. Klein; Gestalt wie eine Grasmücke mit kurzem Schwanz oder wie ein untersetzter Laubsänger. Unterseits bis zu den Unterschwanzdecken gelb, oberseits olivgrün, mit einheitlich gelb-olivfarbenem Gesicht, von dem sich das schwarze Auge deutlich abhebt; junge Weibchen unterseits heller und mit olivgrünem Kopf. Durch das Schwarz und die gelben Ränder von Flügeln und Schwanz entsteht auf den großen Armdecken und den Schirmfedern ein charakteristischer Kontrast. Jungvogel mit unscharfem, hellem Ring um das Auge; Zügel und Unterseite gelblich, Unterschwanzdecken mit stärkster Gelbfärbung; breite, weiße Ränder an den Schirmfedern. Männchen im Prachtkleid: leuchtend gelber Körper mit feiner, rotbrauner Strichelung auf Brust und Flanken. Schnabel dunkel mit kleiner, rosafarbener Basis am Unterschnabel (Jungvogel). Ruf: ein weiches *zip*.

Gelbscheitel-Waldsänger *Setophaga pensylvanica*

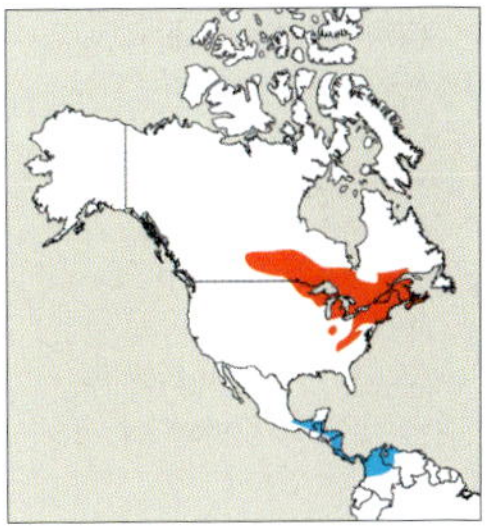

13 cm. Beobachtet in Frankreich (Oktober 2010) und auf den Azoren (Oktober 2009). Kleiner Waldsänger mit einheitlich gefärbtem Gesicht, kleinem Schnabel und weißem Augenring. Jungvogel: oberseits bis zum Scheitel grün-gelblich bis grün-senffarben, Mantel kaum gestrichelt; Gesicht, Zügel, Wangen und Unterseite einheitlich hellgrau, auf dem Bauch weiß werdend; schmaler, weißer Lidring; charakteristischer Kontrast zwischen gelb-grünem Scheitel und grauer Wange, großes, schwarzes Auge. Flügel schwarz mit zwei weißen Flügelbändern; weiße Ecken am Schwanz. Adultes Männchen im Winter: wie Jungvogel, aber rotbraunes Band entlang der Flanken, Mantel stärker gestrichelt. Schnabel grau, Beine schwarz. Männchen im Prachtkleid: schmaler, gelber Scheitel, weiße Wange von schwarzer Maske und schwarzem Bart umgeben, braunes Band auf den Flanken, Mantel mit schwarzen und weißen Streifen, Bürzel stark gestreift. Rufe: *tschip* und ein brummendes *jrrt* im Flug.

1. Winter

Männchen, Prachtkleid

Männchen, Winter

1. Winter

1. Winter

Blaurücken-Waldsänger *Setophaga caerulescens*

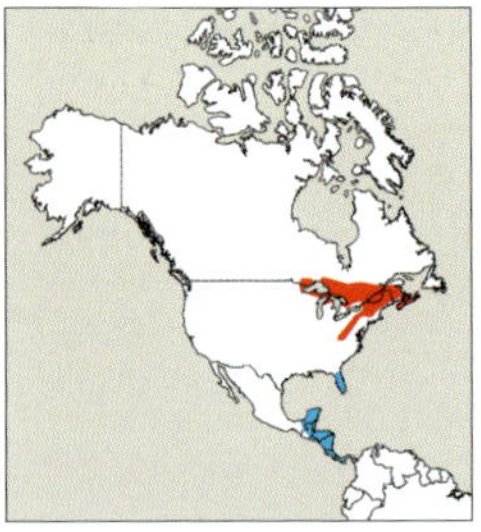

13,5 cm. Beobachtet in Island und auf den Azoren. Ziemlich langgestreckter Waldsänger, mit langem Schwanz, rosabraunen Beinen; Männchen und Weibchen unterschiedlich. Männchen (Alterskleid und erstes Herbstkleid identisch): oberseits marineblau, weißes Viereck an der Basis der Handschwingen; Gesicht, Kehle und Flanken schwarz; Brust- und Bauchmitte sowie Unterschwanzdecken weiß. Weibchen: oberseits einheitlich braun-olivfarben; sehr schmaler, weißer Überaugenstreif und cremefarbener Bartstreif umgeben die grauere und dunklere Wange; Flügel einheitlich, unterseits rauchfarben; weißes Viereck an der Basis der Handschwingen im ersten Winter reduziert oder sogar fehlend. Schnabel schwarz, Beine braun. Ruf: ein hartes *stip* am Boden oder ein trockenes und weiches *tik* oder *tuik* im Flug.

Grünwaldsänger *Setophaga virens*

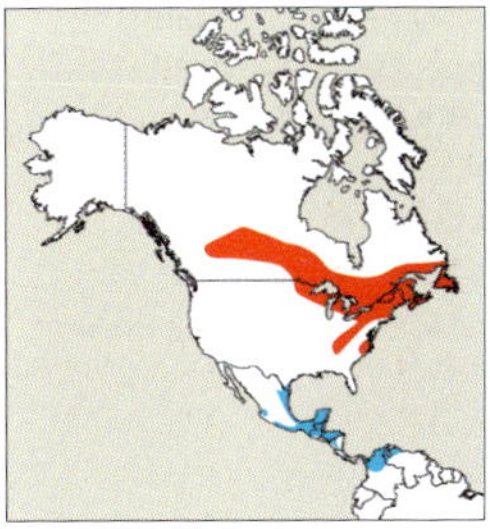

13 cm. Beobachtet in Deutschland, in Island und auf den Azoren. Scheint häufig einen großen Kopf zu haben. Mantel grün, Kopf gelb, Wangenkontur und Scheitel olivfarben; unterseits weiß mit zwei Linien aus unscharfen, groben, schwarzen Stricheln auf den Flanken, die mehr oder weniger markant ausgeprägt sind. Zwei weiße Flügelbänder. Jungvogel: unscharfe Strichelung auf den Flanken, manchmal fast zeichnungslos (Weibchen). Männchen im Prachtkleid: Kehle und Brust schwarz, zwei schwarze Linien auf den Flanken. Altvogel im Winter: breite und markante schwarze Strichel auf den Flanken, die unter dem Wangenbereich zu einem schwarzen Fleck verschmelzen. Ruf: ein trockenes *zik*, wie viele Waldsänger.

Männchen, Winter

Weibchen, 1. Winter

1. Winter

Männchen, Prachtkleid

Männchen, 1. Winter

Goldkehl-Waldsänger *Setophaga dominica*

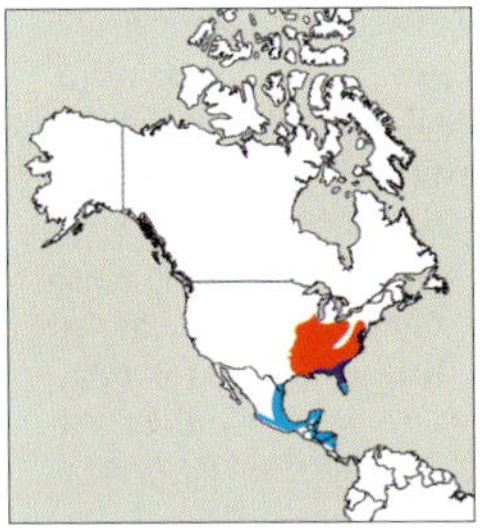

14 cm. Eine Beobachtung auf den Azoren im Oktober 2013. Großer Waldsänger mit langem, schmalem, schwarzem Schnabel. Gefieder grau, weiß und Kehle und oberer Brustbereich zitronengelb. Langer, weißer Überaugenstreif, vor dem Auge schmal, dahinter breit; weißer «Halbmond» unter dem Auge; großer, weißer Fleck auf der Seite des Halses bis in den hinteren Bereich der schwarzen Wange; das Schwarz der Wange reicht tropfenförmig bis auf die Schulter und geht auf den Flanken in Linien aus breiten, schwarzen Stricheln über. Zwei weiße Flügelbänder, Mantel einheitlich aschgrau. Vorderer Bereich des Überaugenstreifs bei einigen Männchen gelb. Ruf: ein weiches und abfallendes *tschip*.

Rostscheitel-Waldsänger *Setophaga discolor*

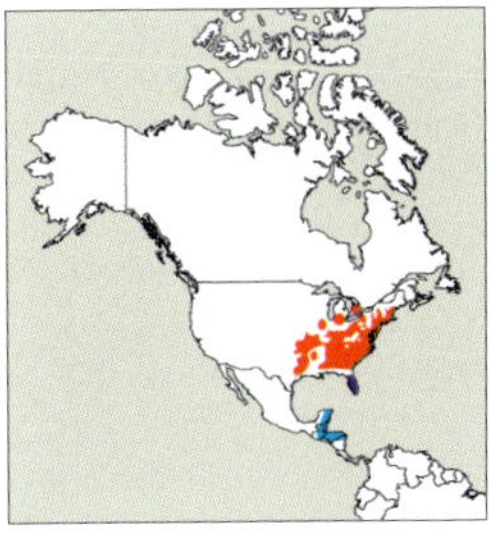

12 cm. Eine Beobachtung auf den Azoren im Oktober 2012. Kleiner Waldsänger mit kurzem, rundem Kopf. Unterseits gelb, Kopf olivfarben mit hellerem Bereich um das Auge, heller Überaugenstreif; unscharfe schwarze Strichelung auf den Flanken mit schwarzem, waagerechtem «Komma» unter dem Wangenbereich; Anflug von Rot auf dem olivfarbenen Mantel. Zwei unscharfe gelbe Flügelbänder, weiße Ecken am Schwanz, Wange gräulich. Männchen im 1. Winter: stärker gezeichnete schwarze Strichelung auf den Flanken, dunkler Bartstreif, Anflug von Rot auf dem Mantel. Weibchen im 1. Winter: undeutliche Strichelung auf den Flanken, Mantel olivfarben. Männchen im Prachtkleid: kontrastreicher Kopf mit dunkler Wange (davor schwarz), leuchtend gelbem «Halbmond» unter dem Auge und deutlichem gelbem Überaugenstreif, rotbraune Strichelung auf dem Mantel. Ruf: *tschip*; oder ein unauffälliges *tss* im Flug.

1. Winter

1. Winter

Männchen, 1. Winter

Männchen, Prachtkleid

Weibchen, 1. Winter

Fichtenwaldsänger *Setophaga fusca*

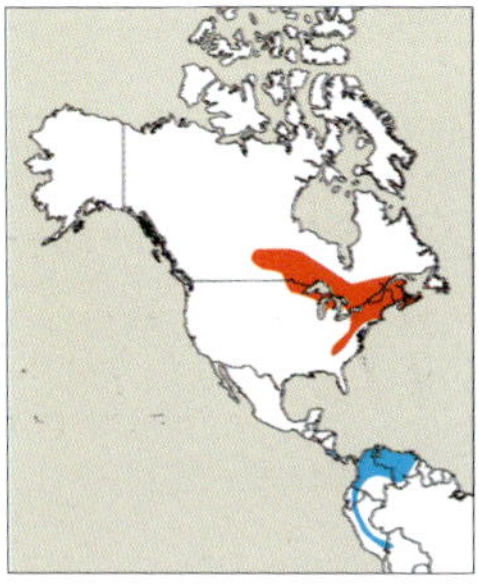

13 cm. Beobachtet in Großbritannien und Island. Ziemlich schlank. 1. Winter: grauer, schwarz gestreifter Mantel mit cremefarbenen «Hosenträgern», grauer Kopf mit markantem gelblichem Überaugenstreif, graue, gelb umrandete Wange, blasser «Halbmond» unter dem Auge, Kehle und Brust gelblich, weiße Flanken mit grauer Strichelung. Äußere Steuerfedern weiß, zwei weiße Flügelbänder. Erinnert an jungen Pappelwaldsänger, aber Mantel gestreift; erinnert an jungen Streifenwaldsänger, aber Kopfzeichnung anders. Männchen im Prachtkleid: Kehle, Überaugenstreif und Wangenumrandung leuchtend orange; orangefarbene Brust wird zum Bauch heller; Schwarz der Wange zieht sich tropfenförmig in den oberen Bereich der Flanken hinein, der deutliche, aber schmale schwarze Strichel aufweist; schwarzer Mantel mit weißen «Hosenträgern»; zwei ineinander übergehende, breite Flügelbänder bilden ein weißes Feld auf dem Flügel. Weibchen: Wange graubraun, Überaugenstreif, Kehle und Brust gelb, kaum orange. Ruf: ein hartes *zik*.

Weibchen, Prachtkleid

Weibchen, 1. Winter

Männchen, Prachtkleid

Männchen, 1. Winter

Männchen, 1. Winter

Pappelwaldsänger *Setophaga cerulea*

12 cm. Eine Erwähnung in Island im Oktober 1997. Ziemlich gedrungener Waldsänger mit kurzem Schwanz; Männchen und Weibchen verschieden. Männchen blau und weiß, unverwechselbar. Kurzer Schwanz mit kleinen, weißen, rechtwinkligen subterminalen Flecken. Jungvogel oberseits olivfarben-bläulich (Bürzel bläulicher) ohne Strichelung (was für diese Gruppe einzigartig ist); Überaugenstreif, Kehle und Brust hell gelblich, zwei weiße Flügelbänder; unscharfe graue Strichelung auf den Flanken. Weibchen: oberseits bläulicher und unterseits weißer als Jungvogel. Männchen im Prachtkleid: typische blaue Färbung, Mantel schwarz gestrichelt, schwarze Abzeichen im Gesicht, Flanken schwarz gestrichelt, schmaler, blauer Halsring. Beine grau-schwärzlich.
Ruf: ein deutliches *tschip* und ein kurzer, brummender Ruf im Flug.

Männchen, Prachtkleid

Weibchen

Weibchen

Männchen, Prachtkleid

Weibchen

Tigerwaldsänger *Setophaga tigrina*

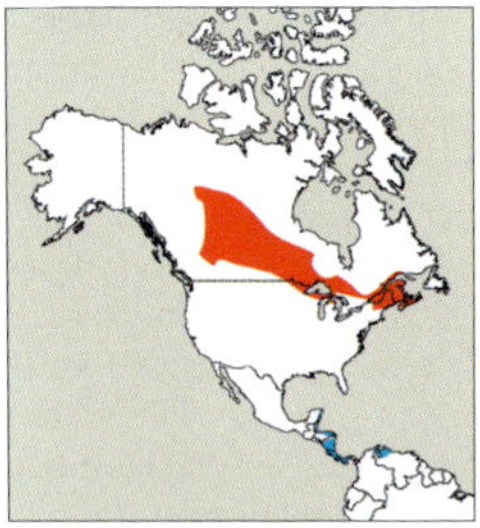

13 cm. Zwei Erwähnungen: England (Juni 1977) und Schottland (Oktober 2013). Gefieder eher einheitlich, oberseits olivbraun, unterseits weißlich gestrichelt; markanteres Flügelband auf den mittleren Armdecken. Jungvogel: schwach gezeichneter, grau bis hell cremefarben gefärbter Überaugenstreif, dunkle Zügel; Mantel einheitlich graubraun und Bürzel grünlich, schmales und unscharfes graues Flügelband auf den großen Armdecken, kleines, weißes Flügelband auf den mittleren Armdecken; Brust unscharf grau gestrichelt, olivgelber Fleck auf der Seite des Halses. Männchen im Prachtkleid: Kopf leuchtend gelb mit orangefarbener Wange und schwarzem Scheitel, schwarzer Augenstreif. Gelbe Unterseite stark schwarz gestrichelt, olivfarbener Mantel schwarz gestreift, Bürzel leuchtend gelb. Weibchen wie Jungvogel, aber Bürzel gelb, Überaugenstreif und Kehle blassgelb und gelber, halber Halsring; Scheitel und Wange grau.
Ruf: ein sehr scharfes, kurzes und hartes *ti*; im Flug ein leicht abfallendes, raues *tzi*.

1. Winter

Weibchen, Prachtkleid

Männchen, Prachtkleid

1. Winter

1. Winter

Magnolienwaldsänger *Setophaga magnolia*

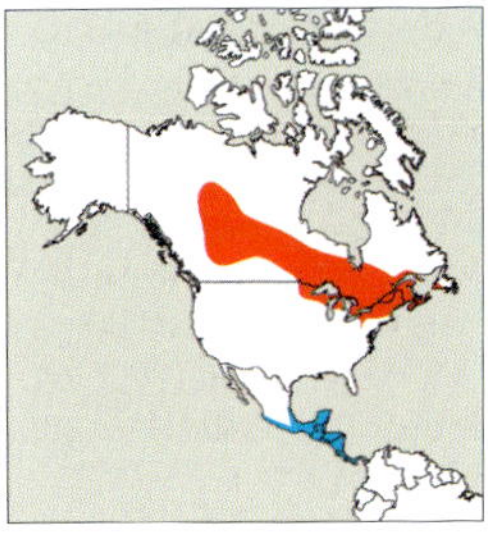

13 cm. Einige Erwähnungen in Großbritannien, Island und auf den Azoren. Jungvogel: einzigartige Kombination aus aschgrauem Kopf, olivgrünem Mantel und leuchtend gelbem Band auf dem Bürzel; unterseits zitronengelb mit breiten, aber unscharfen schwarzen Flecken auf den Flanken. Zwei schmale, weiße Flügelbänder, weißer Unterbauch; schmaler, weißer Augenring. Das gelbe Band auf dem Bürzel steht in starkem Kontrast zu den schwarz gestrichelten Oberschwanzdecken und dem olivbraunen Mantel. Das Weiß auf den Steuerfedern formt ein Subterminalband quer über den Schwanz, was vage an einen Zwergschnäpper erinnern könnte. Männchen im Prachtkleid: schwarzer Mantel und schwarze Wange, aschgrauer Scheitel, weißer Überaugenstreif hinter dem Auge. Unterseits zitronengelb mit breiten, schwarzen Stricheln auf Brust und Flanken. Der leuchtend gelbe Bürzel kontrastiert mit der restlichen Oberseite. Beine braun-schwärzlich. Ruf: ein unauffälliges *wint*; im Flug ein scharfes, etwas trillerndes *dzip*.

1. Winter

Männchen, Winter

Männchen, 1. Winter

1. Winter

Männchen, Prachtkleid

Kronwaldsänger *Setophaga coronata*

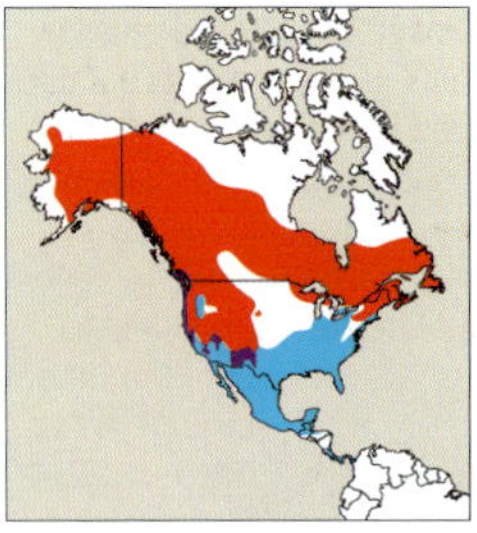

14 cm. Deutlich gestreifter, dunkler Waldsänger mit leuchtend gelbem Band auf dem Bürzel. Nach Streifenwaldsänger häufigster Irrgast, wahrscheinlich jährlich auf den Azoren. Oft verspäteter oder sogar überwinternder Gast; bevorzugt Wacholdersträucher und Nadelbäume. Jungvogel: oberseits graubraun mit Streifen, unterseits stark grau gestreift mit gelbem Fleck auf der Flanke unter dem Handgelenk; undeutliche Augenbraue, kleine, weiße «Halbmonde» ober- und unterhalb des Auges, Schnabel und Beine schwarz. Einige junge Weibchen sehr einheitlich, ohne sichtbare gelbe Färbung auf den Flanken. Männchen im Prachtkleid: weißer Überaugenstreif, schwarze Wange, leuchtend gelber Fleck auf dem Scheitel; Mantel grau-dunkelblau mit schwarzer Strichelung; breiter, gelber Fleck auf der Flanke. Adultes Weibchen: wie Männchen, aber matter, weniger bläulich, ohne gelbe Färbung auf dem Scheitel. Im Flug: Schwanz mit langen, weißen Ecken, Bürzel schmal und gelb. Ruf: ein etwas ansteigendes, hartes *tschuit*; im Flug ein ansteigendes *zwit*.

1. Winter

Männchen, Winter

1. Winter

1. Winter

Männchen, Prachtkleid

Palmenwaldsänger *Setophaga palmarum*

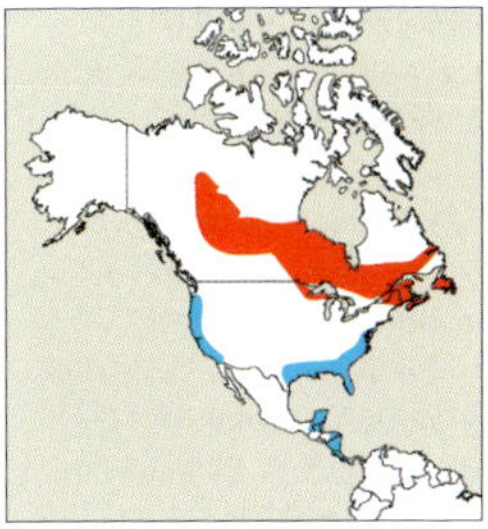

14 cm. Grauer Waldsänger mit gelben Unterschwanzdecken. Einheitliches Gefieder; lange, gelbe Augenbraue und schwarze Zügel; kleiner, heller «Halbmond» unter dem Auge auf der grauen Wange; leuchtend gelbe Unterschwanzdecken. Jungvogel: Mantel schwach gestreift, Unterseite gelblich, Flügel sehr einheitlich; olivfarbener Bürzel und weiße Schwanzecken im Flug; dunkle Zügel und dunkler Augenstreif, markanter gelber Überaugenstreif; Schnabel und Beine schwarz. Altvogel im Prachtkleid: unterseits leuchtend gelb mit rotbrauner Strichelung auf den Flanken, rotbrauner Scheitel, leuchtend gelber Überaugenstreif. Ruf: ein hartes und raues *tschik*; im Flug ein raues *sink*.

adult, Prachtkleid

Winter

Winter

Winter

Streifenwaldsänger *Setophaga striata*

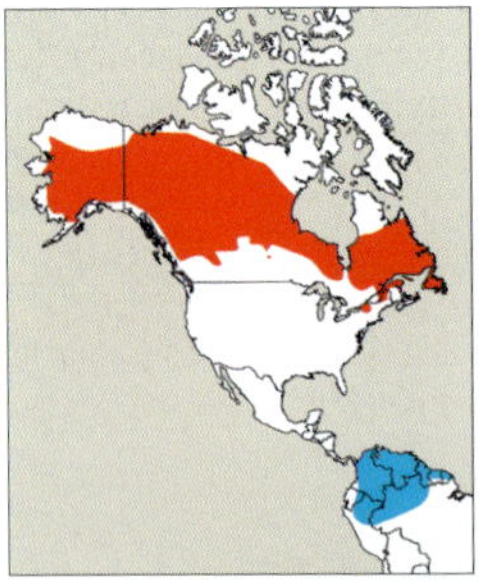

14 cm. Häufigster Waldsänger in Europa im Herbst. Ober- und unterseits schwach gestreift, Beine orange. Jungvogel: olivgrüner Mantel mit unscharfer brauner Strichelung, verwaschen gelbe Brust mit unscharfer Strichelung, undeutlicher Überaugenstreif, undeutliche dunkle Zügel, zwei weiße Flügelbänder, kleine, weiße Ecken am Schwanz; Unterschwanzdecken weiß (bei Braunbrust-Waldsänger gelblich, oft mit einer rotbraunen Nuance im unteren Bereich der Flanken, und mit einheitlichen Flanken); variabel, einige Weibchen auf dem Mantel sehr wenig gestrichelt. Männchen im Prachtkleid: vorwiegend schwarz-weiß gefärbt; weiße Wange und schwarze «Baskenmütze», schwarze Strichelung ober- und unterseits, schwarzer Wangenstreif, zwei weiße Flügelbänder; die Beine sind das Farbenreichste; weiße Punkte vor dem Ende der Steuerfedern. Weibchen im Prachtkleid: wie ein Jungvogel in Grau. Rufe: ein hartes *tsip* und ein kräftiges *smak*.

Braunbrust-Waldsänger *Setophaga castanea*

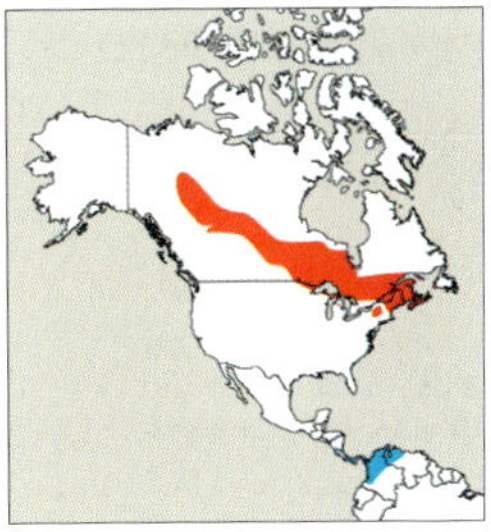

14 cm. Eine Erwähnung in Cornwall (Großbritannien) im Oktober 1995. Sehr ähnlich Streifenwaldsänger, aber Mantel eher einheitlich olivfarben-gelblich; dunkle Zügel, undeutliche gelbe «Brille». Zwei weiße Flügelbänder, kleine, weiße Ecken am Schwanz, Unterschwanzdecken gelblich (bei Streifenwaldsänger weiß), Halsseiten grünlich (bei Streifenwaldsänger grau), Mantel grüner und weniger gestrichelt, unterseits einheitlich gelb-orangefarben, ohne Strichelung. Beine grau, ohne Gelb (gelbe Zehen beim Streifenwaldsänger). Männchen im Prachtkleid: schwarze Maske, Scheitel und Kehle rotbraun, oberer Flankenbereich rot, blassgelber Fleck auf der Seite des Halses, Beine braun bis rosa. Ruf: ein klares *tschip*; im Flug wie die anderen nahestehenden Waldsänger ein brummender Ruf.

1. Winter

Männchen, Winter

1. Winter

Männchen, Prachtkleid

1. Winter

Schnäpperwaldsänger *Setophaga ruticilla*

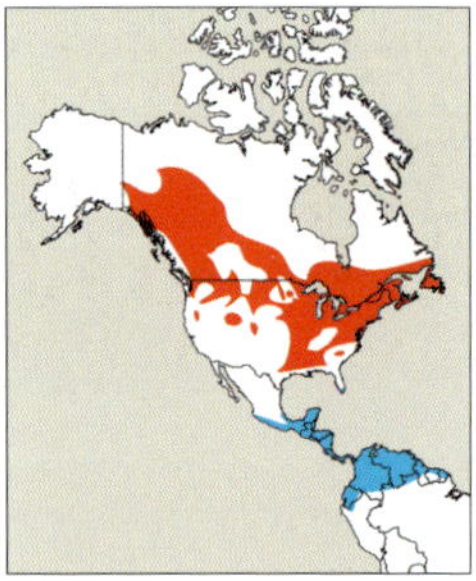

13,5 cm. Beobachtet in Irland, Island, Großbritannien, Frankreich und immer häufiger auf den Azoren. Das allgemeine Aussehen kann mit dem langen Schwanz, der oft aufgerichtet und gestelzt wird, an einen jungen Zwergschnäpper erinnern. Schwanz mit umgekehrtem, schwarzem T und gelber Basis, an einen Steinschmätzer erinnernd. Im Herbst: aschgrauer Kopf, schmale, weiße «Brille», Mantel olivfarben-gräulich, unterseits weiß, gelber Brustseitenfleck. Bei den adulten Weibchen und den jungen Männchen ist die Basis an den Armschwingen gelb, dieses Merkmal fehlt bei den jungen Weibchen häufig. Männchen im Prachtkleid: Kopf, Mantel und Oberflügeldecken schwarz; langes, dunkelorangefarbenes Band entlang der Flanken; Basis der Steuer- und Schwungfedern dunkelorange. Ruf: ein scharfes und trockenes *tschip*.

Männchen, Prachtkleid

1. Winter

Weibchen/Männchen, 1. Winter

Weibchen, 1. Winter

Weibchen/Männchen, 1. Winter

Pieperwaldsänger *Seiurus aurocapilla*

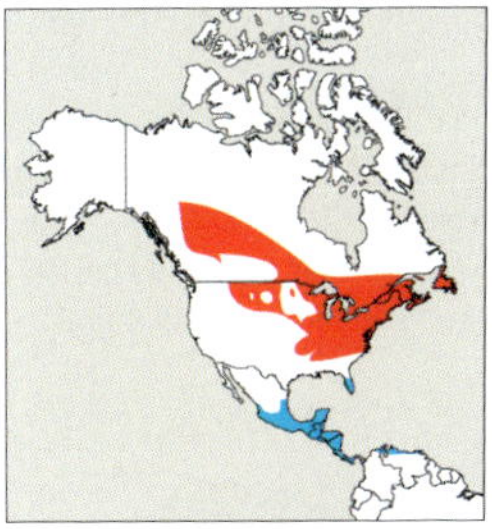

15 cm. Klein; hält sich oft am Boden auf und wühlt Laub auf; flüchtig; sehr runde Figur mit einem «an den Rumpf geklebten» Kopf. Kann an ein großes Rotkehlchen mit gestrichelter Unterseite erinnern. Oberseits hellbraun-olivfarben, unterseits weiß mit schwarzen Flecken; Brust deutlich schwarz gestrichelt, unschärfere Strichelung auf den Flanken. Einheitlich gefärbtes Gesicht mit schmalem, weißem Augenring; weiße Kehle mit schmalen, schwarzen Kinnstreifen. Scheitel mit schwarz umrandetem, orangefarbenem Mittelstreif, in etwa wie bei einem Goldhähnchen; Scheitel manchmal struppig wie bei einigen Ammern. Ruf: ein halbherziges *tschip*, manchmal *tschep* oder *tschap*; im Flug ein durchdringendes und ansteigendes *siek*.

Drosselwaldsänger/Uferwaldsänger *Parkesia noveboracensis*

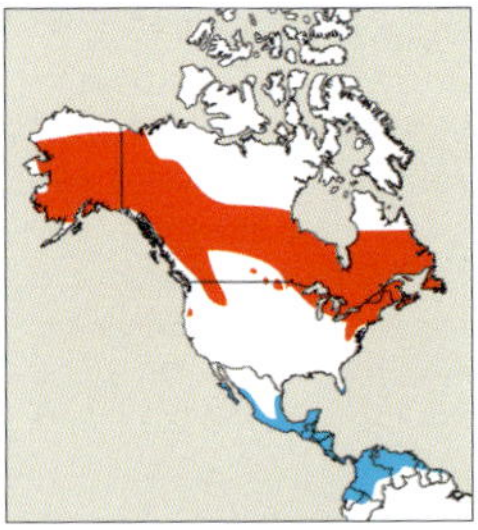

15 cm. Großer Waldsänger mit ungewöhnlicher Figur und ungewöhnlichem Verhalten; häufig am Boden, am Ufer; wippt mit dem Schwanz wie eine Stelze. Oberseits dunkelbraun, unterseits weiß mit schwarzer Strichelung. Brust und sehr langer Überaugenstreif verwaschen gämsfarben, manchmal eher weißlich. Kehle schwarz gestrichelt; Schnabel weniger dick als bei Stelzenwaldsänger. Kann an eine kleine Drossel erinnern, lässt in Wassernähe aber eher eine Wasseramsel vermuten. Bewegt sich wie ein hochbeiniger Pieper, dabei oft mit dem kurzen Schwanz wippend. Ruf: ein explosives *tzink*, weniger klirrend und länger als bei Stelzenwaldsänger.

Stelzenwaldsänger *Parkesia motacilla*

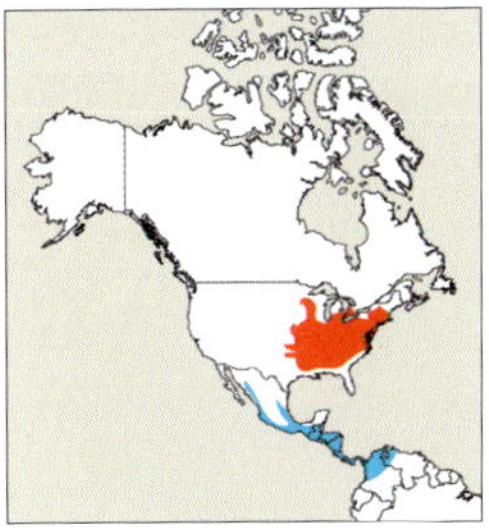

15 cm. Eine Erwähnung auf den Kanaren. Großer Waldsänger; Verhalten und Gefieder der zuletzt genannten Art sehr ähnlich, aber schlanker und mit dickerem Schnabel. Grundlegende Unterschiede des Gefieders: Kehle fleckenlos, Überaugenstreif weiß und hervorstechend, unterseits wenig dichte und grobe Strichelung, Schnabel dicker und länger. Weiße Kehle ungemustert, aber mit schmalen, schwarzen Kinnstreifen. Überaugenstreif niemals verwaschen rehbraun und im hinteren Bereich immer deutlich und breit, manchmal vor dem Auge leicht gämsfarben. Die Strichelung auf den Flanken wirkt wie zwei Linien, die aus großen, schwarzen, aneinandergereihten Strichen bestehen; hinterer Flankenbereich manchmal verwaschen gämsfarben. Ruf: ein kräftiges und klirrendes, metallisches *pit*, mit rotkehlchenartigem Klang.

Weidengelbkehlchen *Geothlypis trichas*

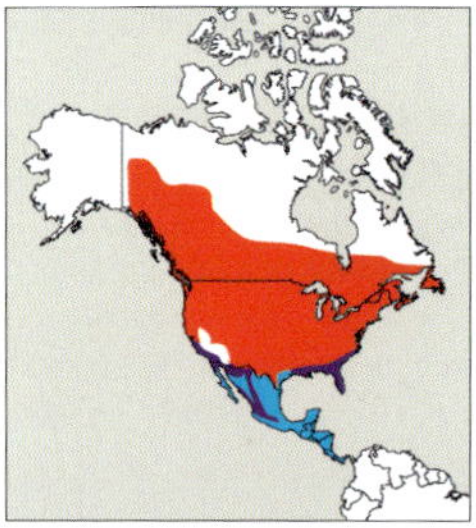

13 cm. Kleiner Waldsänger mit gelber Brust und gelben Unterschwanzdecken; sehr unauffällig, verlässt selten die dichte, niedrige Vegetation. Oberseits einheitlich olivbraun, Flanken braun, Unterschwanzdecken gelblich bis leuchtend gelb, Kehle gelb. Männchen im Prachtkleid: schwarze Maske, die große Teile der Stirn und die Wange bedeckt, oberhalb aschgrau umrandet, sich deutlich von der zitronengelben Kehle abhebend. Männchen im ersten Winter: angedeutete schwarze Maske, manchmal im unteren Wangenbereich kaum nachweisbar, manchmal bis zum Gesicht, aber grau bereift. Weibchen: deutlich von der gelben Kehle abgegrenzte braune Wange; einige Weibchen im ersten Winter mit schwach gelblich gefärbter Kehle ohne starken Kontrast zur Wange. Abgerundeter Schwanz ohne Weiß und mit langen Unterschwanzdecken; Beine hell. Rufe verschiedenartig; ein kurzes, tschilpendes *tschep* und ein etwas raues, hartes *pik*.

Männchen, adult

Weibchen, 1. Winter

Männchen, 1. Winter

Weibchen

Kapuzenwaldsänger *Setophaga citrina*

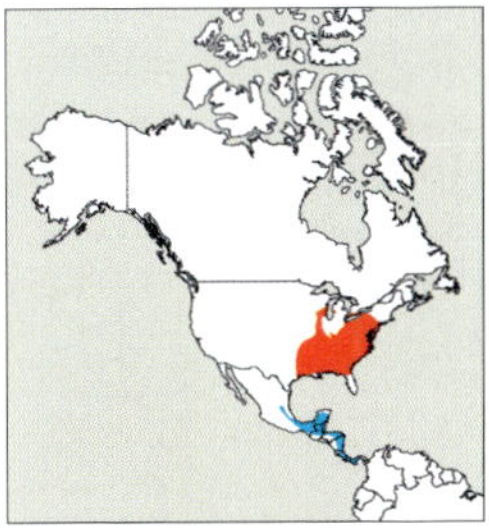

13,5 cm. Beobachtet auf den Azoren und den Scilly-Inseln (Großbritannien). Ziemlich großer Waldsänger mit zitronengelber und olivfarbener Färbung und mit viel Weiß am Schwanz. Oberseits einheitlich olivfarben, unterseits einheitlich zitronengelb, Kopf olivfarben mit gelbem Gesicht, gelben Wangen und dunklem Zügelbereich. Adultes Männchen: durchgehende schwarze «Kapuze», schwarze Kehle, Maske und Stirn zitronengelb - wie das umgekehrte Muster eines Weidengelbkehlchens. Männchen im 1. Winter: Anflug von Schwarz auf der Wangenkontur hoch bis zum Scheitel. Weibchen: gelbe Wange, nach unten und hinten dunkel begrenzt, angedeuteter olivfarbenener halber Halsring. Langer Schwanz mit breiten, weißen Kanten, etwas Weiß auf 3 oder 4 Steuerfedern auf jeder Seite: Außenfahne dunkel, Innenfahne auf dem sichtbaren Teil bei ausgebreitetem Schwanz auf 2 Steuerfedern völlig weiß. Ruf: *tiep*; im Flug ein ansteigendes *tsiep*.

Männchen

Weibchen, adult

Männchen, Winter

Männchen, 1. Winter

Weibchen, 1. Winter

Mönchswaldsänger *Cardellina pusilla*

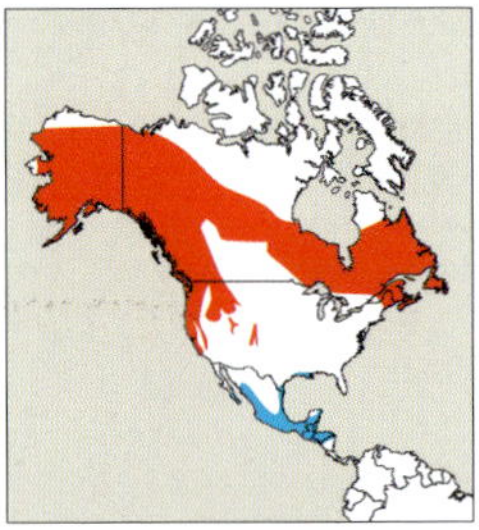

12 cm. Beobachtet in Irland (September 2013) und in Schottland (Oktober 1985). Klein und rund; unterseits völlig zitronengelb, oberseits olivfarben; kleiner, kurzer Schnabel; weder Gelb noch Weiß am Schwanz. Weibchen mit olivfarbenem Scheitel, der zunehmend dunkler wird und zum gelben Überaugenstreif hin scharf abgegrenzt ist. Schwarze «Baskenmütze» auf dem Scheitel beim Männchen hinter der gelben Stirn, beim jungen Männchen gelb umrandet (besonders im hinteren Bereich). Gesicht einheitlich gelb, hinterer Wangenbereich olivfarben, aber schmaler, gelber Augenring. Sehr unauffällige, unscharfe gelbe Flügelbänder bei den Jungvögeln im Herbst. Ruf: ein hartes *tchimp*.

Männchen

Männchen

Männchen, 1. Winter

Weibchen

Weibchen

Kanadawaldsänger *Cardellina canadensis*

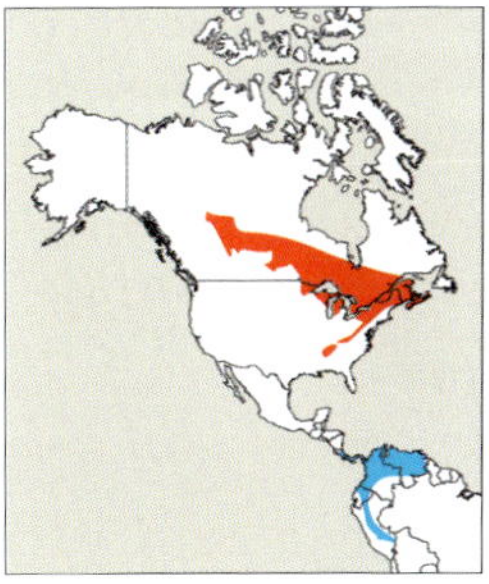

13,5 cm. Beobachtet in Irland (Oktober 2006) und auf den Azoren (Oktober 2009). Großer Waldsänger mit einheitlich grau-bläulicher Oberseite und leuchtend gelber Unterseite, weißem Augenring und breitem, gelbem Streif oberhalb des Zügels. Brust grau gestrichelt, weiße Unterschwanzdecken. Beine gelb-orangefarben, kein Flügelband, kein Weiß am Schwanz. Adultes Männchen: Kehle gelb, schwarz umrandet, obere Brust dicht schwarz gestrichelt; Stirn schwarz und Scheitel schwarz gestrichelt. Weibchen: Brust unscharf grau gestrichelt, kein Schwarz im Gesicht. Jungvögel wie Altvögel desselben Geschlechts, nur etwas matter; einige junge Männchen erinnern an adulte Weibchen. Ruf: ein trockenes *tiup*.

Männchen, Prachtkleid

Weibchen, Prachtkleid

1. Winter

Weibchen, 1. Winter

1. Winter

ANDERE IN EUROPA MÖGLICHE WALDSÄNGER Im Folgenden werden einige Waldsängerarten vorgestellt, die in Europa noch nicht beobachtet wurden, deren nearktische Verbreitung aber derjenigen der Arten ähnelt, die sich bereits zu uns verirrt haben.

Kiefernwaldsänger *Setophaga pinus*

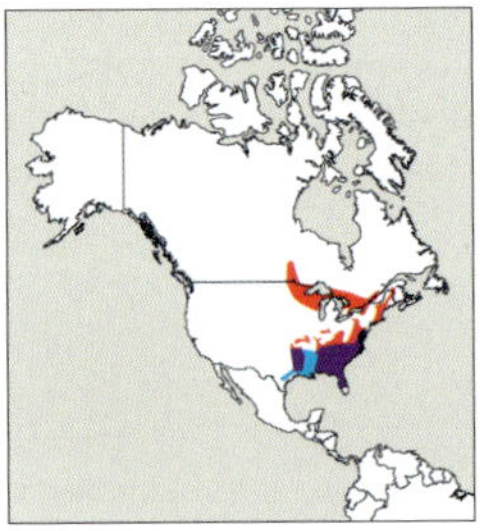

14 cm. In Europa noch nicht beobachtet, aber möglicher Irrgast. Jungvogel fast einheitlich mausgrau-braun, oberseits einheitlich bräunlich, unterseits einheitlich hellgrau, zwei weiße Flügelbänder, schmaler weißer Augenring. Der große Kopf mit dem dicken Schnabel erinnert an Gartengrasmücke, der Schnabel ist aber spitzer. Lange weiße Ecken am Schwanz. Altvogel im Prachtkleid: oberseits einheitlich olivfarben und unterseits (von der Kehle bis zur Brust) gelb, Bauch und Unterschwanzdecken weiß, unscharfe olivfarbene Strichelung auf den Flanken, gelber Augenring, gelber Fleck oberhalb der schwarzen Zügel, zwei weiße Flügelbänder, Armdecken ansonsten aschgrau. Ruf: ein scharfes und eintöniges *tschip*.

Orangefleck-Waldsänger *Oreothlypis celata*

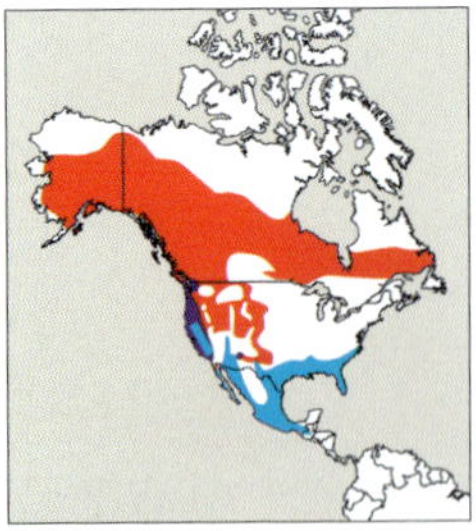

12 cm. Klein, mit sehr spitzem Schnabel. Erinnert an Brauenwaldsänger, aber die gelben Unterschwanzdecken stellen die farbenreichste Partie des Gefieders dar; weiße «Halbmonde» über und unter dem Auge, dunkler Zügelstreif. Schwanz ohne Weiß. 1. Winter: unterseits grau und verwaschen olivfarben, oberseits olivfarben bereift; zwei angedeutete blasse Flügelbänder. Rufe: ein hartes und scharfes *tschip*; im Flug ein scharfes und ansteigendes *siet*.

Rubinfleck-Waldsänger *Oreothlypis ruficapilla*

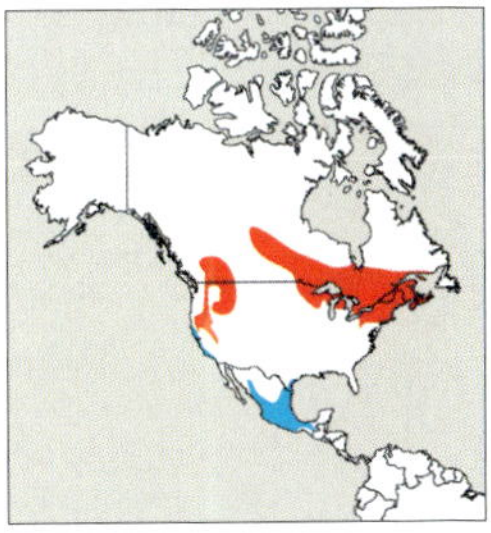

12 cm. Klein, mit kurzem Schwanz und rundem, grauem Kopf (einschließlich Wangen), deutlichem und durchgehendem weißem Augenring sowie leuchtend gelben Unterschwanzdecken. Schnabel spitz und Beine dunkel, Zügel blass. 1. Winter: unterseits weiß, verwaschen leuchtend gelb auf den Seiten der Brust, Flügel grünlich mit zwei unauffälligen, unscharfen Flügelbändern, Mantel olivgrau, Kehle weißlich. Adultes Männchen mit dunkelorangefarbenem Streif auf dem Scheitel. Rufe: ein metallisches und raues *spink*; im Flug ein scharfes und deutliches *suit*.

Augenring-Waldsänger *Oporornis agilis*

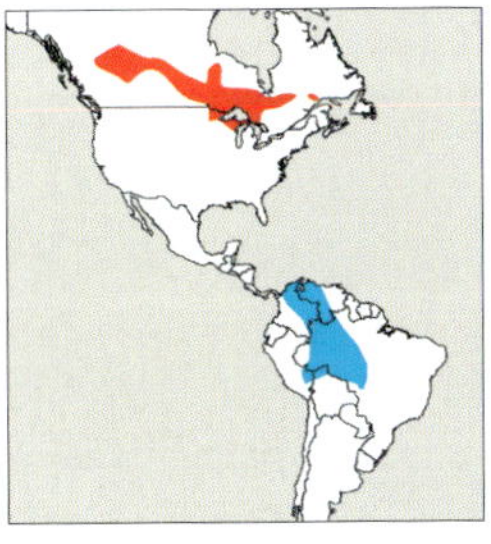

14,5 cm. Sehr unauffällig, bleibt in Bodennähe im dichten Gestrüpp. Erinnert stark an Graukopf-Waldsänger, hat aber einen deutlichen und durchgehenden Augenring; Handschwingenprojektion deutlich länger und Zügelbereich mit der gleichen Färbung wie das Gesicht. 1. Winter: oberseits einheitlich olivfarben, durchgehende bräunliche «Kapuze» und hellere Kehle, Bauch gelblich, Unterschwanzdecken farbenfroher und unter dem kurzen Schwanz länger. Kann an Rubinfleck-Waldsänger erinnern, seine Beine sind aber hellrosa. Ruf: ein weiches *puik*, selten zu hören.

Graukopf-Waldsänger *Geothlypis philadelphia*

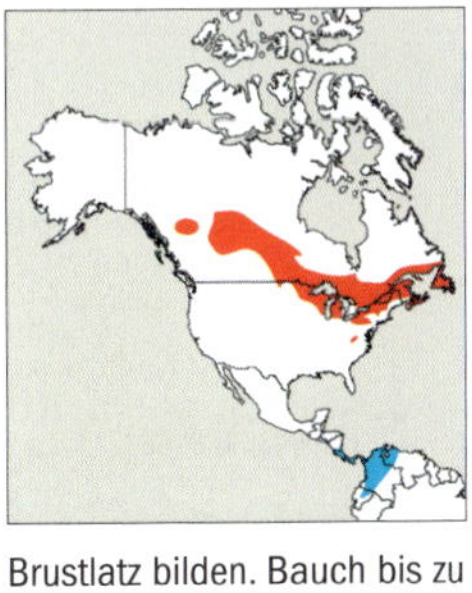

13,5 cm. Sehr unauffällig, bleibt in Bodennähe im dichten Gestrüpp. Erinnert stark an Augenring-Waldsänger, hat aber einen sehr schmalen und unauffälligen Augenring; Handschwingenprojektion deutlich kürzer und dunkler Zügelstreif mit gelblichem Streif oberhalb. Oberseits einheitlich olivfarben, gelbliche Kehle und bräunliche Bänder auf den Seiten der Brust, die aber keinen durchgehenden Brustlatz bilden. Bauch bis zu den Unterschwanzdecken gelb, die unter dem kurzen Schwanz lang sind. Beine hellrosa, Schnabel mit rosafarbenem Unterschnabel. Männchen im Prachtkleid: durchgehende dunkelgraue «Kapuze», im unteren Bereich schwarz gesprenkelt. Ruf: ein kurzes und monotones *puis*.

Kentuckywaldsänger *Geothlypis formosa*

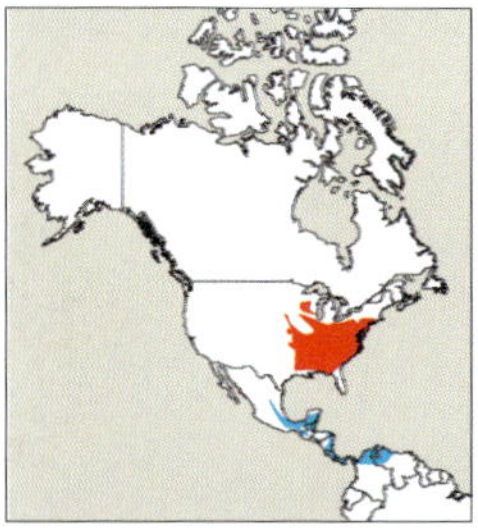

13,5 cm. Bewegt sich am Boden oder im unteren Bereich dichter Vegetation fort. Massiv wirkender Waldsänger; oberseits olivfarben und unterseits leuchtend gelb, blassrosafarbene Beine. Typisches Kopfmuster: kurzer, aber breiter, gelber Überaugenstreif, hinter dem Auge nach unten verlängert, dunkle Wange; Kehle und Unterseite bis zu den Unterschwanzdecken leuchtend gelb, letztere unter dem kurzen Schwanz sehr lang. Schwarze, grau gesprenkelte Stirn. Kopfzeichnung beim Männchen kontrastreicher. Ruf: ein tiefes und unauffälliges *tschok*.

Zitronenwaldsänger *Protonotaria citrea*

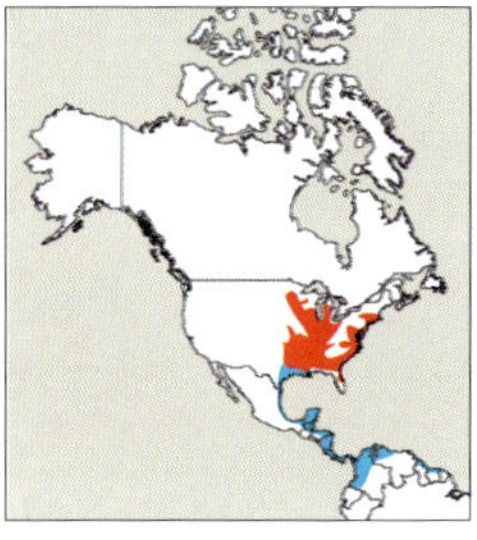

14 cm. Großer Waldsänger mit strukturiertem Gefieder; erinnert mit seinem zitronengelben Körper, seinem grünen Mantel, seinen graublauen Flügeln und seinem spitzen Schnabel an Blauflügel-Waldsänger, hat aber einen völlig gelben Kopf ohne schwarzen Zügelstreif und einheitliche Flügel ohne Flügelband. Größer; mit langem Schnabel, grauen Beinen und einem kurzen, graublauen Schwanz. Ruf: ein kräftiges, metallisches und scharfes *zip*, leicht ansteigend.

Haldenwaldsänger *Helmitheros vermivorum*

13,5 cm. Gedrungen; kurzer und breiter Schwanz, breiter Schnabel. Oberseits graubraun-olivfarben, Kopf und Brust gämsfarben, Augenstreif und Scheitelseitenstreif schwarz; Zügel hell, Beine blassrosa. Nahrungssuche im unteren oder mittleren Bereich dichter Vegetation. Rufe: ein kräftiges *tschip*; im Flug ein kurzes, brummendes und scharfes *dzt*.

Rötelgrundammer *Pipilo erythrophthalmus*

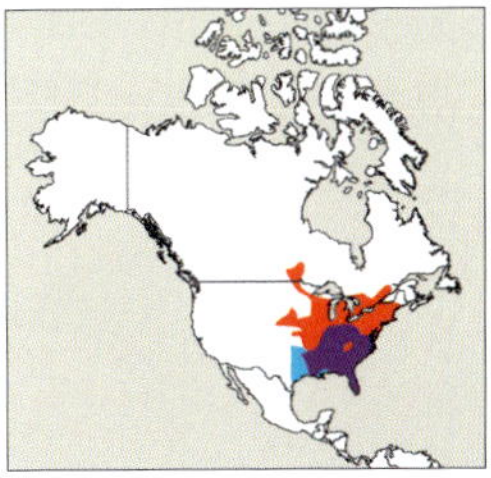

20 cm. Nearktisch; eine Erwähnung in Großbritannien (Juni 1966). Häufig am Boden; sehr langer Schwanz, schwarzer, kegelförmiger Schnabel, rosafarbene Beine. Männchen: Kopf, Brust und Mantel schwarz, breites, orangefarbenes Band auf den Flanken, Flügel schwarz, aber Basis der äußeren Handschwingen und äußerer Rand der Schirmfedern weiß; Unterschwanzdecken hellorange, Iris dunkelrot; im Flug: oberseits einheitlich schwarz mit kleinen, weißen Ecken am Schwanz und einem kurzen, weißen Band an der Basis der Handschwingen. Weibchen: das Schwarz ist durch Braun ersetzt; Iris rotbraun. Männchen im ersten Winter: schwarze Partien des Gefieders leicht hell bereift, Iris röter, Schnabel mit gelber Färbung; einige schwarze Flecke auf der Brust und juvenile äußere große Armdecken mit braunem Rand. Ruf: ein hartes *tohi*, auch umschrieben als nasales und raues *zuink*.

Rainammer *Chondestes grammacus*

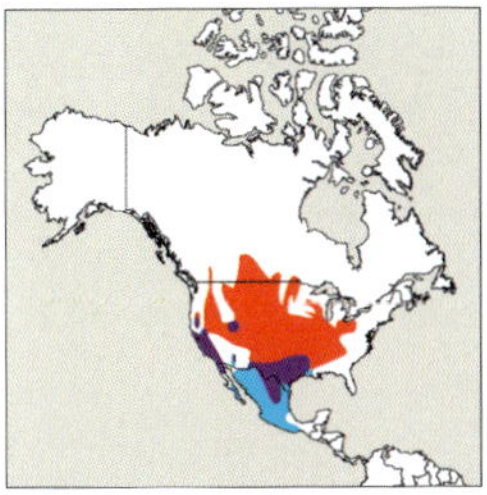

16 cm. Zwei englische Erwähnungen im Frühling (Juni 1981, Mai 1991). Wie ein schlanker Sperling; langer Schwanz und hochbeinig, Schnabel grau und kegelförmig. Charakteristisches Kopfmuster: kastanienbraune, schwarz umrandete Wange, kleiner, weißer Fleck auf Höhe der Ohren, weißer «Halbmond» unter dem Auge, breiter, weißer Bartstreif, sehr markanter schwarzer Wangenstreif, schmaler, weißer Streif auf dem kastanienbraun-roten Scheitel. Der weiße Überaugenstreif ist sehr breit, wird hinter dem Auge beige und endet im unteren Nackenbereich. Flanken verwaschen braun und wenige schwarze Flecke in der Mitte der einheitlich gefärbten Brust; langer, schwarzer Schwanz mit braunem Zentrum und breiten, weißen Ecken, etwa wie ein Turteltauben-Schwanz in Miniaturausgabe. Ruf: ein kräftiges *tsiup* und ein metallisches *tink* im Flug.

Sommertangare *Piranga rubra*

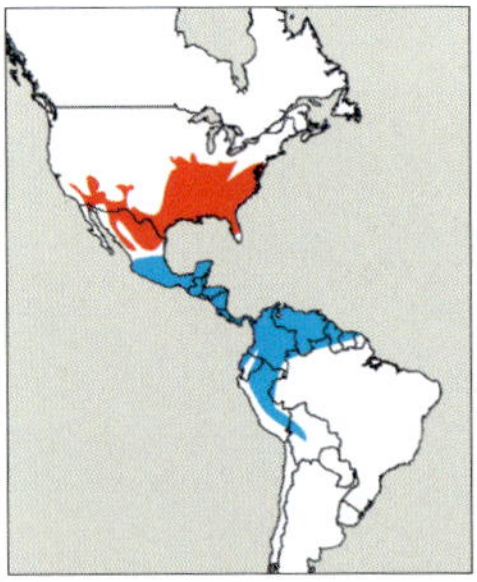

19 cm. Außergewöhnlicher Irrgast; eine Erwähnung in Großbritannien (September 1957), mehrere kürzliche Beobachtungen auf den Azoren. Größer als Scharlachtangare; Schnabel länger und vollständig hell (First bei den Jungvögeln manchmal dunkler), leicht abfallend wirkend, wenn man den Kanten des Schnabels folgt. Gefieder im Herbst olivfarben-orange, besonders auf dem Schwanz und den Schirmfedern; untere Partien gelb, verwaschen orange. Scheitel und Mantel beim jungen Männchen manchmal verwaschen rötlich, Flügeldecken gelb gerändert. Männchen im Prachtkleid: vollständig leuchtend rot, sogar die Schwungfedern, weil sie weitgehend rot gerändert sind. Unterflügeldecken in allen Kleidern gleich gefärbt wie der Bauch (bei Scharlachtangare weiß). Ruf: eine abfallende Folge von *pitok*-Lauten.

1. Winter

Männchen, Prachtkleid

Männchen, Jungvogel

Weibchen, 1. Winter

jung

Scharlachtangare *Piranga olivacea*

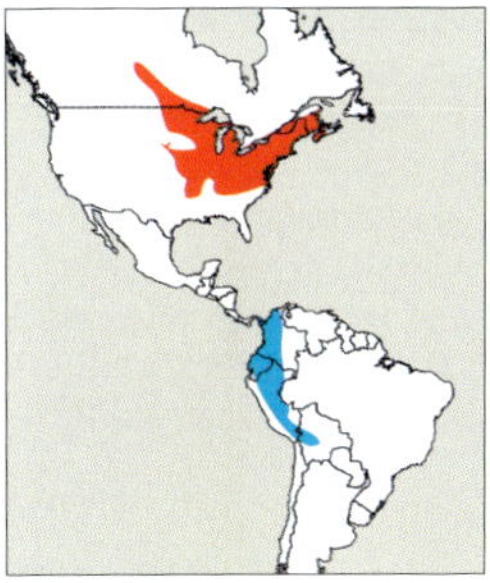

17 cm. Wie ein auf Bäumen lebender Sperling; wahrscheinlich jährlich auf den Azoren; beobachtet in Frankreich, Irland, Großbritannien und Island. Gefieder oberseits einheitlich olivfarben, unterseits gelb; einheitlich gefärbtes Gesicht, rundes, schwarzes Auge mit schmalem, gelbem Augenring, dicker, grau bis gelb gefärbter Schnabel mit dunkler Oberkante. Flügel und Schwanz braun, dunkler als Körper; Beine grau. Jungvogel: große Armdecken mit heller Spitze; normalerweise mindestens einige gemauserte große Armdecken im Herbst, bei den jungen Männchen schwarz, bei den jungen Weibchen olivfarben; Handschwingen bei jungen Männchen brauner als diese neuen Armdecken. Adultes Männchen: Oberflügeldecken und Schwungfedern zu allen Jahreszeiten schwarz, Körper im Sommer blassrot; Schnabel grau. Unterflügeldecken in allen Kleidern weiß (bei Sommertangare gleich gefärbt wie der Bauch). Ruf aus zwei Tönen bestehend: *tjip-bürr*.

Weibchen, 1. Winter

Männchen, 1. Winter

Männchen, Prachtkleid

Weibchen, 1. Winter

Weibchen, 1. Winter

Grasammer *Passerculus sandwichensis*

14 cm. Beobachtungen in Großbritannien und auf den Azoren. Kleiner nearktischer Sperling; ober- und unterseits deutlich schwarzbraun gestreift. In Nordamerika existieren zahlreiche Formen dieser Art; die in Europa beobachteten Vögel gehörten der typischen grauen Form an. Überaugenstreif vor dem Auge gelb-cremefarben, hinter dem Auge eher beigefarben oder grau. Kaum rotbraune Färbung, außer auf den Säumen an den Armschwingen und Schirmfedern, den großen Armdecken und den Schulterfedern in erster Reihe. Cremefarbener Streif auf dem deutlich gestreiften Scheitel; Schwanz leicht gekerbt und vollständig dunkel. Flanken und Brust weiß und stark schwarzbraun gestreift, Mantel grau und stark schwarz gestreift. Beine rosa, Schnabel spitz und rosa mit grauer Oberkante. Ruf: ein sehr scharfes und schrilles *stip*.

Fuchsammer *Passerella iliaca*

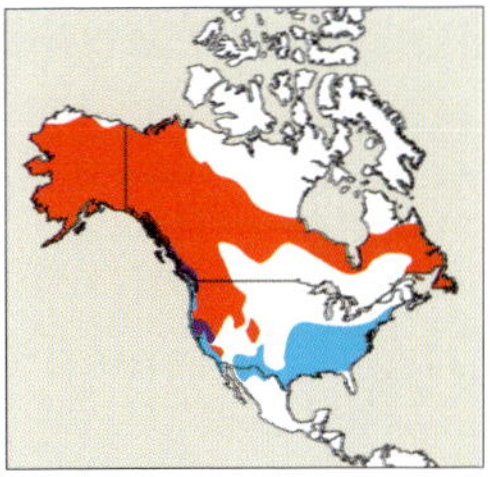

18 cm. Erwähnungen in Island, Großbritannien, Estland und Finnland. Großer nearktischer, sehr roter Sperling mit langem Schwanz. Gefieder dreifarbig: rot, grau und weiß. Schwanz und Oberschwanzdecken rotbraun, Mantel rot und grau gestrichelt, Flügel leuchtend rot mit weißen Spitzen an den großen und mittleren Armdecken und an den Schirmfedern. Sehr breite, rote Wangenstreifen, weißer Bartstreif neben der Kehle die einzige weiße Partie des Kopfes. Brust mit großen, leuchtend roten Flecken/Stricheln bedeckt, die auch einen breiten Fleck in der Mitte der Brust bilden; unterer Flankenbereich mit schmaleren und dunkleren, pfeilförmigen Flecken. Aschgraue Färbung des Überaugenstreifs sowie auf den Halsseiten (hinter der Wange) und auf dem Bürzel. Beine rosa, Schnabel gelb mit grauer Oberkante. Rufe: ein kräftiges *smak*; im Flug ein scharfes, deutliches und ansteigendes *siep*.

Singammer *Melospiza melodia*

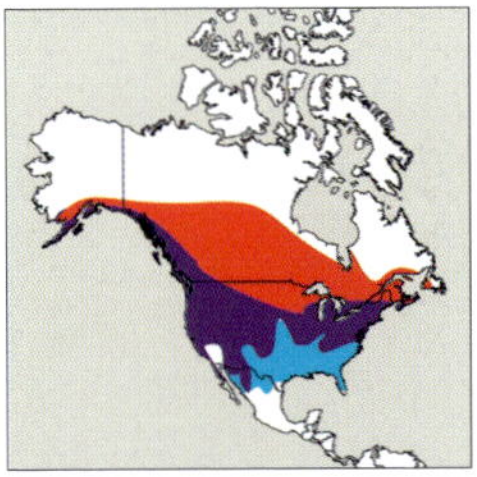

16 cm. Mehrere Formen in Nordamerika; die ostamerikanische Form wurde in Belgien, in den Niederlanden, in Großbritannien und Norwegen beobachtet. Nearktische graue und rote Ammer. Breite, rotbraune Strichelung auf Brust und Flanken, in der Brustmitte zu einem Fleck zusammenlaufend. Breiter, hellgrauer Überaugenstreif, schmaler, grauer Scheitelstreif, hellgraue Wange, rotbrauner Augenstreif, rotbrauner Bartstreif. Mantel mit breiten, grauen und schwärzlich braunen Linien. Ziemlich langer Schwanz mit runder Spitze, Flügel mit rotbraunen Rändern, helle Spitze an den großen Flügeldecken. Beine rosa, Schnabel grau. Rufe: ein raues *tchimp*; im Flug ein scharfes und dünnes *tsiet*.

Lincolnammer *Melospiza lincolnii*

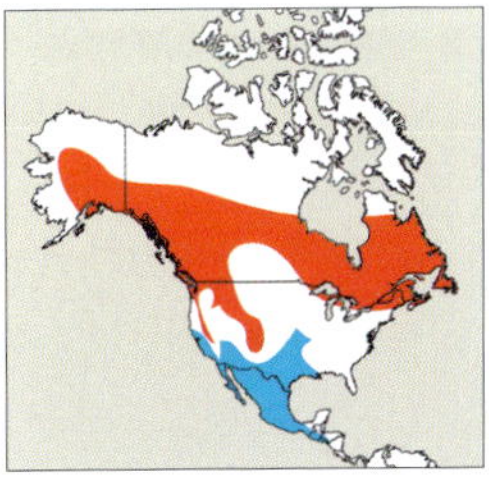

14,5 cm. Einige Erwähnungen auf den Azoren im Herbst, in Island im Dezember 2013. Erinnert an zuletzt genannte Art, ist aber kleiner und hat einen spitzeren Schnabel. Dunkler Kopf mit breitem, grauem Überaugenstreif, schmalem, grauem Scheitelstreif und grauer Wange, die durch einen schwarzen Augenstreif und einen schwarzen Bartstreif umrandet wird; dunkelrote, schwarz gestrichelte seitliche Bänder auf dem Scheitel (der manchmal in Form eines kurzen Schopfes aufgerichtet ist). Brust und Flanken oft verwaschen rehbraun und schmal, schwarz gestrichelt. Schnabel schmaler und spitzer als bei Singammer, mit geraden Kanten. Mantel weitgehend matt graubraun mit langen, schwarzen Streifen. Bürzel graubraun gestreift. Ober- und Unterschwanzdecken mit schwarzer Strichelung in leichter Tropfenform. Schwanz grau, ohne kräftige rotbraune Färbung. Ruf: ein kurzes *tschip*.

Dachsammer *Zonotrichia leucophrys*

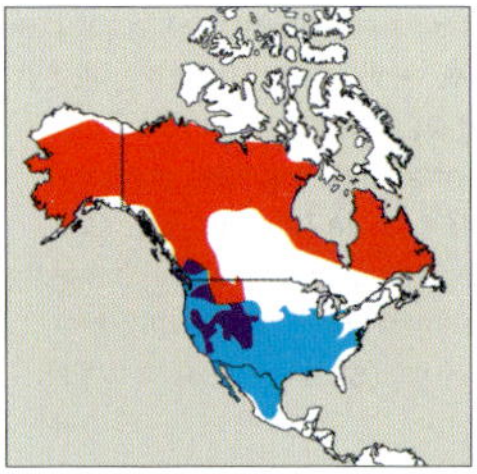

17 cm. Großer nearktischer Sperling. Sehr ähnlich der nachfolgenden Art, mit schmalerem und spitzerem Schnabel. Bei der atlantischen Unterart *leucophrys* (mit schmalem, schwarzem Zügelstreif) ist der Schnabel rosa, bei den pazifischen Unterarten (mit grauen Zügeln) ist der Schnabel gelb-orangefarben; z. B. pazifische Unterart *gambelii* (eine Beobachtung auf den Azoren im Oktober 2013, eine in Großbritannien im April 2016). Jungvogel mit grauer Kehle und grauem Überaugenstreif, braunen Streifen am Kopf und schmalem, hellem Scheitelstreif. Altvogel: schwarze und weiße Streifen am Kopf, Überaugenstreif hinter dem Auge sehr breit; Kehle, Wange, Halsseite, Brust und Bauch mausgrau, Flanken bräunlicher, Mantel gleichmäßig schwarz und beige oder hell graubraun gestrichelt, ohne rotbraune Färbung; kein Weiß am Schwanz im Flug; zwei schmale, weiße Flügelbänder. Rufe: ein hartes *pink*, tiefer und trockener als Weißkehlammer; im Flug ein ansteigendes *tsiep*.

adult, Unterart *gambelii*

adult, Unterart *gambelii*

1. Winter, Unterart *gambelii*

1. Winter

adult

Weißkehlammer *Zonotrichia albicollis*

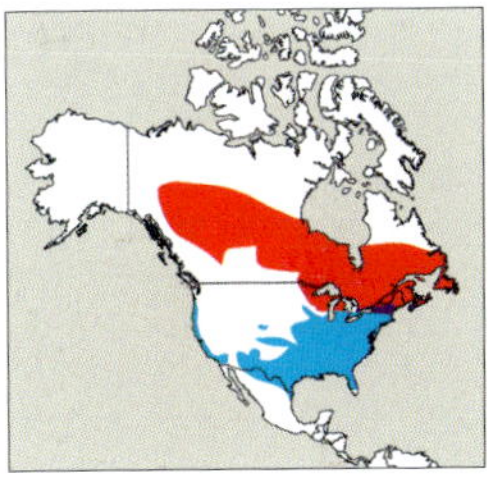

17 cm. Erwähnungen auf den Azoren, in Island, Großbritannien, Deutschland und in Dänemark (Beobachtungen gewöhnlich im Frühling). Nearktischer Sperling; weiße Kehle ist gut von der grauen Brust abgegrenzt; breite, weiße Überaugenstreifen werden vor dem Auge leuchtend gelb; weißer Scheitelstreif, schwarze Scheitelseitenstreifen. Kopffärbung variabel, bis hin zu Individuen mit braunen und rehbraunen Streifen sowie braunen Wangenstreifen auf der gräulichen Kehle. Braun-rötlicher Mantel mit dichter, schwarzer Strichelung. Zwei schmale, weiße Flügelbänder, Unterschwanzdecken ganz weiß (bei Dachsammer beige oder sogar orangefarben). Großer, grauer Schnabel; Beine rosa. Rufe: ein kräftiges und metallisches *tschink*, ein langes und scharfes *tsiet* im Flug.

Individuum mit grauen Streifen

Individuum mit weißen Streifen

1. Winter

Winterammer *Junco hyemalis*

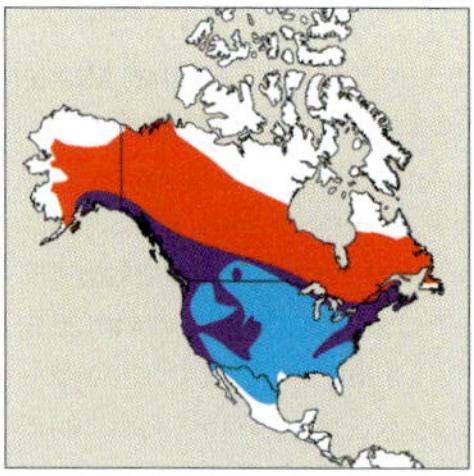

15 cm. Nearktisch. Beobachtungen im Winter und im Frühling; einige Fälle von Wintergästen in Europa (Norwegen 2009/2010, England 2011/2012). Erinnert in Größe und Körperform an Buchfink; Gefieder vollständig dunkel mit weißem Bauch, Gesicht vor dem Auge kaum dunkler. Adultes Männchen: fast einheitlich schiefergrau, nur unterer Brustbereich bis zu den Unterschwanzdecken weiß; schiefergraues Band entlang der Flanken; zwei äußere Steuerfedern völlig weiß, viel Weiß auf der dritten äußeren Steuerfeder. Männchen im 1. Winter: Mantel manchmal brauner, weiße Spitze an der Spitze der Innenfahne der Schirmfedern. Weibchen brauner; Scheitel, Mantel, Flanken und Flügeldecken mit deutlicher brauner Nuance, Bürzel schiefergrau, Gesicht grau, Kehle manchmal heller. Schnabel rosafarben mit schwarzer Spitze; Beine rosa bis rosabraun. Ruf: ein sehr scharfes, hartes *tik* oder *stip*.

Männchen, 1. Winter

Weibchen

Weibchen

Männchen, Winter

Männchen, Prachtkleid

Maskenammer *Emberiza spodocephala*

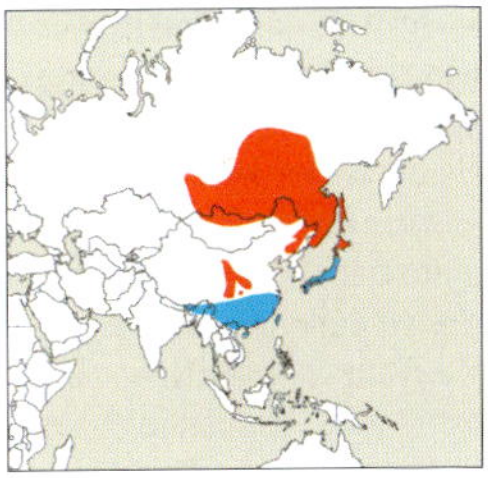

15 cm. Seltene sibirische Ammer; einige Erwähnungen in Deutschland, Frankreich, in den Niederlanden, in Norwegen und in Schweden. Bürzel matt graubraun, bräunlich grauer Mantel stark schwarz gestreift. Schnabel mit rosafarbener Basis. Männchen: Kopf und Brust dunkelgrau, Zügelbereich und Kinn unscharf schwarz, Bauch blassgelb mit schwarzer Strichelung auf den Flanken, Mantel braun mit schwarzen Streifen. Männchen im Prachtkleid: blassgelber Bauch mit nur einigen Stricheln im hinteren Flankenbereich, Kopf einheitlich schiefergrau mit schwarzen Zügeln. Weibchen: sehr matt, schwarze Strichelung auf der Brust und den Flanken, Bürzel graubraun gestrichelt, Mantel hell graubraun mit starker Streifung, hinterer Überaugenstreif und Bartstreif hellgrau in einem grauen, leicht bräunlichen Gesicht. 1. Winter: gelbliches Gesicht, dunkler Wangenstreif und Brustlatz aus Stricheln. Ruf: ein scharfes *tzit*.

Männchen, adult

Männchen, Winter

Männchen, 1. Winter

Weibchen

Weibchen

Fichtenammer *Emberiza leucocephalos*

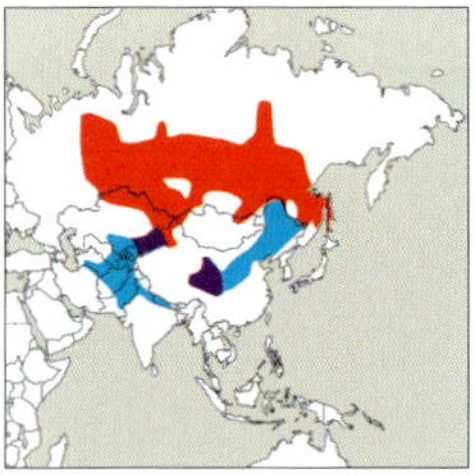

16 cm. Sibirischer Zwilling der Goldammer, aber ohne jegliche gelbe Färbung, mit leuchtend rotem Bürzel. Sehr seltener Wintergast; häufig in Gruppen von Goldammern anzutreffen. Weibchen identisch, aber ohne jegliche gelbe Färbung, Säume der Schwungfedern weiß; Gefieder abgesehen von leuchtend rotem Bürzel matt. Männchen: Kehle und Überaugenstreif rot, weiße Wange schwarz gesäumt, weißer Scheitel schwarz umrandet; roter Brustlatz setzt sich in Form von Stricheln auf den Flanken fort. Im Winter: rotbraune Färbung des Kopfes mit weißlicher Bereifung, Wange verwaschen braun, Brust weniger stark gezeichnet. Rufe wie Goldammer. Die zwischen den beiden Arten existierenden Hybriden können der Fichtenammer in allen Punkten ähneln, weisen aber gelbe Säume an den Schwungfedern auf.

Hausammer *Emberiza sahari*

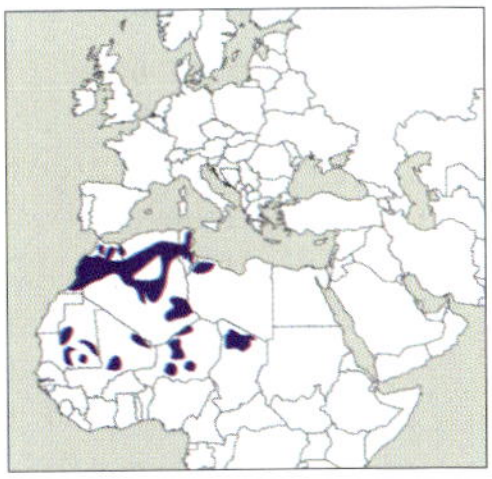

14 cm. Verbreitet im Maghreb; kürzliche Beobachtungen im Süden Spaniens (2009). Männchen: Kopf, Hals, Kehle und Brust grau gefärbt und gestrichelt, Augenstreif und Scheitel dunkler (gestrichelt), Überaugenstreif grau, Bartstreif heller grau; Mantel fast einheitlich rotbraun, Bauch orange-rötlich; Unterschnabel rosa, Beine rosa. Weibchen matter und einheitlicher gefärbt, mit weniger markantem Überaugenstreif, grau-bräunlichem Kopf, weniger gestrichelter Brust und weniger dicht rötlich gefärbtem Bauch. Äußere Steuerfedern gämsfarben. Ruf: ein tschilpendes *twiet* oder ein schwermütiges *tschüu*. Gesang: eine kurze und melodische Phrase mit Pfeiftönen, oft wiederholt.

Grauortolan *Emberiza caesia*

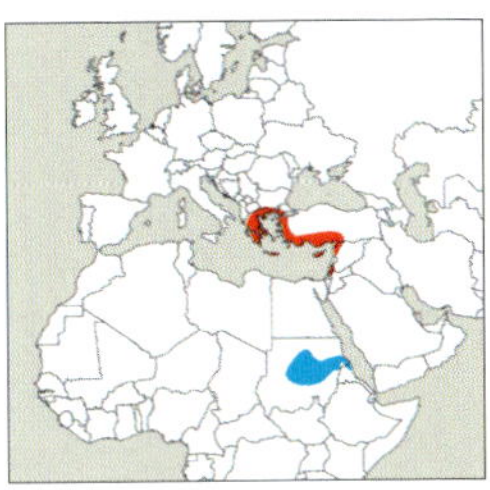

15 cm. Seltene Ammer; nistet im östlichen Mittelmeerraum und im Mittleren Osten. Einige Beobachtungen nördlich ihres Verbreitungsgebietes (Schweden, Finnland, Deutschland, Niederlande, Schottland, Spanien), hauptsächlich im Frühling. Sehr ähnlich Ortolan, aber Bürzel rotbraun; Männchen mit rot-orangefarbener statt strohgelber Tönung von Kehle und rotbraunem Bartstreif; Grau des Kopfes bläulicher. Weibchen matter gefärbt als Männchen; Brust gestrichelt. Jungvogel sehr schwer von Ortolan zu unterscheiden, Bürzel aber wärmer braun, manchmal rötlich (das beste Merkmal zur Unterscheidung der beiden Arten) und Ränder an den Flügeln rotbrauner. Gesang und Rufe denen bestimmter Mittelmeer-Populationen des Ortolans ähnlich, aber auch ein tiefes und kräftiges *tchüjü* und *ein zrip*, rauer als das des Ortolans.

Türkenammer *Emberiza cineracea*

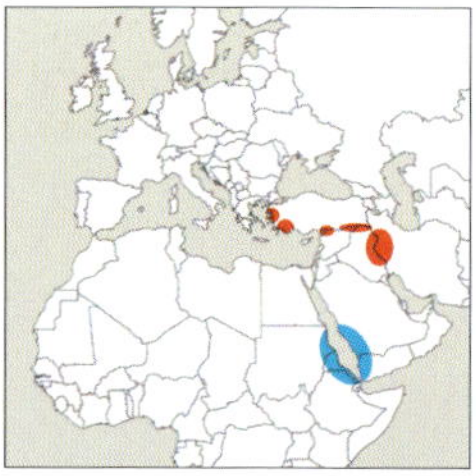

16 cm. Seltener Irrgast aus dem östlichen Mittelmeerraum und dem Mittleren Osten. Eine Beobachtung im Frühling: im Mai 2005 in Dänemark. Erinnert an Ortolan, Gefieder aber grauer, keine orangefarbene oder braune Färbung; Schnabel grau und nicht rosa; Mantel unauffällig gestrichelt, keine braune Tönung. Männchen: Kopf grau-grünlich mit verwaschen hellgelbem Gesicht, Kehle und Bartstreif hellgelb, Wange und Wangenstreif olivgrau, Brust und Flanken verwaschen grau; Bauch weiß (Unterart *cineracea*, Lesbos, Osttürkei) oder blassgelb (Unterart *semenowi*, Mittlerer Osten). Weibchen sehr grau; Kopf, Brust und Flanken mit sehr feiner, unauffälliger Strichelung. Jungvogel sehr einheitlich; grauer Schnabel und weißer Augenring, Gesicht und Brust verwaschen gelblich. Ruf: ein deutliches *tschrip* oder ein tschilpendes *tschüilp,* wie Grauortolan.

jung

Männchen, Unterart *semenowi*

Jungvogel, Unterart *semenowi*

Männchen, Unterart *semenowi*

Männchen, Unterart *cineracea*

Steinortolan *Emberiza buchanani*

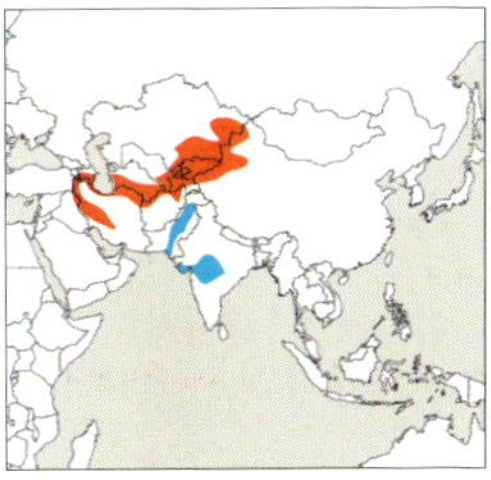

15 cm. Zugvogel aus Zentralasien; Irrgast in Deutschland, Norwegen, Schweden, Finnland und den Niederlanden. Erinnert stark an Ortolan, aber die Abgrenzung zwischen Grau und Rot auf der Brust ist unscharf und die dunklen Schirmfedern weisen gleichmäßig breite, rotbraune Säume auf; die typische treppenstufenförmige Zacke anderer Ammern fehlt. Schnabel länger und spitzer, Kehle und Bartstreif eher cremefarben als gelb; feine und auffällige Strichelung auf dem Mantel; die rotbraunen Schulterfedern kontrastieren mit dem gräulichen Mantel; Bürzel einheitlich grau, ungestrichelt. Weibchen matter, besonders auf den unteren Partien. 1. Winter: sehr feine, schwarze Strichelung vom Wangenstreif bis zum unteren Flankenbereich. Ruf: ein lebhaftes *tschüip* und ein scharfes *zrip*, häufig im Wechsel, wie bei den anderen nahestehenden Ammerarten.

Gelbbrauenammer *Emberiza chrysophrys*

15 cm. Durchziehende Ammer aus Ostasien; einige seltene Erwähnungen in Frankreich, in Großbritannien und Schweden. Erinnert an Waldammer, aber sehr feine, schwarze Strichelung auf Brust und Flanken, Überaugenstreif in vorderer Hälfte gelb. Bürzel rot, Oberschwanzdecken rotbraun mit dunklem Mittelstreif. Dunkler Scheitel mit schmalem, weißem Scheitelstreif, hinterer Bereich des Überaugenstreifs auf den Seiten des Nackens weiß, braune Wange schwarz umrandet mit rundem, weißem Fleck auf Höhe der Ohren. Scheitelseitenstreifen schwarz (Männchen) oder dunkelbraun und schwarz gestrichelt (Weibchen und Jungvogel), Haube wie bei Waldammer aufgerichtet. Beine blassrosa. Ruf: ein kurzes *zit*, wie Waldammer.

Männchen, Winter

Männchen, Prachtkleid

1. Winter

1. Winter

1. Winter

Waldammer *Emberiza rustica*

15 cm. Seltener Irrgast. Nistet von Skandinavien bis Sibirien; überwintert Richtung Indien. Kurze Haube, manchmal oberhalb des weißen Nackens aufgerichtet. Rotes Band auf der Brust setzt sich gestrichelt auf den Flanken fort. Kastanienbrauner Mantel mit schwarzen Streifen, Bürzel rot. Spitzer Schnabel mit rosafarbenem Unterschnabel und gerader Oberschnabelkante; Beine rosa. Männchen im Prachtkleid: schwarze Wange mit rundem, weißem Fleck im hinteren Bereich, breiter, weißer Überaugenstreif hinter dem Auge, breite, schwarze Streifen auf den Seiten des Scheitels, weißer Bartstreif. Weibchen: schwarz umrandete, braune Wange, heller Fleck auf den Ohrdecken. 1. Winter: Strichelung auf den Flanken feiner und brauner, Nacken rötlich braun (Männchen) oder grau (Weibchen). Ruf: ein scharfes *tzit*.

Weibchen, Winter

Weibchen, 1. Winter

Männchen, Winter

Männchen, Sommer

Männchen, Herbst

Bandammer *Emberiza fucata*

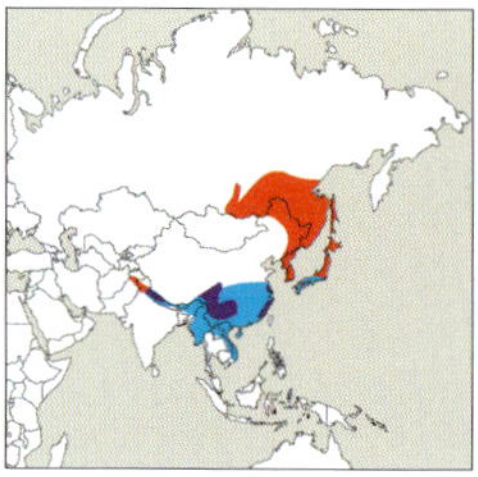

15 cm. Aus Ostasien; sehr seltener Irrgast im Herbst in Schottland. Erinnert mit der rotbraunen Wange und dem weißen Augenring an Zwergammer, Wange aber mit dunklerer kastanienbraun-rötlicher Färbung; gämsfarben-gräulicher Überaugenstreif ziemlich undeutlich, schmaler, heller Scheitelstreif; der cremefarbene Bartstreif stellt die hellste Partie des Kopfes dar; der schwarze Wangenstreif geht in einen Brustlatz aus schwarzen Stricheln über; feine, schwarze Strichelung auf den gämsfarbenen Flanken, unteres Brustband verwaschen rot. Schnabel kräftiger, mit dunkelgrauem Oberschnabel und rosafarbenem Unterschnabel. Kleine Armdecken rotbraun, Bürzel rot gestreift. Mantel mit großen, schwarzen und hellbraunen bis beigefarbenen «Hosenträgern». Altvogel mit einheitlich kastanienbrauner Wange und schmalem, rotbraunem Brustband unter dem gestrichelten Brustlatz. Ruf: ein explosives *pzik*.

Zwergammer *Emberiza pusilla*

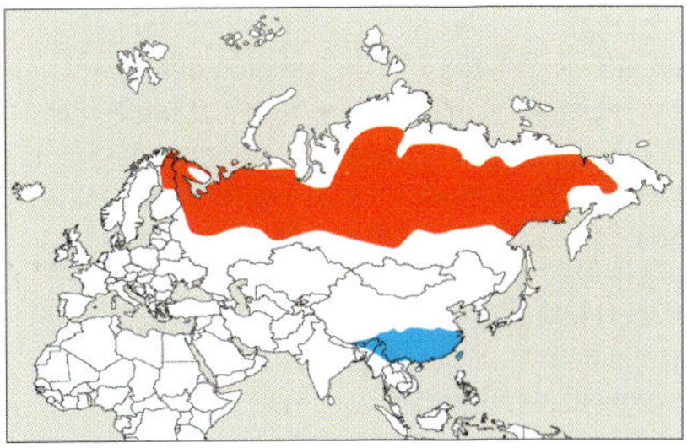

14 cm. Nistet von Skandinavien bis Sibirien; überwintert in Asien; jährlicher Irrgast, manchmal Wintergast. Erinnert an eine kleine Rohrammer, aber Kopfmuster anders. Rotbraune Wange oben und hinten schwarz umrandet, heller Fleck auf den Ohrdecken; Zügel rot, Überaugenstreif hinter dem Auge weiß, davor rot; markanter rotbrauner Scheitelstreif. Schmaler, weißer Augenring. Spitzer Schnabel mit gerader oder sogar leicht konkaver Oberkante; Beine rosa. Flanken mit ziemlich dichter, feiner, schwarzer Strichelung, die bis zu den schmalen, schwarzen Wangenstreifen hochreicht. Bürzel braun-gräulich, Mantel mit breiten, schwarzen und braunen Streifen. Männchen farbenfroher als Weibchen. Ruf: ein kurzes, sehr scharfes *tik*.

adult

1. Winter

1. Winter

Rötelammer *Emberiza rutila*

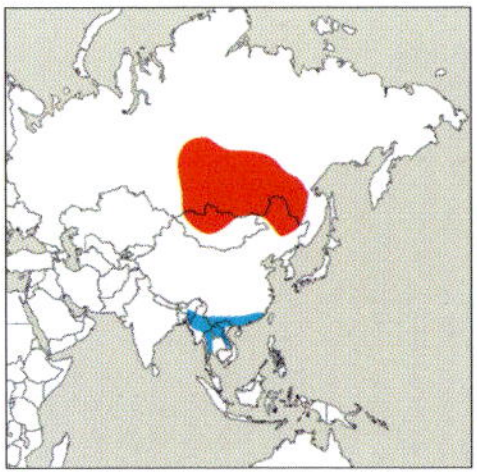

15 cm. Äußerst seltener Irrgast, aber drei Aufzeichnungen von Jungvögeln im Herbst in Frankreich und eine Aufzeichnung in Schottland. 1. Winter: Oberseite braun-rötlich mit schwarzer Streifung; roter Bürzel mit gestreiften Oberschwanzdecken kann an Goldammer erinnern; Unterseite hellgelb mit weißem Kinn und schwarzer Strichelung auf Brust und Flanken, die in breite Kinnstreifen übergehen. Einige rotbraune Federn auf dem Scheitel, der Wange und der Brust beim jungen Männchen im Herbst. Adultes Männchen: oberseits vom Kopf bis zu den Oberschwanzdecken einheitlich rot, unterseits hellgelb, mit einigen grau gestrichelten Linien auf den Flanken. Weibchen: wie Jungvogel, aber Gesicht blass gräulich; Anflug von Rot auf den Ohrdecken und den Scheitelseitenstreifen; Brust olivfarben und rot gesprenkelt, aber ohne Strichelung. Spitzer Schnabel mit rosafarbener Unterschnabelbasis. Schwanz mit sehr wenig Weiß auf den äußeren Steuerfedern. Ruf: ein scharfes *zik,* wie Zwergammer.

Weibchen

Männchen, 1. Winter

Männchen, Prachtkleid

Männchen, 1. Herbst

Männchen, Winter

Weidenammer *Emberiza aureola*

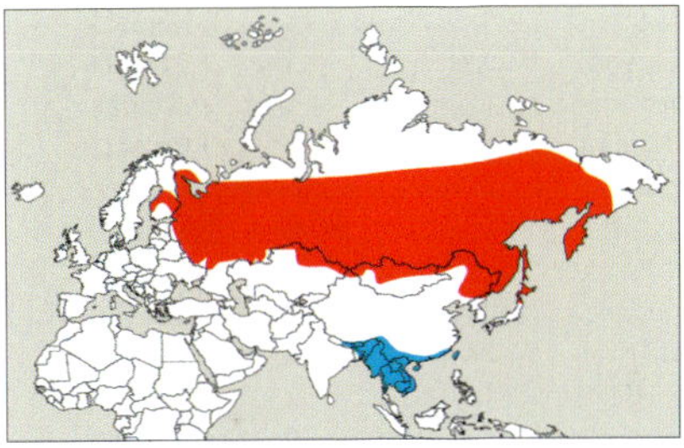

15 cm. Äußerst selten gewordene asiatische Ammer; überwintert in Südostasien; nistete früher in Finnland. 1. Winter: dunkel umrandete helle Wange, kein richtiger Wangenstreif; gleiche Färbung von Zügeln und vorderem Überaugenstreif lässt das Gesicht sehr offen wirken; Überaugenstreif hinter dem Auge sehr breit; unterseits matt gelb, feine, schwarze Strichelung auf den Flanken; hellbrauner Mantel stark schwarz gestreift, Bürzel rötlich und gestreift. Männchen: sehr farbenfroh, schwarzer Kopf und schmales, schwarzbraunes Brustband, Mantel kastanienbraun-schwärzlich, Bürzel einheitlich kastanienbraun-rot, kleine und mittlere Flügeldecken weiß, Brust und Bauch leuchtend gelb mit feinen, schwarzen Strichen auf den Flanken; im Winter dunkle Federn hell bereift. Weibchen: sehr ähnlich Jungvogel, unterseits aber weniger gestrichelt, farbenfroher (blassgelbe und rotbraune Nuancen am Kopf), weiße Ränder an den mittleren Armdecken breiter. Spitzer Schnabel, Oberschnabel mit gerader Kante, Beine rosa. Ruf: ein kurzes, schrilles *pit*.

1. Winter

Männchen, adult

Weibchen

Männchen, adult

1. Winter

Kappenammer *Emberiza melanocephala*

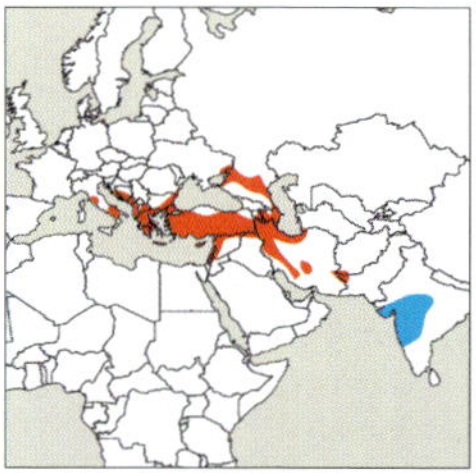

17 cm. Seltener Irrgast aus dem östlichen Mittelmeerraum, Kleinasien und dem Mittleren Osten. Überwintert in Indien. Seltener Brutvogel in Frankreich. Große Ammer mit rotem Bürzel und ohne Weiß am Schwanz, die trockene, kalkreiche und buschreiche Lebensräume bevorzugt. Männchen im Prachtkleid: schwarze Kappe bis über die ganze Wange, Mantel einheitlich kastanienbraun, unterseits leuchtend gelb, einschließlich der Unterschwanzdecken; rötlicher Bürzel und langer, schwarzer Schwanz ohne weiße Kanten; unterbrochener gelber Halsring, rotbrauner Nacken. Männchen im Winter: Gefieder hell bereift. Weibchen: Kopf einheitlich beigefarben, Scheitel fein gestrichelt, deutliche Abgrenzung zwischen Wange und Kehle, Mantel unscharf gestreift (Braunkopfammer-Weibchen auf dem Rücken stärker gestrichelt, auf dem Scheitel weniger stark gestrichelt, mit unscharfer Abgrenzung der Wange); unterseits cremefarben bis gelblich, Unterschwanzdecken leuchtend gelb; schmaler, blasser Augenring. Jungvogel: wie Weibchen. Rufe: ein nasales *zit* und *tschüip*. Gesang: eine kurze Phrase aus klagenden Flötentönen, abfallend.

Männchen, Hybride Kappenammer × Braunkopfammer

Weibchen, 1. Winter, abgetragenes Gefieder

Männchen, Winter

Weibchen

Männchen, Prachtkleid

Männchen

Braunkopfammer *Emberiza bruniceps*

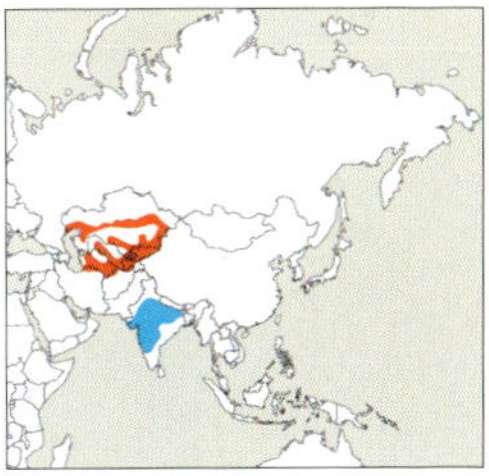

16 cm. Ammer aus Westasien; seltener Irrgast in Europa. Sehr ähnlich Kappenammer, Schnabel aber schmaler. Männchen im Prachtkleid: rotbrauner Kopf, dessen Rot in Form eines Brustlatzes in den oberen Brustbereich reicht; gelber Nackenring, olivfarbener Mantel mit feiner, schwarzer Strichelung, sehr ausgedehnter gelber Bürzel. Weibchen und Jungvogel: mit gelblichen Unterschwanzdecken identisch mit Kappenammer, aber Schnabel schmal, Mantel deutlicher gestrichelt, Scheitel weniger gestrichelt und unscharfe Abgrenzung von Wange und Kehle. Rufe wie Braunkopfammer. Häufige Hybriden in der Kontaktzone zwischen den beiden Arten; Männchen intermediär, z. B. mit schwarzem Kopf, etwas Rot auf der Brust und einem kastanienbraunen Mantel mit Stricheln.

Männchen, Prachtkleid

Männchen, Prachtkleid

Weibchen

Weibchen

Weibchen

Männchen, Prachtkleid

Pallasammer *Emberiza pallasi*

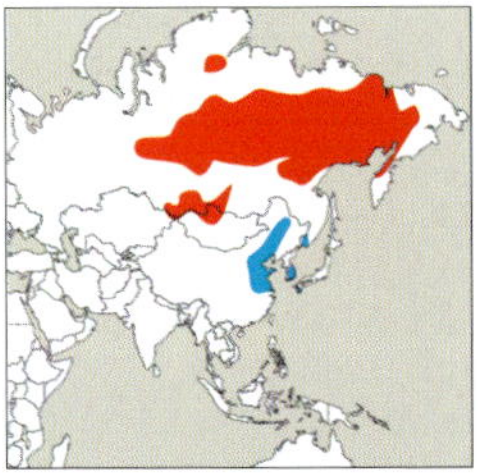

14 cm. Äußert seltener, sibirischer Irrgast in Europa (Österreich, England und Schweden). Ähnlich Rohrammer (*Emberiza schoeniclus*), aber deutlich kleiner und schlanker, Schnabel spitzer mit rosafarbenem Unterschnabel; kleine Flügeldecken im 1. Winter graubraun und nicht rotbraun. Wangenstreif reicht nicht bis zum Schnabel; hervorstechende blasse «Hosenträger» auf dem Rücken; Strichelung auf den Flanken fehlt oder fehlt nahezu. Bürzel hell. Männchen im Prachtkleid: sehr schmaler und spitzer Schnabel, Mantel schwarz mit weißen Streifen, Bürzel weiß; weiße Ränder an den Federn der Flügel (kein Rot), kleine Armdecken mausgrau. Ruf: *pseoo*; beim Abflug *tsliep*. Nicht zu verwechseln mit sibirischen Rohrammern mit kleinem Schnabel, blassem Gefieder und hellem Bürzel, aber mit grauem Unterschnabel und braunen oder rötlichen kleinen Flügeldecken.

Männchen

Männchen

Männchen

1. Winter

Weibchen

Dickzissel *Spiza americana*

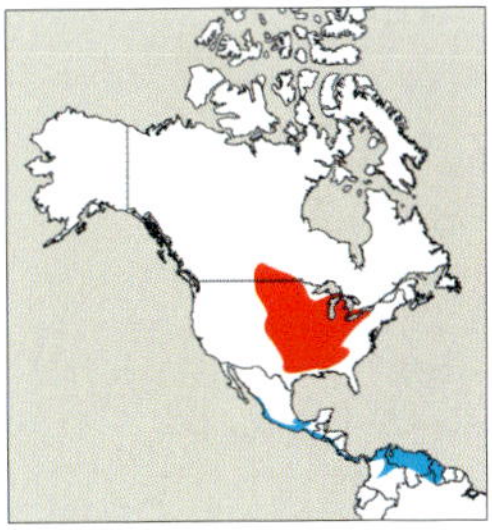

16 cm. Beobachtet in Norwegen (Juli) und auf den Azoren (Oktober). Wie ein langgestreckter Sperling mit sehr kräftigem Schnabel. 1. Winter: stark gestreifter Mantel mit beigefarbenen «Hosenträgern»; schmaler, schwarzer Wangenstreif und feine schwarze Strichelung auf den Flanken; langer, unscharfer, gelb gefärbter Überaugenstreif, Scheitel wie schwarz gepunktet; häufig ein unscharfer, gelber Fleck auf der Brust, rotbraune kleine Flügeldecken. Männchen im Prachtkleid: grauer Schnabel, schwarzer Latz unter der weißen Kehle; Überaugenstreif, Bartstreif und Brust gelb, mittlere und kleine Flügeldecken rotbraun, Wange und Nacken grau; großer, einheitlich grauer Bürzel. Ruf: ein trockenes *tschäk*.

Weibchen, Prachtkleid

1. Winter

Weibchen, 1. Winter

Männchen, Prachtkleid

1. Winter

Rosenbrust-Kernknacker *Pheucticus ludovicianus*

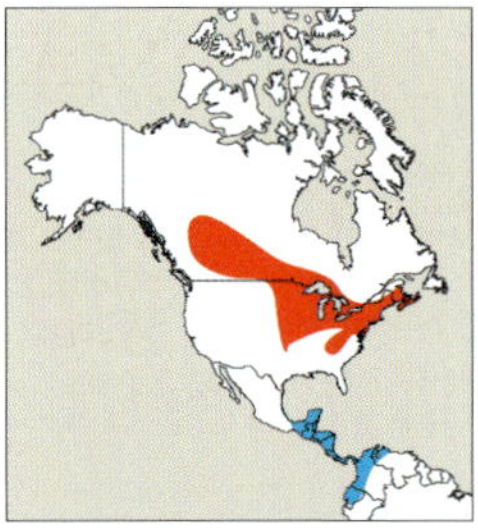

20 cm. Großer und massiver nearktischer Fink mit großem Kopf und großem Schnabel; kontrastreiche Kopfzeichnung; weiße Basis an den Handschwingen. Rosafarbener Schnabel mit grauer Spitze. 1. Winter: Wange und Scheitel schwarzbraun, breiter, weißer Überaugenstreif, Mantel dunkelbraun und schwarz gestreift, Unterseite gämsfarben mit feiner, schwarzer Strichelung auf Brust und Flanken. Junges Männchen: Unterflügeldecken rot, Flanken und Brust gämsfarben, Brust pfingstrosenrot gesprenkelt. Junges Weibchen: Unterflügeldecken gelb, Brust und Flanken weniger farbenfroh, stärker gestrichelt. Männchen im Prachtkleid: Kopf und Mantel schwarz, Bürzel weiß, Brust rot, weiße Spitze an den großen Flügeldecken, mittlere Armdecken weiß. Rufe: ein quietschendes *iek*, im Flug: *uiek*.

Männchen, 1. Winter

Männchen, 1. Winter

Weibchen, 1. Winter

Weibchen, 1. Winter

Indigofink *Passerina cyanea*

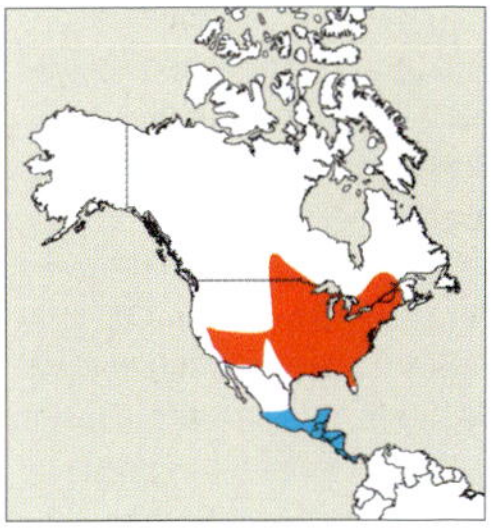

13 cm. Jährlicher Irrgast auf den Azoren. Kleiner, gedrungener Fink ohne markante Unterscheidungsmerkmale; braun-rehbraunes Gefieder, zwei Flügelbänder und blaue Säume an den Steuerfedern. 1. Winter: cremefarbene Flügelbänder, innere große Armdecken länger und nach der Mauser mit unscharfen, rotbraunen Rändern, blauer Glanz auf den kleinen Armdecken beim Männchen. Einheitliches Gesicht mit schwarzem, rundem Auge; Schnabel grau, Brust beige- oder gämsfarben mit unscharfer Strichelung. Männchen im Prachtkleid: Gefieder einheitlich königsblau, auf dem Kopf etwas dunkler, Schirmfedern mit schwarzen Zentren. Rufe: ein trockenes *tzik*; im Flug ein längerer, rollender und brummender Ruf.

Männchen, 1. Winter

Weibchen, 1. Winter

1. Winter

Männchen, Prachtkleid

Männchen, 1. Frühling

Reisstärling oder Bobolink *Dolichonyx oryzivorus*

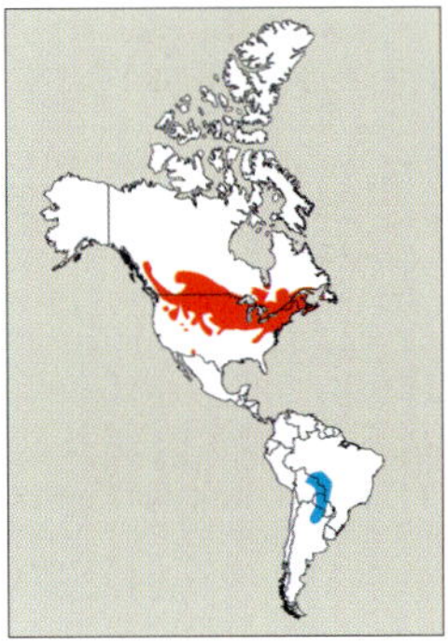

18 cm. Nearktischer Irrgast im Herbst. Wie ein großer Sperling mit spitzem, rosafarbenem Schnabel. 1. Winter: gämsfarbener Kopf mit schwarzen Scheitelseitenstreifen, helle Zügel, einheitlich gefärbter Nacken, offenes Gesicht mit einem schmalen Augenstreif hinter dem Auge; schwarz gestreifter Mantel mit hellen «Hosenträgern», beigefarbener Bürzel kaum gestrichelt, im Flug unverkennbar; unterseits gämsfarben, feine schwarze Strichelung auf den Flanken; kurzer Schwanz mit schmalen und sehr spitzen Steuerfedern, weißer Saum an den Schirmfedern. Weibchen: wie Jungvogel, aber mit hellbraunem Saum an den Schirmfedern. Männchen im Prachtkleid: schwarzer Körper, weiß-gelblicher Nacken, Rücken und Bürzel weiß, weißes Schulterband, schwarzer Schnabel; angedeutete beigefarbene «Hosenträger» auf dem Mantel, spitze Steuerfedern. Beine rosa, Iris schwarz. Rufe: ein weiches *tschök* und ein melodisches *boink* im Flug.

Braunkopf-Kuhstärling *Molothrus ater*

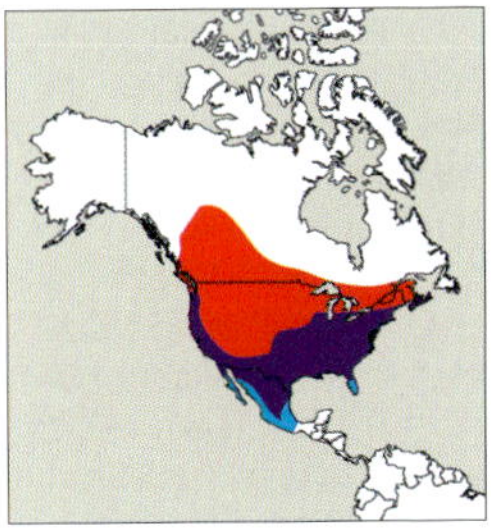

19 cm. Nearktisch; einige Erwähnungen im Frühling und im Sommer (Wales, Schottland, Frankreich, Norwegen und Deutschland). Wie eine kleine Amsel mit sperlingsartigem, kurzem und kegelförmigem Schnabel. Adultes Männchen schwarz schillernd mit braunem Kopf; metallisch grüner Glanz auf Rumpf und Flügeln. Weibchen oberseits braun, unterseits beigefarben, Unterschwanzdecken braun; angedeuteter blasser Überaugenstreif, weißliche Kehle, hellbrauner Wangenstreif. Beine schwarz und Schnabel grau. Jungvogel auf Mantel und Brust gefleckt, wie ein junger Karmingimpel, aber etwas dunkler; erhält sein adultes Gefieder im Spätsommer. Rufe: im Sitzen ein hartes und ansteigendes Knarren; im Flug: *sie-ti-ti*. Brutparasit, der seine Eier in das Nest anderer Vögel legt, wie unser Kuckuck.

juvenil

juvenil

Männchen

Männchen

Weibchen

Brillenstärling oder Gelbkopf-Schwarzstärling *Xanthocephalus xanthocephalus*

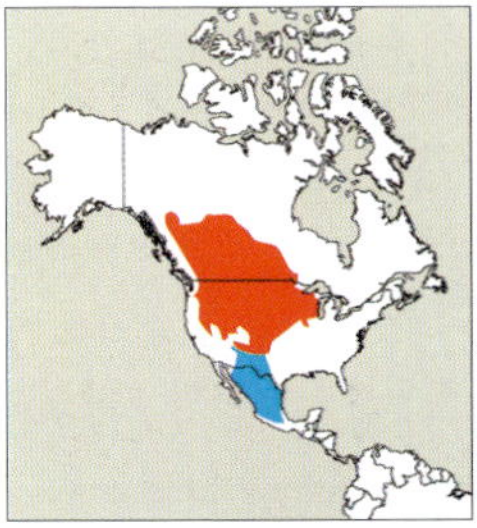

23 cm. Nearktisch; einige Erwähnungen im Frühling und im Sommer (Island, Schottland, Schweden, Norwegen, Dänemark, Frankreich); mögliche Gefangenschaftsflüchtlinge. Wie ein Star mit dickem, schwarzem, kegelförmigem Schnabel und schwarzen Beinen. Gefieder des Männchens schwarz, Kopf und Brust zitronengelb, weißes Handgelenk am Flügel (weiße Handdecken mit schwarzer Spitze), schwarze Maske vor dem Auge. Weibchen kann an eine kleine Amsel erinnern; braunes Gefieder mit undeutlichem Überaugenstreif und mattgelbem Brustlatz sowie völlig braunen Flügeln. 1. Winter: wie Weibchen, mit weißen Spitzen an den Handdecken. Männchen größer als Weibchen. Rufe verschiedenartig, darunter ein raues Schnarren.

Baltimoretrupial *Icterus galbula*

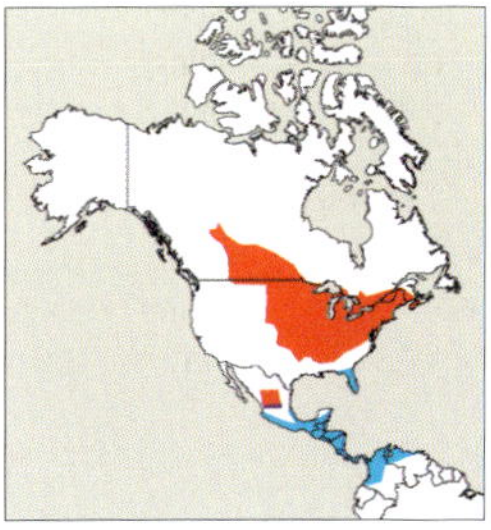

22 cm. Sehr seltener, nearktischer Irrgast im Herbst und im Winter in Island, in Großbritannien, in den Niederlanden, in Norwegen und auf den Azoren. Körpergröße wie Star; schlank, mit langem und spitzem, grauem Schnabel; etwas Gelb auf der Brust; langer Schwanz mit orangefarbenen Säumen. 1. Winter: braun-orangefarbener Kopf, zwei weiße Flügelbänder, deutlicher weißer Rand an den Schirmfedern, gelb-orangefarbener Bürzel; Mantel olivgrau oder braun-orange, etwas geschuppt; der schwarze Mantel kommt im Laufe des Winters durch Abnutzung der Ränder zum Vorschein; schwarze Schulterfedern mit breitem, grauem Rand. Männchen im Prachtkleid: Kopf, Kehle und Mantel schwarz, Körper leuchtend orange, weißes Flügelband, kleine und mittlere Armdecken leuchtend orange. Weibchen im Prachtkleid: wie Männchen, aber oberseits braun; braune, hell gesprenkelte «Kapuze», Rumpf gelb-orange. Beine grau. Rufe: ein hartes Schnarren; im Flug ein klangvolles *wiet*.

Bildnachweise:

Die Aufzählung der Vögel erfolgt pro Seite von oben nach unten und von links nach rechts; die Urheber sind in alphabetischer Reihenfolge aufgeführt. (Im Zweifelsfall hat die waagerechte Achse Vorrang.)

Al Aseeri Sultan 104 c. **Al Dhaheri Khalifa Ahmed** 83 d, 141 f, 268 b. **Alfrey Peter** 42 c. **Al Hajji Rashed** 62 a, 71 b, e und f, 72 a und c, 104 d, 106 a, 147 a und c, 156 f, 160 d, 162 e und g, 169 b, 170 a, 176 d, 181 b, 192 a, c und e, 201 c, 202 b, 210 a, 213 b, 214 a, d und g, 218 b, c und d, 219 a, 222 a, c und d, 223 c, 239 a und b, 240 c und d, 242 a, b, c und e, 244 b, 249 a, 250 a und c, 251 c, 252 a und e, 267 a und d, 268 c und d, 274 a und d, 278 e, f und g, 279 c, d und e, 280 a, b, c und d, 281 a, b und e, 283 c, 288 a, 289 a, b, c und d, 344 a. **Alley Linda** 291 a, 330 a und b, 332 a und d. **Al-Sirhan Abdulrahman** 193 c, 202 d, 203 c. **Andrews Rich** 231 b. **Antunes Goncalvez Antonio** 180 c. **Arlow Steve** 62 c und f, 71 d, 83 b, 101 d, 105 c, 119 a, 120 e, 146 c, 150 c, 152 f, 154 c und d, 164 c, 181 d, 199 b, 228 b und d, 240 a, b und e, 241 b, c und e, 245 a und d, 247 d, 252 b, 262 a und b, 265 c und e, 343 d. **Armada Rafael** 41 e, 43 d und f, 56 g, 69 b, 73 c, 86 c, 206 c, 223 e, 241 d, 244 d, 275 a, 287 f, 294 d, 298 a, 343 a und c, 358 a. **Arpino Barbara d'** 282 e. **Audevard Aurélien** 5 a, 9 c, 12 c, 13 c und e, 14 a und c, 15 b und c, 16 b, d und e, 17 c und e, 18 a und c, 22 f und g, 23 e, 24 c und e, 25 c, 26 a, 27 a, 28 e, 40 e, 45 c, 46 b, 49 a, 54 a, d und f, 55 c und d, 56 d, 57 a und d, 58 b, c und e, 60 a und d, 61 d, 64 c und d, 71 c, 74 a, 77 a, 82 e, 84 a, 86 b, 88 c, 89 b, 90 b, c und d, 92 b und d, 94 b und c, 95 b, 96 a, b und c, 98 b, c und e und f, 99 a, b, d und e, 101 b und c, 102 c, d und e, 103 f, 106 c und d, 108 a und d, 109 a, 110 c, 111 c, 113 a und e, 114 a, b, c, d und e, 115 b, d und e, 116 a, b, d und e, 117 a und c, 119 c, d und e, 122 b, c und d, 124 b und c, 125 b und c, 126 a und d, 127 c, 130 c, 131 a, b, c, d und e, 132 c, 133 a, d und e, 134 b und e, 138 c, 139 b, c, d und e, 140 a, c und e, 143 a und c, 144 a, c, d und e, 145 a, b, c, e und f, 146 a und d, 148 d und e, 149 f, 150 d und f, 152 b, c und d, 154 a, f und g, 156 d, 158 c und f, 159 a, c und d, 160 b, c und e, 163 a und b, 167 a, b und c, 168 b, d und f, 169 a und e, 170 b, 171 a und b, 179 a, 182 b und c, 193 b, 195 a, 196 a und c, 197 b, c und d, 198 d und f, 199 a, d und e, 200 a, c und e, 201 a, b, e und f, 202 a, 203 a, d, f und g, 204 a, c, d und e, 205 b, d und e, 206 e und f, 207 b, 209 b, c und d, 210 b und c, 212 a, 213 a, c und e, 215 a, b und c, 217 b, c, d und e, 219 e und f, 220 b, d und c, 221 a, b, c und e, 224 c, 226 a, b und d, 230 b und d, 231 d und e, 232 a, 233 a und d, 235 a, 244 a, b und e, 245 b und e, 246 a und b, 248 a und c, 249 b und c, 251 d, 252 c und d, 253 a, c, d, e und f, 259 b und d, 260 a, 261 d, 263 d, 264 b und c, 266 a und e, 267 b, c und e, 268 a, 271 a, 272 a, b, c und e, 273 d, 274 b und c, 275 c und e, 277 a, c und e, 278 b, 279 a und g, 280 f, 283 a und e, 286 a, b, c und d, 287 d und e, 299 b, c und d, 301 a und e, 316 d, 317 c und e, 334 a, 338 a, b und c, 341 a, c und e, 342 b und e, 344 c, 345 a, c, d und e, 346 b, d und e, 347 e, 349 b, d und e, 350 a, c und e, 351 a, b und c, 352 b, e und f, 353 b, c, e und f, 354 a, c und d. **Aussaguel Christian** 89 a, 181 f. **Babbington Jeremy** 176 e. **Balestra Robert** 67 a, b, d und e, 70 e, 104 a, 288 b und f. **Bansal Arpit** 231 a. **Barnes Dave** 223 a, 249 e, 250 f, 265 a und b, 285 e, 294 c, 343 b. **Barth Mike** 20 a und b, 22 a, 31 e, 32 b und e, 40 d und f, 41 b, 62 d und e, 68 b und e, 70 d, 79 e, 162 f, 198 c, 205 c. **Bawden Tim** 33 d und e. **Bloch Cecile** 47 a und d, 175 d und e, 284 d. **Bonser Richard** 18 e, 23 b, 28 f und g, 41 a, 43 a, c und e, 103 c, 124 a, 127 e, 138 d und f, 150 g, 152 e und g, 161 e, 174 a, 234 e, 248 e, 282 b, 295 d, 300 d. **Bougeard Bernard** 10 b, 58 a, 65 e, 101 e, 137 b, 153 a, 153 e. **Boulanger Julien** 50 d, 77 e, 260 c. **Bouresli Hamad** 74 e und f, 214 h, 220 a, 249 d, 268 e, 278 d. **Brelsford Craig** 91 b, 123 e. **Breton G.** 166 a. **Bruun Mika** 216 f, 253 b, 256 e. **Buckx Lars** 146 f, 243 d, 284 e. **Bushman Linda** 88 a und d. **Buysse Didier** 51 b, 63 c, 194 g. **Cacopardi Saverio** 80 f. **Caîn Cédric** 350 d. **Carlyon John** 85 a und b. **Cat Jason Joey** 45 b, 91 a, c und d, 238 c. **Catley Graham** 11 b, 22 h, 76 c, 135 a, 165 b und c, 174 b, c und e, 195 b, c und e, 196 b, 204 b, 220 f, 247 e, 254 c, 262 c, d und e, 343 f. **Champion Mikael** 35 c, 172 d. **Cherrug Stephan** 38 d und e, 142 d, 155 e. **Colon Archilla Alfredo D.** 52 d. **Culley Stan** 86 d und e. **Dag Mayer Johannes** 41 d, 168 a, 245 c, 344 d. **Damle Siddharth** 272 d. **Dandois Philippe** 85 d, 104 b, 182 e. **Daubignard Julien** 285 c. **Davaasuren Batmunkh** 79 b, 81 a und f, 171 d, 236 b, 258 e. **De Broyer Alain** 30 e, 32 c, 42 b, 136 c, 137 c. **De Rouck Kris** 29 a und b, 30 a, b, c und d, 31 a, 32 a, 33 b und c, 42 a, 45 a, 49 d, 156 a. **Delberghe Arnaud** 14 f. **Desage Fabrice** 139 g. **Dhamankar Atul** 216 d. **Didner Eric** 72 b, 75 c und d, 80 c und g, 83 e, 96 e, 100 d, 112 d, 169 c, 236 a und d, 241 a, 250 b und e, 311 c. **Donald Paul F.** 55 a, 61 c, 66 b und c, 92 a, 105 e, 193 d, e und f, 194 b, c und d. **Dreyer Niels Poul** 28 a, 238 b. **Dupraz Franck** 92 c. **Dupriez Quentin** 202 e. **Durand S.** 72 d, 74 d. **Ek Richard** 39 a, 41 f. **Elliott Mélanie und Kyle** 48 b und d, 163 d. **Entremont Alix d'** 21 b, 78 d, 86 a, 128 f, 164 e, 190 d, 191 c und d, 196 d und e, 306 d, 320 a, 339 a, 357 e, 359 b, 360 c. **Erickson Laura** 228 e. **Fagel Pekka** 70 a und b, 203 e. **Fenerolle J.M.** 288 e, 296 c. **Finlayson Stewart** 80 d. **Gibbins Christopher** 145 d, 151 a, b, c, d, e und f, 153 b, c, d und f. **Gonzalez Bocos Carlos Nazario** 61 a, 66 d, 168 c, 216 c, 222 e. **Gottschling Martin** 87 a und b. **Granja François** 53 d. **Griffiths Devin** 191 b. **Grosset Arthur** 167 f, 214 b. **Guttierez Varga Pablo** 160 a, 261 c. **Guyt Marc** 49 e. **Hale Martin** 224 f, 233 b und c, 235 b. **Hallam Nic** 179 d, 269 c. **Harrop Hugh** 46 c und d. **Henriksen Eva F.** 167 d, 248 f, 257 a, 299 e. **Hingrat Yves** 93 e. **Hoarau Gaetan** 83 f. **Hornbuckle Jon** 142 c. **Hui K.K.** 75 e. **Hutchinson Robert** 179 b. **Ingram Tom** 25 b, 225 a, 290 d, 360 b und e. **Jacobsen Frode** 23 c und d, 65 d, 69 a und d, 97 b, 109 c, 111 f, 120 c und d, 126 b, 184 a, 185 d und e, 186 b, 187 b und e, 188 c, 207 e, 227 c und d, 229 e, 270 a, d und e, 276 f, 290 e, 291 b, c und e, 292 b, c, d und e, 293 d und e, 301 b, c und d, 302 d, 303 a, c, d und e, 304 a, c, d und e, 305 a, b, d und e, 307 a, b, c, d und e, 308 a, b, c, d und e, 309 a, b, c, d und e, 310 b und c, 311 a, b, d und e, 312 a, b, c, d und e, 313 d, 314 a, b und d, 315 a, b, c, d und e, 316 a, b, c und e, 317 a, b und d, 318 b, c, d und e, 319 a, b, c und d, 320 b, c und e, 321 a, c und d, 324 a, b, c und e, 325 a und c, 326 a, 327 a, c und e, 328 d, 330 c und d, 331 b, 332 b, 334 b, c, d und e, 335 b, d und e, 336 c und e, 337 c, d und e, 338 d und e, 340 a, b, c und d, 361 b. **Jaffre Mikael** 16 c, 129 e, 132 e, 176 c. **Jallu Fabrice** 137 d, 197 e. **Jargalsaikhan L.** 64 b, 81 b und c, 101 a, 117 e, 276 a und b, 284 c, 296 a und b, 300 a, b und c, 342 c. **Jearwattanakanok Ayuwat** 91 e. **Jeffrey Phil** 327 b, 329 b und c. **Jiguet Frédéric** 12 d, 26 b und c, 43 b, 44 a und b, 45 d, 47 c, 50 a und c, 68 c und d, 71 a, 93 a, b, c und d, 95 e, 112

Frédéric Jiguet ist Forscher, Professor am staatlichen Naturkundemuseum in Paris (Muséum National d'Histoire Naturelle) und Leiter des Forschungszentrums für die Biologie von Vogelpopulationen (Centre de Recherche sur la Biologie des Populations d'Oiseaux, CRBPO), das die wissenschaftliche Beringung von Vögeln in Frankreich koordiniert. Als Feld- und «Labor»ornithologe verfasst er im Rahmen der Vogelforschung Artikel zu den Auswirkungen von Klima, Landwirtschaft und Städtebau auf die Artenvielfalt. Darüber hinaus untersucht er die Strategien des Vogelzugs mithilfe modernster Technik, chemischer und genetischer Analysen sowie Positions- und Helligkeitsaufzeichnungen, die eine Rekonstruktion der zurückgelegten Strecke jedes verfolgten Individuums ermöglichen. Alle diese Untersuchungen dienen der Arterhaltung, um dazu beizutragen, unsere Natur in einer sich verändernden Welt zu schützen. Entsprechend der langen naturkundlichen Tradition des Museums veröffentlicht er zahlreiche Werke, die dabei helfen sollen, Vögel kennenzulernen und zu erkennen. Jiguet ist ehemaliges Mitglied des Redaktionsteams der Zeitschrift *Ornithos,* heute Mitglied des französischen Anerkennungsausschusses (Comité d'Homologation National, CHN) (der Beobachtungen seltener Vögel in Frankreich anerkennt) und Schriftführer der französischen avifaunistischen Kommission (Commission de l'Avifaune Française, CAF), welche bis heute die offizielle Liste der Vögel in Frankreich führt, und des ägyptischen Anerkennungsausschusses (Comité d'Homologation National Égyptien, EORC).

Aurélien Audevard ist Onithologe im Vogelschutzverein der französischen Region Provence-Alpes-Côte d'Azur (Ligue de Protection des Oiseaux, LPO PACA), wo er für die ornithologische Überwachung in den Salinen von Hyères im französischen Départment Var verantwortlich ist. Getrieben von seiner Leidenschaft für Vögel von frühester Kindheit an, setzt er sich seit vielen Jahren für den Schutz dieser Tiere ein. Er ist ebenfalls als Beringer für das Forschungszentrum für die Biologie von Vogelpopulationen (CRBPO) tätig und hat 7 Jahre auf der französischen Insel Ouessant gelebt, die bei französischen Ornithologen als Hotspot für seltene Vögel bekannt ist. Als Tierfotograf und Ornithologe seit 20 Jahren hat er zahlreiche Länder bereist, um eine (noch unvollständige) Datenbank von Fotos europäischer, sibirischer und asiatischer Vögel aufzubauen. Er publiziert in zahlreichen ornithologischen Zeitschriften wie *L'Oiseau Magazine, Ornithos, Birdwatch, Dutchbirding.*